21世纪高等院校实用规划教材

北大社 "十四五"普通高等教育本科规划教材

人工智能概论

主　编　于永彦　胡晓容　唐春兰

副主编　雷　勇　张　攀　侯红英
　　　　杨　宇　王东海

北京大学出版社
PEKING UNIVERSITY PRESS

内容简介

本书以"构建人工智能系统认知框架，培养技术与人文融合素养"为目标，从"理论溯源、案例驱动、批判性思考"三个维度，系统梳理了人工智能的核心理论、关键技术、多元应用及伦理安全规范。全书兼顾科学性、实践性与时代性，强调学科交叉，突出案例驱动，关注前沿动态。本书内容组织结构完整、知识点前后衔接自然、讲授内容深入浅出、列举案例通俗易懂。

本书可作为本科学生的人工智能通识教育教材，亦可作为人工智能及相关专业本科生、跨学科学习者和从事人工智能教育人员的参考用书。

图书在版编目(CIP)数据

人工智能概论/于永彦，胡晓容，唐春兰主编. ——北京：北京大学出版社，2025.7. ——(21世纪高等院校实用规划教材). —— ISBN 978-7-301-36236-5

Ⅰ. TP18

中国国家版本馆 CIP 数据核字第 2025GG0453 号

书　　名	人工智能概论 RENGONG ZHINENG GAILUN
著作责任者	于永彦　胡晓容　唐春兰　主编
策划编辑	郑　双
责任编辑	黄园园　郑　双
数字编辑	蒙俞材
标准书号	ISBN 978-7-301-36236-5
出版发行	北京大学出版社
地　　址	北京市海淀区成府路205号　100871
网　　址	http://www.pup.cn　新浪微博：@北京大学出版社
电子邮箱	编辑部 pup6@pup.cn　总编室 zpup@pup.cn
电　　话	邮购部 010-62752015　发行部 010-62750672　编辑部 010-62750667
印 刷 者	河北文福旺印刷有限公司
经 销 者	新华书店
	787 毫米×1092 毫米　16 开本　22.75 印张　597 千字 2025 年 7 月第 1 版　2025 年 7 月第 1 次印刷
定　　价	59.80 元

未经许可，不得以任何方式复制或抄袭本书之部分或全部内容。
版权所有，侵权必究
举报电话：010-62752024　电子邮箱：fd@pup.cn
图书如有印装质量问题，请与出版部联系，电话010-62756370

前言

人工智能自 1956 年诞生以来，经过近 70 年的曲折发展，已成为 21 世纪最具革命性的技术力量之一，正以前所未有的磅礴之势重塑智能化社会生态、重构人们的生产生活、引领人类文明的演进。党的二十大报告指出，"坚持把发展经济的着力点放在实体经济上，推进新型工业化，加快建设制造强国、质量强国、航天强国、交通强国、网络强国、数字中国。实施产业基础再造工程和重大技术装备攻关工程，支持专精特新企业发展，推动制造业高端化、智能化、绿色化发展。巩固优势产业领先地位，在关系安全发展的领域加快补齐短板，提升战略性资源供应保障能力。推动战略性新兴产业融合集群发展，构建新一代信息技术、人工智能、生物技术、新能源、新材料、高端装备、绿色环保等一批新的增长引擎。"为了适应这一新形势，培养具备良好人工智能素养和伦理思辨能力的新时代复合型人才，已成为高校开展通识教育的重要任务之一。

本书主要面向本科学生，全书以"基础奠基→技术解析→应用拓展→伦理治理"为基本主线，融合计算机科学、脑科学、认知科学等多学科知识，通过"理论溯源、案例驱动、批判性思考"的三维设计，构建贯通学科内核与实践前沿的四阶知识体系，既讲受信息技术、脑科学、知识工程等底层原理，剖析神经网络、机器学习、智能感知、搜索、智能制造、大模型等核心技术的数学逻辑与工程实现，也聚焦人工智能在理工农医、社会科学、人文艺体等领域的跨界应用，旨在帮助读者穿透技术表象，理解人工智能的本质，把握产业脉搏，培养伦理和安全意识。通过对本书的学习，无论是构建技术全景的理工科读者、培养数字素养的文科读者，还是寻找创新支点的跨学科研究者，均能建立完整的知识脉络，搭建基本能力框架，成长为理性驾驭智能工具、守护人文价值的时代参与者。

本书共分 13 章，包括绪论、信息技术基础、人工智能中的脑科学基础、知识工程、神经网络、机器学习、智能感知、搜索技术、智能制造、大模型基础及典型应用、人工智能应用研究、人工智能伦理及人工智能安全等内容，遵循从基础理论铺垫，到核心技术讲解，再到技术应用领域拓展，最后落脚于伦理安全保障的逻辑顺序。各章层层递进、相互关联，较为科学合理地展现了人工智能的知识体系全貌，帮助读者全面、深入地掌握人工智能基础知识与基本技能。

本书编写团队由多年从事人工智能研究与教学、有着丰富实践经验的资深教师，以及企业精英和行业专家组成。其中，于永彦、胡晓容、唐春兰、雷勇、张攀、侯红英为内江师范学院人工智能学院教师，负责本书主体内容的规划与编写工作。杨宇为四川网讯创智数字产业发展有限公司员工，王东海为北京新大陆时代科技有限公司员工，参与了书中教学案例及章后习题的设计与整理工作。全书由于永彦负责统稿。

在编写过程中，我们系统研究了高校开展人工智能通识教育的现状，充分考虑了本科生的知识基础和实际需求，在内容取舍、篇章结构、教学讲解等方面都进行了精心策划和设计。同时，我们着眼于同步提升读者的人工智能专业素养与思想品德，力求做到知识结构完整、知识点前后衔接自然、讲授内容深入浅出、列举案例通俗易懂，注重培养学生"以人为本，智能向善"的意识。我们也注重理论与实践的有机结合，通过丰富的案例剖析，帮助读者更好地理解人工智能理论知识，掌握其适用场景和应用趋势。此外，我们还特别关注了人工智能技术的最新发展，将最新的科技应用成果融入教材，使读者能够及时了解人工智能前沿领域的最新发展态势。

人工智能不仅是技术革命，更是人类认知自身的一面镜子。当我们惊叹于人工智能生成的艺术作品时，也在重新定义"创造力"的内涵；当我们依赖人工智能助手处理日常事务时，也在重构"人机协作"的边界。本书希望读者在掌握人工智能技术原理的同时，培养批判性思维与伦理安全意识，既能理解算法背后的数学逻辑，也能洞察技术应用的社会影响；既能欣赏人工智能应用带来的效率提升，也能警惕其潜在的安全风险。

正如达特茅斯会议宣言所称，人工智能的研究目标是让机器像人类一样思考。这一目标的实现，不仅需要技术突破，更需要人类对自身价值的深刻认知。我们希望本书能够为广大读者提供有益的帮助，为他们的学习和成长贡献一份力量。我们相信，通过对本书的学习，读者能够建立起完整的人工智能知识体系，为今后的学习和工作奠定坚实的基础。愿本书成为读者探索人工智能世界的钥匙，在技术与人文的交汇点上，共同书写智能时代的新篇章。

最后，我们要感谢所有参与本书编写和审校工作的专家、学者和教师们的辛勤付出和奉献，是他们的智慧和劳动为本书的顺利出版提供了有力的保障。

由于本书涉及知识范围较广，加之编者水平有限，书中难免有疏漏和不足之处，恳请广大读者批评指正，并提出宝贵的意见和建议，以便我们不断完善和改进。

编 者

2025 年 4 月

资源索引

目 录

第1章 绪论 ... 1
1.1 无处不在的人工智能 ... 3
1.1.1 生活中的好伴侣 ... 3
1.1.2 生产中的好帮手 ... 4
1.2 人工智能简介 ... 5
1.2.1 人工智能的内涵 ... 5
1.2.2 人工智能三大要素 ... 6
1.2.3 人工智能的分类 ... 7
1.3 人工智能体系架构 ... 8
1.3.1 学习什么 ... 8
1.3.2 从哪学习 ... 9
1.3.3 怎么学习 ... 11
1.3.4 怎么应用 ... 12
1.3.5 人工智能的研究领域 ... 13
1.3.6 人工智能三大学派 ... 13
1.4 人工智能的前世今生 ... 14
1.4.1 古代文明对人工智能的探索与实践 ... 15
1.4.2 现代人工智能的诞生 ... 16
1.4.3 现代人工智能发展的三次浪潮 ... 17
1.4.4 符号主义学派发展历程 ... 22
1.4.5 联结主义学派发展历程 ... 27
1.4.6 行为主义学派发展历程 ... 33
1.5 现代人工智能发展的三个阶段 ... 37
1.5.1 技术智能化阶段 ... 37
1.5.2 经济智能化阶段 ... 37
1.5.3 社会智能化阶段 ... 38
1.6 我国人工智能发展概况 ... 38
1.6.1 萌芽期（1978年以前）... 39
1.6.2 起步期（1978—1990）... 39
1.6.3 发展期（1991—2010）... 40
1.6.4 快速发展期（2011—2019）... 41
1.6.5 创新引领期（2020年至今）... 42
1.7 人工智能未来发展趋势 ... 43
1.7.1 技术层面的革新与突破 ... 43
1.7.2 应用层面的拓展与深化 ... 43
1.7.3 社会与行业层面的变革与挑战 ... 44
本章习题 ... 45

第2章 信息技术基础 ... 47
2.1 信息技术概述 ... 48
2.1.1 什么是信息技术 ... 48
2.1.2 信息技术的发展历史 ... 50
2.1.3 信息技术的应用领域 ... 51
2.2 信息的表示 ... 53
2.2.1 信息的基本概念 ... 53
2.2.2 信息的编码 ... 54
2.2.3 信息的存储 ... 62
2.3 信息的计算 ... 65
2.3.1 计算的基本概念 ... 65
2.3.2 计算复杂性 ... 66
2.3.3 计算的应用 ... 67
2.3.4 未来计算的发展 ... 68
2.4 信息的传输 ... 70
2.4.1 信息传输技术的演变 ... 70
2.4.2 网络的形成与发展 ... 71
2.4.3 互联网的实际应用 ... 72
2.4.4 信息传输面临的挑战与未来发展 ... 73
2.5 新一代信息技术 ... 73
2.5.1 移动互联网 ... 73
2.5.2 云计算 ... 74

2.5.3 物联网与人工智能的结合 74
　本章习题 76

第3章　人工智能中的脑科学基础 77
　3.1 人脑与脑科学 78
　　3.1.1 人脑结构 79
　　3.1.2 大脑的算力基础 80
　　3.1.3 大脑的算法基础 81
　　3.1.4 大脑的数据基础 81
　　3.1.5 脑科学对人工智能的促进作用 81
　3.2 神经元与人工神经网络 82
　　3.2.1 神经元的结构 82
　　3.2.2 神经元的特性 84
　　3.2.3 神经元的分类 85
　　3.2.4 神经元的工作原理 85
　　3.2.5 神经元对人工神经网络的启发 88
　3.3 大脑认知功能与人工智能系统 89
　　3.3.1 大脑认知功能 89
　　3.3.2 大脑认知功能对人工智能系统的启发 90
　3.4 大脑节能与高效信息处理 92
　　3.4.1 架构设计层面的启示 92
　　3.4.2 算法优化层面的启示 93
　　3.4.3 硬件设计层面的启示 93
　　3.4.4 数据处理层面的启示 93
　本章习题 94

第4章　知识工程 96
　4.1 基本概念 97
　　4.1.1 发展概况 97
　　4.1.2 研究内容 98
　4.2 知识表示方法 99
　　4.2.1 逻辑表示法 99
　　4.2.2 产生式表示法 101
　　4.2.3 语义网络表示法 101
　　4.2.4 框架表示法 102
　　4.2.5 知识图谱 103
　4.3 推理技术 104
　　4.3.1 推理策略 104
　　4.3.2 演绎推理 105
　　4.3.3 归纳推理 106
　　4.3.4 溯因推理 107
　　4.3.5 不确定性推理 107
　本章习题 110

第5章　神经网络 112
　5.1 神经网络的起源 114
　　5.1.1 起源 114
　　5.1.2 启发意义 114
　5.2 神经网络基础 115
　　5.2.1 神经元模型 115
　　5.2.2 神经网络结构 116
　　5.2.3 神经网络训练机制 118
　5.3 典型神经网络 120
　　5.3.1 卷积神经网络 120
　　5.3.2 循环神经网络 122
　　5.3.3 生成对抗网络 126
　5.4 神经网络的训练 127
　　5.4.1 基本流程 127
　　5.4.2 数据的重要性 128
　　5.4.3 过拟合与正则化 129
　　5.4.4 计算资源需求 130
　5.5 神经网络的应用 131
　　5.5.1 医疗影像辅助诊断 131
　　5.5.2 语音助手 132
　　5.5.3 自动驾驶 134
　本章习题 137

第6章　机器学习 138
　6.1 概述 139
　　6.1.1 什么是机器学习 139
　　6.1.2 机器学习的基本要素 141
　　6.1.3 机器学习的基本流程 143
　6.2 机器学习发展历程 145
　　6.2.1 三角螺旋式演进规律 145
　　6.2.2 机器学习发展的四个阶段 146

	6.2.3 机器学习发展的本质 148	8.2	图的基础知识 200

- 6.3 机器学习的类型 149
  - 6.3.1 按学习范式分类 149
  - 6.3.2 按数据利用方式分类 152
- 6.4 经典的机器学习算法 154
  - 6.4.1 决策树 154
  - 6.4.2 支持向量机 155
  - 6.4.3 K-means 算法 158
- 6.5 机器学习的应用领域 160
  - 6.5.1 自然语言处理 160
  - 6.5.2 计算机视觉 162
  - 6.5.3 机器人领域 163
- 本章习题 165

第 7 章 智能感知 166

- 7.1 机器人的感知基础——传感器 167
  - 7.1.1 传感器的定义 167
  - 7.1.2 传感器的组成及工作原理 168
  - 7.1.3 传感器的种类 169
  - 7.1.4 传感器的应用 170
- 7.2 模式识别 173
  - 7.2.1 模式、模式类与模式识别 173
  - 7.2.2 模式识别的一般工作原理 174
  - 7.2.3 模式识别方法的分类 175
  - 7.2.4 模式识别的发展状况 175
- 7.3 视觉智能 176
  - 7.3.1 视觉智能基础 176
  - 7.3.2 计算机视觉 177
  - 7.3.3 机器视觉 179
  - 7.3.4 视觉识别的应用 181
- 7.4 语音智能 183
  - 7.4.1 语音智能概述 183
  - 7.4.2 语音识别 183
  - 7.4.3 语音合成 186
  - 7.4.4 自然语言处理 187
- 本章习题 191

第 8 章 搜索技术 197

- 8.1 基本概念 198
  - 8.1.1 基本内涵 199
  - 8.1.2 主要特点 199

- 8.2 图的基础知识 200
  - 8.2.1 图的顶点 200
  - 8.2.2 图的边 200
  - 8.2.3 邻接点 201
  - 8.2.4 图的连通性 201
  - 8.2.5 最短路径 202
- 8.3 盲目搜索技术 203
  - 8.3.1 深度优先搜索技术 203
  - 8.3.2 广度优先搜索技术 206
- 8.4 启发式搜索技术 208
  - 8.4.1 贪婪算法 208
  - 8.4.2 蚁群算法 210
- 8.5 搜索最短路径 211
  - 8.5.1 无权图的最短路径 211
  - 8.5.2 有权图的最短路径 213
- 8.6 七桥问题 217
  - 8.6.1 欧拉图 217
  - 8.6.2 七桥问题的抽象化 218
  - 8.6.3 通过 BFS 搜索欧拉路径 219
- 8.7 旅行商问题 219
  - 8.7.1 A*算法的概念 220
  - 8.7.2 A*算法的基本流程 221
- 本章习题 223

第 9 章 智能制造 224

- 9.1 制造系统的发展 225
  - 9.1.1 手工作坊制造 225
  - 9.1.2 大规模制造 226
  - 9.1.3 精益制造 226
  - 9.1.4 柔性制造 227
  - 9.1.5 敏捷制造 228
  - 9.1.6 智能制造 229
- 9.2 智能制造概述 230
  - 9.2.1 智能制造产生的背景 230
  - 9.2.2 智能制造概念的产生 231
  - 9.2.3 智能制造的定义 232
  - 9.2.4 智能制造的主要特征 234
  - 9.2.5 智能制造的目标 234
  - 9.2.6 智能制造的模式 236

9.2.7　智能制造的构成 237
　　9.2.8　智能制造系统结构 238
9.3　智能制造的发展趋势 241
　　9.3.1　智能制造是我国制造业发展
　　　　　的必然选择 241
　　9.3.2　我国智能制造面临的挑战 242
　　9.3.3　智能制造的未来 243
9.4　智能制造的应用 244
　　9.4.1　智能产品 244
　　9.4.2　智能生产 245
　　9.4.3　智能服务 246
本章习题 248

第 10 章　大模型基础及典型应用 251

10.1　大模型概述 252
　　10.1.1　大模型的概念 253
　　10.1.2　发展概况 254
　　10.1.3　大模型的应用领域 255
10.2　大模型的基本原理 255
　　10.2.1　能力架构 256
　　10.2.2　工作机制 257
10.3　AIGC 基础 258
　　10.3.1　AIGC 模型架构 259
　　10.3.2　AIGC 技术架构 259
　　10.3.3　常用的 AIGC 工具 260
10.4　AIGC 的使用方式 267
　　10.4.1　关键词 267
　　10.4.2　提示词 268
　　10.4.3　AIGC 工作流 271
10.5　AIGC 的典型应用 273
　　10.5.1　AI 聊天对话 273
　　10.5.2　AI 绘画 275
　　10.5.3　AI 音频生成 276
　　10.5.4　AI 视频生成 277
本章习题 279

第 11 章　人工智能应用研究 280

11.1　从理论到应用的内在逻辑 281
　　11.1.1　问题驱动 282

　　11.1.2　范式转换 282
　　11.1.3　要素协同 283
　　11.1.4　场景适配 283
　　11.1.5　生态竞争 284
11.2　人工智能在理工农医领域的应用 ... 284
　　11.2.1　应用逻辑 284
　　11.2.2　在数学领域的应用 285
　　11.2.3　在物理学领域的应用 286
　　11.2.4　在化学领域的应用 286
　　11.2.5　在建筑领域的应用 287
　　11.2.6　在生物学领域的应用 288
　　11.2.7　在农业领域的应用 289
　　11.2.8　在医学领域的应用 290
11.3　人工智能在社会科学领域的应用 ... 291
　　11.3.1　应用逻辑 291
　　11.3.2　在法律领域的应用 292
　　11.3.3　在经济管理领域的应用 293
　　11.3.4　在公共管理领域的应用 294
　　11.3.5　在教育领域的应用 295
11.4　人工智能在人文艺体领域的应用 ... 295
　　11.4.1　应用逻辑 296
　　11.4.2　在文学领域的应用 297
　　11.4.3　在新闻领域的应用 297
　　11.4.4　在美术领域的应用 298
　　11.4.5　在音乐领域的应用 299
　　11.4.6　在体育领域的应用 300
本章习题 302

第 12 章　人工智能伦理 304

12.1　人工智能面临的伦理挑战 305
　　12.1.1　经济数字化带来的挑战 305
　　12.1.2　社会数字化带来的挑战 306
　　12.1.3　文化数字化带来的挑战 308
　　12.1.4　人工智能的发展与应用面临
　　　　　　的挑战 309
12.2　人工智能伦理基本概念 310
　　12.2.1　定义 310
　　12.2.2　基本框架 311

12.3 人工智能伦理发展概况 312
12.3.1 发展历史 312
12.3.2 未来发展趋势 315
12.4 不同主体的人工智能伦理规范 316
12.4.1 开发者的伦理规范 317
12.4.2 使用者的伦理规范 317
12.4.3 监管者的伦理规范 319
12.5 教育领域的人工智能伦理规范 321
12.5.1 有益性原则 321
12.5.2 公平性原则 321
12.5.3 透明性原则 322
12.5.4 隐私保护原则 322
12.5.5 责任划分原则 322
12.6 探索人工智能创新与伦理规范的和谐共生 323
12.6.1 平衡创新动力与伦理边界 323
12.6.2 促进协同发展 323
12.6.3 动态调整关系 324
12.7 人工智能与人类：共存而非替代 324
12.7.1 人工智能与人类智慧的协同进化 324
12.7.2 人工智能与人类共存的道德基础 325
本章习题 328

第 13 章 人工智能安全 330
13.1 基本概念 332
13.1.1 人工智能安全的概念 332
13.1.2 以人为本原则 332
13.1.3 权责一致原则 333
13.1.4 分类分级原则 334
13.2 发展历史 335
13.2.1 早期起步阶段（20 世纪 50 年代至 70 年代） 336
13.2.2 缓慢发展阶段（20 世纪 80 年代至 90 年代） 336
13.2.3 初步应用阶段（21 世纪初至 2010 年） 337
13.2.4 快速发展阶段（2011 年至 2020 年） 337
13.2.5 全面深化阶段（2021 年至今） 338
13.3 数据安全 339
13.3.1 数据收集阶段的安全 339
13.3.2 数据存储阶段的安全 339
13.3.3 数据使用阶段的安全 340
13.4 技术安全 340
13.4.1 算法安全 340
13.4.2 模型安全 343
13.4.3 系统安全 343
13.5 应用安全 344
13.5.1 基本内容 344
13.5.2 保障措施 345
13.6 伦理安全 346
13.6.1 公平性与公正性 346
13.6.2 算法决策公平性 346
13.6.3 透明度与可解释性 346
13.6.4 对人类自主性和价值观的影响 347
13.7 人工智能安全评估 347
13.7.1 评估指标 347
13.7.2 标准和规范 347
13.7.3 评估方法 348
13.7.4 评估过程 349
本章习题 352

参考文献 354

第 1 章 绪 论

📦【知识结构】

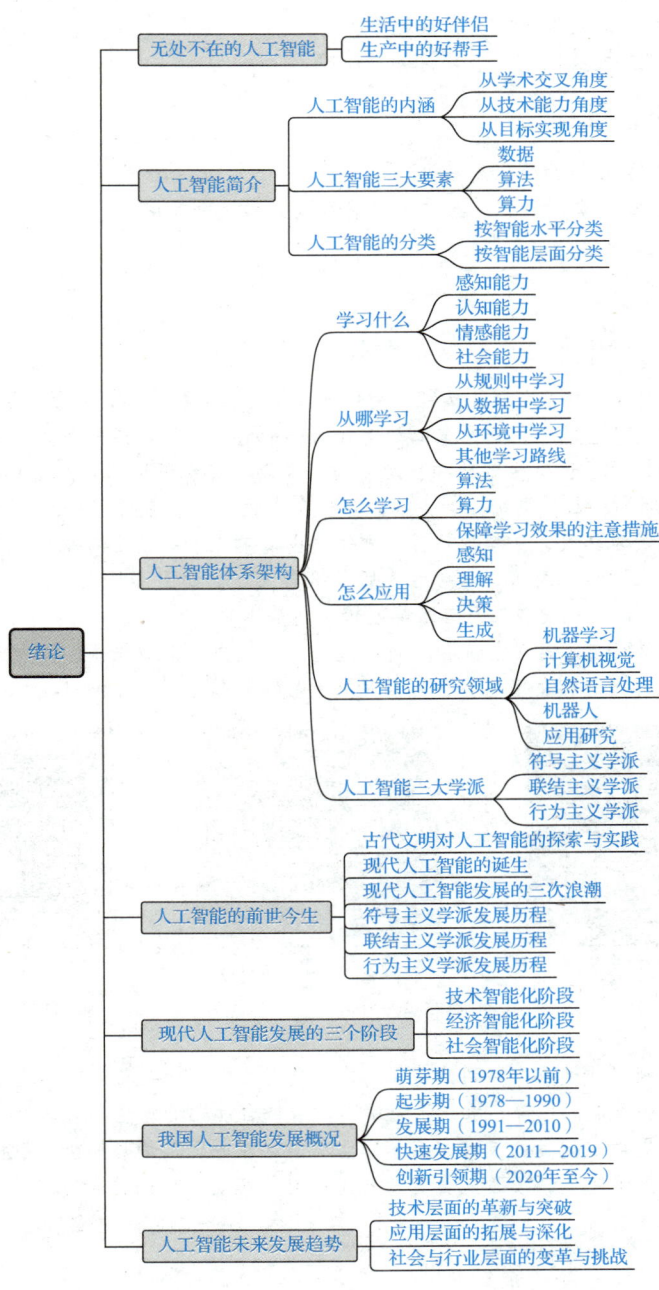

【教学目标】

掌握人工智能的概念、内涵、分类、三大要素、三大学派、研究领域、发展历史及发展趋势等基本内容；理解人工智能发展历经三次浪潮的内在因素、历史规律和时代局限性；熟悉我国人工智能发展概况；了解人工智能在人类生产生活中的广泛应用。

【教学重点】

1. 人工智能的内涵、分类、三大要素和三大学派。
2. 现代人工智能的发展历史及发展趋势。
3. 我国人工智能发展概况。

【教学难点】

1. 现代人工智能发展的时代局限性。
2. 人工智能三大要素对现代人工智能发展的制约和促进作用。

【案例导入】

古人的"智"慧

据传说，上古时期，黄帝与蚩尤大战，突然大雾弥漫，难辨方向，黄帝凭借指南车最终取得胜利。指南车被赋予了定向"智能"，无论车体如何转动，车上木人始终指向南方，这是古代机械工艺与定向技术结合的奇迹，为后世机械制造和自动化控制提供了灵感源泉，如图1-1（a）所示。

据《列子·汤问》记载，周穆王时期一位名叫偃师的工匠，制作了一个"木偶人"，能歌善舞，神态逼真。周穆王疑为真人，令其拆解后，才知是由皮革、木头、胶漆等制作而成，内部机关精巧复杂，能实现类似真人的行为表情，堪称古代版"机器人"，如图1-1（b）所示。

相传，三国时期诸葛亮北伐，因山路崎岖粮草运输困难，于是设计了木牛流马。其外形似牛似马，不用草料，却能自动行走。虽相关实物资料已失传，但从文献记载推测，其内部应有着精妙的机关设计，具备一定的自动行进和负重能力，可满足战时物资运输需求，如图1-1（c）所示。

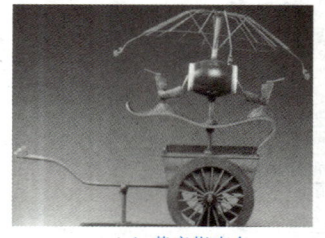

（a）黄帝指南车　　　　　　　　（b）偃师造人　　　　　　　　（c）木牛流马

图1-1　古代人工智能

从黄帝指南车到偃师造人，再到诸葛亮的木牛流马，古人的智慧犹如启明星，照亮了古代人工智能的蹒跚起步。这些美丽的传说，承载了先辈们对智能自动化的渴望和天马行空般的奇思妙想，为今天的人工智能研究提供了宝贵的灵感与启示。让我们站在先贤们的肩膀上，手握现代科技利刃，进一步探索人工智能的无限可能，续写人类智慧长河中更加辉煌壮丽的传奇史诗。

第 1 章 绪 论

1.1 无处不在的人工智能

在当今这个科技飞速发展的时代,人工智能宛如一股汹涌澎湃的浪潮,以其极具颠覆性的强大力量,全面融入人们生产生活的方方面面,产生了一系列意义深远的影响。

1.1.1 生活中的好伴侣

人工智能就像魔法师,已成为人们生活中如影随形的好伴侣,全面改变了人们的生活方式,全方位提升了我们的生活品质,如图 1-2 所示。

（a）智能音箱

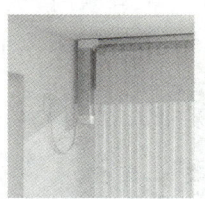
（b）智能窗帘

（c）导航系统

（d）智能手表和手环

图 1-2　生活中的人工智能

1. 生活琐事的智能管家

智能家居让家庭生活变得更加便利。智能门锁通过人脸识别、指纹识别等技术,提供便捷安全的入户方式。智能音箱可以接收语音指令,自动开关电器、调节室温、查询天气、播报新闻。智能空调通过学习用户习惯,可根据室内人数、温度和湿度,自动优化制冷或制热方案。智能窗帘依据光线变化自动开合,确保室内光线始终适宜。扫地机器人勤勤恳恳穿梭在家里的各个角落,让家变得干干净净。

2. 出行途中的智慧向导

手机或汽车导航系统可以根据实时路况、交通管制、出行习惯等,为用户规划最优路线。网约车平台根据乘客位置、目的地及周边车辆分布,智能邀约司机,预估等待时间,提高出行效率。智能交通系统实现信号灯智能调控,依据路口车流量、突发情况等动态调整信号灯时长,有效缓解交通拥堵。

3. 健康管理的私人医生

智能手环、智能手表等智能穿戴设备,可以实时监测用户的心率、血压、睡眠质量等生理数据,通过分析判断生成健康报告,发现异常及时发出健康预警,并同步至手机 App。人工智能辅助诊疗系统可以为患者快速诊断疾病,提出治疗建议,推荐门诊和专业医生。在线医疗咨询平台可以让患者足不出户就能与医生"面对面"交流病情,畅享医疗服务。

4. 学习成长的专属导师

各种教育类 App 采用人工智能技术,实时分析学生的学习习惯、答题情况、学习进度、知识掌握程度等,可以针对其薄弱点,推荐定制化、个性化学习计划,精准推送知识点讲解、专项练习。语言类学习软件实现语音识别和智能对话,模拟真实语言环境,纠正发音,提升用户口语能力。在线智能辅导平台能够针对学生提问,迅速给出解答思路与答案。对于职场人士,线上职业培训平台可以随时答疑解惑,帮助人们拓宽知识视野,提升专业技能。

5. 休闲时光的贴心伙伴

开放音乐、小视频等平台可以依据用户浏览、收藏和播放历史,针对性推送用户感兴趣的内容。人工智能技术使游戏角色更智能、行为更逼真,提升游戏趣味性与挑战性。虚拟现实和增强现实游戏,结合人工智能技术,营造沉浸式游戏场景,让玩家身临其境,感受游戏魅力。

1.1.2 生产中的好帮手

人工智能正以前所未有的深度和广度渗透到各个生产领域,成为人们不可或缺的好帮手,为生产注入强大动力,重塑与优化生产的各个环节,助推产业变革与升级,如图 1-3 所示。

(a) 农作物监测

(b) 物流配送
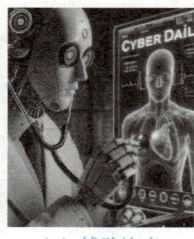
(c) 辅助治疗

(d) 质量检测

图 1-3 生产中的人工智能

1. 帮助制造业提质增效

(1) 优化生产调度。根据订单需求、设备状况、原材料库存等因素,优化生产工期与工序流程,降低设备闲置率,缩短订单交付周期,提升生产效率。

(2) 加强质量管控。以电子产品生产为例,人工智能视觉技术能快速扫描产品外观,精准捕捉虚焊、划痕等细微缺陷,降低产品不良率,保障产品质量。

(3) 保障设备运维。实时监测设备运行时的振动、温度、电流、压力等参数,预测设备的潜在故障,避免因设备突发故障导致维修成本增加。

2. 帮助农业减灾增产

(1) 精准决策农事。依托卫星遥感、无人机监测、传感器网络等手段,监测土壤湿度、肥力状况以及作物生长情况,精准把控农田灌溉与施肥的最佳时机与用量,提高农作物产量与品质。

(2) 预警防治病虫害。利用图像识别技术与病虫害大数据,实时监测农作物病虫害情况。一旦发现病虫害迹象,立即发出预警,并精准推荐防治药剂与措施。

3. 帮助物流业提升配送效率,减轻仓储压力

(1) 优化配送路径。基于实时交通路况、天气变化、车辆载重、客户住址等信息,为物流车辆规划耗时最短、成本最低的最优配送路径。据统计,在电商购物旺季,快递企业运用人工智能优化配送路径,使车辆平均行驶里程减少 10%,配送时间缩短 15%,油耗降低 10%,

配送效率提升 20%。

（2）减轻仓储压力。通过对货物出入库数据、库存周转率等进行分析，科学安排货位布局。利用自动化设备、RFID 标签与人工智能视觉识别技术，对货物入库、存储、出库等全流程进行智能化管理，提高周转速度，降低库存率，提升仓储整体运营效率。

4. 帮助医疗业提升诊疗效率，加速药物研发

（1）辅助诊断决策。人工智能通过深度学习海量医学影像资料、病例数据后，可以辅助医生进行疾病诊断。例如，在肺部 CT 影像诊断中，人工智能系统能在数秒内标记出可疑结节，为医生提供诊断参考和治疗建议，提高了诊断准确率与效率，尤其在早期肺癌筛查方面发挥了重要作用，为患者争取了宝贵的治疗时间。

（2）加速药物研发。凭借人工智能强大的计算能力和筛选技术，通过模拟药物分子与靶点的相互作用，快速筛选出潜在的有效药物成分，将传统药物研发周期从十几年缩短至数年，大大降低了新药研发成本，为攻克疑难杂症带来新希望。

5. 帮助金融业降低风险，实现财富增值

（1）防控金融风险。凭借对客户信用数据、市场波动、行业趋势等信息的深度挖掘，人工智能能够精准评估贷款风险、信用风险、投资风险等。据统计，金融机构利用人工智能风险评估系统，将不良贷款率平均降低 15%，有力维护了金融市场稳定。

（2）助力财富增值。基于对投资者风险偏好、资产状况以及市场行情的全方位分析，人工智能为投资者量身定制投资组合，实时调整资产配置，提供便捷、个性化的投资服务，助力投资者实现财富增值。投资者足不出户就能享受便捷、科学的投资服务。

1.2 人工智能简介

我们已经知道，人工智能技术的广泛应用对人类的生产生活产生了巨大的影响，推动了工业创新、农业转型和生活方式的变革。那么，到底什么是人工智能呢？

所谓人工智能（artificial intelligence，AI），是指研究、开发用于模拟、延伸和扩展人的智能的理论、方法、技术及应用系统的一门新的科学，旨在让机器能够像人一样学习、思考、推理和解决问题，具备感知、认知、决策等能力。简单地说，就是让机器模拟人的大脑和行为。

1.2.1 人工智能的内涵

下面从学科交叉、技术能力和目标实现三个角度深入理解人工智能的内涵。

1. 从学科交叉角度

人工智能是一门综合性交叉学科，融合了数学、计算机科学、控制论、信息论、神经科学、心理学、语言学、哲学等多个学科的理论和方法，旨在探索智能的本质和实现智能的技术途径。其中，数学是人工智能最根本的理论支撑；计算机科学、控制论和信息论为人工智能提供技术基础和实现工具；神经科学和心理学为人工智能研究人类的认知和思维过程提供借鉴；语言学为自然语言处理提供理论和方法；而哲学则对人工智能的本质、伦理等问题进行思考和探讨。

2. 从技术能力角度

人工智能是使机器具备获取和处理信息、进行学习、基于学习结果进行推理和决策，并能以某种方式与环境进行交互的技术能力。

人工智能具有的技术能力包括：数据处理能力，对数据进行采集、存储、清洗、标注和管理；模型构建能力，构建各种智能模型，如卷积神经网络（convolutional neural network，CNN）、循环神经网络（recurrent neural network，RNN）及其变体长短期记忆（long short-term memory，LSTM）网络、门控循环单元（gated recurrent unit，GRU）、生成对抗网络（generative adversarial network，GAN）等；算法优化能力，研发和改进各种算法，以提高模型的性能和效率；智能交互能力，借助计算机视觉、自然语言处理、语音识别与合成等技术，实现人与机器之间自然、流畅的交互。

3. 从目标实现角度

人工智能是致力于让机器在特定环境下能够自主实现目标的智能系统。其目标包括：技术创新目标，不断追求算法、模型和架构的创新，提高人工智能系统的智能水平和性能，使其能够处理更复杂的任务和问题；应用拓展目标，将人工智能技术广泛应用于各个领域，解决实际问题，提升行业的效率和质量；社会发展目标，助力解决全球性问题，促进社会的可持续发展。

1.2.2 人工智能三大要素

数据、算法和算力被称为人工智能的三大要素，它们相互依存、相互协作、相互促进，共同支撑人工智能的研究和应用。人工智能三大要素之间的关系如图1-4所示。

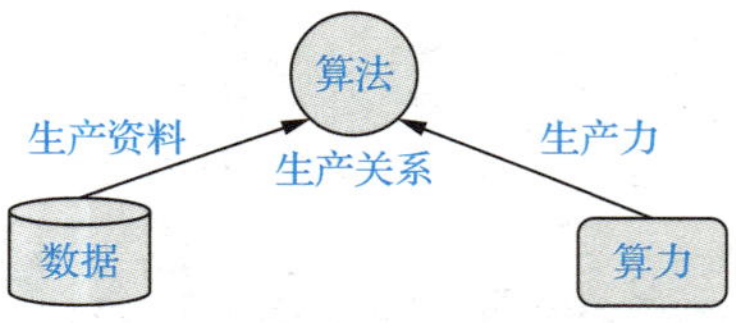

图1-4 人工智能三大要素之间的关系

1. 数据

数据是人工智能的基础，类似于生产资料。如同人类学习需要大量的知识和经验一样，人工智能系统需要通过大量高质量的数据来进行算法训练和模型优化，通过对数据的统计、分析和处理，发现其中的特征、关联和规律，从而实现对未知数据的预测、分类、生成等任务。

数据有很多种类型，如文本、图像、音频、视频等。不同类型的数据有着不同的应用。例如，图像识别需要大量的图像数据，自然语言处理需要大量的文本数据等。数据应具有准确性、完整性、一致性等特点，一般需要通过清洗、标注等预处理，以确保能被充分、有效地利用。

2. 算法

算法是人工智能的核心，相当于生产工具，是指实现人工智能各种功能和任务的具体方法和步骤，即如何对数据进行统计、分析、处理和学习，以及如何从数据中提取有用的信息和规律等。

算法有很多种类，不同算法适用于不同类型的功能、任务和数据。例如，CNN算法在图像识别领域表现出色；RNN算法则在处理文本、语音等序列数据方面具有明显优势；GAN算法可以生成独特的艺术作品。随着人工智能技术的不断发展，新的算法不断涌现，如

Transformer 的出现，为自然语言处理和计算机视觉等领域带来了重大突破。

3. 算力

算力是人工智能的动力保障，就像生产力，为人工智能数据处理和算法运行提供计算能力。算力主要依赖硬件来实现，如中央处理器（central processing unit，CPU）、图形处理器（graphics processing unit，GPU）、张量处理器（tensor processing unit，TPU）等。

随着数据量的增加和算法复杂性的提升，对算力的需求也在不断增加。强大的算力能够加速数据处理和算法运行的过程，能大大提高技术创新的效率，缩短产品研发的周期。

1.2.3 人工智能的分类

人工智能是一个广泛的领域，可以按照不同的方式进行分类。

1. 按智能水平分类

按智能水平分类，人工智能可以分为弱人工智能、强人工智能和超人工智能，如表1-1所示。

表1-1 按智能水平分类

类别	简介
弱人工智能	弱人工智能也称狭义人工智能或专用人工智能，指在特定领域、基于特定算法和模型，完成特定任务，如语音识别、图像识别、自然语言处理和推荐系统等
强人工智能	强人工智能也称通用人工智能，是一种具备人类级别思考、推理、自主学习、自我进化的智能系统，不仅能服务特定领域，更能像人类一样应对各种复杂问题
超人工智能	这是一种超越人类智能的人工智能，具备自主思维意识，形成新的智能群体，能够像人类一样进行独立思考，能够解决人类无法解决的复杂问题

2. 按智能层面分类

按智能层面分类，人工智能可以分为运算智能、感知智能、认知智能和意识智能，如表1-2所示。

表1-2 按智能层面分类

类别	简介
运算智能	运算智能是人工智能的基础，能够执行各种数学运算、逻辑推理和决策制定等任务
感知智能	感知智能通过传感器获取和解析外界信息，包括视觉、听觉、嗅觉、味觉、触觉等多种感知方式，能够与外界进行交互，并对外界的变化做出及时响应
认知智能	在感知智能的基础上，认知智能具备主动思考和理解能力。依赖大量数据、算法和计算资源，通过机器学习等方法使机器具备自我学习和优化能力，能够不断优化自己的决策能力，并辅助人类做出更准确的决策
意识智能	这是一个更为复杂和深奥的概念，使机器具有主观体验和自我意识

1.3 人工智能体系架构

人工智能的根本目标是让人工智能系统具备学习能力。因此，人工智能体系架构是按照"学习什么""从哪学习""怎么学习""怎么应用"的底层逻辑来构建的，如图1-5所示。

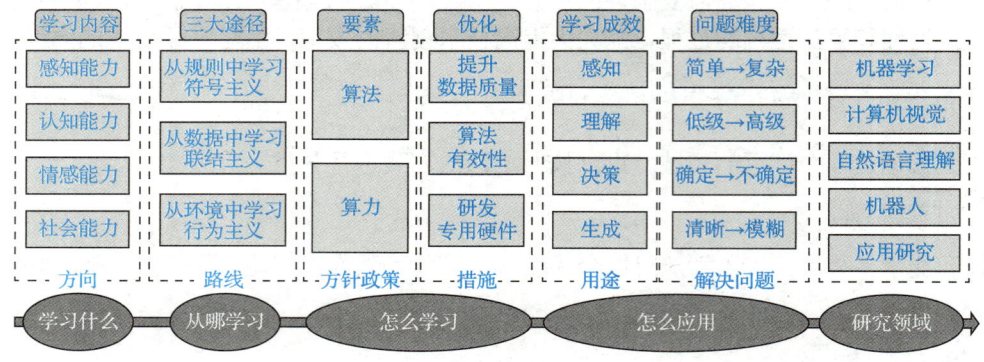

图1-5 人工智能体系架构

1.3.1 学习什么

"学习什么"即人工智能系统要学习的内容和目标，解决人工智能发展的"方向"问题。人工智能系统要向人类学习多方面的能力和特质，包括感知能力、认知能力、情感能力、社会能力等。

1. 感知能力

（1）视觉感知。人类能够轻易识别复杂场景中的物体、理解物体间的空间关系和场景语义。人工智能系统要学习人类对图像的多尺度、多特征融合的感知方式，提升机器视觉系统在复杂环境下的目标识别、场景理解能力，即具备"看"的能力。例如，无人驾驶汽车识别道路、行人、交通标志等。

（2）听觉感知。人类能够在嘈杂环境中准确分辨语音、声音的来源和含义，还能感知音乐的节奏、旋律和情感等。人工智能系统需要借鉴人类听觉感知的机制，提高语音识别系统的抗噪性能和对语音情感的理解能力，以及让音乐生成系统创作出更具情感和创意的作品。

（3）触觉感知。人类通过触觉能感知物体的质地、形状、温度等信息，这对于机器人操作、物体抓取等任务至关重要。人工智能系统通过学习人类触觉感知的反馈机制，使机器人能够更精准地进行操作，提高对物体的操控能力和适应性。

2. 认知能力

（1）逻辑推理。这是人类最基本的认知能力。人类能够根据已有的知识和经验进行逻辑推理，解决各种复杂问题。人工智能系统要学习人类的逻辑推理方法，如演绎推理、归纳推理等，提高在知识图谱构建、智能问答系统等任务中的推理能力，从而更准确地回答问题和解决问题。

（2）抽象概括。人类善于从具体的事物和现象中抽象出普遍的规律和概念。人工智能系统要借鉴这种能力,可以对数据进行特征提取和模式识别。例如,在人脸图像识别中,人工智能系统从大量具体图像中抽象出通用的特征模式,提高模型的泛化能力。

(3)学习迁移。人类在学习新知识时,能够将以往的经验和知识快速迁移到新的情境中。人工智能系统应具备这种学习迁移能力,使模型在不同任务和领域之间能够更高效地共享知识,减少训练数据和时间成本。例如,在自然语言处理中,将在英语语言任务上学到的知识迁移到法语语言任务中。

3. 情感能力

(1)情感理解。人类能够通过语言、表情、声音等多种渠道理解他人的情感状态。人工智能系统通过学习人类的情感理解方式,开发更先进的情感分析工具,用于社交媒体监测、客户服务等领域,更好地理解用户的情感需求,提供更贴心的服务。

(2)情感表达。人类在交流和创作中能够自然地表达情感。人工智能系统可以学习人类的情感表达技巧,使聊天机器人、虚拟助手等在与人类交互时更具亲和力,使生成的文本、图像等内容更富感染力。

4. 社会能力

(1)协同合作。人类在社会中能够与他人进行高效的协同合作,共同完成复杂的任务。人工智能系统通过学习人类的协作模式和沟通机制,开发多智能体协作系统,使多个智能体之间能够更好地协调工作。例如,在物流配送、智能交通管理等领域,实现更高效的协同作业。

(2)道德伦理。人类社会有一套共同遵守的道德伦理准则。人工智能系统需要学习人类的道德伦理观念,以确保其决策和行为符合人类社会的价值观,避免出现伦理问题。例如,在无人驾驶汽车的决策算法中,必须考虑道德困境的处理,坚守不伤害人类原则。

1.3.2 从哪学习

"从哪学习"即人工智能系统学习的渠道,解决人工智能发展的"路线"问题。按照系统的构建原理、核心技术和应用形态,人工智能系统大致可分为基于规则的系统、机器学习系统和机器人系统三大类,其学习渠道也相应分为从规则中学习、从数据中学习和从实践中学习三种。正是基于这三种学习渠道,促成了符号主义、联结主义、行为主义人工智能三大学派的诞生和发展。

1. 从规则中学习

从规则中学习是指通过理解、遵循和运用事先给定的规则,或者从数据中挖掘出的规则,来实现知识获取、行为决策与问题解决,使人工智能系统能够模拟人类基于规则的思维和决策过程,以完成特定任务或实现特定目标。例如,棋类游戏中,通过输入走子、吃子等规则,实现人机博弈。

从规则中学习是人工智能领域的一种重要的学习模式,涉及规则制定、获取、表示、推理等环节,类似于向"老师"学习,可用于机器翻译、专家系统、智能控制等领域。

2. 从数据中学习

从数据中学习是指通过对大量数据的分析、处理和挖掘,自动发现数据中隐藏的模式、规律和特征,进而构建知识体系,并用于预测、决策、分类等任务。其本质是,利用数据自身所包含的信息,而不是依靠人工手动编写的规则来获取知识和提升智能水平。常见的学习机制包括监督学习、无监督学习、半监督学习等。监督学习是基于有标签数据，无监督学习是基于无标签数据，而半监督学习则是基于少量有标签数据和大量无标签数据来进行学习。例如，小区门禁系统，收集所有住户的人脸图像样本数据，通过学习面部轮廓、五官比例等人脸特征，构建人脸与住户之间的对应关系，再根据摄像头拍摄到的人脸，判断是否为授权住户，从而决定是否开门或发出安全预警等。

从数据中学习是人工智能领域的一种核心的学习模式，是机器学习的核心内容，包括数据收集、数据预处理、模型训练、模型部署与应用等过程，类似于向"文献资料"学习，可用于计算机视觉、自然语言处理等领域。

3. 从环境中学习

从环境中学习是指人工智能系统在现实环境的交互过程中，通过不断试错、接收环境反馈信息并调整自身行为，从而积累经验、提升性能，逐渐学会在不同情况下采取最优的行动，以更好地完成各种任务。其本质是，强调亲自参与到实际活动中，从真实的实践数据和反馈中获取信息，而不仅仅是依靠预先给定的规则或数据进行学习。例如，扫地机器人刚开始工作时会以随机或预设路径开始清扫，当碰到障碍物时会记录下这个位置，然后尝试改变方向。通过不断地碰撞和调整方向，就逐渐了解房间中障碍物的分布情况，学会避开障碍物，找到更顺畅的清扫路径。

从环境中学习是人工智能的重要发展方向，类似在"劳动实践"中学习，通过不断实践来掌握新技能、解决新问题。

常见的学习机制有强化学习和在线学习。强化学习是指通过奖励或惩罚反馈，学习能够最大化累积奖励的最优策略。在线学习是指实时接收数据并更新模型，使模型保持良好性能。

4. 其他学习路线

（1）从模型中学习。

① 模型迁移学习。利用在一个任务或数据集上已经训练好的模型，将其知识和特征提取能力迁移到另一个相关任务或数据集上。通过模型迁移学习，可以大大减少新任务的训练时间和数据需求，提高学习效率。

② 模型知识蒸馏。将一个复杂的大型模型（教师模型）的知识蒸馏到一个小型模型（学生模型）中。通过模型知识蒸馏，在保持一定性能的同时，获得更高效、更易于部署的模型。

两者最大的区别是，模型迁移学习通常是在不同目标数据集上进行，而模型知识蒸馏一般是在同一个目标数据集上进行。

（2）从知识图谱中学习。

① 关系推理与知识补全。机器可以从知识图谱中学习到各种实体之间的语义关系，并进行关系推理。同时，还可以通过对知识图谱的学习，发现其中缺失的知识，进行知识补全，完善知识图谱的内容，提供更全面、准确的知识支持。

② 基于知识图谱的问答系统。利用知识图谱中的知识来理解问题并找到答案。当用户提出问题时，系统将问题解析后与知识图谱中的实体和关系进行匹配和推理，从而给出准确的答案。

从知识图谱中学习的本质在很大程度上是从数据中学习，但又有别于单纯的数据学习。因为知识图谱中的数据不是简单的、无序的集合，而是具有明确的结构和语义信息。同时，知识图谱在构建过程中往往融入了领域专家的先验知识和专业知识，这些知识已经对数据进行了一定的整理和提炼。

（3）从多模态信息中学习。

① 融合视觉与语言信息。将图像、视频等视觉信息与文本等语言信息结合起来让机器学习，使机器能够更全面地理解和处理信息，提高对复杂场景和任务的处理能力。

② 音频与视觉联合学习。在视频理解、机器人感知等领域，将音频和视觉信息进行联合学习，使机器能更好地理解说话人的意图和情感，提高语音识别和情感分析的准确性，使机器能够像人类一样综合利用多种模态的信息来进行学习和认知。

从多模态信息中学习本质上是从数据中学习，但更注重模态融合，考虑模态交互。

（4）从人类反馈中学习。

① 基于人类反馈的强化学习。在强化学习中，除了环境给予智能体的奖励信号，还引入人类的反馈来指导智能体的学习。例如，在机器人的任务执行中，人类告诉机器人哪些行为是正确的，哪些是需要改进的，帮助机器人更快地学习到最优策略。

② 交互式学习与人类引导。在交互式学习中，智能体通过与人类的交互来进行学习，使智能体能够更好地适应人类的需求和偏好，提高智能体的实用性和用户体验。例如，智能教育系统根据学生的学习情况和反馈，调整教学内容和方法。

从人类反馈中学习本质上更接近从数据中学习，但存在数据形态差异，人类反馈往往更具主观性、多样性和非结构化特点，可能是模糊的语言描述、主观的感受等，不像数据那样具有明确的格式和结构。同时，人类反馈的来源是具有不同背景、观点和情绪的人，反馈的内容可能会因反馈者的不同而有很大差异，具有较强的不确定性和可变性。

1.3.3 怎么学习

"怎么学习"即人工智能系统的学习能力，解决人工智能发展的"方针、政策和措施"问题。人工智能系统的学习能力包括算法、算力两个层面。从心理学角度，可以把算法、算力比拟为人的情商、智商。

1. 算法

算法是人工智能系统学习的核心驱动力，体现了人工智能解决问题的基本方针和原则，类似人的"情商"。情商高的人，能够敏锐感知他人的情绪和需求，灵活调整自己的行为和沟通方式，以适应不同的社交场景。同样，算法在面对不同任务时，也需要具备这种灵活性和适应性，需要根据具体问题和具体情况，适时调整方针策略，以求高质量解决问题，而不是生搬硬套。

算法分为很多种类，如推理算法、搜索算法、分析算法、学习算法等。不同的算法代表了解决问题的不同思路和理念，适用于不同类型的功能、任务和数据。例如，卷积神经网络算法在图像识别领域表现出色，循环神经网络算法则在处理文本、语音等序列数据方面具有明显优势，生成对抗网络可以生成独特的艺术作品，Transformer 为自然语言处理和计算机视觉等领域带来了重大突破。

2. 算力

算力是人工智能系统学习的基础支撑，为人工智能的发展提供动力保障，类似人的"智商"。智商高的人，通常处理问题更快，面对问题能迅速做出反应和判断。算力也是如此，算力越强，学习速度就越快，就能满足更复杂多样的学习要求。

3. 保障学习效果的注意事项

（1）**提升数据质量**。数据类似人的"识商"，识商代表着一个人的知识储备和见识广度，丰富的知识和见识能够为人们的决策和行动提供更多的依据。同样，大量且高质量的数据能够让算法学习到更丰富、更准确的模式和规律。

（2）**优化算法**。针对算法进行调整和改进，以提高其适应性和准确性。

（3）**增强算力**，包含提高运算速度、扩大存储容量、研发专用硬件等，提高算法的运行效率。

这些保障措施，也是引领和促进人工智能理论创新与技术发展的主要因素。

1.3.4 怎么应用

"怎么应用"即把人工智能系统学习成果应用于各种智能化需求领域，解决人工智能发展的"应用实践"问题。

1. 感知

（1）**视觉感知**，主要是图像识别和视频分解，用于安防监控、医疗影像诊断、自动驾驶等领域。

（2）**听觉感知**，主要是语音识别、声音分类与理解，用于智能语音助手、电话客服、智能家居等。

（3）**触觉感知**，主要用于机器人、虚拟现实与增强现实等领域。

2. 理解

（1）**自然语言理解**，如语义理解、情感分析、知识抽取等，主要用于智能聊天机器人、社交媒体监测、客户反馈分析等领域。

（2）**图像与视频理解**，如目标理解、动作与事件理解，可用于体育赛事视频分析等场景。

（3）**知识图谱理解**，可用于知识关联与推理、智能问答与决策支持等，如智能客服，当用户提出复杂问题时，能借助知识图谱中的丰富知识准确回答。

（4）**跨模态理解**，如多模态信息融合理解、跨模态推理与应用，可用于智能驾驶、消防等领域。

3. 决策

基于学习到的知识和数据，机器能够做出合理的决策。例如，在商业领域，用于精准营销、库存管理；在医疗领域，用于辅助诊断、药物研发等；在交通领域，用于智能交通调度、自动驾驶等；在金融领域，用于风险评估与投资、欺诈检测等。

4. 生成

（1）**文本生成**，用于内容创作、对话、机器翻译等。

（2）**图像生成**，用于艺术创作、虚拟场景与角色生成、图像编辑与修复等。

（3）**音频生成**，用于音乐创作和语音合成等。

（4）**视频生成**，用于动画制作、视频编辑与特效生成等。

1.3.5　人工智能的研究领域

通过前面对人工智能体系架构的梳理，我们对人工智能的研究领域有了清晰的认识。人工智能的研究领域主要集中在以下五个方面。机器学习是人工智能的核心基础；计算机视觉和自然语言处理是人工智能的重要应用场景；机器人是多种人工智能技术的综合应用载体；应用研究是人工智能技术在生物学、物理学、社会学、艺术学等特定领域的应用。

1. 机器学习

机器学习的研究，致力于使机器具有"学"的能力，能模拟和实现人类的学习行为，可以像人类那样通过学习获得知识，并能利用这些知识进行预测、决策和解决问题。

2. 计算机视觉

计算机视觉的研究，致力于使机器具有"看"的能力，能模拟和实现人类的视觉功能，可以像人类那样准确观察、感知、识别、表示、分析、理解和再现客观世界。

3. 自然语言处理

自然语言处理的研究，致力于使机器具有"听、说、写"的能力，可以像人类那样倾听、说话和写作，实现人机间自然有效的语言交流。

4. 机器人

机器人的研究，致力于使机器具有"类人"特征，能够理解人类指令并满足人类需求，与人类之间实现更为真实和有效的互动与协作，能在各种环境中自主或半自主地完成任务。

5. 应用研究

应用研究，专注于探索人工智能技术与相关专业领域的交叉融合和实践应用。例如，在生物学领域，利用深度学习模型分析基因数据，来预测某些遗传性疾病的发病风险；在物理学领域，利用人工智能技术分析粒子碰撞，帮助识别粒子信号、重建粒子轨迹、发现新的粒子和物理现象；在社会学领域，运用人工智能技术研究社会群体的行为模式、社交关系、舆论趋势等，帮助社会学家更好地理解社会现象和社会问题；在艺术学领域，利用人工智能技术对艺术作品进行图像识别、风格分析、情感解读等，帮助观众更好地理解和欣赏艺术作品，也可以用于艺术作品的真伪鉴定和价值评估。

1.3.6　人工智能三大学派

对人工智能本质的不同理解，以及对人工智能学习采取的不同路线，形成了具有代表性的人工智能领域的三大学派，即符号主义学派、联结主义学派和行为主义学派，如图1-6所示。

1. 符号主义学派

符号主义学派也称逻辑主义学派、心理学派或计算机学派，是人工智能发展史上具有重大影响力的一个学派。其基本思想是，提出物理符号系统假说，认为人和机器都是符号系统，人类的思考、推理和决策等智能行为都可以用符号来表示和处理，人类的认知过程本质上是符号处理过程，把人类的知识和推理规则用符号形式表示出来，让计算机按照这些符号规则进行运算和推理，即可模拟人类的智能行为。

符号主义学派模拟人的抽象思维，主要研究知识表示和推理机制。其优点是知识表示清晰，推理过程可解释。其局限性是知识获取存在瓶颈，且难以处理不确定性和模糊性等复杂问题。

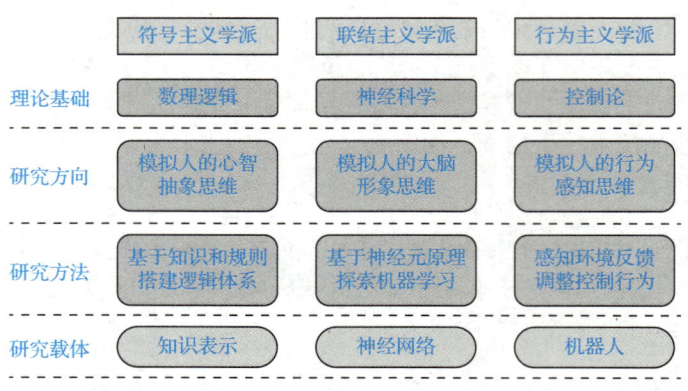

图 1-6 人工智能三大学派

2. 联结主义学派

联结主义学派也称仿生学派或生理学派，是当前人工智能领域的一个重要学派。其基本思想是，大脑是由大量神经元相互连接组成的复杂网络，人类的智能是通过神经元之间的相互作用和信息传递产生的，通过构建人工神经网络来模拟大脑的结构和功能，就能实现人工智能。

联结主义学派模拟人的形象思维，主要研究神经网络的构建和学习算法的设计。其优点是学习能力强，具有良好的适应性和容错性。其局限性是可解释性差，数据依赖性严重。

3. 行为主义学派

行为主义学派也称控制论学派或进化主义学派，是人工智能领域具有巨大发展潜力的一个学派。其基本思想是，借鉴生物进化理论，认为智能体的智能行为是在与环境的不断交互中产生的，是通过"感知-反应"模式逐步进化而来的，智能体不需要复杂的内部模型来表示世界，而是直接根据当前的感知信息和过去的经验来决定行动。

行为主义学派模拟人的感知思维，主要研究智能体与环境交互机制、行为建模、进化学习、多智能体系统等。其优点是自适应性强，基于进化实现持续优化，群体优势显著，实用性强。其局限性是缺乏高层次推理与知识表示，行为可解释性差，依赖大量数据和试错，对复杂问题处理能力有限。

符号主义、联结主义和行为主义三大学派，在人工智能发展中既独立存在又互相渗透，共同推动人工智能体系的不断壮大与完善。

1.4 人工智能的前世今生

要知道人工智能向何处去，首先要了解人工智能从何处来。人工智能从最初模糊的遐想逐步演变为改变世界的强大力量，其历程充满了人类智慧的光辉和人们对未知世界不懈探索的艰辛。从古代的神话想象到现代的科学实践，人类对智能化的渴望贯穿始终，推动着人工智能不断向前发展。

1.4.1 古代文明对人工智能的探索与实践

人工智能的思想和实践可以追溯到古代。在当时，低效的生产力与不断增长的社会需求之间的矛盾较突出，人类对人造机械智能化的渴望也较强烈。古代文明虽未诞生现代意义上的人工智能，却孕育了人工智能的思想火花和智慧的种子。

1. 外国古代人工智能

古希腊神话中的青铜巨人塔罗斯，不知疲倦地巡逻，时刻防范外敌入侵，如图 1-7（a）所示。

古希腊自动门，在祭祀活动中自动开启和关闭，为信徒们营造出神秘而神圣的氛围，增强了宗教仪式的庄严感和神圣性，如图 1-7（b）所示。

希罗发明的汽转球，是一种蒸汽机雏形。当蒸汽通过管道进入球体后，以一定的角度和速度从球体喷嘴喷出，推动球体绕轴旋转，如图 1-7（c）所示。

同样由希罗发明的自动售货机，展现了早期自动化控制与逻辑判断的融合。当人们将硬币投入售货机，硬币质量会使杠杆倾斜，打开容器阀门，水流入下方杯中。当硬币通过杠杆后，杠杆恢复，阀门关闭，即完成一次售卖过程，如图 1-7（d）所示。

 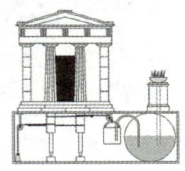  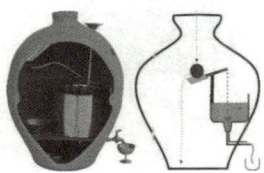

（a）青铜巨人　　　　（b）自动门　　　　（c）汽转球　　　　（d）自动售货机

图 1-7　外国古代人工智能的探索与实践

2. 中国古代人工智能

铜壶滴漏是一种自动化计时装置，最早出现在西周，春秋时期普遍使用，如图 1-8（a）所示。

据《墨子·鲁问》记载，中国古代著名的工匠和发明家鲁班曾制造过一只木鸟，能在空中飞行"三日不下"，体现了中国古代人们对飞行技术的探索精神，如图 1-8（b）所示。

始建于秦昭王末年的都江堰水利工程，解决了江水自动分流、自动排沙、控制进水流量等问题，使成都平原成为"水旱从人"的天府之国，如图 1-8（c）所示。

都江堰的工作原理是什么？

（a）铜壶滴漏　　　　（b）鲁班木鸟　　　　（c）都江堰水利工程

图 1-8　中国古代人工智能的探索与实践

1.4.2 现代人工智能的诞生

虽然古代先民已经对人工智能进行了一些探索与实践，但直到 20 世纪中叶，随着现代科技发展取得了足够的突破与积累，人们才真正有能力开始探索如何让机器模拟人类智能。

1. 数理逻辑领域的准备

20 世纪 30 年代，数理逻辑的形式化和智能可计算思想开始构建计算与智能的关联概念，为现代人工智能的诞生奠定了理论基础。

莱布尼茨［图 1-9（a）］把形式逻辑符号化，奠定了数理逻辑基础。布尔［图 1-9（b）］创立了布尔代数，把逻辑推理转化为数学运算，为人工智能的逻辑判断提供了重要的数学基础。弗雷格［图 1-9（c）］建立了一阶谓词逻辑系统，提高了逻辑对复杂知识的表示和推理能力。哥德尔［图 1-9（d）］提出不完全性定理，为人工智能发展提供了重要的思考方向。

（a）莱布尼茨（1646—1716）　（b）布尔（1815—1864）　（c）弗雷格（1848—1925）　（d）哥德尔（1906—1978）

图 1-9　推动数理逻辑发展的著名科学家

2. 神经科学领域的准备

1943 年，麦卡洛克和皮茨［图 1-10（a）、（b）］提出 MP 神经元模型，能进行与、或、非等基本运算。MP 模型开辟了用电子装置模拟人脑神经元的先河，成为人工智能学科的奠基石之一。

1949 年，赫布［图 1-10（c）］提出关于神经元之间突触强度变化的假设，即赫布学习规则。其基本思想是，如果两个神经元同时被激活的次数越多，它们之间的连接强度就会越强；反之，如果很少同时被激活，连接强度就会减弱。赫布学习规则为研究神经网络的学习算法提供了生物学启示。

（a）麦卡洛克（1898—1969）　　（b）皮茨（1923—1969）　　（c）赫布（1904—1985）

图 1-10　推动神经科学研究的著名科学家

3. 控制科学领域的准备

1948 年，维纳［图 1-11（a）］的著作《控制论——关于在动物和机器中控制和通信的科学》问世，强调系统的反馈机制和自适应能力，为从行为模拟角度研究人工智能奠定了技术和理论基础。

香农［图 1-11（b）］提出信息熵概念，为信息量化和传输提供了理论依据。卡尔曼［图 1-11（c）］提出新的滤波算法，能在存在噪声和不确定性情况下，有效估计系统状态。庞特里亚金［图 1-11（d）］提出极大值原理，为实现系统最优设计提供理论支持。

（a）维纳（1894—1964）　　（b）香农（1916—2001）　　（c）卡尔曼（1930—2016）　　（d）庞特里亚金（1908—1988）

图 1-11　推动控制论发展的著名科学家

1950 年，图灵［图 1-12（a）］发表论文《计算机器与智能》，提出著名的图灵测试［图 1-12（b）］准则，为判断机器是否具有智能提供了一种方法和标准。

 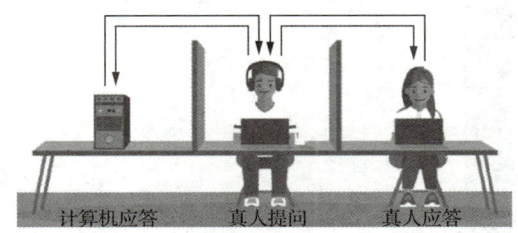

（a）图灵（1912—1954）　　（b）图灵测试示意图

图 1-12　图灵与图灵测试

4. 达特茅斯会议的召开

1956 年夏季，在美国达特茅斯学院，麦卡锡、明斯基、罗切斯特、香农、塞缪尔、纽厄尔、西蒙贺、所罗门诺夫和摩尔等来自数学、心理学、神经学、信息论和计算机科学等不同领域的科学家，举行了长达两个月的历史上第一次人工智能研讨会，如图 1-13 所示。

图 1-13　达特茅斯会议部分参会科学家

达特茅斯会议首次提出"人工智能"概念，标志着现代人工智能学科的正式诞生，从此开启了一波三折而又波澜壮阔的发展历程。

1.4.3　现代人工智能发展的三次浪潮

现代人工智能经历了三次浪潮，包括三次繁荣期、二次低谷期和一次沉淀期，如图 1-14 所示。

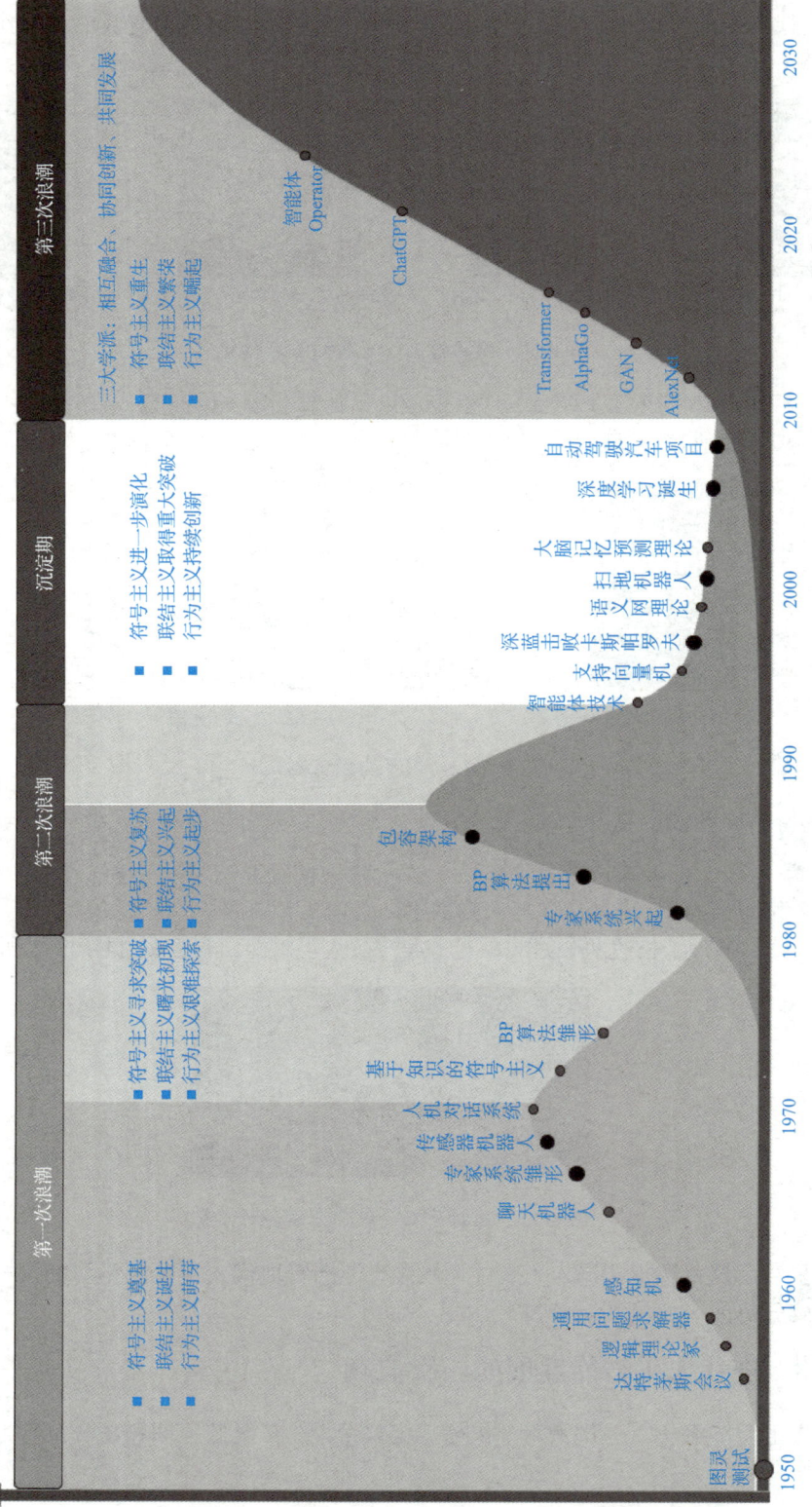

图 1-14 现代人工智能发展的三次浪潮

1. 第一次繁荣期（1956—1973）：符号主义奠基

人工智能诞生初期，科学家们比较认可符号主义学派的思想，认为可以用计算机程序来模拟人类的逻辑推理过程，从而实现人工智能。因此，这一时期的研究重点是构建基础的逻辑理论和算法，奠定了符号主义学派的主导地位，代表人物有纽厄尔、西蒙等。

由于当时处于计算机技术发展初期，研究人员主要探索如何在有限的计算资源下实现简单的智能功能。例如，开发一些基本的搜索算法和简单的语言处理规则，以验证人工智能的可行性。由此产出了逻辑理论家、通用问题求解器、聊天机器人、跳棋程序、对话系统、专家系统雏形等一大批具有重大影响力的研究成果，造就了人工智能的早期繁荣。

符号主义的初步成功，引起社会公众对人工智能未来的无限遐想和期待，科研机构和高校纷纷开展相关研究，使人工智能一夜之间成为最热门的新兴学科，吸引了大量资金和人才，在学术界引发了对人工智能热烈而广泛的讨论。不同思想的碰撞交融，又为人工智能发展注入了多元活力。感知机的出现促进了联结主义的诞生，机器人技术的初步探索催生了行为主义的萌芽。

这个时期人工智能的主角是科研机构与高校。人工智能产业还处于萌芽阶段，企业界大多还在观望，只有少数科技巨头如 IBM 等开始关注人工智能的研究成果，尝试将人工智能技术应用于简单的数据处理和问题求解。但由于当时技术还不够成熟，应用场景有限，尚未形成成熟的产业模式。

2. 第一次低谷期（1974—1980）：挫折与调整

随着研究的深入，早期过于理想化的符号主义方法在面对复杂的现实问题时暴露出了局限性。一方面，因为现实世界中的问题往往具有高度的不确定性和模糊性，难以用简单的逻辑规则来完全描述，导致人工智能系统的性能难以达到人们预期。另一方面，当时的计算机硬件技术发展相对缓慢，计算成本高昂，而人工智能项目一般需要大量的计算资源来支持，这使得项目的投入与产出不成正比，难以获得企业持续的资金支持，进而导致研究陷入困境。1973 年，英国发布《莱特希尔报告》，对当时人工智能发展过度乐观的预期进行了批判性审视，指出诸多技术难题未攻克、应用落地困难等现实问题，引发社会公众对人工智能的实用价值产生了普遍质疑，直接导致人工智能发展陷入低谷。

在挫折面前，研究人员开始反思原有符号主义的技术路线，认识到需要更加注重知识的表示和利用，于是逐渐转向探索基于知识的符号主义方法，探索如何将人类的专业知识有效地融入人工智能系统，从而提高其解决实际问题的能力。

同时，联结主义也取得了一定进展。多层神经网络和反向传播（back propagation，BP）算法的提出，让人们看到了通过模拟大脑神经元结构来实现人类智能的可能性，为人工智能研究带来了新的思路和希望，吸引了一批学者投入联结主义阵营。

这个时期产业界对符号主义相关技术的投资有所减少，应用推广也受到阻碍。联结主义虽未形成产业应用，但已有一些企业开始关注神经网络技术。行为主义在这一阶段依然缓慢发展，在机器人领域有一些小规模的应用尝试。

3. 第二次繁荣期（1981—1986）：黄金时代

由于对知识重要性的深刻认识，研究人员开始专注于开发专家系统，即将特定领域的专家知识进行整理和编码，形成知识库，计算机再根据知识库进行推理和决策，从而在特定领域内模拟专家的思维过程，为解决专业问题提供支持。

专家系统在一些领域取得成功应用，如医疗诊断、工业故障诊断等，能够帮助企业提高效率、降低成本、提升决策质量，展现出了显著的商业价值。专家系统的成功为符号主义挽回了声誉，拓展了人工智能在专业领域的应用范围，吸引了企业的关注和投资，反过来又大大推动了专家系统的商业化进程，也吸引了更多的资金和研究力量投入相关技术的进一步研发与推广应用中。

同一时期，多层神经网络理论不断完善，为联结主义发展带来重大转机。BP 算法的重新发现和完善，解决了多层神经网络的训练难题，让神经网络在图像识别、语音识别等领域初显身手，获得了更多关注，使联结主义逐步兴起。包容架构（subsumption architecture，SA）的提出，为行为主义在机器人领域的应用提供了重要的理论支持和技术框架，让行为主义逐渐赢得关注。

这个时期社会对人工智能的态度逐渐回暖，公众对人工智能的关注度再次提升，人工智能迎来黄金时代。产业结构发生变化，专注于神经网络等新技术的产业悄然兴起。

4. 第二次低谷期（1987—1993）：寒冬与变革

专家系统虽然在特定领域取得了一定的成功，但随着应用的深入，其局限性也愈发凸显。例如，专家系统的知识获取困难，需要大量的人工来整理和编码知识，而且知识的更新和维护成本高昂。同时，专家系统的通用性和可移植性较差，难以适应不同领域和场景的变化需求。

另一方面，前期专家系统的过度商业化导致了市场泡沫的形成，大量企业盲目跟风投入，而忽视了技术本身的局限性和实际应用的难度。当这些问题逐渐暴露出来时，市场对人工智能的信心再次受到重创，投资大幅减少。随之而来的 LISP 机（专为运行 LISP 程序优化的硬件）市场崩溃及日本第五代计算机计划终止，直接导致符号主义的硬件支撑体系崩塌。人工智能发展再次陷入低谷，迎来寒冬。

尽管处于寒冬，但研究人员并没有停止探索的脚步。符号主义在知识表示和推理技术方面持续探索，但在实际应用中并未取得重大突破，面临着变革的压力。随着 CNN 在图像识别领域的逐渐应用，RNN 在自然语言处理中的应用探索，联结主义在模式识别、机器学习等领域展现出强大优势，为人工智能的未来应用拓展了新的方向。同时，行为主义在机器人技术上取得较大进步，能够在复杂的环境中完成任务，如工业生产中的协作、未知环境中的自主探索等。

联结主义在产业界应用迅速拓展，吸引众多科技公司和投资机构加大投入，创业公司大量涌现。行为主义在机器人产业中的应用也逐渐增多，开始在工业生产等领域发挥作用。

5. 沉淀期（1994—2010）：多元化发展

互联网的普及带来了海量的数据资源，为人工智能的发展提供了丰富的素材。同时，计算机硬件技术不断进步，特别是 CPU 和 GPU 性能的大幅提升，分布式计算技术的进步，促进了基于数据驱动的机器学习技术的进一步发展。例如，支持向量机（support vector machine，SVM）能够从大量数据中自动学习和提取特征，能实现更准确的分类和预测，推动了人工智能在互联网领域的广泛应用。

随着机器学习技术的不断成熟，联结主义开始在更多领域得到应用。在计算机视觉领域，图像识别技术用于安防监控中的人脸识别、物体检测等；在语音识别领域，智能语音助手为人们提供了更加便捷的交互方式。此外，在金融、物流、医疗等行业，人工智能也开始发挥重要作用，通过数据挖掘和分析，为决策提供支持，提高行业的运营效率和服务质量。行为主义在机器人控制算法上持续创新。强化学习等方法的应用使机器人的智能水平进一步提升，能够完成更复杂的任务。符号主义则在专家系统基础上向知识图谱方向演化，试图解决知识表示和推理难题，但已难以与联结主义和行为主义在应用规模上形成竞争。

联结主义和行为主义的发展让人工智能更加贴近人们的生活，智能设备、自动化系统等逐渐普及，改变了人们的生活和工作方式。社会对人工智能的接受度进一步提高。

联结主义在互联网、移动设备等领域广泛应用，推动了搜索引擎优化、智能推荐系统等产业的发展。行为主义在服务机器人、工业自动化等领域的应用进一步拓展，产业规模持续扩大。符号主义在产业中的应用相对减少，但在一些对知识推理要求极高的专业领域，如智能法律系统等，仍有一定的应用空间。传统行业纷纷拥抱人工智能，金融、医疗、制造等行业与科技企业合作，引入数据挖掘、机器学习技术提升运营效率、优化产品质量，产业融合趋势明显，上下游产业链不断完善，人工智能产业规模持续扩大，逐步形成较为成熟的产业生态。

6. 第三次繁荣期（2011—2025）：全面发展大时代

2011年之后，联结主义迎来大繁荣。随着计算能力的提升、GPU集群计算技术的成熟、数据量的爆发式增长和应用需求的推动，深度学习获得重大突破。以卷积神经网络、循环神经网络等为代表的深度学习模型，凭借其超强的自动特征提取能力，在图像识别、语音识别、长文本处理等领域实现了革命性突破，迅速占据主导地位，引发了人工智能领域的一场大革命。Transformer 架构的出现，推动了生成式预训练变换器（generative pre-trained transformer，GPT）、双向编码器（bidirectional encoder representations from transformers，BERT）等大型语言模型的发展。DeepSeek、Gemini、Grok 等模型的爆火，展现出在多模态数据处理上的巨大潜力，在图像识别、语音识别、自然语言处理、机器翻译、代码辅助等领域得到广泛应用。

深度学习的巨大成功进一步推动了人工智能与各行各业的深度融合。在交通领域，自动驾驶技术基于深度学习实现了对道路环境的精确感知和决策控制，推动了汽车行业的智能化变革；在智能家居领域，通过深度学习的语音和图像识别技术，实现了家电的智能化控制和人机交互；在医疗领域，深度学习辅助诊断系统能够对医学影像进行分析，帮助医生更准确地发现疾病。这种产业融合不仅推动了各行业的升级转型，也为人工智能的发展提供了更广阔的应用场景和数据来源。

行为主义强势崛起，随着机器人技术发展、强化学习理论完善和生产需求的导向，机器人领域获得长足进展。硬件技术的进步使机器人的感知、执行能力不断提高，在复杂环境中的自主导航、任务执行能力大幅提升，能更好地适应不同场景和完成多样化任务，如在物流仓储中实现高效的货物搬运和分拣。强化学习算法的不断改进和创新，如深度强化学习，提高了智能体的学习效率和性能，智能体能通过与环境交互不断学习优化策略。2016年，Google 旗下的 DeepMind 公司研发的 AlphaGo 以 4∶1 的总比分战胜围棋世界冠军李世石，被《科学》杂志评为当年十大突破之一。智能体在与人类和环境的交互中，表现出更自然、灵活的行为，能更好地理解和响应用户指令，在工业自动化、智能家居等更需要智能体自主行动和决策的领域得到了广泛应用。

符号主义获得重生，理论上取得创新，提出可解释人工智能，从理论层面深化对人工智能本质的理解，为人工智能的长远发展提供坚实的逻辑基础。与深度学习结合，构建神经符号系统，将神经网络的感知能力与符号系统的推理能力相结合，如 DeepMind 的 AlphaGeometry 系统，用于解决几何问题。在医疗诊断、法律分析等对可解释性要求高的关键领域，符号主义用于提供可追溯的推理链条。对安全性、可靠性要求极高的领域，如航空航天、金融风险评估等，需要符号主义实现精确推理。

随着各项技术的快速发展，三大学派的交叉融合进一步深化。例如，智能机器人结合了联结主义的感知能力、行为主义的控制策略和符号主义的知识推理，使机器人能够更好地理解现实环境和处理更复杂的任务，做出更合理的决策。深度学习与强化学习的紧密结合取得了一系列重要成果，赋予智能体更强的自主决策学习能力，在电竞游戏、机器人控制、自动驾驶等领域表现卓越。

人工智能产业爆发式增长，成为全球经济发展的重要驱动力和新引擎，形成了庞大的产业生态。各大科技公司纷纷布局人工智能领域，创业公司不断涌现，产业规模持续高速增长。三大学派的技术相互融合，为产业发展提供了更强大的技术支持，推动了人工智能在更多领域的商业化应用。

人工智能全面融入社会各个领域，从医疗保健到交通运输，从教育到娱乐，人工智能的应用无处不在，深刻改变了社会的运行方式。人工智能的广泛应用对社会产生了深远的影响，引发了人们对伦理、法律、就业等问题的关注和讨论。例如，自动驾驶汽车可能面临的事故责任界定问题，人工智能算法可能存在的偏见和歧视问题，以及自动化技术对就业市场的冲击等。这些问题促使人们在发展人工智能的同时，更加注重其可持续性和社会适应性，推动相关法律法规和伦理准则的制定和完善。

1.4.4 符号主义学派发展历程

按照人工智能发展的时间线，符号主义学派的发展逻辑如图 1-15 所示。

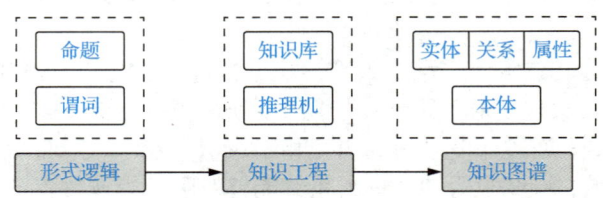

图 1-15 符号主义学派的发展逻辑

1. 兴起与初步繁荣

1956 年达特茅斯会议上人工智能概念诞生之时，即标志着符号主义的开端，符号主义作为人工智能领域的主流学派正式登场。

这一时期的人工智能研究充满了理想主义色彩。研究者们将人类智能简化为符号的逻辑运算，认为可以通过建立足够复杂的符号系统就能在机器上复现人类智能。主张以形式逻辑为基础，将知识表示为命题逻辑、谓词逻辑等逻辑表达式，用符号和规则来描述世界。这种理念主导着早期的人工智能研究方向，为人工智能的早期繁荣奠定了基础。

人们对人工智能的发展前景也极为乐观，政府和企业纷纷投入大量资源资助研究。出现了一些早期的符号处理语言和工具，如信息处理语言（information processing language，IPL）、列表处理（list processing，LISP）语言，为知识表示和逻辑推理提供了有力的工具，为符号主义的发展提供了技术支持。

1956 年，纽厄尔等人开发了第一个人工智能程序逻辑理论家（logic theorist，LT），能够自动证明《数学原理》中的定理，这是符号主义在知识表示和推理方面的首次重大突破，有力地证明了可以用计算机来研究人的思维过程，模拟人的智能活动，极大地鼓舞和推动了符号主义的发展。1960 年，纽厄尔又推出通用问题求解器（general problem solver，GPS）。

1956 年，塞缪尔在达特茅斯会议上演示了其开发的跳棋游戏，这是第一个具备自我学习能力的程序，证明计算机在复杂策略游戏中能够达到较高的水平，开启了人工智能在决策博弈领域的探索之旅。

1965 年，斯坦福大学的费根鲍姆等人开发出第一个专家系统 DENDRAL，开创了人工智能领域的重要分支。1968 年，麻省理工学院开发出用于数学符号运算的专家系统 MACSYMA，为现代科学计算软件的发展奠定了基础。

1966 年，魏泽鲍姆开发了世界上第一个聊天程序 ELIZA，开创了自然语言处理先河。1970 年，维诺格拉德开发了第一个人机对话系统 SHRDLU，改变了人机对话模式。1972 年，科尔默劳尔等人为自然语言处理设计了 Prolog 语言，为符号主义在知识表示和推理方面提供了更强大的工具。

由上述可见，符号主义早期取得的研究成果，基本上涵盖了未来人工智能发展的大部分领域，如自动证明、机器学习、自然语言处理、专家系统、游戏、人机对话、聊天程序、人工智能系统开发工具等，为人工智能的进一步发展指明了方向，规划了未来。

这一时期，符号主义也存在很多问题与不足。知识获取极为艰难，纯靠人工编写规则，不仅耗费专家大量精力，还导致知识覆盖面窄。以简单棋类程序为例，专家需巨细无遗地罗列棋盘、走棋规则，稍有差池程序就会出错，知识获取效率与精准度严重受限。

知识表示方面，依赖专家手动将知识转化为符号形式，如构建基础学科的知识模型，用逻辑谓词精准呈现知识关联。语义网络初步用于搭建简单分类体系，如动物分类体系的构建，开启了知识结构化组织的尝试。

推理技术方面，基于经典逻辑的演绎推理，计算机按照预设规则与事实，按部就班推导结论。推理模式刻板，要求信息完备、边界清晰，面对模糊概念或信息缺失时，推理链条即刻断裂，难以应对复杂多变的现实情境。

2. 挫折与反思

随着符号主义应用的不断拓展，知识获取瓶颈愈发凸显，难以将大量的人类知识以符号形式有效地表示和编码到计算机中。例如，在医学、地质学等复杂领域，知识体系庞大繁杂，人工编写规则完全跟不上知识增长与更新节奏；医疗诊断中，病症与疾病对应复杂多变，固定规则无法涵盖所有情况，编写工作量大且难以精准匹配现实病情，知识更新滞后。同时，知识表示遭遇现实中的模糊性、不确定性挑战。自然语言语义模糊、生活概率事件频出，经典符号逻辑非真即假的判断准则无力应对，无法像人类一样灵活地理解和处理这些知识。另外，将智能简化为形式逻辑的机械推演，面对大规模知识集容易陷入困境，面临组合爆炸风险。《莱特希尔报告》的发布，给符号主义带来沉重打击，直接导致符号主义学派陷入绝境。

挫折促使研究人员开始反思符号主义的局限性，认识到需要更深入地研究人类知识的本质和结构，以便找到更有效的知识表示方式。为破解知识获取困局，研究人员尝试开发简易文本分析工具，意图从专业文献、手册提取知识。但当时自然语言处理技术很原始，工具仅能识别简单句式、关键词，难以解析复杂语义，提取出的知识零散错误，无法有效融入知识库。在知识表示方面，少数研究者意识到模糊知识处理的紧迫性，开始探索模糊逻辑理论，但受限于算力与算法限制，仅停留在理论研讨，未转化为实用方案。在推理技术方面尝试革新，提出启发式搜索策略，设定经验性启发规则，如棋类博弈优先搜索关键棋路，减少无效探索。但在大规模复杂问题面前，启发式规则顾此失彼，组合爆炸阴影依旧笼罩，效率提升有限。

在专家系统方面取得了一定进展，一些针对特定领域的专家系统开始出现，但性能和实用性仍有限，仅在医疗、工业等领域有小规模尝试，效果并不理想。

3. 专家系统兴起

为解决符号主义面临的难题，知识工程理论兴起并得到了快速发展，提出了知识获取、知识表示、知识推理等一系列完整的技术框架。

基于知识工程理论，研究人员提出知识库和推理机分离的专家系统架构。知识库专注于知识的获取与组织管理，将领域专家的知识以"如果-那么"（IF-THEN）的规则形式存储在知识库中。专家与知识工程师紧密协作。专家凭借深厚的专业知识提供核心要点，工程师运用专业方法构建结构化知识库，大幅提升知识获取与组织效率。同时，通过专家访谈梳理专业流程、决策要点，借助案例分析从大量实例归纳共性与特殊知识，精准充实知识库。

推理机则负责通过推理引擎进行逻辑推理，依据知识库实现对特定领域的问题求解。这种分工明确的系统架构极大地提升了专家系统的开发效率与灵活性，推动了专家系统的兴起和应用，逐步形成了行业标准。专家系统在多个领域崭露头角，如用于医疗诊断的MYCIN系统、用于地质勘探的 PROSPECTOR 系统等，为行业发展提供了专业的决策支持。

基于规则与基于案例推理完美结合。例如，医疗专家系统中，面对新患者症状，先依据疾病-症状规则正向推理锁定可能的疾病范围，再结合过往相似病例反向验证，优化诊断结果，依据场景灵活切换推理策略，有力支撑专家系统应对复杂的现实问题。

专家系统的广泛需求，催生了许多专家系统开发工具和平台，如 CLIPS 便是其中的佼佼者。这些专用工具和平台大大提高了专家系统的开发效率，降低了开发门槛，开发出许多著名的专家系统，广泛应用于医疗、地质、化工、金融等多个领域。

专家系统的发展也丰富了知识表示方法，框架表示法、语义网络等表示方法得到了发展和应用。框架表示法将知识组织成具有层次结构的框架，便于对复杂对象和场景进行表示和推理。而语义网络则通过节点和边来表示概念和概念之间的关系，可以更直观地反映知识的语义结构。

随着专家系统在一些领域的成功应用，符号主义迎来了黄金时代。形成以知识工程为核心的研究方向，吸引了更多的资金投入和研究人员，众多国家、学术团体和研究机构围绕符号主义开展了大量的研究工作，进一步巩固了符号主义学派的核心地位。1981年，日本宣布"第五代计算机计划"，1982年正式开始实行，整个工程预期10年完成，预计耗资5亿美元。日本这一举动在西方国家中引起强烈反响，美英等国纷纷采取措施制订发展方案，如美国"微电子与计算机技术合作工程"、英国"阿尔维方案"等。1983年，美国人工智能硬件市场规模突破2.3亿美元。

4. 再次受挫与转型

尽管知识工程取得了一些成果，但符号主义整体发展依然面临诸多挑战。随着研究的推进和应用需求的增加，符号主义在处理大规模、非结构化、复杂问题和通用性方面的局限性愈发明显，知识的一致性维护、推理效率、适应性和泛化能力等问题日益突出，难以满足更广泛的现实需求。

随着专家系统迈向更广泛的应用领域，知识获取瓶颈再度凸显。企业级专家系统维护成本飙升，专家知识更新缓慢，新领域知识融入艰难，知识库陈旧、知识一致性难以保障。新兴互联网信息服务领域，知识更新以天、小时计，传统专家系统数月一更新，完全无法适应信息洪流。同时，知识表示面对海量、异构互联网数据束手无策，不同来源、不同格式的数据在符号表示框架下难以整合，语义冲突频发。传统语义网络表示复杂网页知识时，无法精准反映网页语义关联，知识碎片化严重。另外，传统推理技术深陷复杂现实问题泥沼，面对互联网信息检索模糊查询、语义理解等需求，经典逻辑推理无力回应，推理可解释性在复杂网络推理时遭质疑，用户难以理解推理过程与结果逻辑。大规模语义网推理时，传统逻辑推理消耗巨量计算资源，效率低下，难以及时给出有效结论。

1987 年，LISP 机市场崩溃，逐渐被通用计算机取代。日本第五代计算机计划终究未能取得突破，于 1992 年宣布终止。同时，随着神经网络技术的兴起，联结主义在图像识别、语音识别等领域取得了一些进展，对符号主义形成了一定的冲击。如此种种，符号主义优势不再，整体发展速度相对放缓，再次陷入发展困境。

研究人员开始调整研究方向。为攻克知识获取难题，研究人员转向机器学习自动获取方法。但当时机器学习尚不成熟，知识抽取准确性低、完整性差，无法从海量数据中高效提炼高质量知识。例如，早期基于决策树的知识自动提取，受限于小数据集，学习到的决策规则片面，无法涵盖复杂知识全貌，难以满足专家系统的深度和广度需求。知识表示尝试打破符号与数值界限，引入模糊逻辑构建混合表示模型，但在实操中难以融合多类型数据，稳定性与可维护性差，未获得广泛应用。

提升推理效率成为研究热点，提出并行化推理策略。研究人员欲借助多处理器硬件架构，分解推理任务并行处理。但当时硬件并行能力有限，软件算法优化不足，通信、同步成本抵消了效率提升，效果不佳。为了提高推理效率，部分研究人员开始对知识表示进行简化和优化，但又导致知识表示的不完整性和不准确性。如何在知识表示的丰富性和推理效率之间寻找更好的平衡，研究人员进行了一些探索和尝试，但没有完全解决问题。

符号主义在多重压力下，加速与联结主义、行为主义的交叉与融合，寻找新的突破方向。

5. 深度融合与创新

互联网的普及与数据挖掘技术的飞跃发展为知识获取带来了转机。符号主义利用机器学习算法从海量的网页、文档和数据库中自动挖掘知识，将其以符号形式表示和存储，丰富了知识获取的途径，提高符号主义系统的知识获取能力和适应性。

知识表示与语义网紧密结合，本体技术成为主流。20 世纪 90 年代初期，格鲁伯定义统一本体概念、属性、关系，规范知识表示形式，实现不同系统间知识共享与互操作。出现了如资源描述框架（resource description framework，RDF）、网络本体语言（web ontology language，OWL）等新的知识表示语言。其中，RDF 用于表示和交换 Web 上的结构化数据和元数据；OWL 用于在语义网中表示本体。这些语言能够更准确地表示语义信息和知识之间的关系，支持更复杂的知识推理，推动了知识表示在语义层面的发展，使知识能够更好地在网络环境中共享和交换。

随着研究的深入，人们意识到需要一种更有效的知识表示方法来处理复杂的现实世界知识。传统的符号表示方法在面对大规模、多样化的知识时，逐渐显露出表达能力不足、难以维护和扩展等问题。在这样的背景下，知识图谱应运而生，提供了一种更强大、灵活的知识表示和组织方式。知识图谱的关键技术包含三个层面，即知识抽取，这是构建知识图谱的基础；知识融合，包括实体对齐、属性对齐等，确保知识的准确性和完整性；知识推理，这是符号主义在知识图谱中的重要应用体现，能够挖掘出隐藏在数据背后的知识，增强知识图谱的智能性。

推理技术创新不断，结合概率推理、模糊推理以应对不确定性问题。在语义网推理中，基于描述逻辑的推理引擎优化升级，引入概率扩展，既能依精确逻辑规则推导知识，又能处理不确定性。例如，智能客服系统在面对用户模糊提问时，综合运用语义理解、概率推理来判断需求，给出回答。

6. 新机遇与新发展

虽然联结主义是这一时期的研究热点，但符号主义在一些需要精确逻辑推理和知识表示的特定场景中仍然发挥着重要作用，出现知识驱动与数据驱动协同发力的发展新模式。

知识获取借大数据、深度学习实现飞跃，自动知识获取能力大幅提升。深度学习模型能从海量多模态数据自动提取特征、识别实体、挖掘关系，融合多种模态知识进行环境理解和决策。

随着知识图谱的构建和技术更加成熟，知识表示注重多模态融合。例如，将符号主义的知识表示与语义网技术相结合，构建大规模的知识图谱，用于表示和整合各种领域的知识。2013 年，Bordes 等提出 TransE 模型，推动了知识图谱嵌入技术的发展，在知识图谱补全、关系预测等任务上表现优异。知识图谱嵌入技术通过学习实体和关系的向量表示，自动填补知识图谱中的缺失信息。知识图谱嵌入技术将知识图谱中的实体和关系映射到低维向量空间，使实体和关系能够参与到深度学习模型的计算中，方便后续的知识推理与预测任务。符号主义通过知识图谱嵌入技术把符号知识转到低维向量，便于知识计算、关联挖掘，以更好处理现实世界知识。利用深度学习模型自动学习知识结构和关系，结合强化学习让知识获取过程更具适应性，如推荐系统依据用户反馈强化学习，调整知识抽取策略，提高推荐精准度。

推理技术向更高效、更智能发展。基于图神经网络（graph neural network，GNN）的推理，能处理大规模知识图谱和复杂关系推理，GNN 通过节点间信息传递更新节点表示，捕捉知识图谱复杂关系，在药物研发、社交网络分析等领域广泛应用。同时，强化学习推理机制为智能体决策、规划提供新思路，在游戏、机器人等领域成功应用。通过引入注意力机制、分布式计算等技术，提升推理效率，应对复杂场景需求。例如，在大规模知识图谱推理中，注意力机制聚焦关键节点和关系，减少无效计算；分布式计算利用集群算力加速推理过程。

符号主义、联结主义和行为主义相互融合、促进，形成多元化人工智能发展格局。符号主义提供可解释性和高层逻辑推理，联结主义提供强大感知和学习能力，行为主义提供与环境交互能力，共同推动人工智能技术进步和应用。

随着对人工智能可解释性研究的重视，符号主义在可解释人工智能的研究中受到关注。研究者们试图借鉴符号主义的思想，来解决深度学习等方法中的黑盒问题，以满足一些对决策透明度要求较高的应用场景，如医疗诊断、金融决策等。将符号逻辑推理与深度学习的感知能力相结合，提高智能系统的可解释性和逻辑推理能力，如神经符号主义等理论的探索。建立联合研究团队，从理论基础出发，深入探索不同学派融合最优模式，进一步优化协同效果。例如，在智能医疗影像诊断应用场景，联结主义依深度学习模型提取影像特征、初步诊断，符号主义依据医学知识逻辑验证、解释，行为主义依据诊断结果生成报告、安排后续检查，三方协同提升诊断效率与质量。

符号主义自诞生以来，历经波折，在理论、技术与应用各个层面持续进化，通过不断融合创新,在当今数字化时代依然发挥着不可替代的重要作用,并且有望在未来继续开创新的辉煌。

1.4.5 联结主义学派发展历程

按照人工智能发展的时间线,联结主义学派的发展逻辑如图 1-16 所示。

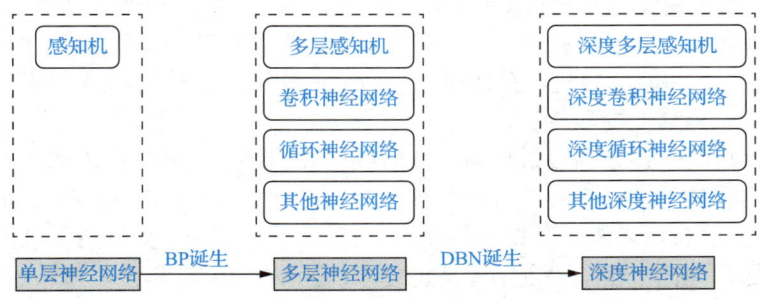

图 1-16 联结主义学派的发展逻辑

1. 诞生与初步探索

1957 年,罗森布拉特提出感知机概念,这是一种简单的前馈型神经网络(feedforward neural network,FNN)模型,只有输入层和输出层,神经元之间全连接。早期感知机的结构如图 1-17 所示。

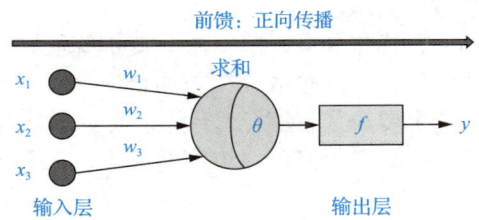

图 1-17 早期感知机的结构

感知机的数学定义是一个线性分类器,其模型可以表示为 $f(x) = \text{sign}(w \cdot x + \vartheta)$。其中,$x$ 是输入,w 是权重,ϑ 是阈值,sign 是符号函数,用于判断一个实数的正负性。

罗森布拉特在 IBM 704 计算机上模拟实现了感知机神经网络模型 Mark Ⅰ,可对手写数字进行视觉识别和分类。这是首次不依靠编程仅靠机器学习完成的智能任务。所谓不依靠编程,是指不需要由程序员详细地编写一系列规则和算法,意味着程序员事先不知道如何去解决问题,更没有成熟的解决问题步骤。感知机是通过让模型自身从大量的数据中学习规律,从而具备完成智能任务的能力。这是与早期符号主义的根本区别,因而引起学界的普遍兴趣。

早期感知机的训练算法比较简单直观,当感知机对某个样本分类错误时,根据分类结果与真实结果的误差方向调整连接权重,采用梯度下降法寻找最优权重,使输出逐渐逼近真实结果。

早期感知机具有很大局限性。1969 年,明斯基等出版了《感知机:计算几何导论》,对当时新兴的感知机模型进行了深入分析,指出了单层感知机在处理某些复杂问题时存在的局限性。

由感知机模型可知，感知机本质上是线性模型，只能表示线性函数关系，因此只能处理二分类问题。因为，对于线性可分数据，感知机通过调整连接权重通常总能找到合适的 w 和 θ 来实现分类。感知机无法处理线性不可分问题。因为感知机无论如何调整权重，都无法找到合适的 w 和 θ，导致感知机陷入无限循环，无法收敛，无法得到一个确定的分类模型，无法实现分类。感知机也无法表示非线性问题。对于非线性问题，由于输入和输出之间存在复杂非线性关系，通常需要将原始数据映射到更高维的特征空间，目的是使得在新的特征空间中数据变得线性可分，而感知机本身并不具备自动进行复杂特征空间变换的能力，因而难以求解非线性问题。此外，感知机还存在诸如收敛速度和结果依赖初始值、缺乏泛化能力、难以处理多分类问题等其他局限性。

因此，感知机的改良方向也很清晰，为后续神经网络的蓬勃发展指明了方向。

（1）**改良模型结构**。最直接的方法是构建多层感知机（multilayer perceptron，MLP），即在中间加入隐藏层，用以表示数据中更复杂的特征，使模型能够处理更复杂的非线性问题。随着层数的增加，理论上模型可以逼近任何复杂的函数。1958 年，罗森布拉特设计出了一个多层感知机，但当时没有有效的训练方法，未引起关注。

另外，可以改变神经元连接方式。早期感知机神经元之间是简单的全连接，可引入稀疏连接、局部连接等方式，如后期的卷积神经网络等。

（2）**引入反馈连接**。感知机是前馈型的，在此基础上，添加反馈连接，即可形成循环，如后期的循环神经网络等。

（3）**改进激活函数**。早期感知机使用线性激活函数，表达能力有限。可以引入非线性激活函数，使模型能够学习非线性关系。

（4）**改进训练算法**。例如，优化梯度下降算法，使训练过程更加稳定，收敛速度更快；采用合适的初始化方法，使训练初期的参数分布更加合理等。

感知机是早期联结主义的重要成果，在人工智能发展史上具有里程碑意义，开创了神经网络研究先河，启发了众多后续复杂神经网络模型的诞生。

2. 挫折与徘徊

莫拉维克悖论的发现，让人们意识到对于计算机来说，实现一些看似简单的人类感知和动作任务极其困难，使得联结主义模拟人脑功能来实现人工智能的道路面临挑战，人们对联结主义的发展路径产生了质疑。明斯基等人的质疑，使感知机研究进一步陷入尴尬境地，遭遇第一次寒冬。

尽管处于寒冬期，但仍有部分研究人员坚持研究，在艰难的环境中进行理论探索和小规模的实验，为后来 20 世纪 80 年代联结主义的复兴奠定了基础。

虽然联结主义总体处于停滞状态，但仍有少部分研究人员在坚持探索新的理论和方法。有一些研究人员开始尝试在输入层和输出层之间添加隐藏层来构建 MLP。但当时缺乏有效的 MLP 训练算法，导致 MLP 的实现面临巨大困难。

1974 年，沃伯斯等提出 BP 算法雏形，为训练 MLP 带来了曙光。1975 年，沃伯斯利用二层 BP 网络，有效解决了异或问题，使研究人员深受鼓舞。但受到当时的算力和数据限制，无法为解决实际问题提供有效支持，故未得到应有的重视。

1976 年，格罗斯伯格提出自适应共振理论（adaptive resonance theory，ART），模拟人类大脑在面对不断变化的外界信息时如何进行模式识别、分类和学习，解决了学习的"稳定性和可塑性"之间的矛盾，即既能快速学习新的模式又能保持对已学模式的记忆。例如，小明学习英文，先学了苹果"apple"，又学了香蕉"banana"。对于传统学习模型，如果一下子给小明看很多新水果的英文，可能会把之前学的搞混，忘记苹果怎么说了。而 ART 就像一个学习小助手，当给小明看新水果譬如梨"pear"时，ART 会告诉小明这是一种新水果，要单独记在本子的新页面上，而不是和苹果、香蕉写在一起。这样小明就不容易把之前学的和新学的搞混，从而实现能够稳定地学习新知识。

ART 丰富了联结主义的理论内涵。传统神经网络侧重于通过神经元的连接和权重调整来学习数据中的模式，而 ART 更强调在动态环境中对输入模式的自适应分类和记忆，为联结主义处理动态、不确定的信息提供了新的思路，为联结主义从生物认知角度研究人工智能提供了新的理论支撑，使人工智能模型更接近人类的认知方式，在人工智能联结主义发展中具有重要的地位。

1979 年，日本学者福岛邦彦提出神经认知机（neocognitron）模型，这是卷积神经网络的雏形，为后来卷积神经网络的发展奠定了一定基础。

这一时期的艰难探索，为联结主义的复苏做好了充分准备。

3. 突破与复苏

进入 20 世纪 80 年代，联结主义仍在继续发展，强调神经元之间的连接和相互作用对神经网络功能的重要性，为深度神经网络中各种复杂连接结构和机制的研究指明了可能的理论方向。

1986 年，鲁梅尔哈特等人重新发现并完善了 BP 算法，构建了 BP 网络模型，包括输入层、隐藏层、输出层，输入层和隐藏层之间全连接，如图 1-18 所示。

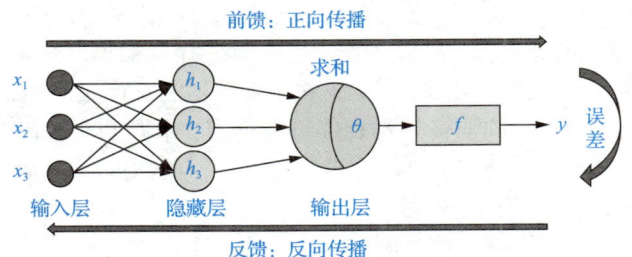

图 1-18　BP 网络模型

在图 1-18 中，隐藏层是核心部分，负责对输入数据进行特征提取和转换。

正向传播是指输入数据从输入层开始，依次经过隐藏层，最终传递到输出层的过程。在这个过程中，每个神经元都会对输入进行加权求和，并通过激活函数进行非线性变换，得到该神经元的输出。反向传播是指在正向传播得到输出结果后，将输出结果与真实结果进行对比，计算误差，并将误差从输出层反向传播到隐藏层和输入层，依次调整各层的连接权重和偏置的过程。重复正向传播和反向传播的过程，直到误差函数达到预设的阈值或达到最大迭代次数。通过不断迭代，网络权重和阈值会逐渐调整到最优值，使网络能够准确对输入进行分类或预测。

BP 对感知机的改进，主要体现在增加隐藏层提高了对非线性问题的表示能力。另外，通过反向传播误差提高了收敛速度。引入非线性激活函数能处理多分类能力，使 MLP 可以处理手写数字识别、图像分类、语音识别等各种复杂的分类任务。

在 BP 算法提出后，研究人员开始尝试增加 MLP 的层数，即构建深度多层感知机（deep MLP，DMLP），以提高模型的表达能力。然而，早期由于计算资源有限、数据量不足等问题，DMLP 的训练是一大难题，导致 DMLP 的发展较为缓慢。

同时，BP 算法虽然解决了 MLP 的训练难题，但由于 MLP 本质上还是一种前馈网络，因此，在处理复杂空间关系和时间关系时仍然存在很大局限性。

BP 算法在处理复杂空间关系方面的局限性。

（1）缺乏空间结构的感知能力。MLP 通常将输入视为一维进行处理，会忽略其中的空间结构信息。MLP 处理图像时，会把二维图像展平为一维，使原本相邻的像素在展平后隔离很远，导致 MLP 难以捕捉到原像素之间的空间依赖关系。例如，识别手写数字时，MLP 无法直接利用数字笔画的空间连续性和相对位置信息，只能根据展平后的像素值进行学习，限制了对复杂图像特征的提取和识别能力。

（2）局部特征提取能力不足。局部特征往往是识别物体的关键，如识别一张猫的图像时，猫的眼睛、耳朵、鼻子等局部特征对于准确识别起着重要作用。而 MLP 是全连接，难以在局部区域提取局部特征，需要更多的参数和计算资源来学习相同的特征，导致效率较低。

（3）平移不变性缺失。在图像识别中，无论物体出现在图像的哪个位置都应该能被正确识别。而 MLP 的神经元连接权重是固定的，输入数据的位置变化会导致不同的激活模式，从而影响输出结果。因此，需要在训练数据中包含大量不同位置样本，无疑将增加数据收集和训练的难度。

BP 算法处理复杂时间关系方面的局限性。

（1）缺乏时间记忆能力。很多情况下，当前输出往往与过去信息密切相关。例如，语音识别中，当前的语音片段可能需要结合之前的语音内容才能准确理解其语义。而 MLP 是静态网络，对每个输入进行独立处理，不具备对过去信息的记忆能力，无法保存历史信息，难以捕捉到这种时间上的依赖关系，导致在处理复杂时间序列数据时性能不佳。

（2）固定的输入长度限制。MLP 通常要求输入数据的长度是固定的，而时间序列数据的长度往往是可变的，如不同的语音信号长度可能不同，不同的文本段落长度也有差异。为将可变长度的时间序列数据输入 MLP，需要对数据进行截断或填充操作，会导致信息丢失或引入不必要的噪声，影响模型的性能。

（3）难以处理长时依赖问题。在时间序列数据中，存在着长时依赖关系，即当前输出可能与很久之前的输入信息相关。MLP 由于存在结构局限性，随着网络层数的增加，信息在传播过程中会逐渐衰减或消失，导致无法有效捕捉远距离的时间依赖关系。

针对 MLP 在处理复杂空间关系和时间关系时存在的局限性，一些研究人员开始探索构建特殊的网络模型，来处理数据中的复杂空间关系和时间关系，如处理图像、语音和长文本等任务。

1981 年，科霍宁提出自组织映射（self-organizing map，SOM）模型，可以对图像等高维数据进行降维与可视化，把复杂数据变得简单和可理解。例如，SOM 对监控图像进行分析，可以识别不同的场景和目标，区分出人员活动、车辆行驶、物体静止等不同状态。

1982 年，霍普菲尔德提出霍普菲尔德神经网络（Hopfield neural network，HNN）模型，具有联想记忆功能。例如，对于受损图像，HNN 会根据图像未受损部分的信息及自身已学到的图像模式知识，对缺失部分进行联想和填充而使受损图像恢复，在文物保护等领域具有重要的应用价值。

1985 年，辛顿等人提出玻尔兹曼机（Boltzmann machine，BM），可以发现数据中的潜在特征。例如，在医学辅助诊断中，BM 对肺部 CT 进行分析，捕捉 CT 中一些微妙的特征关系，及时发现早期微小病变。1986 年，斯莫伦斯基提出受限玻尔兹曼机（restricted Boltzmann machine，RBM）模型。

4. 多元化发展

在这期间，虽然整体人工智能再次陷入低谷，但联结主义的基础理论得到了进一步的深化和完善。研究人员对神经网络的学习机制、泛化能力等问题进行了更深入的研究，为神经网络的再次发展提供了更坚实的理论支持。

1987 年，卡彭特等人进一步发展和完善了 ART 理论，提出 ART-1 模型。之后，又陆续出现了 ART-2、ART-3 模型。

卷积神经网络得到迅速发展。1987 年，魏贝尔等提出第一个卷积神经网络，即时间延迟神经网络（time delay neural network，TDNN），应用于语音识别。1988 年，张伟提出第一个二维卷积神经网络，即平移不变人工神经网络（shift-invariant artificial neural network，SIANN），应用于医学影像检测。1989 年，杨立昆提出卷积神经网络 LeNet 的最初版本，应用于图像分类。

1989 年，赛本科证明了神经网络万能逼近定理，即只要隐藏层神经元数量足够多，神经网络就可以近似表示任何复杂的连续函数。万能逼近定理从理论上证明了神经网络具有无限的表示能力，打破了人们对神经网络能力的认知局限，激励了更多研究人员投身于神经网络的研究。

1990 年，艾尔曼提出全连接的循环神经网络，具有记忆功能，在处理序列数据方面具有独特优势。随着实时循环学习（real-time recurrent learning，RTRL）方法、随时间反向传播（backpropagation through time，BPTT）算法的出现，循环神经网络在自然语言处理、语音识别等领域得到广泛应用。

5. 再次崛起的前奏

在这一阶段，联结主义学派稳步发展，理论不断丰富和完善，新技术不断涌现。

1997 年，霍克赖特等基于 RNN 提出 LSTM，能够有效处理序列数据中的长期依赖关系，在语音识别、自然语言处理等领域取得了显著的效果。1997 年，舒斯特提出双向循环神经网络（bidirectional recurrent neural network，BRNN），能够更全面地捕捉序列的上下文特征。

1998 年，杨立昆等人提出 LeNet-5，自动从图像中提取有效特征，展示了 CNN 在图像识别中的强大能力，推动了 CNN 在计算机视觉领域的广泛应用，在深度学习领域具有开创性意义。

2006 年，辛顿等人提出深度信念网络（deep belief network，DBN），这是一种生成式概率模型，由多个 RBM 堆叠而成，先通过逐层贪婪算法对网络的每一层进行无监督学习，初始化网络参数，然后再使用有监督学习进行微调。

DBN 打破了深度神经网络的训练瓶颈，提升了对复杂任务的处理能力，拓展了深度学习应用领域。随着 TensorFlow、PyTorch 等深度学习框架的出现，使更多的研究人员能够参与到深度学习的研究和应用中来，开启了深度学习研究的新篇章，为人工智能的再次繁荣带来了曙光。

同时，训练算法和技术不断取得创新。修正线性单元（rectified linear unit，ReLU）被广泛应用，大大提高了训练效率和性能。随机梯度下降（stochastic gradient descent，SGD）及其各种改进算法的广泛应用，提高了训练模型的收敛速度和稳定性。

2009 年，大规模图像分类数据集 ImageNet 出现，为计算机视觉领域的研究提供了重要的资源。基于 ImageNet，研究人员不断改进和优化神经网络模型，使图像识别、物体检测等任务的准确率不断提高，推动了计算机视觉技术在学术界和工业界的快速发展。

联结主义在保持自身发展的同时，开始与符号主义、行为主义等相互借鉴，形成了混合智能系统的研究方向，尝试综合各种方法的优势来解决更复杂的人工智能问题。

6. 全面繁荣时代

2011—2015 年期间，联结主义在现代深度学习框架下进行蓄力。硬件上，通用 GPU 计算开始兴起，为神经网络训练提供了必要算力。

在图像处理领域，CNN 不断优化。2012 年，克里泽夫斯基、苏茨克维和辛顿提出 AlexNet，这是深度学习领域具有里程碑意义的卷积神经网络模型，共有 8 层，包括 5 个卷积层和 3 个全连接层，能够学习到更复杂、更抽象的图像特征，在当年的 ImageNet 竞赛中夺冠，开启了深度学习时代。

在自然语言处理领域，2014 年，出现门控循环单元（gated recurrent unit，GRU），改进了 RNN 在处理长序列时的梯度消失问题。

2014 年，古德费洛提出生成对抗网络（generative adversarial network，GAN），在生成式建模、图像生成、数据增强等领域有广泛应用。随后延伸出几类变体，如深度卷积生成对抗网络（deep convolutional generative adversarial network，DCGAN），CNN 引入 GAN 中，在图像生成等领域取得显著成果；条件生成对抗网络（conditional generative adversarial network，CGAN），在生成数据过程中引入额外条件，生成特定类型的数据；瓦瑟斯坦生成对抗网络（Wasserstein GAN，WGAN），旨在解决传统 GAN 训练不稳定、生成样本质量不佳以及难以评估等问题。

2016—2020 年期间，联结主义迎来爆发式发展。2017 年，瓦斯瓦尼等提出 Transformer 架构。Transformer 完全基于注意力机制，自动聚焦不同位置的信息，确定每个位置对于当前位置的重要性，动态分配权重。例如，在处理句子"我喜欢苹果"时，模型能根据"喜欢"这个词，确定"苹果"是重点关注对象，从而赋予其较高权重。建立多头注意力机制，每个头关注输入序列的不同方面，最后将这些头的结果拼接或平均，得到更全面的特征表示，丰富了模型对数据特征的提取和理解方式。Transformer 为深度学习提供了一种全新的思维方式和架构模式，解决了 RNN 处理长序列的不足和 CNN 对全局信息捕捉能力的局限，是深度学习在序列处理和特征提取方面的重大创新和发展，为预训练模型的发展奠定了基础，催生出了人工智能生成内容（AI generated content，AIGC）技术，为人工智能带来了重大变革，推动了人工智能技术在自然语言处理、图像生成等众多领域的快速发展。

2018 年，Google 发布 BERT，采用多层 Transformer 结构，在预训练阶段进行知识蒸馏，通过双向注意力机制来学习词语之间的复杂关系、句子内部的上下文信息，是自然语言处理领域的重大突破。

2018 年，OpenAI 发布 GPT，通过大规模无监督预训练来学习语言的模式、句法和语义，通过自回归方式，根据已生成的文本预测下一个词，能够生成具有语法正确性和语义连贯性的新文本，开启了大规模预训练语言模型时代。2019 年，推出 GPT-2，在 GPT-1 基础上增加了模型规模和训练数据量，展现出更强的语言理解和生成能力，具有一定的零样本学习能力。2020 年，再推出 GPT-3，其参数量大幅增加，在语言生成、知识问答、推理等多个任务上都取得了惊人的成果，能够生成非常自然、连贯且富有逻辑的文本，对自然语言处理领域产生了重大影响。

2021—2025 年期间，大模型成为主角，联结主义在工业、医疗、教育等行业的应用深度和广度不断拓展，推动各行业智能化变革。2022 年，Open AI 发布 ChatGPT，这是一款基于 GPT 模型、具有强大对话交互能力的聊天机器人，能以自然流畅的方式与用户进行对话交流。ChatGPT 上线仅两个月，活跃用户就突破一亿，迅速在世界范围内成为现象级应用。ChatGPT 的出现引起了全球范围内的广泛关注和研究热潮，推动了人工智能在自然语言交互等领域的应用，被《自然》杂志评为年度"人物"。2023 年，推出 GPT-4，在图像理解、多模态交互等方面有了新的突破。

多模态融合加速，出现了能处理文本、图像、语音等多种模态数据的模型架构和应用。2024 年，谷歌发布 Gemini 2.0，可以同时识别文本、图像、音频、视频和代码五种类型信息，能无缝理解、操作和组合不同类型的信息。2025 年，xAI 公司推出 Grok-3，引入"思维链"推理机制，能像人类一样逐步处理复杂任务。同年，杭州深度求索人工智能基础技术研究有限公司（简称深度求索公司）正式发布 DeepSeek-R1 模型，迅速在全球产生巨大影响力。

综上所述，联结主义从萌芽到历经波折，再到蓬勃发展，在理论、技术与应用各方面都取得了令人瞩目的成就，持续推动着人类社会向智能化时代迈进。

1.4.6　行为主义学派发展历程

按照人工智能发展的时间线，行为主义学派的发展逻辑如图 1-19 所示。

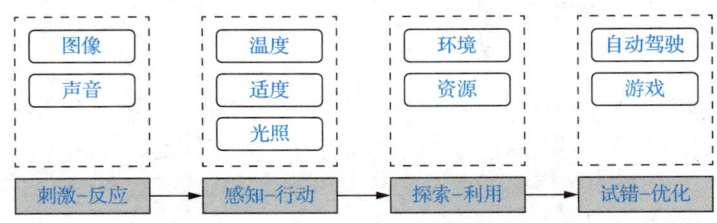

图 1-19　行为主义学派的发展逻辑

1. 萌芽起步

人工智能诞生初期，行为主义开始萌芽。受早期行为心理学的影响，行为主义开始思考如何构建能与环境交互并自主行动的智能系统。行为主义认为智能体的智能行为可以通过"刺激-反应"模式来实现，人工智能系统的设计主要关注对特定的外部刺激给出固定的反应，依据设定的规则进行简单的输入/输出映射，是一种较为机械和被动的模式。

早期研究重点主要集中在构建基本的控制理论和简单的传感器应用，出现了一些简单的机器人雏形，尝试让机器对简单的外部刺激做出反应，比如一些能够根据预设规则进行简单移动和操作的机械装置，是行为主义中智能体与环境互动的早期简单形式，初步展示了行为主义在实现智能行为方面的可行性。1961 年，德沃尔和恩格尔伯格研发了世界上第一台商用工业机器人 Unimate 并在通用汽车生产线上投入使用，开启了机器人应用的先河。1969 年，沙因曼发明了斯坦福臂，是工业机器人领域的重大突破，推动了机器人的商业化。1972 年，罗森、拉斐尔和尼尔森等研制成功首台传感器机器人 Shakey，开创了移动机器人这一全新的研究领域。1973 年，日本早稻田大学建造了世界上第一台全尺寸人形机器人 Wabot-1，高约 2 米，重 160 千克，智力大约与 18 个月大的婴儿相当。这些成果初步验证了行为主义理念下机器自主行动的可行性。

2. 曲折前行

随着人工智能整体进入低谷，行为主义也受到影响，智能体对复杂环境适应性差，无法满足多样化的任务需求。研究人员开始反思行为主义理论框架的缺陷，认识到单纯基于规则的刺激反应缺乏灵活性与适应性，智能体仅仅依靠简单的"刺激-反应"模式难以实现真正的智能，开始思考如何赋予智能体一定的学习和适应能力，使其能根据环境变化动态调整行为策略。

研究人员提出了"感知-行动"模式，强调智能体的行为是在特定情境下产生的，智能体应在真实环境中通过身体与环境互动来展现智能，必须与环境进行紧密的交互才能表现出智能行为。

随着技术的缓慢进步，计算机的运算能力有所提升，机器人技术从简单的机械操作向具有一定感知和反应能力的方向发展，开始出现一些简单的机器人系统。此时的机器人已不仅仅是对特定的单一刺激做出固定反应，而是有了一定的主动感知环境的能力，并基于感知来执行相应行为。例如，机器人能够通过一些基本的传感器来感知周围环境的温度、湿度、光强、距离、障碍物分布等简单信息，然后根据这些感知到的信息做出朝着光源移动、避开障碍物等行为。"感知-行动"模式是对"刺激-反应"模式的一种拓展和深化。

1979 年，第一辆计算机控制的自主汽车 Stanford Cart 诞生，能"看见"三维物体，可在无人干预的情况下，在充满椅子的房间中成功驾驶，展示了其在自主导航方面的能力。但仍处于实验室研究阶段，应用范围狭窄。

3. 复苏成长

这一阶段，传感器技术和计算机控制技术有了一定发展，机器人技术得到更多关注，行为主义学派崭露头角，以"感知-行动"模式为主导，人工智能系统的环境适应性和行为的复杂性有了显著提高，吸引了更多的资金和研究者加入，形成了以现场人工智能为代表的研究方向，与符号主义、联结主义渐成鼎足之势。

阿金等提出自主机器人架构（autonomous robot architecture，AURA）理论，认为机器人的行为可以分为不同层次，从底层的简单反射行为到高层的目标驱动行为。AURA 为机器人在复杂环境中的行为控制提供了更有效的方法，使得机器人能够根据不同的环境情况和任务需求，灵活地选择和组合行为。1986 年，布鲁克斯进一步完善了 AURA 理论，提出包容架构理论，这是一种完全的反应式架构，每个控制层直接基于传感器输入进行决策，内部不维护外界环境模型，各层之间通过抑制和激活等机制进行交互，以实现机器人的各种行为。

微处理器性能提升，使机器人能更快处理传感器数据和控制动作。同时，分布式人工智能理论和控制技术开始兴起并得到应用，使机器人各模块之间、多智能体之间能并行工作。图像处理技术取得进展，智能体对视觉信息的处理能力提升，能够识别简单的图形、物体轮廓，拓展了感知边界。机器人配备了更丰富的传感器，能够更全面地感知环境信息，能够根据感知到的复杂环境信息做出更复杂的行为，如在复杂环境中进行路径规划等。机器人技术持续进步，运动控制精度提高，关节驱动技术改进，机器人能完成如电子元件装配等更为精细的操作任务。

基于包容架构的机器人大量出现，表现出了较好的适应性和灵活性。例如，布鲁克斯团队研发的机器人，能在复杂环境中进行自主导航、目标搜索等任务，展现出行为主义在机器人应用上的优势。1986 年，吉林江北机械厂研制成功排险机器人 PXZ，应用于核工业危险环境。同年，日本本田公司开始研究双足机器人，开发出 E 系列原型机，推动了机器人行业在双足行走技术方面的发展。

4. 深化拓展

随着人工智能理论和技术的不断完善，尤其是机器学习算法的发展，智能系统开始不仅仅满足于对当前环境的感知和简单行为反应，开始尝试在不同的环境和任务中进行探索，实现从单纯的"感知-行动"向"探索-利用"模式的过渡。在这个模式中，系统不仅能够感知和行动，还能对环境进行主动探索，并利用过去的经验和知识来指导和优化当前的行为策略，体现了更强的自主性和智能性，是对前两种模式的进一步发展。例如，机器人在未知环境中探索时，会构建环境地图，并利用地图信息更高效地移动和完成任务，智能行为的自主性进一步增强。

强化学习作为行为主义核心技术开始受到关注。通过构建智能体、环境、奖励信号的三元模型，智能体在与环境反复交互过程中，依据环境反馈的奖励优化自身行为策略，以实现目标的最大化。在迷宫探索、机器人足球等实验场景中，智能体通过不断尝试不同路径，根据是否接近目标获得奖励反馈，学会了更高效的路径规划、协作对抗等复杂行为，行为优化机制逐渐成熟。

随着网络技术的发展，分布式智能体系统研究起步。多个智能体组成群体，通过信息交互协同完成任务，如多无人机编队飞行、多机器人协作搬运等。这不仅考验单个智能体的行为能力，更注重群体间的协作、分工与通信机制，开启了复杂系统下行为主义研究的新方向。

在此阶段，出现了许多具有高度自主性和适应性的机器人产品。1988 年，布鲁克斯团队研发出六足机器人 Genghis，能根据环境变化规划路径和完成任务。

5. 稳步提升

计算机性能的大幅提升和互联网的广泛应用，为人工智能发展提供了强大的支持。在此阶段，"探索-利用"模式得到了充分的发展和深化，智能系统在各种领域得到了广泛应用和深入研究。

随着数据量的增加和计算能力的提升，智能体开始更多地基于数据来学习行为模式。通过对大量的环境数据和行为数据的分析，智能体能够发现潜在的行为规律，从而更好地适应环境变化。同时，SVM 等机器学习方法为智能体的行为分类和模式识别提供了强大的支持，智能体可以利用 SVM 对感知到的环境信息进行分类处理，从而根据不同的类别做出相应的行为决策，提高了智能体行为的准确性和适应性。例如，在智能监控领域，借助 SVM 识别异常行为模式；在机器人导航中，对地形、障碍物特征进行分类学习，增强机器人的环境认知能力，进而优化导航行为。

在强化学习领域，其理论和算法方面不断取得新进展，为行为主义智能体的学习和决策提供了更强大的工具，智能体行为的适应性与灵活性达到新高度。例如，工业机器人通过强化学习适应生产线的动态调整，优化操作流程；家用机器人学会根据用户习惯提供个性化服务。

在机器人领域，机器人开始在一些复杂环境任务中得到应用，出现了具有更高智能水平的机器人。它们不仅能够进行复杂的行为操作，还能够进行一定程度的认知和决策。例如，机器人可以通过学习人类的行为模式来完成一些任务，并且能够在与人类的交互中表现出一定的情感和社交能力。自 1997 年起，每年一次的机器人世界杯（RoboCup）为机器人技术的发展提供了重要的实践平台，吸引了全球众多科研团队参与，推动了机器人在动态环境中的自主导航、目标识别、动作控制以及多机器人协作等方面不断取得进步。

在多智能体系统领域，多智能体系统应用得到深入研究，关注智能体之间如何通过简单的局部交互和行为规则，实现整体的协作和复杂的群体行为。在机器人足球比赛、分布式机器人任务等场景中，多智能体系统通过行为主义的方法，能够实现智能体之间的协作、竞争等行为，提高了系统的整体性能和适应性。不断完善智能体之间的通信和协调机制，使智能体能够更好地共享信息、协调行为。例如，在一些分布式机器人任务中，机器人之间能够通过简单的信号传递和行为规则，实现任务的分配和协同执行，提高了任务完成的效率和质量。

为加速智能体开发与测试，大量高保真仿真环境被构建。从模拟物理世界的力学环境到虚拟城市交通场景，智能体可在仿真中进行海量的行为训练，极大缩短了从理论到实际应用的周期，推动行为主义技术落地。

行为主义学派在保持自身特色的同时，开始与符号主义、联结主义学派进行深度融合，形成了混合智能系统的研究方向，旨在综合各学派的优势，实现更强大和通用的人工智能系统。在此阶段，提出了"行为-认知-情感融合"的理论框架，认为智能体不仅需要具备行为能力，还需要有认知和情感等高层次的能力来更好地适应环境和完成任务。同时，在机器学习领域，出现了结合行为主义思想的半监督学习和无监督学习算法，用于处理更复杂的环境数据和行为模式。

6. 爆发突破

近年来，深度学习等技术的突破推动了人工智能的飞速发展。强化学习等方法使得智能体能够在与环境的交互中不断试错，并根据反馈的奖励信号来优化行为策略。例如，在自动驾驶领域，车辆通过不断地在实际道路环境中行驶，根据行驶过程中的各种情况和安全指标等反馈来优化驾驶策略；在游戏领域，智能体通过大量的试错学习，能够掌握复杂游戏的最优策略，实现超越人类的表现。

"试错-优化"模式成为这一阶段人工智能行为主义发展的重点和核心特征，系统在与环境交互中，通过不断的探索和实践，通过试错来不断调整和优化自身的行为模式，发现更优的行为策略和解决方案，代表了人工智能行为主义发展中较高层次的智能水平。

强化学习技术取得了重大突破。深度神经网络与强化学习深度融合，引发智能体能力的质变，使得智能体能够在更加复杂的环境中学习和决策，如在游戏、自动驾驶等领域取得了令人瞩目的成果。以 AlphaGo 为代表，智能体借助深度学习强大的特征提取能力感知围棋棋局态势，再通过强化学习在海量对弈中优化决策策略，击败人类顶尖棋手，彰显了深度学习在复杂策略性行为生成上的巨大威力，此后迅速向游戏、机器人操控、自动驾驶等多领域拓展。

语音、视觉、触觉等多模态信息融合成为趋势，智能体能够同时处理多种类型的环境信息。例如，智能客服机器人结合语音识别、语义理解与情感分析，根据用户语音指令给出精准且人性化的回应；自动驾驶汽车综合摄像头视觉、雷达测距、车内传感器数据，实时调整行驶行为，实现安全高效驾驶，极大地丰富了智能体行为的复杂性与适应性。

基于大规模预训练模型，逐步打造通用智能体框架。大语言模型和多模态大模型的出现，为智能体的行为生成提供了更强大的基础。通过海量数据的预训练，智能体具备了广泛领域的基础知识与初步行为能力，再结合下游任务的微调，可快速适应不同场景需求。智能体能够根据自然语言指令或多模态的环境信息，生成更加自然、灵活和复杂的行为，智能聊天机器人能够根据用户的输入进行富有逻辑和情感的对话回应。例如，一个通用智能助手，既能协助办公文案处理，又能在智能家居环境下控制家电、安排日程。

多智能体系统得到了快速发展，智能体之间的协作、竞争和通信机制更加复杂和完善。在自动驾驶、智能交通、智能城市等领域，多智能体系统能够实现车辆、交通设施等之间的高效协同，优化整体的行为表现。

行为主义在人工智能的大发展背景下，不断拓展其研究领域和应用范围。与物联网、大数据、云计算等技术相结合，形成了更加智能化和分布式的智能体系统，推动了行为主义在智能城市、智能交通等领域的应用。机器人技术不断向更加智能化、小型化和人性化方向发展，能够更好地融入人类社会，与人类进行更加自然和高效的交互。

从1956年至2025年，行为主义依托关键技术的迭代，从萌芽逐步走向成熟，持续拓展智能体在复杂环境下的行为边界，不断向构建通用、智能的人造系统迈进。

1.5 现代人工智能发展的三个阶段

按人工智能的智能化覆盖领域，可以将人工智能的发展历程大致划分为技术智能化、经济智能化、社会智能化三个阶段。

1.5.1 技术智能化阶段

1. 早期理论探索

人工智能概念诞生后，学者们主要致力于符号主义、联结主义、行为主义等基础理论和方法的研究，试图让机器模拟人类的逻辑推理和学习能力，开发了一些简单的定理证明和语言处理程序等。但受限于当时的技术水平，进展较为缓慢。

2. 技术突破积累

随着计算机性能的提升和算法的改进，专家系统、神经网络等技术取得一定进展，在特定领域（如医疗诊断、工业控制等）有了初步应用。不过，此时的人工智能技术还比较孤立，缺乏大规模数据和强大算力支持，智能化程度有限。

3. 深度学习兴起

随着深度学习算法取得重大突破，以深度神经网络为代表的技术在图像识别、语音识别等领域取得惊人的准确率，开启了人工智能技术的快速发展阶段，大量的研究机构和企业投入到人工智能技术研发中，不断提升算法性能和模型规模。

1.5.2 经济智能化阶段

1. 技术与产业初步结合

随着人工智能技术逐渐走出实验室，与互联网、金融、安防等行业开始结合，出现了智能推荐系统、智能安防监控等应用，提高了企业的运营效率和服务质量，创造了新的商业价值，人工智能相关产业开始形成，一些初创企业和科技巨头纷纷布局人工智能业务。

2. 产业生态逐渐完善

随着人工智能技术的不断成熟，从基础的芯片研发、数据处理，到中间的算法开发、平台搭建，再到上层的行业应用解决方案，形成了完整的人工智能产业链。智能机器人、自动驾驶、智能金融风控等应用不断发展，吸引了大量的资本投入，推动了人工智能产业的快速扩张，成为经济增长的新引擎。

3. 经济模式创新变革

人工智能不仅改变了传统产业的生产方式和商业模式，还催生了新的经济模式和业态，如共享经济中的智能调度、零工经济中的智能匹配等。基于人工智能的数据分析和预测能力，使企业能够更精准地进行市场定位和资源配置，提高经济运行的效率和效益。

1.5.3 社会智能化阶段

1. 社会应用广泛普及

近年来，人工智能在社会各个领域的应用不断深化，如在教育领域的个性化学习系统、医疗领域的远程诊断和智能影像分析、交通领域的智能交通管理系统等，极大地改善了人们的生活质量和社会服务水平，提高了社会运行效率。

2. 社会结构与关系调整

人工智能的广泛应用促使社会结构和人们的社会关系发生变化，一些传统的工作岗位被自动化和智能化的系统所取代，同时也创造了新的与人工智能相关的就业机会，如人工智能工程师、算法研究员、数据标注师等。人们需要不断学习和适应新的技术环境，社会的教育体系和职业培训体系也在不断调整和完善。

3. 社会治理与伦理规范构建

随着人工智能在社会治理、公共安全等领域的应用越来越广泛，如何确保人工智能的安全、可靠和公平使用成为重要问题，各国政府和国际组织纷纷制定相关的政策法规和伦理规范，以引导人工智能技术在社会发展中发挥积极作用，避免带来隐私泄露、算法歧视等负面影响，推动社会智能化朝着更加健康、可持续的方向发展。

1.6 我国人工智能发展概况

如同蒸汽时代的蒸汽机、电气时代的发电机、信息时代的计算机和互联网，人工智能正在成为推动人类进入智能时代的决定性力量。全球产业界充分认识到人工智能技术引领新一轮产业变革的重大意义，纷纷转型发展，抢滩布局人工智能创新生态。世界主要国家均把发展人工智能作为提升国家竞争力、维护国家安全的重大战略，力图在国际科技竞争中掌握主导权。加快发展新一代人工智能是事关我国能否抓住新一轮科技革命和产业变革机遇的战略问题，错失一个机遇，就有可能错过整整一个时代。新一轮科技革命与产业变革正如火如荼，在这场关乎前途命运的大赛场上，我们必须抢抓机遇、奋起直追、力争超越。多年来，我国政府对发展人工智能给予了多方政策引导与多渠道的资金支持，企业踊跃投资，公众积极参与，呈现出蓬勃、健康的发展态势。

我国人工智能的发展历程大致可以分为以下五个阶段。

1.6.1 萌芽期（1978 年以前）

人工智能概念诞生不久，我国科学界就开始关注这一新兴领域。但研究工作处于理论探讨和小规模研究阶段，参与的科研人员和机构较少，研究内容集中在人工智能的基本概念和理论介绍。

1956 年，我国制定《1956—1967 年科学技术发展远景规划纲要（修正草案）》，将计算机、无线电电子学、半导体、自动化列为"四项紧急措施"。

同年，中国科学院成立自动化研究所。

20 世纪 60 年代，一些数学、计算机科学领域的学者开始翻译和研究国外相关文献，对人工智能的基本概念和理论有了初步了解。虽然没有实际的研究项目推进，但这些学术交流活动为后来人工智能在我国的发展埋下了种子。

1974 年，清华大学进行数控铣床研制，这是我国人工智能在工业控制领域的早期应用尝试，虽然当时技术有限，但为后续发展积累了实践经验。

1.6.2 起步期（1978—1990）

改革开放后，我国政府开始重视科技发展，将人工智能纳入国家科研计划。

1978 年，"智能模拟"被纳入国家研究计划，研究主要集中在机器人与专家系统、生物控制论、语言理解和文字识别等方面。这是人工智能相关研究首次得到国家层面的关注和支持，为后续的研究工作提供了一定的资源保障。

同年，吴文俊院士的几何定理机器证明成果获得全国科学大会重大科技成果奖，如图 1-20 所示。

（a）吴文俊（1919—2017）

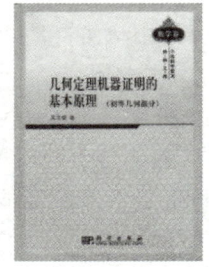
（b）代表作

图 1-20　吴文俊院士及代表作

1980 年起，我国派遣大批留学生赴西方发达国家学习科技新成果，其中包括人工智能和模式识别。这些留学生学成归来后，大多已成长为我国人工智能研究与开发应用的学术带头人和中坚力量，为发展我国人工智能做出了举足轻重的贡献。

1981 年，中国人工智能学会成立。

1986 年，我国启动国家高技术研究发展计划（简称 863 计划）。作为当时的高科技热点，智能计算机系统、智能机器人和智能信息处理等被列入 863 计划研究主题，为人工智能研究提供了大量资金和政策支持，吸引了众多科研人员投身其中，有力地推动了人工智能在我国的起步和发展。863 计划的持续投入，让我国在高性能计算机、智能接口、智能应用等方面取得了一批重大科研成果。

受益于 863 计划，一批人工智能方面的国家重点实验室开始建立。例如，中国科学院自动化研究所的模式识别国家重点实验室、清华大学智能技术与系统国家重点实验室、北京大学视觉与听觉信息处理实验室的筹建和落成都在这段时间完成。这也为曙光、科大讯飞、汉王等一大批高新技术企业打下了基础。

高校和科研机构开始系统地开展人工智能研究，在模式识别、专家系统等方面取得了一些成果。例如，中国科学院自动化研究所在模式识别、机器人技术等领域进行了深入探索。一些高校开始开设人工智能相关课程，如清华大学、北京大学等开设人工智能相关课程，培养专业人才，同时开展学术研究活动，在自然语言处理、机器学习等方面取得了一些初步成果。

学者们开始探索基于特征提取和分类算法的识别方法，在文字识别和语音识别等领域取得了一定的成果。在医疗、地质勘探等领域开展专家系统的研究和应用，开发出一些具有一定实用价值的专家系统，如用于医疗诊断的专家系统等。同时，开展工业机器人的研究工作，研发了具有一定功能的工业机器人，能完成简单的搬运、焊接等任务。在智能机器人方面也有了一些探索性的研究。在自然语言处理领域，部分高校和科研机构开展了机器翻译的研究工作，通过建立语言模型和翻译规则，尝试实现不同语言之间的自动翻译。虽然当时的机器翻译效果还不太理想，但为后来自然语言处理技术的发展积累了经验，推动了该领域的研究进程。

1.6.3 发展期（1991—2010）

这一时期在技术、应用、产业和国际合作等层面都取得了显著进展。

研究人员对多种机器学习算法进行了深入研究和改进。除了传统的决策树、神经网络等算法不断优化，还引入了支持向量机等新的算法，并在理论和应用方面取得一定成果。在机器学习国际学术会议和期刊上发表了一系列有影响力的论文，展示了我国在该领域的研究实力。

在自然语言处理领域，中文信息处理技术有了重要进展。例如，在分词、词性标注、命名实体识别等基础任务上取得了较好的效果，为中文文本的信息检索、文本挖掘等应用提供了技术支持。同时，机器翻译技术也在不断探索和发展，研究人员尝试采用统计机器翻译等方法提高翻译质量。

计算机视觉领域的研究开始起步并逐渐发展。在图像识别、目标检测等方面，科研团队提出了一些创新的算法和方法。例如，利用特征提取和分类器相结合的方式进行图像分类，在人脸识别、车牌识别等应用场景中取得了一定的成果。

人工智能技术在金融、医疗、工业等领域得到了广泛应用。例如，银行开始使用信用评分模型进行风险评估，医生使用人工智能开展辅助诊断和治疗，工业生产中通过人工智能技术实现生产过程的自动化和优化。

国内企业开始逐渐涉足人工智能领域，一些科技企业加大了在人工智能研发方面的投入。例如，汉王科技在手写识别技术上取得突破，推出了一系列手写识别产品，包括手写输入板、手写识别软件等，在市场上获得了一定的份额。围绕人工智能技术，初步形成了包括科研机构、企业、高校等在内的产业生态。科研机构和高校为产业提供了技术支持和人才培养，企业则将科研成果转化为实际产品和服务，推动了人工智能产业的发展。

我国学者与国际人工智能领域的科研团队开展了广泛的学术合作。通过合作研究项目、联合发表论文等方式，我国科研人员能够及时了解国际前沿动态，学习先进的研究方法和技术，同时也将我国的研究成果推向国际舞台。同时，国内高校和科研机构开始参与国际人工智能竞赛，如国际机器人足球比赛等。通过参与竞赛，不仅提高了我国在人工智能领域的技术水平和国际影响力，还培养了一批具有国际视野的专业人才。

1.6.4 快速发展期（2011—2019）

随着互联网的快速发展，我国积累了大量的数据资源。同时，云计算、GPU等技术的进步为人工智能提供了强大的算力支持，为人工智能的快速发展创造了有利条件。

深度学习等在关键技术上取得了重要进展，为人工智能带来了新的发展机遇。一些基于深度学习的图像识别、语音识别等技术开始在互联网产品中大规模应用，如智能语音助手、图像搜索等功能。人工智能技术与互联网产业的融合加速，成果转化速度明显加快。我国科研机构和企业迅速跟进，百度、腾讯、阿里巴巴等互联网巨头加大了在人工智能领域的研发投入，推出了一系列人工智能产品和服务，如百度的语音助手、阿里巴巴的智能客服等。

我国的人工智能产业迅速兴起，创业公司大量涌现，涵盖了图像识别、智能安防、自动驾驶等多个领域。被称为"AI四小龙"的商汤科技、旷视科技、依图科技、云从科技基本成立于这个时期。2011年，旷视科技成立，以机器视觉为核心，涉足视觉感知网络、智能硬件、智能云服务等。2012年，依图科技成立，主要涉及智能安防、智慧医疗、智慧金融、智慧城市、智能硬件等领域。2014年，商汤科技成立，业务涵盖安防、金融、医疗、自动驾驶等多个领域。2015年，云从科技成立，提供高效人机协同操作系统和行业解决方案。

科研机构和高校在人工智能的基础研究方面不断深入，在自然语言处理、计算机视觉等领域取得一定进展，为后续发展奠定了技术和人才基础。

2015年以来，我国政府出台了一系列鼓励和扶持我国人工智能发展的政策文件。

2015年，国务院发布《中国制造2025》和《关于积极推进"互联网+"行动的指导意见》，将"互联网+"人工智能列为主要行动之一。次年发布的《中华人民共和国国民经济和社会发展第十三个五年规划纲要》提出"重点突破新兴领域人工智能技术"。

2017年7月，国务院印发《新一代人工智能发展规划》，进一步明确了人工智能在我国的战略地位，提出了"三步走"发展目标，推动人工智能技术与各领域的深度融合，为产业发展提供了明确的方向和政策保障。同年，成立了中国人工智能产业创新联盟，整合了产业链上下游资源，促进了产学研用的深度合作，推动了人工智能技术的产业化进程。

2019年6月，国家新一代人工智能治理专业委员会发布了《新一代人工智能治理原则》，提出了人工智能发展相关方需要遵循的八项原则。

2016年，第三代国产骨科手术机器人"天玑"获批上市，如图1-21（a）所示。这是国际上首个适应证覆盖脊柱全节段和骨盆髋臼手术的骨科机器人，性能指标达到国际领先水平。

2018年，平昌冬奥会闭幕式"北京8分钟"中，我国研发的智能移动机器人进行了表演，如图1-21（b）所示。

2018 年，中国科学院发布首款云端人工智能芯片，达到世界先进水平，如图 1-21（c）所示。

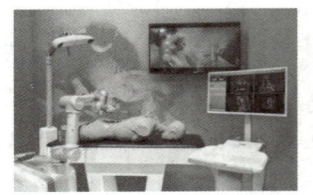  

（a）"天玑"骨科手术机器人正在模拟做手术　　（b）智能移动机器人在表演　　（c）云端人工智能芯片发布

图 1-21　成果展示

人工智能与实体经济的融合不断深化，在制造业、医疗、金融等传统行业，人工智能技术用于优化生产流程、辅助医疗诊断、风险控制等，推动传统产业转型升级。

人工智能技术在新基建的背景下，与 5G、大数据、云计算等技术相互赋能，进一步拓展了应用场景和产业发展空间，我国人工智能产业进入高质量发展阶段。

1.6.5　创新引领期（2020 年至今）

随着生成式人工智能迎来全面爆发，我国也加快了在这一领域的研发和创新。文心一言、智谱清言、豆包、书生·浦语、星火认知、360 智脑、通义千问、混元、Kimi 等大模型纷纷推出，形成了百花齐放的局面。这些大模型在自然语言处理、内容生成等方面展现出了强大的能力，推动人工智能技术从判别式向生成式、从单模态向多模态、从专用向通用的方向发展。

人工智能产业规模持续扩大，创新生态不断完善。截至 2024 年底，我国共有 302 款生成式人工智能服务在国家网信办完成备案，人工智能核心产业规模近 6000 亿元。人工智能与各行业的融合进一步深化，催生了更多新的商业模式和产业形态，如智能创意、智能教育、智能文旅等领域不断涌现出创新应用，为经济增长注入了新的动力。

国家进一步加强了对人工智能产业的支持和引导。党的二十大报告提出"推动战略性新兴产业融合集群发展，构建新一代信息技术、人工智能、生物技术、新能源、新材料、高端装备、绿色环保等一批新的增长引擎"。相关部门出台了一系列政策措施，加强对人工智能技术研发、应用推广、安全监管等方面的指导，促进人工智能产业的健康有序发展。

人工智能在更多领域得到了广泛应用。在工业领域，通过智能算法优化生产流程、提高产品质量和生产效率；在农业领域，利用人工智能技术进行病虫害监测、作物生长预测等，助力农业现代化；在文化娱乐领域，人工智能生成的音乐、绘画、视频等为文化创作带来了新的思路和方式。

2025 年 1 月，深度求索公司推出 DeepSeek-R1，在自然语言处理方面表现卓越，同时在训练方法上实现创新，降低了对算力资源的需求，大大降低了使用成本，且采用开源模式，为全球创新发展带来新机遇。DeepSeek 凭借开源模式和成本优势火爆全球，成为迄今为止最快突破 3000 万日活跃用户量的应用程序，各行各业数百家企业纷纷接入，智能化变革席卷全国。

2025 年 2 月，我国首个自研的百度智能云昆仑芯三代万卡集群成功点亮，超大规模并行计算能力大幅跃升，为人工智能的进一步发展提供了强大的硬件支持。

国家聚焦人工智能核心基础、智能产品、公共支撑三大类 18 个核心方向组织开展人工智能产业创新任务"揭榜挂帅"，加快生态培育，支持上海、北京等 11 个地方建设国家人工智能创新应用先导区，深入开展"人工智能+"行动，推动人工智能和制造业深度融合，已形成涵盖基础层、技术层与应用层的完整产业链。政策环境持续优化，高新技术企业如雨后春笋般涌现，产业规模逐年攀升。

1.7 人工智能未来发展趋势

人工智能技术已经取得的辉煌成就，彻底改变了人类的生产生活方式，为我们带来了前所未有的便利和创新。然而，这仅仅是开端，相信随着人工智能研究的不断深入和应用场景的深度挖掘，未来世界将会变得更加智能、便捷和美好。

1.7.1 技术层面的革新与突破

1. 模型多元进化

全模态大模型正逐步成为人工智能发展的重要趋势。全模态大模型不仅打破了数据之间的壁垒，实现了多模态数据之间更深度、更全面、更自然的交互与理解，还显著提升了模型的泛化能力与适应性。与此同时，小模型以其高效、精准、低成本及低能耗的优势，在处理特定任务时展现出了更大的潜力，与大模型形成了优势互补的态势。

2. 数据利用优化

小数据和优质数据的价值会愈发凸显。将更加注重数据精度和相关性，通过严格筛选和清洗，减少对海量数据的依赖，降低模型训练的不确定性。合成数据的重要性将进一步彰显，用来补充和增强真实数据，以解决高品质数据不足的问题。

3. 算力技术突破

量子计算与人工智能结合将成为重要方向，为人工智能的研究和应用提供更强大的算力支持，为人工智能技术在新医药、新材料和新能源等对计算要求极高的领域带来新突破。

1.7.2 应用层面的拓展与深化

1. 行业深度融合

在医疗领域，人工智能将在疾病诊断、药物研发及手术辅助等方面发挥更加关键的作用，推动医疗行业的智能化转型。在金融领域，风险评估、欺诈检测及投资决策等流程将更加智能化、高效化，提升金融服务的便捷性与安全性。在交通领域，随着自动驾驶技术的不断成熟与智能交通管理系统的完善，交通效率与安全性将得到显著提升。

2. 人机协作增强

通过增强现实、虚拟现实及脑机接口等前沿技术，人机之间的融合与协作将达到一个新的高度，为人类带来新的智能体验与应用场景。这些技术的融合应用，将推动人机关系的深刻变革，开启智能生活的新篇章。

3. 智能体应用拓展

智能体将从"增强知识"向"增强执行"转变，具备自主学习、自主决策、任务执行和持续进化能力，为用户提供更智能、更个性化的服务和体验。人工智能与机器人的紧密结合，将使机器人具备更强的思维与感知能力，推动普通硬件的智能化升级，使机器人在更多领域得到应用。

1.7.3 社会与行业层面的变革与挑战

1. 产业协同发展

人工智能产业将形成更完善的生态系统，产业链上下游企业之间的协同合作更加紧密。硬件制造商、软件开发商、科研机构、应用企业等将加强合作，共同推动人工智能技术的研发和应用，实现产业的快速发展和转型升级。

2. 人才需求变化

人工智能的发展将带动相关人才需求的变化，不仅需要具备深厚技术背景的专业人才，如算法工程师、数据科学家等，还需要跨学科人才，如懂人工智能技术的法律人才等，以及能够将人工智能技术与行业应用相结合的复合型人才。

3. 伦理与监管完善

随着人工智能的广泛应用，相关伦理和法律问题日益受到关注，如算法偏见、数据隐私、责任界定等。未来，相关立法和监管将更加完善，确保人工智能的开发和应用符合人类的价值观和利益。

智能之光，点亮未来

在蓬勃发展的科技浪潮中，人工智能宛如一颗璀璨的星辰，正以超乎想象的速度照亮人类前行的道路，勾勒出一幅如梦如幻却又触手可及的美好未来画卷。

在医疗领域，人工智能成为守护生命的天使。曾经令医生们头疼不已的疑难杂症，在智能诊断系统的助力下逐渐无所遁形。通过对海量医疗影像、病例数据的深度学习，人工智能系统能够在瞬间捕捉到最细微的病变迹象，以极高的准确率给出精准诊断，将疾病扼杀在萌芽状态。智能手术机器人则凭借着超精密的操控，让手术变得近乎完美，极大地减少患者的痛苦与术后恢复时间，为无数家庭重新点燃希望之火。远程医疗借助人工智能技术跨越时空界限，让偏远地区的患者也能享受到顶级医疗专家的"面对面"服务，真正实现医疗资源的公平分配。

在教育舞台上，人工智能化身因材施教的智慧导师。通过精准剖析每位学生的学习习惯、知识短板与兴趣爱好，量身定制专属的学习计划。课堂上，智能互动设备让知识的传授变得生动有趣，虚拟的历史场景、奇妙的科学实验在眼前一一展现，学生们仿佛身临其境，学习热情空前高涨。课后，智能辅导系统随时在线，耐心解答学生的每一个问题，陪伴他们攻克学习难关。无论是偏远山区渴望知识的孩子，还是繁华都市追求卓越的学子，都能在人工智能的陪伴下，踏上属于自己的成长快车道。

第 1 章
绪　论

　　城市交通在人工智能的调度下,宛如一首和谐流畅的交响曲。自动驾驶汽车如鱼得水般穿梭在大街小巷。通过车与车、车与基础设施之间的智能互联,实现高效协同,交通事故率大幅降低。智能交通灯根据实时路况灵活调整亮灯时长,道路拥堵成为历史,通勤时间大幅缩短,人们得以有更多的闲暇时光去享受生活。公共交通系统因人工智能的赋能而变得精准高效,公交、地铁准时准点,无缝对接,城市的脉络从未如此通畅。

　　在环境保护中,人工智能同样是不可或缺的先锋。卫星与地面传感器收集的海量数据,被智能分析系统快速处理,精准定位污染源,助力环保部门有的放矢地开展治理工作。智能能源管理系统优化能源分配,提高能源利用效率,让可再生能源得到充分开发与合理利用。从郁郁葱葱的森林到广袤无垠的海洋,从蓝天白云下的城市到炊烟袅袅的乡村,大自然在人工智能的呵护下,重新焕发出勃勃生机。

　　在工作场景中,人类与人工智能携手共进,奏响和谐的协作乐章。重复性、规律性的工作由智能机器高效完成,人类则得以从烦琐的事务中解脱出来,将精力投入更具创造性、更需情感智慧的工作中。设计师与人工智能共同构思创意,碰撞出前所未有的灵感火花。科学家借助人工智能强大的计算能力探索宇宙奥秘、攻克科研难题。企业管理者利用智能决策系统分析市场动态、制定战略规划,开启商业发展的新篇章。

　　回到温馨的家中,智能家居系统早已贴心地准备好一切。灯光自动调节至最适宜的亮度与色温,空调吹出舒适的微风,厨房中飘来阵阵饭菜的香气,智能音箱播放着喜爱的音乐。忙碌一天后,人们沉浸在这舒适惬意的环境中,与家人共享天伦之乐。

　　人工智能,这股汇聚人类智慧结晶的磅礴力量,正一步一个脚印地将未来的美好愿景变为现实。在它的照耀下,人类社会将迈向一个更加繁荣、和谐、幸福的新纪元。

　　让我们满怀期待,共同拥抱这充满无限可能的智能未来。

本章习题

一、填空题

1. 人工智能是人们_____中的好伴侣,_____中的好帮手。
2. 可以从_____、_____和_____三个角度理解人工智能的内涵。
3. 按智能水平分类,人工智能可以分为_____、_____和_____。按智能层面分类,人工智能可以分为_____、_____、_____和_____。
4. 人工智能的三大要素是_____、_____和_____。
5. 人工智能研究形成了三大学派,分别是_____、_____和_____。
6. 人工智能发展经历了三次浪潮,包含_____次繁荣期和_____次低谷期。

二、简答题

1. 简述人工智能的内涵。
2. 现代人工智能的发展历史可以分为哪几个阶段?
3. 简述人工智能符号主义学派的发展历程及其主要特点。
4. 人工智能的主要研究领域有哪些?
5. 简述我国人工智能的发展历程及其当前的发展态势。

三、思考题

1. 举例说明人工智能在我们生产生活中的应用。
2. 为满足未来社会的需求,请谈谈如何培养具备人工智能技能的人才。
3. 请结合具体案例,分析人工智能在不同行业中的应用现状及未来发展趋势。

第 2 章 信息技术基础

【知识结构】

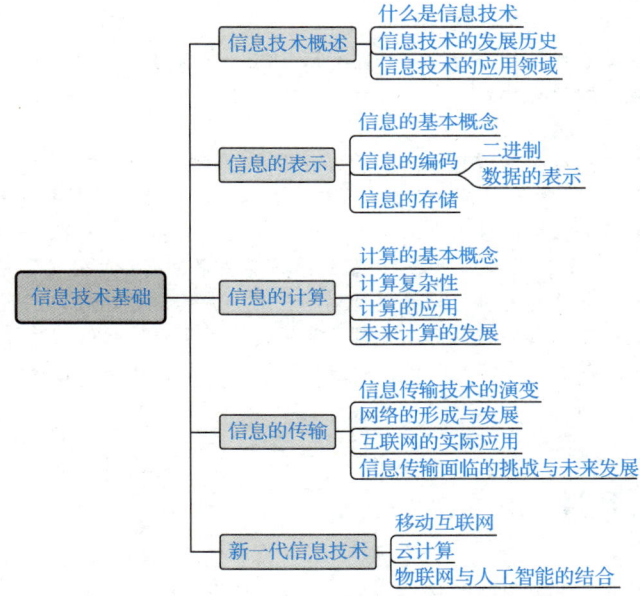

【教学目标】

理解信息技术的基础概念；掌握信息的表示与存储；认识计算的基本概念与应用；理解信息的传输与互联网应用；探索新一代信息技术。

【教学重点】

1. 信息技术的定义及发展历程。
2. 信息的基本概念与编码。
3. 计算的基本概念。
4. 信息传输技术与互联网应用。

【教学难点】

1. 数据与信息的区别。
2. 编码与存储技术。
3. 计算复杂性。
4. 新一代技术的快速变化。

【 案例导入 】

淘宝为什么那么懂你？

在日常生活中，你在打开淘宝购物时可能会遇到以下情形。
（1）和好友同时打开淘宝，会发现两个人首页各个频道入口的图片及文字不一样。
（2）同样搜索休闲背心，你和好友的淘宝上竟然出现不一样的商品列表。
（3）在刚刚浏览了牛仔裤以后，首页各个频道的展现内容又变了。
（4）对比好友的以上界面，发现更喜欢自己的界面。
人们不禁会问：淘宝为什么那么懂你？

淘宝作为全球最大的在线购物平台之一，拥有海量的用户和商品数据。它能够精准地为用户提供个性化推荐，让用户在购物时感受到"淘宝很懂我"的体验。这种能力背后的核心在于淘宝对信息的获取、数据的梳理以及算法的应用。

淘宝首先通过用户在平台上的搜索、浏览、购买等行为收集用户数据，如搜索关键词、浏览商品类别、商品详情页停留时间、购买记录、评价和反馈等；然后将收集到的数据进行清洗、整合和处理，用于构建用户画像和商品画像；最后依靠算法来实现智能推荐。协同过滤算法根据用户行为数据，寻找具有相似行为的用户，进行商品推荐。基于内容的推荐算法根据商品的特征和用户的偏好进行匹配，推荐相关商品。深度学习算法通过神经网络模型对用户行为数据进行学习，实现更精准的推荐。

淘宝通过精准的数据获取和高效的算法处理，为用户提供了个性化的购物体验，提升了用户满意度和平台转化率。可见，在当今的信息时代，数据和信息的获取、处理与应用已经成为商业竞争的关键要素。

2.1 信息技术概述

在当今数字化迅速发展的时代，信息技术已经渗透到人们生活的方方面面，从个人日常生活到企业运营，再到全球经济，信息技术的影响无处不在。信息技术是信息社会发展的基石，涵盖了计算机硬件和软件、网络通信及数据管理等多方面的技术，为信息的获取、存储、处理和传输提供了强有力的支持。而人工智能技术正引领着信息技术进入新一轮革命。本章通过对实例和前沿技术的讨论，帮助读者全面认识信息技术的本质，激发读者对人工智能发展的兴趣与思考。

2.1.1 什么是信息技术

我们每天的生活里充满了各种各样的信息。例如，早晨你听到闹钟响了，知道该起床了；上学或上班之前，你看到手机上的天气预报，知道今天要不要带雨伞；和朋友聊天时，你们分享着彼此的新鲜事和趣事。这些"闹钟响了""天气预报""聊天内容"，就是我们生活中遇到的信息。

简单来说，信息就是我们用来了解周围世界、做出决策和行动的消息、知识或数据。信息可以是文字、图片、声音，甚至是味道（如食物的香味告诉你晚餐准备好了）。信息可以是新的，也可以是旧的；可以是简单的（如一个数字），也可以是复杂的（如一个科学理论）。我们的大脑就像一个仓库，不停地接收、处理、存储和提取信息。我们用眼睛看、耳朵听、皮肤触感来接收外界的信息；我们用大脑思考、理解这些信息；我们还能通过说话、写字、画画等方式向其他人传递信息。

在信息爆炸的今天，信息变得无比重要。正确、及时的信息能帮助我们做出明智的选择，而错误、过时的信息可能会误导我们。所以，学会识别、筛选、处理和利用信息，是每个人都应该掌握的重要技能。

想象一下，你正在使用智能手机浏览新闻、发送信息或在线购物；或者，你正坐在电脑前，通过通信软件与朋友交流、在网上查找学习资料。这些便捷、快速、高效的信息交流活动，都离不开一个神奇的事物——信息技术。信息技术就像是现代社会的"信息高速公路"，能够让信息快速、准确地从一个地方传递到另一个地方，也让我们的生活变得更加便捷和丰富多彩。

人们对信息技术的定义，因其使用的目的、范围、层次不同而有不同的表述。广义上来说，信息技术是指能充分提高与扩展人类信息处理能力的各种方法、工具与技能的总和；狭义上来说，信息技术是指利用计算机、网络、广播、电视等各种硬件设备及软件工具，对图文声像等各种信息进行获取、加工、存储、传输与使用的技术总和。

从信息技术的狭义定义来看，信息技术一般由计算机硬件、计算机软件及网络通信三部分组成。

计算机硬件是信息技术的"身体"，包括主机、显示器、键盘、鼠标等电子设备，如图 2-1 所示。它们就像人类的五官和四肢，负责收集、处理和传输信息。

计算机软件是信息技术的"灵魂"，包括操作系统、应用软件等，如表 2-1 所示。它们就像人类的大脑，指挥硬件完成各种任务。

图 2-1　计算机硬件

表 2-1　常见的计算机软件

操作系统	应用软件
Windows	办公软件，如 WPS Office、Microsoft Office
Linux	网络软件，如浏览器、即时通信软件、下载工具
Harmony OS	多媒体软件，如媒体播放器、图片编辑软件、音频编辑软件、视频编辑软件
mac OS	商务软件，如会计软件、企业资源规划软件、供应链管理软件

网络通信是信息技术的"管道"，包括互联网、局域网等，如表 2-2 所示。它们就像人类体内的血管，让信息能够在不同的设备之间流动。

表 2-2　常见的网络类型

网络类型	应用场景
局域网	网络规模限定在较小的区域内，小于 10km 的范围，如办公室、学校或家庭
城域网	网络规模局限在一座城市的范围内，范围为 10~100km
广域网	网络跨越国界、洲界，甚至全球范围，如互联网（Internet）
个人局域网	把个人使用的电子设备（如手机、电脑等）用无线技术连接起来的网络，其范围在 10m 左右，常称为无线个人局域网
物联网	把物品通过传感设备与互联网连接起来，以实现智能化识别、定位、跟踪、监管等功能，如机场防入侵系统、路灯控制系统、智能交通系统等

目前，信息技术已成为支撑经济活动和社会生活的基石，其具有以下特点。

(1) 速度快。信息技术能以惊人的速度传递信息。例如，一封电子邮件可以在几秒内发送到世界的任何角落，而一部电影也可以在几分钟内下载完成。

(2) 准确度高。信息技术通过精确的算法和编码，确保信息的准确性和完整性。在数据传输过程中，即使微小的错误也能被迅速检测和纠正。

(3) 功能强大。信息技术不仅可以传递文字、图片和声音等信息，还能进行复杂的计算、分析和决策。它就像一个超级大脑，帮助人们解决各种问题。

随着信息化的快速发展，人们对信息技术的要求越来越高，信息产品和信息服务对于各个国家、地区、企业、家庭、个人来说都不可缺少，以计算机科学为核心的信息技术引发了第三次工业革命。信息技术产业已成为新时期经济增长的重要引擎，有力地促进了可持续发展，深刻地改变着人类生产生活方式。

2.1.2　信息技术的发展历史

信息技术的发展历史是一个漫长而不断演进的过程。从古到今，人类共经历了五次信息技术的重大变革，每一次变革都使人类在信息传播、存储和处理方面取得了显著的进步，这些变革对人类社会的发展产生了巨大的推动力。

第一次信息技术革命是语言的产生，距今约 35000 年至 50000 年。语言是人类进行思想交流和信息传播的重要手段。它使得人类能够超越简单的肢体动作和声音模仿，通过抽象的符号系统来表达复杂的思想和情感。

第二次信息技术革命是文字的创造，大约在公元前 3500 年。文字的出现极大地推动了人类文明的进步和发展，它使得信息能够突破时间和地域的限制，被记录和传承下来。

第三次信息技术革命是印刷术的发明。大约在公元 1040 年，我国北宋时期的毕昇发明了泥活字，标志着活字印刷术的诞生。印刷术的发明使得印刷品成为重要的信息储存和传播媒体，极大地降低了信息传播的成本和时间，使得知识能够被广泛地传播和普及。

第四次信息技术革命是电报、电话、广播和电视的发明和普及。1837 年，美国人莫尔斯研制出了世界上第一台有线电报机；1844 年，人类历史上第一份电报从美国国会大厦传送到了 64 千米外的巴尔的摩城。1876 年，美国人贝尔用自制的电话同他的助手通了话。1920 年 11 月 2 日，世界上第一座拥有执照的电台——美国匹兹堡 KDKA 广播电台正式开播。1940 年 12 月，我国创建延安新华广播电台（中央人民广播电台的前身）。世界上最早的电视台 BBC 于 1929 年在英国试播，1936 年正式开播。1958 年 5 月 1 日，我国第一座电视台——北京电视台，试验播出黑白电视节目，9 月 2 日正式开播，1978 年更名为中央电视台。电报、电话、广播和电视的发明和普及使得信息能够实时、远距离地传播，进一步减少了信息传播的时间、扩大了信息传播的范围，极大地推动了人类社会的进步。

第五次信息技术革命是电子计算机的普及,以及计算机与现代通信技术的有机结合。1946年,世界上第一台通用电子计算机 ENIAC(图 2-2)问世,为现代计算机和信息技术发展奠定了基础。1969年,计算机网络 ARPANET 首次成功传输数据,标志着互联网的诞生。20 世纪 70 年代末到 80 年代初,Apple Ⅱ 和 IBM PC 等个人计算机的出现,使计算机技术从专业领域扩展到普通家庭和小型企业。20 世纪 90 年代初,第一部智能手机问世。随后,苹果公司于 2007 年推出 iPhone,重新定义了移动通信、互联网访问和应用程序的使用。计算机与现代通信技术的有机结合将人类社会推入数字化的信息时代,它使信息处理、存储和传播的速度和效率得到了极大的提升,推动了全球通信、信息共享和商业模式的变革。这些信息技术不仅以最为便捷的方式加强了各国、各地区、各企业、各团体及人与人之间的联系,而且在一定程度上打破了国与国的边界,把整个世界空前地联系在一起,推动了全球化的发展。

图 2-2 世界上第一台通用计算机 ENIAC

信息技术的发展,不仅改变了人们的生活方式,也推动了社会的进步。未来,信息技术将向人工智能、云计算、物联网及区块链等方向持续发展,推动各行各业的创新与进步。

2.1.3 信息技术的应用领域

信息技术在日常生活、商业和教育等领域的广泛应用正深刻地改变着人们的生活和工作方式。

1. 日常生活中的信息技术

(1)移动应用。智能手机和应用程序的普及,使得用户能够随时随地社交、购物、办公等。例如,支付宝和微信支付的普及,使得用户即使在街边小摊购物也能轻松通过扫码支付,提升了生活的便利性;抖音和小红书等社交媒体平台让用户可以随时随地分享生活、获取信息,如图 2-3 所示。在线支付和社交媒体等信息技术,改变了人们交流和消费的方式。

支付宝

微信支付

抖音

小红书

图 2-3 移动应用

(2)健康监测。可穿戴设备可以帮助人们更好地管理自己的健康。例如,华为智能手表和 Apple Watch 等可穿戴设备能够实时监测用户的心率、步数和睡眠质量,帮助用户更好地了解自己的健康状况,如图 2-4 所示。用户还可以通过相关应用分析自己的健康数据,进行合理的锻炼与饮食调整。

 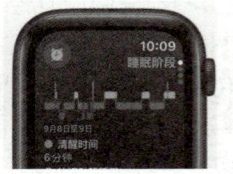

华为智能手表　　Apple Watch

图 2-4　健康监测

（3）智能家居。通过物联网技术，人们可以远程控制家中的智能家电，如智能灯泡、智能温控器和安防摄像头等，为人们提供便利和安全保护。例如，小米的智能家居系统让用户通过手机远程控制家中的智能灯泡、智能门锁和智能温控器，用户可以在上下班途中，通过手机调整家中的温度或灯光，提升居家舒适度，如图 2-5 所示。

图 2-5　智能家居

这些信息技术的应用不仅提高了人们生活的便利性，还大幅提升了生活质量。

2. 商业领域中的信息技术

（1）电子商务。互联网的崛起，使得消费者可以在全球范围选择商品，企业也可以通过网络平台提高销量，降低运营成本。

（2）大数据分析。企业通过收集和分析大数据，洞察消费者行为和市场趋势，从而制定更加精准的营销策略，提升用户体验。例如，美团利用大数据分析用户的消费习惯，并根据这些数据为用户推荐个性化的餐饮和出行服务，有效提高了用户的黏性和平台的服务质量。

（3）供应链管理。信息技术使得全球供应链的管理变得更为高效。通过实时信息共享与更新，企业能够迅速响应市场需求，优化库存管理，减少成本。例如，沃尔玛通过先进的信息管理系统进行实时数据跟踪，实现了全球范围内的高效供应链管理；京东的物流系统通过自动化仓库和智能配送，大幅提升配送效率。

信息技术在商业领域中的应用不仅推动了商业模式的变革，还促进了创新和公平竞争。

3. 教育领域中的信息技术

（1）在线教育。近年来，在线课程和 MOOC（massive open online courses，大型开放式网络课程）的兴起，使得高质量的教育资源触手可及，学习者可以根据自己的节奏和兴趣选择课程，打破了传统教育方式的限制。

（2）**智能教育**。利用人工智能和机器学习，教育软件能够适应学生的个性化学习需求，提供量身定制的学习体验，并通过实时反馈帮助学生进步。

（3）**虚拟现实与增强现实**。虚拟现实（virtual reality，VR）与增强现实（augment reality，AR）技术在教育领域中正被逐渐应用，通过沉浸式体验，增强学生的参与感，尤其在科技、医学等领域的实验教学中，极大地提升了学习的直观性和互动性。

信息技术在教育领域中的应用不仅提升了教学效果，还推动了教育公平与普惠，助力每一位学习者实现个人成长与发展。

2.2 信息的表示

信息的表示是计算机和人工智能技术的基础。计算机需要对各种类型的信息进行编码和存储，以便于计算机的处理与利用。

2.2.1 信息的基本概念

1. 数据与信息的区别

"数据"和"信息"是两个常常被混淆的概念。数据是对客观事物的符号表示，如一组数字、字母或符号，它们本身没有直接的意义。例如，数字"100"在没有上下文时，仅仅是一个数值。信息则是对数据的理解和解释。信息是经过整理和分析后所得到的结果，能够传达特定的意义或知识，如表示"谁""什么""何时"等。

例如，假设有一组温度数据：20℃、22℃、19℃、21℃，这些数据仅仅是表示温度的数值，无法告诉我们其他信息。然而，如果把这些数据解释为"某城市在某四天内的日均温度"，这便形成了信息，能够帮助我们了解该城市的天气变化。

2. 信息的不同类型

信息可以根据不同的特征进行分类。

（1）**定量信息与定性信息**。定量信息通过数字描述（如身高、体重等），可以进行数学运算；而定性信息则描述特征（如颜色、性别等），通常以类别形式呈现。

（2）**结构化信息与非结构化信息**。结构化信息有明确的格式，如数据库中的表格；非结构化信息则没有固定格式，如邮件内容、图片和视频等。

（3）**时效性信息与静态信息**。时效性信息对于时间敏感，如新闻报道和股市数据；静态信息则相对不变，如历史数据和档案资料。

从计算机处理信息的角度来看，信息可以分为结构化信息、非结构化信息、半结构化信息[1]、文本信息、数值信息、图像信息、音频信息、视频信息、元信息[2]等。不同类型的信息需要采用不同的处理和分析方法，以便准确地从中提取有价值的信息。

---

[1] 半结构化信息介于结构化信息和非结构化信息之间，它用标签或其他标记来定义数据的结构，但不遵循严格的格式。例如，XML、JSON 等数据格式，它们使用标签来描述其中的数据，但数据本身的结构可以灵活变化。

[2] 元信息是描述数据的数据，用来提供关于其他数据的上下文信息，如数据的来源、作者、创建时间等。

2.2.2 信息的编码

信息编码（information coding）是为了方便信息的存储、检索和使用，在进行信息处理时赋予信息元素以代码的过程。即用不同的代码与各种信息中的基本组成单位建立一一对应的关系。

1. 二进制

数制也称计数制，是用一组固定的符号和统一的规则来表示数值的方法。例如，人们日常生活中使用最多的是十进制，它用 0~9 一共 10 个数字符号来描述数值，这些数值在运算时都遵循"逢十进一"或"借一当十"的规则。而在现代计算机中，信息大多是以二进制形式来表示和存储的。

任何一个数制都包含三个基本要素：数码、基数和位权，如图 2-6 所示。

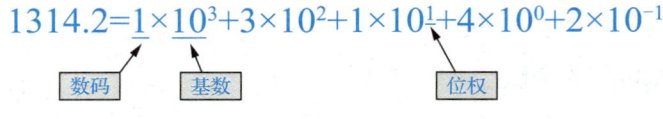

图 2-6 数制三要素

（1）数码是指某一数制中表示数值的符号。例如，在十进制中，数码为 0~9；在二进制中，数码为 0 和 1。

（2）基数是指数制中所使用的数码的个数。例如，十进制数的基数为 10，二进制的基数为 2。

（3）位权是指在一种数制中，每一位数字所具有的固定值，它取决于该数字在数中的位置。位权的值等于基数的幂次方，幂次的指数由数码所处的位置决定。例如，在十进制数 123 中，百位上的 1 的位权是 10^2（即 100），十位上的 2 的位权是 10^1（即 10），个位上的 3 的位权是 10^0（即 1）。但在二进制数 110 中，左侧第一位 1 的位权是 2^2，第二位 1 的位权是 2^1，第三位 0 的位权是 2^0。

数码、基数和位权之间有着密切的联系，共同决定了数值的表示方式。数码是构成数值的基本元素，基数决定了可以使用多少个不同的数码，位权则决定了每个数码在数值中的相对权重。

在计算机中，常用的数制主要包括二进制、八进制、十进制和十六进制，如表 2-3 所示。一般用字母 B 表示二进制数，Q 表示八进制数，D 表示十进制数，H 表示十六进制数。

表 2-3 计算机中的常用数制

数制	数码	基数	运算规律	备注
二进制	0 和 1	2	逢二进一 借一当二	通常用于数据在计算机内部的表示和存储
八进制	0~7	8	逢八进一 借一当八	在早期计算机技术中使用较多
十进制	0~9	10	逢十进一 借一当十	人们日常生活中使用的数制
十六进制	0~9 和 A~F （代表 10~15）	16	逢十六进一 借一当十六	常用于地址表示和颜色编码等

计算机之所以能够进行复杂的计算和数据处理,得益于其内部对信息的精确表示和高效存储。这种统一的处理方式简化了计算机处理信息的流程,提高了处理效率。

二进制不仅是计算机的语言,实际上它也展现了有趣的数学与逻辑。例如,通过位运算,我们可以很容易地进行数据加密、错误检测等操作。二进制的加法遵循了我们熟悉的进位规则,其运算方式在计算机内部的效率出奇的高。

不同的数制之间经常需要相互转换。例如,在计算机编程中,需要将人们日常使用的十进制数转换为二进制数、八进制数或十六进制数,以便于计算机进行存储和运算;反之,在计算机输出数据时,需要将二进制数转换为十进制数,以增强阅读性。

(1) 将 R 进制数转换为十进制数。

要将 R 进制数转换为十进制数,可如图 2-7 所示直接按位权展开。

位置	整数部分				小数部分			
	n	…	3	2	1	1	2	3	…	n
权值	R^{n-1}	…	R^2	R^1	R^0	R^{-1}	R^{-2}	R^{-3}	…	R^{-n}

图 2-7 R 进制数按位权展开

这个过程对于任何 R 进制数转换为十进制数都适用,只需要根据具体的 R 值来调整权重,然后按十进制数的计算规则求和即可。

【例 2-1】 将二进制数 $(1001101.01)_2$ 转换为十进制数。

$$(1001101.01)_2 = 1 \times 2^6 + 0 \times 2^5 + 0 \times 2^4 + 1 \times 2^3 + 1 \times 2^2 + 0 \times 2^1 + 1 \times 2^0 + 0 \times 2^{-1} + 1 \times 2^{-2}$$
$$= 64 + 0 + 0 + 8 + 4 + 0 + 1 + 0 + 0.25$$
$$= (77.25)_{10}$$

【例 2-2】 将十六进制数 $(3D.8A)_{16}$ 转换为十进制数。

$$(3D.8A)_{16} = 3 \times 16^1 + 13 \times 16^0 + 8 \times 16^{-1} + 10 \times 16^{-2}$$
$$= 48 + 13 + 0.5 + 0.0390625$$
$$= (61.5390625)_{10}$$

(2) 将十进制数转换为 R 进制数。

整数部分和小数部分需分别遵守不同的转换规则。

整数部分:采用"除 R 取余"法,即将整数部分不断除以 R 取余数,直到商为 0。然后将得到的余数按倒序排列,即为转换后的 R 进制数的整数部分。

小数部分:采用"乘 R 取整"法,即将小数部分不断乘以 R 取整数,直到积为整数或达到有效精度。注意,在将小数部分的十进制数转换成 R 进制时,该十进制数不一定能够最终取整到 0,因此通常会指定转换后的精度。然后将得到的整数按顺序排列,即为转换后的 R 进制数的小数部分。

【例 2-3】 将十进制数 $(38.8125)_{10}$ 转换为二进制数。

| 整数部分 | 取余 | 小数部分 | 取整 |

```
2 | 38        0              0.8125
2 | 19        1            ×      2
2 |  9        1              0.625           1
2 |  4        0            ×      2
2 |  2        0              0.25            1
2 |  1        1            ×      2
     0                       0.5             0
                           ×      2
                             0.0             1
```

结果：$(38.8125)_{10}=(100110.1101)_2$

【例 2-4】 将十进制数$(132.525)_{10}$转换为十六进制数（小数部分保留两位有效数字）。

| 整数部分 | 取余 | 小数部分 | 取整 |

```
16 | 132       4             0.525
16 |   8       8           ×     16
        0                     0.4            8
                           ×     16
                              0.4            6
```

结果：$(132.525)_{10} \approx (84.86)_{16}$

（3）二进制数转换成八进制数。

分组：以二进制数的小数点为中心向左右两边分组，每 3 位二进制数分为一组，不足 3 位的用 0 补足。例如，二进制数 1011010 可以分成 3 组：001、011、010。

转换：将每一组 3 位二进制数转换成一个八进制数。二进制数 000 到 111 分别对应八进制数 0~7，表 2-4 所示为二进制数与八进制数对应表。例如，010 对应八进制数的 2，110 对应八进制数的 6。

表 2-4 二进制数与八进制数对应表

二进制数	八进制数	二进制数	八进制数
000	0	100	4
001	1	101	5
010	2	110	6
011	3	111	7

组合：将转换好的所有八进制数从左到右依次排列，得到最终的八进制数。例如，1011010 转换为八进制数是 132。

【例 2-5】 将二进制数$(1001101111.0101011)_2$转换成八进制数。

$$(001\ 001\ 101\ 111.010\ 101\ 100)_2$$
$$(\ 1\quad 1\quad 5\quad 7\ .\ 2\quad 5\quad 4\ )_8$$

结果：$(1001101111.0101011)_2 = (1157.254)_8$

（4）八进制数转换成二进制数。

将每位八进制数用 3 位二进制数替换，按照原有的顺序排列，即可完成转换。

【例 2-6】 将八进制数 $(752.36)_8$ 转换成二进制数。

$$\underline{(7\quad 5\quad 2\ .\ 3\quad 6)_8}$$
$$(111\ 101\ 010\ .\ 011\ 110)_2$$

结果：$(752.36)_8 = (111101010.01111)_2$

（5）二进制数转换成十六进制数。

二进制数转换成十六进制数类似于将二进制数转换成八进制数，不同的是每 4 位二进制数分为一组。表 2-5 所示为二进制数与十六进制数对应表。

表 2-5 二进制数与十六进制数对应表

二进制数	十六进制数	二进制数	十六进制数
0000	0	1000	8
0001	1	1001	9
0010	2	1010	A
0011	3	1011	B
0100	4	1100	C
0101	5	1101	D
0110	6	1110	E
0111	7	1111	F

【例 2-7】 将二进制数 $(1011101011.10011)_2$ 转换成十六进制数。

$$\underline{(0010\quad 1110\quad 1011\ .\ 1001\quad 1000)_2}$$
$$(\ 2\quad\quad E\quad\quad B\ .\ 9\quad\quad 8\ )_{16}$$

结果：$(1011101011.10011)_2 = (2EB.98)_{16}$

（6）十六进制数转换成二进制数。

将每位十六进制数用 4 位二进制数替换，按照原有的顺序排列，即可完成转换。

【例 2-8】 将十六进制数 $(45B.D7)_{16}$ 转换成二进制数。

$$\underline{(4\quad 5\quad B\ .\ D\quad 7)_{16}}$$
$$(0100\ 0101\ 1011\ .\ 1101\ 0111)_2$$

结果：$(45B.D7)_{16} = (10001011011.11010111)_2$

（7）二进制的运算。

二进制也可以进行类似于十进制的算术运算，如加、减、乘、除，只需要遵循"逢二进一"或"借一当二"的规则即可。二进制算术运算规则如表 2-6 所示。

表 2-6 二进制算术运算规则

名称	符号	规则	举例
加法	+	逢二进一	1 + 1 = 10 101 + 011 = 1000 1101 + 1011 = 11000

续表

名称	符号	规则	举例
减法	-	借一当二	10 - 01 = 1 101 - 011 = 10 1100 - 1010 = 10
乘法	×	逐位相乘并进位	10 × 11 = 110 101 × 10 = 1010 1101 × 11 = 100111
除法	÷	逐位相除并计算余数	110 ÷ 10 = 11 1010 ÷ 10 = 101 11100 ÷ 11 = 1001……1

而二进制位运算是在计算机内部直接对二进制数进行的运算。二进制位运算规则如表 2-7 所示。

表 2-7 二进制位运算规则

名称	符号	规则	举例
与	&	0&0=0　　0&1=0　　1&0=0　　1&1=1	1011 & 1100 = 1000
或	|	0|0=0　　0|1=1　　1|0=1　　1|1=1	1011 | 1100 = 1111
非	¯	$\bar{1}=0$　　$\bar{0}=1$	$\overline{1010}=0101$
异或	⊕	0⊕0=0　　0⊕1=0　　1⊕0=1　　1⊕1=0	1010 ⊕ 1100 = 0110
同或	⊙	0⊙0=1　　0⊙1=0　　1⊙0=0　　1⊙1=1	1010 ⊙ 1100 = 1001
左移	<<	所有位都向左移动指定的位数，右侧用 0 填充	1010<< 1 = 0100
右移	>>	所有位都向右移动指定的位数，左侧根据情况填充 0 或 1（取决于是无符号右移还是有符号右移）	1010>>1 = 0101

2. 数据的表示

计算机中的数据通常可分为数值型数据和非数值型数据两大类。其中，数值型数据用来描述数值的大小；非数值型数据用来描述一些符号标记，如英文字母、数字、标点符号、运算符号、汉字、图形、语音信息等，也称字符型数据。

1）数值型数据的表示

数值型数据不仅有整数和小数之分，还有正数和负数之分。然而，基于电子逻辑器件组成的计算机只能识别用 0 和 1 表示的数据。为了便于计算机识别和处理数值型数据中的+、- 符号和小数点，并简化各类数据的运算，需要对数值型数据进行编码处理。

（1）真值与机器数。

所有的数值型数据在计算机中的二进制编码称为该数据的机器数，而数据原来的表示形式称为真值，如图 2-8 所示。

有符号整数的符号位通常位于机器数的最高位， 0 表示符号"+"，1 表示符号"-"，如图 2-9 所示。

图 2-8 数值型数据的表示

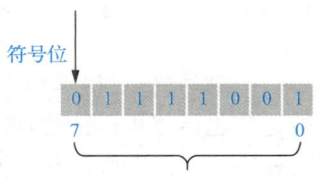

图 2-9 有符号整数的表示

有符号实数一般采用科学记数法，如数 $(101.011)_2$ 可表示为 $0.101011\times 2^{+11}$。在计算机中一个实数由阶码和尾数两部分构成，其中，阶码是指数，尾数是纯小数，如图 2-10 所示。

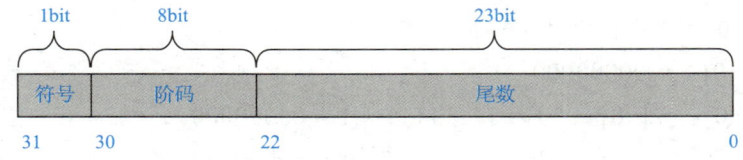

图 2-10 有符号实数的表示

尾数通常是一个定点小数，表示浮点数的有效数字，如上述数值中的 0.101011；阶码是一个整数，用于指示小数点在数据中的位置，即表示浮点数的表示范围，如上述数值中的指数 11；符号位用于表示浮点数的正负。

（2）数值型数据的编码。

有符号数据在计算机内通常采用 3 种编码方法，即原码、反码和补码。

① 原码。原码是数值型数据的一种二进制定点表示方法，其中最高位被用作符号位，其余位用来表示数值的绝对值。整数 X 的原码表示记为 $[X]_原$。

如果使用 8 位二进制原码表示一个数，则 +1、-1、+127、-127 的编码表示形式如下。

$[+1]_原 = 00000001$　　　　　　$[+127]_原 = 01111111$

$[-1]_原 = 10000001$　　　　　　$[-127]_原 = 11111111$

可以看出，8 位二进制原码表示的最大值为 2^7-1，即 127，最小值为 -127。原码表示法具有直观、简单的优点，可以直接从码中读出数值的大小和符号。但原码也存在以下问题。

第一，0 有两种表示形式。

$[+0]_原 = 00000000$　　　　　　$[-0]_原 = 10000000$

这样的表示具有二义性，会给计算机判断带来歧义。

第二，符号需要单独处理。

使用原码进行加减运算时，符号位需要单独处理，特别是涉及负数的运算时，原码表示法需要额外的步骤来处理，这就增加了计算的复杂性。因此，虽然原码易于理解，但在实际的计算机系统中，一般并不直接使用原码进行数值运算。

② 反码。正数的反码与其原码相同；而负数的反码是在原码的基础上，对符号位以外的部分进行按位取反。整数 X 的反码记为 $[X]_反$。

例如：

$[+1]_反 = 00000001$　　　　　　$[+127]_反 = 01111111$

$[-1]_反 = 11111110$　　　　　　$[-127]_反 = 10000000$

反码运算也不方便，因此很少直接用于实际的数值运算，一般作为从原码到补码的一个过渡。

③ 补码。补码是计算机中表示有符号数的一种重要方法，主要用于简化加法和减法运算，它使得这些运算都可以使用加法器来完成。整数 X 的补码记为$[X]_{补}$。

正数的补码：正数的补码与其原码相同。

负数的补码：负数的补码是在其反码的基础上加 1。

例如：

$$[+1]_{补} = 00000001 \qquad [+127]_{补} = 01111111$$
$$[-1]_{补} = 11111111 \qquad [-127]_{补} = 10000001$$

在补码中，0 有唯一的编码，即

$$[+0]_{补} = 00000000$$
$$[-0]_{补} = [-0]_{反} + 1 = 11111111 + 1 = 00000000$$

补码的一个重要特性是：两个数的补码相加时（不考虑溢出），如果符号位是 0，则结果是正数；如果符号位是 1，则结果是负数。这个特性使得计算机在进行减法运算时，可以将减数取反加 1（即得到其补码），然后与被减数相加，从而简化运算过程。

在计算机底层，所有的整数都是以补码的形式存储和运算的。这种表示方法不仅简化了运算过程，还提高了运算的速度和准确性。

2）字符型数据的表示

字符型数据一般指不具备计算能力的文字数据类型，常用于表示字母、标点符号、中文字符和其他字符等。在计算机内部，字符通常以特定的编码方式（如 ASCII、Unicode 等）进行存储，将每个字符映射为一个或多个字节的二进制数值。

（1）ASCII。

ASCII（American Standard Code for Information Interchange，美国信息交换标准代码）是由美国国家标准研究所（American National Standards Institute，ANSI）制定的一种单字节字符编码标准，有 7 位码和 8 位码两种版本。国际通用的 ASCII 是用 7 位二进制数表示一个字符的编码，其编码范围从 0000000B～1111111B，共有 2^7（128）个不同的编码，共定义了 128 个字符，包括 32 个控制字符和 96 个打印字符，如表 2-8 所示。随着计算机在各个国家的广泛应用，原有的字符无法满足新的需求，因此出现了许多扩展的 ASCII，如 ISO-8859 等。

表 2-8 ASCII 字符

b3 b2 b1 b0	b6 b5 b4						
	000	001	010	011	100	101	110	111
0000	NUL	DLE	(space)	0	@	P	`	p
0001	SOH	DC1	!	1	A	Q	a	q
0010	STX	DC2	"	2	B	R	b	r
0011	ETX	DC3	#	3	C	S	c	s
0100	EOT	DC4	$	4	D	T	d	t
0101	ENQ	NAK	%	5	E	U	e	u
0110	ACK	SYN	&	6	F	V	f	v

续表

b3 b2 b1 b0	b6 b5 b4							
	000	001	010	011	100	101	110	111
0111	BEL	ETB	'	7	G	W	g	w
1000	BS	CAN	(	8	H	X	h	x
1001	HT	EM	)	9	I	Y	i	y
1010	LF	SUB	*	:	J	Z	j	z
1011	VT	ESC	+	;	K	[	k	{
1100	FF	FS	,	<	L	\	l	|
1101	CR	GS	-	=	M	]	m	}
1110	SO	RS	.	>	N	^	n	~
1111	SI	US	/	?	O	—	o	DEL

（2）Unicode。

Unicode 也称统一码或万国码，涵盖了全球所有的文字系统，旨在为每个字符分配一个全球统一且唯一的二进制编码，包括各种语言的字母、符号、标点符号、数字及表情符号等，以满足跨语言、跨平台进行文本转换和处理的需求。Unicode 促进了全球化背景下的信息交流和文本处理，使得在全球范围内进行文本处理和传输变得更加简单和高效。

Unicode 使用固定长度的编码单元，最常见的是 16 位的 Unicode 字符。为表示更多的字符，Unicode 还定义了扩展编码，如 UTF-8、UTF-16 和 UTF-32，允许用户根据具体的应用场景选择合适的编码方式。例如，UTF-8 编码因其兼容 ASCII 和可变长度的特性，在互联网和文本文件处理中得到了广泛的应用。

（3）汉字编码。

汉字编码是专为汉字设计的一种便于计算机处理的编码方式，主要分为国标码、内码、外码等。常见的汉字编码有 GB/T 2312—1980《信息交换用汉字编码字符集 基本集》《汉字内码扩展规范》（GBK）、大五码（Big5）、GB 18030—2022《信息技术 中文编码字符集》（简称 GB 18030）等。

① 国标码。

国标码是用于在汉字信息处理系统之间或者与通信系统进行信息交换的汉字代码。第一个国标码于 1980 年发布，1981 年 5 月 1 日开始实施，标准号为 GB/T 2312—1980（简称 GB/T 2312）。GB/T 2312 是一个简化字的编码规范，共收录了 6763 个汉字和 682 个非汉字图形字符，其中一级常用汉字 3755 个，二级常用汉字 3008 个，一级常用汉字按汉语拼音字母顺序排列，二级常用汉字按偏旁部首笔画排序。

GB/T 2312 采用双字节编码，每个字节均采用 7 位编码表示，其中第一个字节称为高字节，第二个字节称为低字节。

GB/T 2312 虽然满足了计算机处理汉字的基本需求，其收录的汉字已经覆盖了我国 99.75% 的汉字使用频率，但对于人名、古汉语等方面出现的罕用字，GB/T 2312 无法处理，这就催生了后来的 GBK 及 GB 18030。

Big5 为繁体中文字符集，共收录了 13060 个中文字符。

GBK 是对 GB/T 2312 的扩充，共收录 21003 个汉字，包含了 Big5 编码中的 13060 个中文字符。

GB 18030 是对 GBK 的扩充，共收录了 27484 个汉字，同时收录了藏文、蒙文、维吾尔文等主要的少数民族文字，采用单字节、双字节和四字节3种编码，兼容了 GB/T 2312 和 GBK。

② 汉字输入码和机内码。

在实际应用中，国标码与汉字的输入码和机内码有密切关系。汉字输入码也称外码，是为了将汉字输入计算机而设计的一种代码，代表某一汉字的一串键盘符号，用户可以通过键盘上字符和数字的组合来输入汉字。

汉字输入码种类繁多，根据编码元素的不同，可以分为拼音码、拼形码和音形码等几大类。拼音码是以汉字的汉语拼音为基础，通过汉字的拼音或其缩写形式来编码汉字，如微软拼音和搜狗拼音等，其优点是易于学习和使用。拼形码是基于汉字的形状结构及书写顺序特点来编码汉字，如王码五笔和郑码等，其特点是需要用户记忆一定的汉字结构规则。音形码结合了拼音码和拼形码的特点，同时利用汉字读音和形状结构进行编码，如智能ABC输入法，其特点是降低了拼音码的重码率，减少了拼形码学习和记忆的难度。

汉字输入码只是将汉字输入到计算机中，而在计算机内部进行存储、处理和传输时，则又会将其转化为统一的机内码。汉字机内码用2个字节存储，并把每个字节的最高位置"1"作为机内码标识，即将国标码的每个字节的最高位置"1"就可转换为机内码。

③ 汉字字形码。

汉字字形码是指把汉字的形状（即字形）对应到计算机系统中的一种编码方式。它的作用是标识汉字的外形特征，以便计算机能够正确显示、打印和处理汉字。

字形码是基于字模库（或字形库）的，这个字模库存储了汉字的字形图像和对应的字形码。当用户输入一个汉字时，计算机通过这个码找到对应的字形进行显示。

当用户需要显示或打印一个汉字时，系统首先将用户输入的汉字转换为汉字机内码。然后计算机使用汉字机内码在字模库中查找对应的字形码，最终将其渲染为图形显示在屏幕上或打印出来。图2-11所示为"汉"字的字形显示。

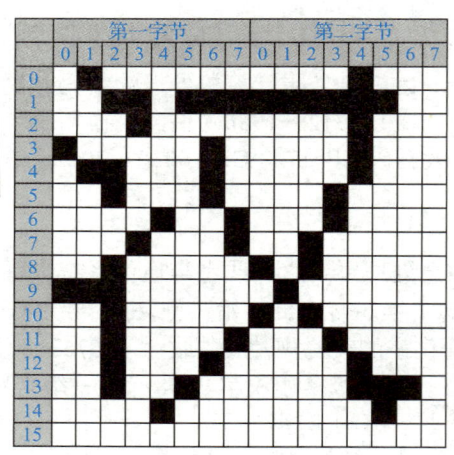

图2-11 "汉"字的字形显示

2.2.3 信息的存储

信息存储是计算机科学与人工智能领域的核心部分，影响着数据处理的速度、效率和安全性。

在计算机系统中，所有信息最终都以二进制形式存储，所有的信息处理都是基于二进制表示法进行的，即使用0和1两个数字的编码来表示。每个数字称为1比特（bit），1比特代表 1 个二进制位,8 比特组合成 1 字节(Byte)。计算机数据存储方式如图 2-12 所示。

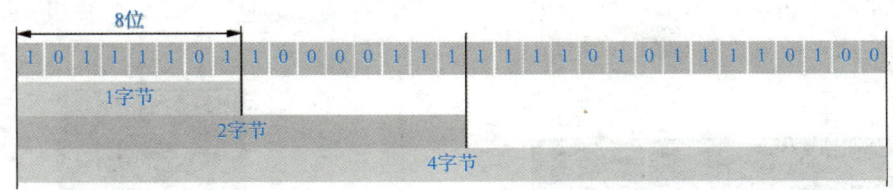

图 2-12　计算机数据存储方式

信息在计算机中的表示和存储涉及不同的单位(表 2-9),用于衡量计算机中的数据容量、文件大小等。

表 2-9　计算机中描述信息大小的单位

单位	符号	大小
比特	bit	1bit
字节	Byte	1B
千字节	KB	$2^{10}B$
兆字节	MB	$2^{20}B=2^{10}KB$
吉字节	GB	$2^{30}B=2^{10}MB$
太字节	TB	$2^{40}B=2^{10}GB$
拍字节	PB	$2^{50}B=2^{10}TB$
艾字节	EB	$2^{60}B=2^{10}PB$
泽字节	ZB	$2^{70}B=2^{10}EB$
尧字节	YB	$2^{80}B=2^{10}ZB$

需要注意的是,虽然理论上这些单位之间的进率是 $2^{10}=1024$,但在实际购买存储设备时,由于厂商计算方式的不同,实际容量可能会少于标称容量。例如,一个标称为 100GB 的硬盘,其实际容量可能会略小于 100GB。

在计算机处理数据时,数据是存放在存储器中的。计算机需要存取数据时,只要知道该数据的地址,即可到对应的存储单元对数据进行存取操作。信息存储技术经历了多次重要的变革,从最初的磁带到现代的固态硬盘,每一步都推动了计算机和信息技术的发展。

1. 从磁带到固态硬盘

1)磁带

磁带技术于 20 世纪 50 年代问世,最早用于计算机的数据备份和长期存储。初期的磁带是基于磁性材料的,通过磁化排列来存储信息。磁带外观如图 2-13 所示。

工作原理:数据在磁带上的存储是线性的,即信息是顺序写入和读取的,这导致读取特定数据时速度较慢,尤其当数据存储量很大时。

优势:容量大、成本低,尤其适合长期存储大数据量;数据相对稳定,不易损坏。

劣势:读取速度较慢;易受环境条件影响,如温度和湿度。

2）硬盘

硬盘（hard disk，HD）从 20 世纪 60 年代开始普及，迅速成为个人计算机和服务器的主要存储介质。硬盘外观如图 2-14 所示。

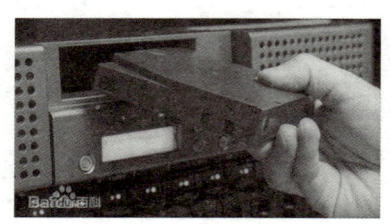

图 2-13　磁带外观

图 2-14　硬盘外观

工作原理：HD 为机械结构，内部有旋转的磁盘和可以移动的读写头；数据以扇区的形式存储在磁盘上，支持随机访问。

优势：大容量和相对低廉的成本，使其广泛应用于各种计算机系统；随机访问能力较磁带好。

劣势：机械组件易磨损，故障率相对较高；在高速数据传输时可能出现瓶颈。

3）固态硬盘

固态硬盘（solid state disk，SSD）是一种基于闪存技术进行数据存储的设备。与 HD 不同，SSD 不含任何机械部件，因此读写速度更快。固态硬盘外观如图 2-15 所示。

工作原理：SSD 使用与非型闪存（NAND flash）技术，通过电流来改变存储单元中的电荷状态，从而实现数据的读取和写入；还通过并行处理技术实现多个数据通道的同时操作，大幅提高了数据传输能力。

图 2-15　固态硬盘外观

优势：极快的读写速度，使系统启动、应用加载和大数据处理的效率显著提高；更高的耐用性和低功耗；体积更小、质量更轻，适合移动设备。

劣势：成本相对较高，尤其是在大容量存储方面仍比 HD 昂贵。

随着数据量的倍增，亟待开发新的存储技术。例如，DNA 存储技术利用生物工程和分子生物学的原理，通过将数字信息编码为 DNA 序列，从而实现极高的数据存储密度和持久性。理论上，DNA 存储可以在微小的物理空间中存储数十亿倍于当前磁盘的数据信息，开辟了信息存储的新纪元。

2. 云存储的崛起

随着互联网的普及和移动设备的广泛应用，云存储逐渐崛起，成为用户存储和管理数据的重要方式。云存储是一种通过网络将数据存储在远程服务器上的技术，用户可以通过互联网随时访问和管理这些数据。它使得数据存储的灵活性和可扩展性得到了极大增强，用户无须关注硬件的维护和管理，能够享受便捷的存储服务。

1）云存储的特点

便捷性：用户随时可以访问存储的数据，不再受到物理限制。

协作性：多用户可以同时访问和编辑文件，极大地提高了团队协作效率。

可扩展性：用户可以根据需求动态调整存储空间，避免资源的浪费。

2）云存储的挑战

虽然云存储带来了诸多便利，但也伴随着一些安全性和隐私方面的挑战。

（1）数据安全。云存储服务提供商需要保障用户数据的安全性，防止数据泄露、丢失或被篡改。然而，攻击者可能会通过黑客攻击、恶意软件等手段获取存储在云端的数据。

（2）隐私问题。由于数据存储在第三方服务器上，用户的隐私信息可能面临被监控或滥用的风险。因此，用户在选择云存储服务时，应认真考虑服务提供商的隐私政策和数据保护措施。

3）常见云存储服务提供商

阿里云（Alibaba Cloud），提供阿里云对象存储服务，支持海量数据存储和管理，适合各种行业的需求。阿里云还提供包括云数据库、云计算、数据分析等多种服务。

腾讯云（Tencent Cloud），提供云存储，支持对象存储、文件存储和块存储等多种存储方式，满足不同应用场景的需求。

百度云（Baidu Cloud），提供百度云对象存储、云硬盘等服务，可广泛用于网站托管、数据备份、数据分析等。

华为云（Huawei Cloud），提供云硬盘、对象存储、备份和数据归档等多种存储解决方案，适用于企业级用户。

谷歌云（Google Cloud），支持高性能的数据处理，适合日益增长的人工智能和数据分析应用。

亚马逊的 AWS S3，提供可扩展的对象存储服务，适合大数据存储和备份。

微软的 Azure Blob Storage，为大数据存储和处理提供解决方案，与机器学习工具和框架集成紧密。

4）云存储的未来趋势

（1）增强的智能化。结合人工智能技术，云存储服务将提供更智能的数据管理和分析工具。

（2）多云环境。越来越多的企业选择同时使用多个云服务提供商，以增强灵活性和减少风险。

信息的表示方式直接影响着数据的收集、分析和利用。理解信息的基本概念、编码方式及存储技术，为我们掌握人工智能技术奠定了基础。

2.3 信息的计算

通俗地讲，信息的计算就是将数据转化为有用的信息，通过算法与计算系统对信息进行高效的处理。在当今数字化时代，信息的获取、存储与处理已成为赋能各行各业的重要手段。

2.3.1 计算的基本概念

1. 什么是计算

让我们想象一下，你正在厨房里煮一道新的菜肴。你手里有食材（输入），而你需要遵循一个食谱（计算过程）来制作出一道美味的菜（输出）。在这个过程中，你的每一步操作（切菜、调味、加热）都可以被视为"计算"的一个环节。计算其实就是一个将输入的数据通过一定的规则转化后输出的过程。

生活中的许多事情都可以视为计算，如计算家庭的账单、规划出行路线等。计算不仅存在于日常生活中，更遍及科学研究、经济、医学、航空等方方面面。计算可以把复杂的问题转化成一个个简单的步骤，让问题得以顺利解决。

2. 算法与程序

现在，让我们把注意力放在"食谱"和"厨房"之间的关系上。你有了一个完美的食谱，但如果没有厨房工具（如锅、刀、炉子等），你就无法将这个食谱变为现实。同样，算法就像这个食谱，而程序则是实现这个食谱的厨房。

算法是解决问题的方法，像制作美食的步骤一样，它告诉你该做什么样的处理，通过怎样的逻辑才能得到想要的结果。

在计算机的世界里，程序是实现算法的一种方式。程序就像你在厨房里使用的工具，是用一种特定的语言（如 Python、Java 等）写出来的。就像制作饮食需要恰当的工具，编程也需要选择合适的语言和工具，这样才能把算法完美地实践出来。

举个例子，当你写一个程序来帮你找出班级里最高的分数时，你首先需要一个算法，它可能会是："从分数列表中逐个比较"，而程序则把这个算法翻译成计算机能够理解的语言。通过这种方式，计算机能够迅速和准确地执行这个操作，给你想要的答案。

理解算法和程序的关系，就像懂得了如何做美食一样。你不仅知道用什么材料做菜，还清楚怎样一步一步地让原料变成丰盛的晚餐。

3. 计算模型

计算模型是用于描述和模拟现实世界问题的数学或逻辑框架，通过计算和算法实现对问题的求解或预测。它通常基于一定的理论基础，结合数据和算法，用于分析、预测或优化复杂系统的行为。

我们可以把计算模型理解为一个"规则系统"，它告诉我们在给定输入的情况下如何产生输出。也可以把计算模型看成一个"解决问题的小工具"或"操作指南"，它帮助我们理解如何从输入（信息、数据）开始，经过一系列操作，最终得到输出（解决方案、结果）。例如，学数学时，圆的面积公式是 $A = m^2$，这个公式就是一个计算模型，它告诉你只要知道（输入）圆的半径，就能算出（输出）它的面积。

计算模型多种多样，每种模型都旨在解决特定类型的问题或提供特定的计算功能。例如，图灵机模型，它帮助我们理解哪些问题是可计算的，哪些是不可计算的。除此以外，还有有限状态机模型、并行计算模型、量子计算模型、神经网络模型等等，这些计算模型各有其特点和适用范围，可以根据具体需求选择合适的模型来解决问题。

计算模型广泛应用于各个领域，如计算机科学、软件工程、人工智能、信息安全、工业与自动化、数据科学与统计、游戏开发等。总之，计算模型为理解和分析计算的本质提供了基础框架，它们的应用贯穿于技术的各个方面，推动了信息技术的进步和应用创新。

2.3.2 计算复杂性

1. 计算复杂性理论的产生

什么样的问题是可计算的呢？这是数学、数理逻辑学和早期计算机科学所关心的一个重要问题。为了回答这个问题，可以给出一个计算的模型，然后规定凡是这个模型能计算的问题就称为可计算的，否则就称为不可计算的。于是产生了各种计算的模型：图灵机、递归函数、λ演算、马尔可夫算法和递归算法等。但是，会不会有一类问题，在一个模型中是可计算的，而在另一个模型中却是不可计算的呢？如果这样，一个问题类的可计算性就依赖于模型，而不是问题类本身的性质了。著名的丘奇-图灵论题回答了这个问题。这个论题说：凡是合理的计算模型都是等价的，即一个模型能算的问题类别的模型也能算，一个模型不能算的问题类别的模型也不能算。这个论题不是一个严格的命题，无法给予一般的证明，但可以用一个个具体的模型去验证它的正确性。但是，对于一个问题类，只知道它能否计算还不够，更有实际意义的是知道它计算起来要耗费多少时间，要用多大的空间来存储计算的中间结果等问题。为了回答这些问题，产生了计算复杂性理论。

2. 时间复杂度与空间复杂度

在计算机的世界里，算法是解决问题的步骤，而计算复杂性理论则告诉我们这个算法的运行是否高效。它主要关注两个方面：时间和空间。也就是说，我们想知道这个算法需要多长时间来运行，以及在运行过程中需要多少"工作空间"（即内存）。复杂度通常用"大O符号"来表示。它帮助我们了解随着输入数据规模的增加，算法的表现如何变化。

（1）时间复杂度。

时间复杂度就像是在评估完成某项任务所需的时间。简单来说，时间复杂度高的算法就像需要更多时间的工作，而时间复杂度低的算法则像高效的工作方式，只需要更少的时间。

假设需要从10本书中寻找一本特定的书。线性查找的方法是：从第一本书开始，一个一个看，直到找到目标书。最坏情况下，可能需要看全部10本书。这个过程的时间复杂度是 $O(n)$，其中 n 是书的数量。但是如果这些书是按顺序排列的，可以采用二分查找法：首先查看中间的那本书；如果不是目标书，就能决定接下来看左边还是右边的半部分。这样，查找的速度大大加快。每一次查找都能把选择的范围减半。这种方法的时间复杂度是 $O(\log n)$。

（2）空间复杂度。

空间复杂度就像是在评估完成这项任务所需的空间或资源。

假设需要把物品存放到箱子里。如果不分类存放：把所有的物品放在一起，那么只需要一个箱子。这就表示空间复杂度是 $O(1)$，因为只用一个固定的空间，无论有多少物品，空间都不会增加。如果分类存放：把物品根据类型分成多个部分，如书放在一个箱子里，衣服放在另一个箱子里，那么可能需要多个箱子。假设需要的额外空间与物品数量成正比，如每增加10件物品就需要一个额外的箱子。这种情况下，空间复杂度是 $O(n)$，表示空间随着物品的增加而增加。

2.3.3 计算的应用

在现代社会，计算已经深入到我们日常生活的方方面面。从早晨起床开始，到晚上睡觉，每一步行动都与计算息息相关。无论是购物、旅游，还是决策，计算都在其中发挥着重要作用。

1. 日常生活中的计算应用

（1）购物。在日常购物中，计算是不可或缺的一部分。以电商平台为例，用户在浏览商品时，后台会利用计算机算法分析用户的历史购买记录及搜索习惯，向其推荐可能感兴趣的商品。这种个性化推荐机制不仅提高了用户的购物体验，也大幅提升了平台的销售额。

（2）旅游。计算在旅游行业中的应用也十分广泛。使用旅游规划软件，用户可以轻松安排旅行路线、预订酒店、购买机票等。以航空公司和酒店的官网为例，这些网站利用实时计算来提供最新的价格和信息，使用户能够做出明智的选择。导航软件如高德地图等，通过计算实时交通数据，帮助用户了解最佳出行路线，避开交通拥堵。旅游平台如携程等，通过计算能够根据用户的需求和预算，推荐优化行程，甚至提供备选方案和调整建议。

（3）决策。在决策过程中，计算能够帮助人们基于数据进行最优选择。例如，企业在制订市场拓展计划时，可以利用数据分析工具对市场趋势进行计算分析，预测消费者需求，进而做出科学合理的决策。在个人生活中，很多人也开始使用各种应用来帮助做出投资决策或健康管理。例如，理财应用通过分析用户的消费模式，提供个性化的理财建议；健康管理应用则通过计算健康数据（如步数、卡路里摄入量等）为用户制定健康目标。这些计算结果能够直接影响个人的生活方式和消费行为，推动更健康和可持续的生活习惯。

从购物、旅游到决策，计算已经成为我们生活中不可或缺的助推器，它不仅提高了效率，也让我们的生活充满了无限可能。

2. 专业领域的计算应用

计算的影响不仅限于日常生活，它在科学研究、工程、金融等多个专业领域中发挥着重要作用。随着计算技术的发展，许多领域的工作方式和研究方法都发生了深刻改变。

（1）科学研究。

在科学研究中，计算技术尤其重要。无论是生物学、物理学、化学还是社会科学，研究人员都依赖计算机进行数据分析和模拟实验。例如，在生物医药领域，药物研发的过程中通过计算分子建模可以提前筛选出潜在有效的药物分子，从而减少实验的时间和成本。同时，通过基因组学的计算分析，科学家们可以从大量的基因数据中寻找特定疾病的遗传原因，从而推动个性化医疗的发展。在气象学中，气象模型通过复杂的计算来预测天气变化，帮助人们制订出行计划。在天文学领域，天文望远镜收集到的海量数据必须通过强大的计算能力进行分析，才能揭示宇宙的秘密。

（2）工程。

在工程领域，计算与设计和模拟的结合改变了传统工程的工作流程。例如，在建筑设计中，通过计算机辅助设计（computer aided design，CAD）软件，工程师可以在虚拟环境中进行建筑的设计和模拟，提前预测工程实施中的潜在问题，优化工程方案。这种由计算支持的设计方式极大地提高了工程的精确度和安全性。在机械工程中，计算机仿真技术被广泛应用于产品开发过程中。工程师们利用计算机模拟不同环境条件下产品的表现，从而在产品投入生产前就进行必要的调整。这不仅节省了成本，也缩短了产品上市的时间。

（3）金融。

金融领域是计算技术应用最早也是最广泛的领域之一。金融机构利用计算技术进行数据分析，识别市场趋势，制定投资策略。在股市交易中，高频交易利用复杂的算法快速进行订单处理和交易决策，以获取微小的价格变动带来的利润。风险管理也是金融领域中计算的重要应用。金融机构使用计算模型评估贷款违约风险、市场风险等，帮助决策者制定更为合理的策略。此外，人工智能在金融欺诈检测中的应用也日益广泛，通过分析交易模式，计算机可以自动识别潜在的欺诈行为，保护用户资金安全。

2.3.4 未来计算的发展

随着计算技术的进步，人们正迎来一场科技革命。未来的计算将会更加智能化、高效化，并将深刻影响我们的社会。

1. 人工智能与机器学习

人工智能（artificial intelligence，AI）与机器学习（machine learning，ML）是当前计算技术发展的前沿领域。人工智能旨在让计算机模拟人类智力，能够进行学习、推理和自我纠正。机器学习作为人工智能的一个子领域，专注于算法的开发和数据模式的识别，使得计算机能够基于数据进行自我学习和优化。

在计算中，人工智能和机器学习正在扮演着越来越重要的角色。通过分析海量数据，机器学习算法能够识别出数据中的规律和模式，从而在图像识别、自然语言处理、推荐系统等多个应用场景中实现智能化处理。这种智能化的应用不仅提升了效率，也极大丰富了人们的生活体验。

随着算法的不断优化和硬件性能的提升，人工智能在医疗、教育、交通等领域的应用愈发广泛。例如，在医疗领域，深度学习算法已经能够帮助医生分析医学影像，并辅助诊断。在教育领域，智能教育平台利用机器学习为学生提供个性化的学习方案，帮助每位学生以适合自己的节奏进行学习。

2. 量子计算

量子计算是未来计算的重要发展方向，其基本原理是基于量子力学的特性利用量子比特代替传统计算机的比特。与经典计算机只能以 0 和 1 表示数据不同，量子比特可以同时处于多个状态，使得量子计算具备强大的并行计算能力和处理复杂问题的潜力。

量子计算在某些特定任务上，可以极大地超越传统计算机的能力。例如，在优化、材料科学和药物设计方面，量子计算有望提供解决方案，帮助科学家加速新材料的发现进程，提高药物研发的效率。IBM 和谷歌等公司正在积极探索量子计算的可行性，致力于实现量子计算机的商业化应用。

"祖冲之三号"问世！

尽管当前量子计算仍处于实验阶段，但其发展潜力无疑引发了学术界和工业界的极大关注。随着量子算法的不断优化和量子硬件技术的突破，量子计算将可能在未来改变我们处理信息和解决问题的方式。在近几年，国内的量子计算也取得了较大的发展，不断发布相关成果。由中国科学家研制的 105 个量子比特的"祖冲之三号"量子计算机于 2024 年 12 月 17 日在 arXiv 线上发表，超过谷歌于 2024 年 10 月发表于《自然》期刊的最新进展——72 比特"悬铃木"处理器 6 个数量级，实现了目前超导量子计算的最强优越性。

3. 边缘计算与云计算的结合

边缘计算是近年来新兴的一种计算架构，其主要思想是将数据处理和存储移至离数据源更近的地方，从而减少延迟，提高响应速度。在大数据和物联网时代，边缘计算应运而生，以满足对实时数据处理的需求。

边缘计算与云计算是相辅相成的。云计算能够提供强大的计算和存储能力，适合处理海量数据和复杂任务，但在延迟和带宽方面存在瓶颈。而边缘计算则能有效解决这些问题，将计算能力推向网络边缘，通过局部处理减轻云端的负担。

在实际应用中，边缘计算非常适用于对实时性要求高的场景，如智能交通、无人驾驶及工业自动化等。在这些领域，数据的及时处理和反馈至关重要，边缘计算能够有效缩短数据传输时间，提高系统的整体响应速度。

未来，边缘计算与云计算的结合将形成一个互补的计算生态系统，提升整体信息处理的效率。在这样的架构下，不同的计算需求将会被智能调度，形成更高效、灵活的计算模式，推动各领域的技术创新与发展。

总之，计算的应用无处不在，涵盖了我们生活的方方面面，从日常使用的智能设备到专业领域的科学技术，计算正在推动社会的进步与发展。未来，随着人工智能、量子计算以及边缘计算等技术的不断进步，计算将会变得更加智能和高效，为社会各界带来更多的机遇与挑战。作为未来的学习者和从业者，我们需要紧跟技术发展的步伐，不断提升自身的计算素养和应用能力，为推动社会进步贡献自己的力量。

2.4 信息的传输

信息的传输是现代社会中至关重要的组成部分，涉及人们的沟通、数据交换以及信息的存储与处理。在数字化和网络化的时代，信息传输的有效性直接影响到我们的工作、学习和生活。

2.4.1 信息传输技术的演变

信息传输技术的发展经历了多个阶段，从最初的模拟信号到如今的数字传输，技术的演变不仅提高了传输的效率和可靠性，也使得大规模的信息共享成为可能。

1. 模拟信号传输

最早期的信息传输技术基于模拟信号。其特点是通过电波、光波等连续的物理信号来传递信息。例如，电话的发明使得人们可以通过电信号传递声音，这种传输方式虽然简单，但在信号衰减和干扰方面存在诸多问题。

2. 数字信号传输

随着计算机技术的发展，数字信号传输逐渐取代了模拟信号。数字信号具有更高的抗干扰能力和信号处理效率，这使得信息传输的准确性和安全性得到显著提升。此阶段的关键技术包括调制解调器（modem）和数字信号处理等。

3. 光纤通信

光纤技术的出现是一场信息传输的革命。光纤通过光信号进行传输，具有高带宽、低损耗和长距离传输的优势。21 世纪头十年，随着光纤网络的普及，全球的信息传输能力得到了质的飞跃，不仅支持了高速互联网的发展，也成为现代通信的基础。

4. 无线通信

无线通信技术的发展为信息传输提供了更多灵活性和便利性。从最初的收音机到后来的移动电话、Wi-Fi 和蓝牙，无线技术不断进步，支持了无处不在的互联网连接。如今，5G 的到来更是开启了一个新的信息传输时代，其高速率和低延迟特性为各种新兴应用奠定了基础。

5. 卫星通信和量子通信

随着卫星通信和量子通信的发展，信息传输技术正在朝着更安全、更高效的方向演进。卫星通信解决了偏远地区的网络连接问题，为全球信息传输的平等化铺平了道路。而量子通信利用量子纠缠特性提供了无条件安全的信息传输。

2.4.2 网络的形成与发展

网络是信息传输的基础设施，它通过将多台设备连接起来，实现信息的快速、高效交换。网络的发展历程充满了技术创新与变革，从早期的局域网到现在的全球互联网，逐渐成为信息传输不可或缺的支柱。

1. ARPANET 的诞生

ARPANET 的诞生可以追溯到 20 世纪 60 年代，由美国国防部高级研究计划局发起，旨在创建一个能够在战争期间保持信息传递的冗余计算机网络。1969 年，ARPANET 成功实现了联网，最初连接了四个节点：加州大学洛杉矶分校、斯坦福研究所、加州大学圣芭芭拉分校和犹他大学。这一创新的网络架构采用了分包传输等技术，让数据能够通过不同路径进行传递，从而增强了系统的可靠性。ARPANET 不仅为军事和学术界提供了交流与合作的平台，也奠定了后续互联网发展的基础。随着更多计算机的接入和技术的进步，ARPANET 逐渐演变成了一个先进的通信平台，最终促成了今天互联网的广泛普及。20 世纪 70 年代后期，ARPANET 的商业化拓展打破了学术界与公众之间的界限，开启了信息社会的新篇章，极大地改变了人们的信息获取和交流方式。

2. TCP/IP 协议的推广

TCP/IP（transmission control protocol/internet protocol，传输控制协议/互联网协议）的推广始于 20 世纪 70 年代，其核心目标是实现计算机之间的可靠通信。最初，由美国国防部的 ARPANET 项目推动，TCP（传输控制协议）和 IP（互联网协议）逐渐成为标准协议，以支持各类计算机网络的互联。1983 年，TCP/IP 协议正式取代了 ARPANET 的 NCP 协议，成为主流的网络协议。随后，随着互联网的迅速发展，TCP/IP 的优势逐渐显现，包括开放性、灵活性和可扩展性，使其成为全球网络通信的基础。20 世纪 90 年代，商业互联网的兴起进一步推动了 TCP/IP 的普及，几乎所有的网络设备和操作系统都开始支持这一协议。同时，网络公司和组织开始普遍采用 TCP/IP，促进了电子邮件、网页浏览和在线服务的蓬勃发展。至今，TCP/IP 已经成为全球互联网的核心协议，推动了信息技术的万象更新，连接了数十亿台设备，深刻改变了人们的生活与交流方式。

3. 万维网的崛起

万维网（world wide web，WWW）的崛起始于 20 世纪 90 年代初，得益于对超文本技术的创新和互联网基础设施的普及。1991 年，伯纳斯-李发布了第一个网页，使信息分享变得更加直观和易于访问。此后，随着网页浏览器如 Mosaic 和 Netscape 的推出，普通用户首次能够方便地浏览互联网内容，推动了网络使用的快速增长。20 世纪 90 年代中后期，电子商务和在线社交媒体的兴起进一步加速了万维网的普及，像亚马逊和 eBay 等平台奠定了网络经济的基础。同时，搜索引擎如 Google 的问世，使得用户在海量信息中快速找到所需内容成为可能。随着宽带的普及和移动设备的普遍使用，万维网不仅改变了人们获取信息的方式，还重塑了商业、教育和社交等众多领域，使其成为现代社会中不可或缺的组成部分。今天，万维网继续演进，推动着互联网应用和服务的不断创新。

4. 移动互联网的发展

移动互联网的发展经历了从基础的移动通信到如今高速、智能化的转变。最初的移动互联网仅支持简单的文本信息,随着 3G、4G、5G 技术的推出,用户体验显著提高,流媒体、社交媒体和移动电竞等应用迅速崛起。智能手机的普及使得用户可以随时随地访问互联网,社交网络平台的兴起推动了信息分享和传播的新方式。

5. 未来网络的发展趋势

未来网络的发展趋势将集中在更高的速度、更广的连接和更智能的服务上。随着 5G 及即将到来的 6G 技术的普及,网络的传输速率和低延迟将为万物互联奠定基础,推动智能家居、自动驾驶及智慧城市的迅速发展。同时,软件定义网络和网络功能虚拟化的结合,将实现网络资源的动态配置,提升管理效率。此外,网络安全将愈发重要,人工智能将被广泛应用于威胁检测和防护,确保用户数据安全与隐私保护。绿色网络的理念也将受到重视,推动更高的能效和资源利用率。此外,AR 和 VR 技术的普及,对网络的带宽和延迟提出更高要求,促使网络架构不断创新。因此,未来网络将不仅是信息传输工具,更是支撑数字经济和智慧生活的重要基石,推动社会的全面转型。

2.4.3 互联网的实际应用

互联网的实际应用范围广泛,涵盖了社会生活中的各个领域。通过互联网,信息的传递和分享变得快捷而高效。

1. 电子商务

电子商务是互联网最重要的应用之一。商家通过在线平台与消费者建立直接联系,不仅大大降低了交易成本,还提高了市场的透明度。消费者可以便捷地比较价格、查看评价,进一步推动了消费方式的转变。

2. 在线教育

互联网的发展使得在线教育成为可能。学生可以随时随地获取优质的教育资源,进行自主学习。无论是 MOOC 还是直播授课,在线教育极大地提升了教育的可及性和灵活性。

3. 社交媒体

社交媒体平台如 QQ、微信、微博、Facebook 和 Twitter 等,使人们能够轻松地分享生活、互动和获取信息。社交网络的兴起重新定义了人际关系,用户可以通过平台发布自己的观点,参与公共讨论。

4. 信息传播与新闻

互联网改变了信息传播的模式,传统媒体在面对新兴数字媒体挑战时需要进行转型。用户不仅可以通过网站和应用获取新闻,还可以在社交媒体上分享和评论。这样的变革促进了新闻的多元化和即时性,但也带来了虚假信息和信息过载等问题。

5. 智能家居与物联网

互联网的发展催生了智能家居和物联网的应用。消费者可以通过互联网实现对家用电器的远程控制,提升了生活的便利性和舒适性。同时,数以亿计的设备通过网络相连,使得数据的实时交换成为可能,进而推动了智能城市和智能交通等先进应用的实施。

2.4.4 信息传输面临的挑战与未来发展

尽管信息传输技术和网络应用取得了显著的进展，但在快速发展的背景下，仍面临一定的挑战和问题。

1. 信息安全与隐私保护

随着信息的广泛传播，信息安全和隐私保护的问题愈发突出。网络攻击、数据泄露、个人隐私侵犯等事件频频发生，给用户和企业带来了巨大的损失。如何在保证信息流通的同时加强信息安全，成为技术发展的重要课题。

2. 网络拥堵与资源分配

随着用户数量和数据流量的激增，网络拥堵问题日益严重。尤其是在高峰时期，网络延迟和丢包现象影响了用户体验。有效分配网络资源、提高网络的带宽利用率，是解决这一问题的关键。

3. 数字鸿沟

尽管互联网普及率逐年提高，但在某些地区和人群中，仍然存在数字鸿沟。这种差距不仅影响了教育和就业机会的公平性，也限制了信息的获取与使用。未来，需要通过政策引导和资源投入，促进科技的发展与应用的公平性。

4. 法律与伦理问题

互联网的发展也带来了法律和伦理方面的挑战。网络版权、知识产权的保护，以及网络行为的规范，都是需要进一步探讨的问题。如何建立有效的法律框架，以适应快速变化的网络环境，是当前亟待解决的难题。

5. 未来的发展方向

未来，信息传输技术将在更高的层面上与人工智能、大数据密切融合。智能化的信息处理和数据分析将提高信息传输的个性化与精准性。此外，随着量子技术的进步，信息传输的安全性有望达到新的高度。

2.5 新一代信息技术

在信息技术不断发展的今天，新一代信息技术的出现为我们的生活、工作、学习以及社会发展带来了深刻的变革。下面将从移动互联网、云计算以及物联网与人工智能的结合三个方面进行探讨。

2.5.1 移动互联网

移动互联网是新一代信息技术的重要组成部分，指的是借助移动设备（如智能手机、平板电脑等）通过无线网络接入互联网的各种服务和应用。其特点如下。

（1）随时随地接入。用户可以在任何时间、任何地点通过移动设备获取信息、交流与交易，这极大地方便了人们的生活。

（2）社交网络的扩大。移动互联网使得人们的社交变得更加便捷，通过各种社交媒体平台，用户能够与世界各地的人实时交流和分享信息。

（3）应用生态的繁荣。各类应用程序的快速发展，如在线购物、移动支付、社交 App 等，改变了人们的消费和生活方式。

移动互联网的发展不仅提升了人们的生活品质，也极大地促进了经济的发展和创新，推动了数字经济的形成。

2.5.2 云计算

云计算是通过网络"云"将计算资源、存储资源和应用程序等提供给用户的一种新型计算模式。其特点如下。

（1）弹性和可扩展性。用户可以根据实际需求灵活调整资源配置，无须提前投入巨额资金购买硬件。

（2）集中管理与交互。云计算平台将计算和数据集成在一起，便于集中管理和维护，降低了信息技术管理的复杂性。

（3）多样化的服务模式。提供多种服务模式，如 IaaS（infrastructure as a service，基础设施即服务）、PaaS（platform as a service，平台即服务）、SaaS（software as a service，软件即服务），适应不同用户的需求。

云计算的普及使得企业能以更低的成本享受到大型信息系统的优势，促进了小微企业的发展与创新。同时，企业也能更加专注于核心业务，而非信息基础设施的管理。

2.5.3 物联网与人工智能的结合

物联网是将各种物体通过互联网连接，实现数据交换与智能识别的一种新兴技术。人工智能则通过模拟人类的认知能力，处理和分析大量数据，从而做出智能决策。这两者的结合使人们的生活变得更加智能化。其特点如下。

（1）实时数据收集与分析。物联网设备能够实时收集环境、设备及用户的相关数据，提供智能决策的基础。

（2）自适应与自主性。结合人工智能技术，物联网设备能够学习用户的习惯和偏好，自动调整其工作模式，为用户提供个性化的服务。

（3）互联互通的生态系统。设备之间通过互联网连接，形成一个全面互联的智能生活生态，让用户享受到无缝的科技体验。

触手可及的智能生活改变了人们对生活的体验。例如，智能家居让家居生活变得更加便利与安全，智能健康监测设备让人们更加关注自己的身体健康和生活方式。未来，还将有更多的智能应用场景不断涌现，推动社会的可持续发展。

从信息时代飞向人工智能时代

在人类文明的漫长征程中，技术的每一次突破都如同璀璨星辰，照亮了社会进步的道路。从印刷术的诞生到互联网的普及，每一次技术革命都深刻地重塑了人类的生活方式和社会结构。如今，我们正站在一个全新的历史节点上，目睹着从信息时代向人工智能时代的华丽转身。这不仅是一次技术的

第 2 章
信息技术基础

飞跃,更是人类社会迈向更高文明的全新起点。

信息时代,以计算机技术和互联网的普及为标志,是人类历史上一个极具里程碑意义的阶段。计算机的诞生,如同打开了一扇通往新世界的大门,极大地提升了信息处理的效率和精度。而互联网的出现,则彻底打破了信息传播的时空限制,让全球范围内的信息共享成为可能。在这个时代,信息如同洪水般涌入人们的生活,搜索引擎成为获取知识的钥匙,社交媒体搭建起跨越国界的交流桥梁,电子商务重塑了全球贸易的格局。信息时代的到来,让人类社会进入了一个前所未有的互联互通时代。

然而,随着信息时代的蓬勃发展,其局限性也逐渐显现。信息的爆炸式增长带来了数据过载的问题,人们在海量信息中难以快速找到真正有价值的内容。同时,信息的处理和分析仍然依赖于人工操作,效率低下且容易出错。更重要的是,信息时代的技术更多的是为人类提供工具和平台,缺乏自主性和智能性,无法满足人类对更高效、更智能服务的需求。这些挑战,为人工智能时代的到来埋下了伏笔,也为人类社会的下一次飞跃提供了动力。

人工智能的崛起,如同一道划破天际的闪电,为解决信息时代的局限性提供了全新的思路和方法。人工智能的核心目标是赋予计算机以人类智能的特质,使其能够自主学习、自主决策和自主优化。近年来,深度学习、神经网络等技术的突破,让人工智能在多个领域取得了令人瞩目的成就,开启了智能新时代的大门。

在计算机视觉领域,人工智能技术已经能够实现高精度的图像识别和视频分析,广泛应用于安防监控、自动驾驶和医疗影像诊断等领域。在自然语言处理方面,人工智能模型能够理解和生成自然语言文本,为智能语音助手、机器翻译和智能写作等应用提供了强大的支持。此外,在语音识别、数据分析和预测等领域,人工智能也展现出了巨大的潜力。

人工智能的崛起,不仅在于其技术的先进性,更在于其对传统行业的深刻变革。人工智能技术与传统产业的深度融合,正在催生新的商业模式和业态。在制造业中,智能机器人和自动化生产线提高了生产效率和产品质量;在金融领域,人工智能驱动的风险评估和投资决策系统提高了金融服务的精准度和安全性;在医疗行业,人工智能辅助诊断系统能够快速准确地分析医学影像,为医生提供诊断建议,提高诊断效率和准确性。

从信息时代到人工智能时代的转变,不仅仅是技术的进步,更是人类社会思维方式和生活方式的深刻变革。在信息时代,人类更多地依赖工具和平台来获取和处理信息,而在人工智能时代,人工智能技术将逐渐成为人类的智能伙伴,帮助我们更好地理解和利用信息。

在教育领域,人工智能将为个性化学习提供支持。通过分析学生的学习进度和特点,人工智能系统能够为每个学生量身定制学习计划,提高学习效果和效率。在交通领域,自动驾驶技术将彻底改变人们的出行方式,减少交通事故的发生,提高出行的舒适性和安全性。在娱乐领域,人工智能生成的音乐、影视作品和游戏内容将为人们带来全新的体验。

然而,人工智能时代的到来也带来了新的挑战和问题。数据隐私和安全问题、算法偏见和歧视问题、人工智能的伦理和法律问题等,都引发了社会的广泛关注。如何在推动人工智能发展的同时,确保其符合人类的价值观和社会利益,成为一个亟待解决的重要课题。

人工智能时代的到来,标志着人类社会进入了一个全新的发展阶段。在这个时代,人工智能将成为推动社会进步的重要力量。未来,随着技术的不断进步和应用场景的不断拓展,人工智能将更加深入地融入人们的生活和工作中。我们有理由相信,在人工智能的助力下,人类社会将迎来更加美好的未来。

然而,人工智能的发展也需要我们保持清醒的头脑。我们需要在技术发展的过程中,注重数据隐私和安全的保护,避免算法偏见和歧视的产生,确保人工智能的发展符合人类的伦理和法律规范。同时,我们也需要加强对人工智能技术的监管和引导,使其更好地服务于人类社会的发展。

总之,从信息时代迈向人工智能时代,是一场划时代的飞跃。它不仅改变了技术的形态和应用方式,更对人类社会的发展产生了深远的影响。在这个变革的时代,我们需要积极拥抱人工智能带来的机遇,同时也要警惕其可能带来的风险,共同推动人工智能技术的健康、可持续发展。只有这样,我们才能在人工智能时代实现人类社会的更大进步和繁荣,让这场飞跃真正成为人类文明史上的一座新的里程碑。

本章习题

一、填空题

1. 信息技术的应用领域包括日常生活、商业和_____。
2. 在信息存储技术的发展中，从_____到固态硬盘的转换，使得数据存取速度显著提高。
3. 信息以_____的形式进行编码，是计算机处理数据的基本方式。

二、选择题

1. 关于数据和信息的区别，以下哪项是正确的？（   ）
   A. 数据是无意义的，而信息是有意义的
   B. 数据比信息重要
   C. 数据和信息是完全相同的
   D. 信息是数据的原始形式
2. 云存储的主要优点是什么？（   ）
   A. 安全性高   B. 成本低且易于扩展
   C. 数据处理速度快   D. 兼容性强
3. 关于计算复杂性的描述，以下哪项最为准确？（   ）
   A. 计算复杂性决定了算法所需的内存
   B. 计算复杂性是指算法执行所需的时间和空间的数量级
   C. 所有算法的复杂性都是 O(1)
   D. 复杂性只与输入数据量相关
4. 在信息技术发展历程中，被称为"第二次信息技术革命"的事件是（   ）。
   A. 大型机时代的到来   B. 个人计算机的普及
   C. 互联网的兴起   D. 人工智能的崛起

三、判断题

1. 云存储服务可以让用户随时随地访问自己的数据。（   ）
2. 信息技术的发展不影响社会的经济结构。（   ）
3. 移动互联网的崛起使得人们可以随时随地获取信息。（   ）

四、简答题

阐述信息传输技术的演变及其对现代社会的影响。

第 3 章 人工智能中的脑科学基础

📥【知识结构】

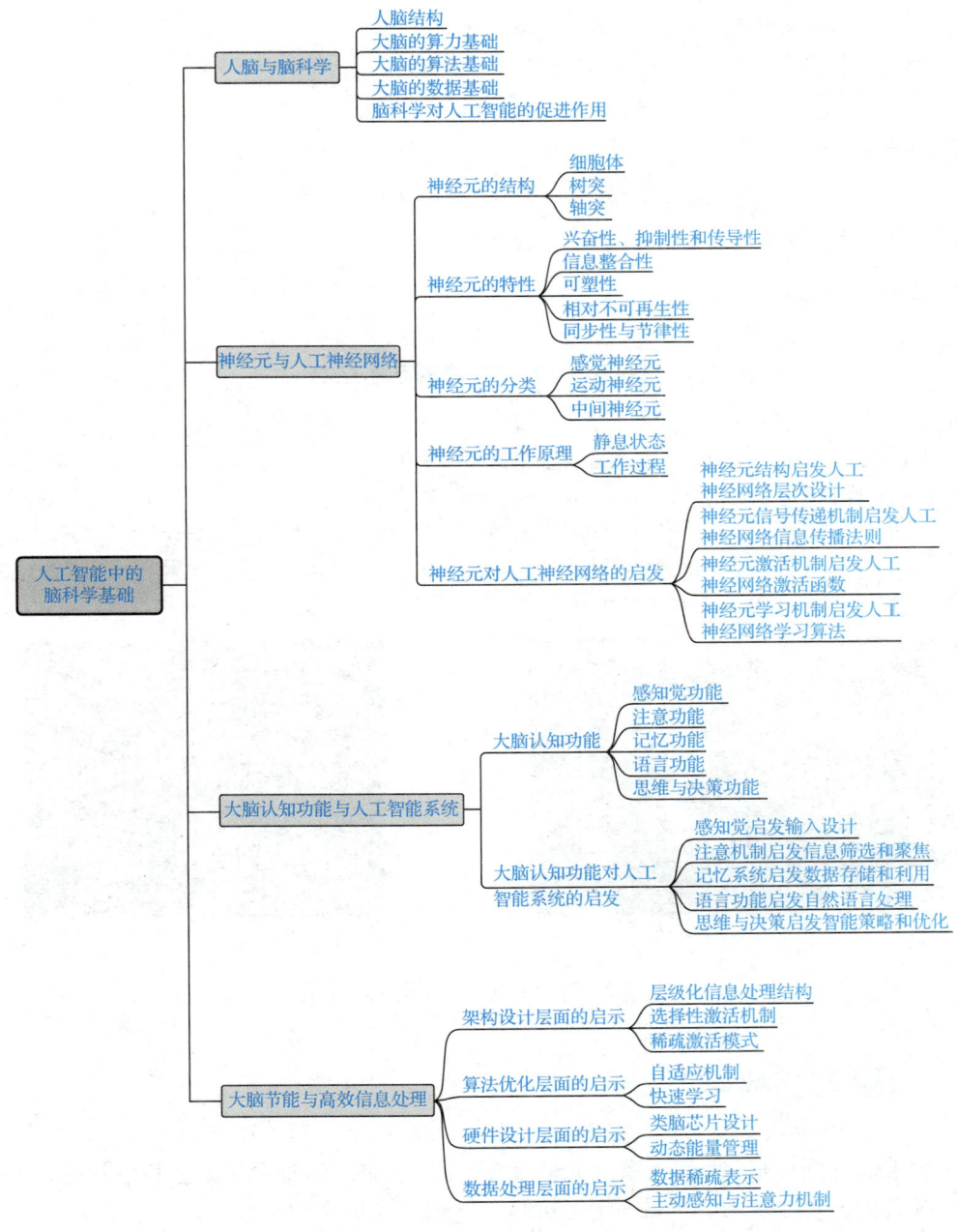

【教学目标】

掌握人脑结构、神经元结构、大脑认知功能等基本概念；理解神经元工作原理、大脑认知功能，以及对人工智能研究和应用的启发；熟悉大脑节能和高效信息处理机制及其对人工智能研究和应用的启发；了解大脑的算力、算法和数据基础。

【教学重点】

1. 大脑组成结构及其功能。
2. 神经元工作原理及其对人工智能研究和应用的启发。
3. 大脑认知功能及其对人工智能研究和应用的启发。
4. 大脑的算力、算法和数据基础。

【教学难点】

1. 神经元对人工智能研究和应用的启发。
2. 大脑认知功能对人工智能研究和应用的启发。

【案例导入】

脑科学与人工智能的亲密结合

俄罗斯 Neiry 生物技术实验室与莫斯科大学合作，在小白鼠大脑植入电极，将小白鼠神经活动与人工智能系统结合，让小白鼠在人工智能提示下回答简单问题。这一实验如图 3-1（a）所示，展现了脑机融合的巨大潜力。

我国自主研制的"天机芯"是世界首款异构融合类脑芯片，可对多模态数据进行高效整合和协同处理，实现了在芯片和人工智能两大领域的重大突破。如图 3-1（b）所示，"天机芯"荣登《自然》（Nature）杂志封面，向全世界展示了中国科技创新的强劲实力。

（a）小白鼠的智能实验　　　　　　（b）"天机芯"荣登《自然》杂志封面

图 3-1　脑科学与人工智能协作研究

3.1 人脑与脑科学

通过上述案例可知，要深入系统地学习人工智能知识，应充分了解脑科学基础，包括大脑结构及其信息处理机制、学习与记忆机制、感知与认知机制等。

3.1.1 人脑结构

人脑是一个高度复杂的器官，其结构精细且功能多样，各个部分之间相互联系、相互协作，共同维持着人体的正常生理功能。人脑结构如图 3-2 所示。

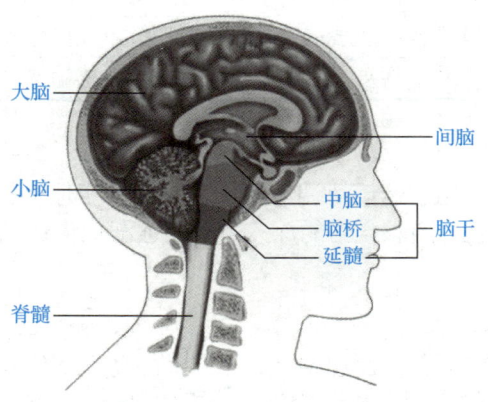

图 3-2 人脑结构

1. 大脑

大脑是人体中枢神经的指挥系统，是人脑的重要组成部分。大脑分为左、右两个半球，由神经纤维构成的胼胝体相连，如图 3-3（a）所示。

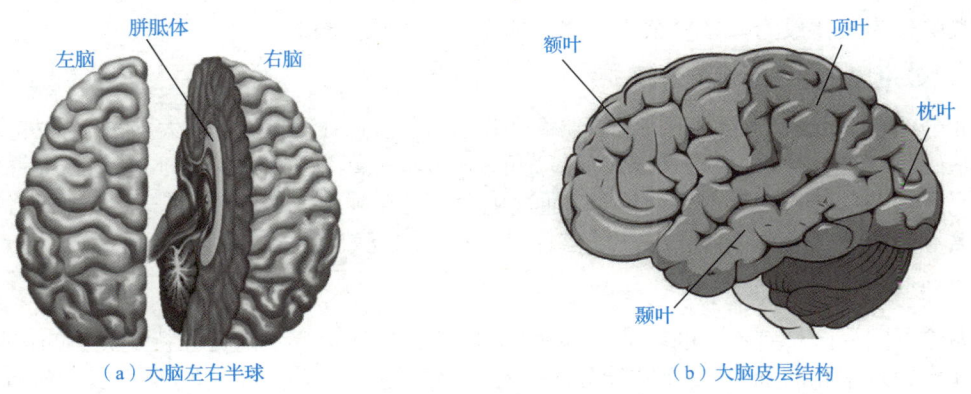

（a）大脑左右半球　　　　　　　　　（b）大脑皮层结构

图 3-3 大脑结构

大脑半球表面有许多弯弯曲曲的沟裂，称为脑沟，其凸出部分称为脑回。这些沟、回增加了大脑皮层的总面积，便于神经元之间的紧密联系。脑回在大脑左右半球呈对称分布，具有复杂的层级结构，分为额叶、顶叶、颞叶、枕叶等，如图 3-3（b）所示。脑回不同层级的功能如表 3-1 所示。

表 3-1　脑回不同层级的功能

名称	含义
额叶	位于大脑前部，主要与运动控制、语言表达、决策、计划、注意力、情绪等活动有关
顶叶	位于大脑中央顶部，主要负责处理躯体的触觉、痛觉、温度觉、本体感觉等感觉信息
颞叶	位于大脑外侧裂下方，主要与听觉、语言理解、记忆和情感等功能有关
枕叶	位于大脑半球后部，主要负责视觉信息的处理和感知

2. 小脑

小脑位于大脑后下方，用于运动协调。在学习新的运动时，小脑不断调整神经回路的活动模式，形成新的运动记忆。随着学习的深入，小脑逐渐优化运动控制模式，使运动表现得更加熟练和高效。

3. 脑干

脑干位于大脑下方，包含许多反射中枢，是神经冲动上下传导的重要通路。脑干通过网状激活系统调节大脑皮层的觉醒和睡眠状态，使机体保持适当的意识水平和警觉状态。

4. 间脑

间脑位于大脑左右半球之间，包括丘脑、下丘脑、上丘脑、底丘脑和后丘脑等部分，是脑干与大脑半球连接的中继站。

3.1.2　大脑的算力基础

大脑作为人体最为精妙复杂的器官，拥有令人惊叹的算力。

1. 数量庞大的神经元

大脑约含 860 亿个神经元，每个神经元都是一个信息处理单元，是大脑进行各种复杂计算的基础。神经元之间构成极其庞大而复杂的神经网络，可以并行处理不同模态的海量信息。神经元通过电信号在细胞内传递信息，通过化学信号在神经元之间传递信息。这种电信号和化学信号的快速转换与传递，保证了信息在大脑中的高效传输和处理。

2. 功能分区与协调合作

大脑不同分区具有不同的功能，不同分区内的神经元集合专门处理特定类型的信息，提高了计算的效率和准确性。各个功能分区相互连接成复杂的功能网络，协同完成一系列计算。例如，我们在开车时，视觉系统会并行处理道路、车辆、行人等多种视觉信息，听觉系统同时处理周围的声音信息，运动系统则根据这些信息实时调整驾驶动作。

3. 别具一格的信息存储

大脑记忆系统分为短期记忆和长期记忆。短期记忆依赖神经元的即时活动，类似计算机的临时缓存；长期记忆通过神经元之间连接强度的改变，如同硬盘写入数据。当需要检索记忆时，大脑激活相关神经元调取信息。这种机制能够快速适应不断变化的环境需求。

4. 高效的能量利用

大脑采用一种极为高效的"按需激活"节能策略。大脑神经元并非时刻处于活跃状态，而是大部分时间处于静息状态，仅在需要时才被激活，大大降低了能量消耗。同时，大脑有完善的能量代谢和供应系统，确保神经元在进行高强度计算时获得足够的能量，保障大脑算力的稳定运行。

3.1.3 大脑的算法基础

1. 学习与记忆算法

大脑通过奖励和惩罚机制来进行学习。当神经元做出一个行为并得到积极反馈时，与该行为相关的神经回路会得到强化，使得神经元更有可能重复这个行为；反之，当得到消极反馈时，相关神经回路会被抑制。例如，孩子在学习走路时，每成功迈出一步得到家长的鼓励，就会强化与走路相关的神经肌肉控制回路，逐渐学会走路。

2. 优化与调控算法

大脑通过注意力机制来筛选和聚焦重要信息，抑制无关信息。注意力可以增强与当前任务相关脑区的神经活动，抑制其他无关脑区的活动。例如，当我们在嘈杂的环境中专注于听一个人说话时，大脑会增强听觉皮层中处理目标声音的神经元活动，同时抑制对其他噪声的神经反应，提高信息处理的效率和准确性。

大脑通过反馈机制对信息处理过程进行调节和优化。例如，运动控制中，大脑根据身体实际的运动状态与预期目标之间的差异，实时调整运动指令，使动作更加精准。例如，伸手去拿一个杯子，当发现手的位置偏离目标时，大脑会迅速发出修正信号，调整手臂的运动轨迹，以准确拿到杯子。

3.1.4 大脑的数据基础

1. 感觉输入数据

（1）视觉数据。眼睛作为视觉信息输入器官，向大脑传递大量的图像数据。这些数据经视神经传导至大脑的视觉皮层进行处理和分析，为大脑提供关于周围环境的直观信息。

（2）听觉数据。耳朵能够捕捉到各种频率和强度的声音信号，经耳蜗转化为神经冲动传入大脑听觉中枢。听觉信息包括声音基本特征、来源方向、距离等。

（3）其他感觉数据。皮肤触觉能感知压力、温度、疼痛等多种信息，嗅觉可以检测到空气中各种化学物质的气味分子，味觉则能辨别不同的味道。

2. 记忆存储数据

（1）思维活动数据。大脑在进行回忆、想象、推理、判断等思维活动时，会产生大量的数据。例如，当我们回忆过去的事件时，大脑会检索存储的记忆信息，并将这些信息在大脑中重新组合和呈现。

（2）记忆存储数据。大脑具有强大的记忆能力，能够存储大量的信息，包括事实、概念、技能、经验等。随着时间的推移，大脑记忆的信息不断积累，形成了庞大的数据库。

3.1.5 脑科学对人工智能的促进作用

脑科学研究成果揭示了人类智能的本质，为人工智能的发展指明了方向，使人工智能系统在认知、学习、决策等方面更接近人类。

1. 提供生物学基础和灵感

人工神经网络模型借鉴了大脑神经元的连接方式和工作原理。模仿神经元的神经形态计算芯片为人工智能的发展和应用提供了更高效的硬件支持。

2. 提供类脑计算思路

一些新的启发算法借鉴了大脑的信息处理方式。例如,神经形态算法模仿了神经元运行机制,进化算法在优化问题上模拟了自然选择过程,模糊逻辑算法则将人类的模糊思维形式化。

3. 提供新的输入/输出方式

脑科学关于感知、运动控制等方面的研究成果,使机器人能更好地适应复杂环境,实现更自然、高效的人机交互。例如,利用脑电波控制机器人运动,模仿人类大脑触觉感知机制提高机器人灵敏度,使机器人能更精准地感知和操纵物体。

3.2 神经元与人工神经网络

神经元也称为神经细胞,是大脑神经系统结构和功能的最基本单位,用于感受刺激和传导兴奋,通过接收、整合、传导和传递信息来实现神经系统的各种功能。了解神经元的结构和功能对于理解神经系统的工作原理具有重要意义。

3.2.1 神经元的结构

从结构上看,神经元包括细胞体、树突和轴突等,如图 3-4 所示。

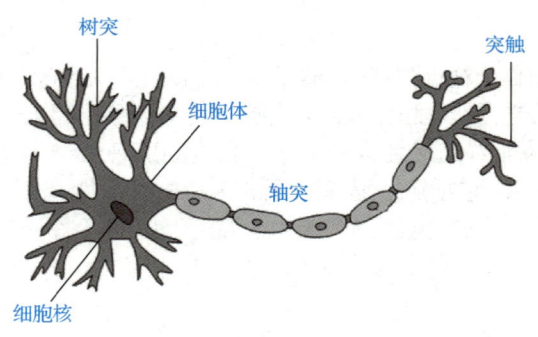

图 3-4 彩图

图 3-4 神经元结构

1. 细胞体

细胞体包含细胞核、细胞质、细胞膜等,如图 3-5 所示。

细胞体是神经元的核心部分,是神经元的代谢和营养中心,负责维持神经元的正常生命活动,并为树突和轴突提供营养和支持。

细胞体就像一个工厂的总部,指挥和协调整个神经元的各种活动。

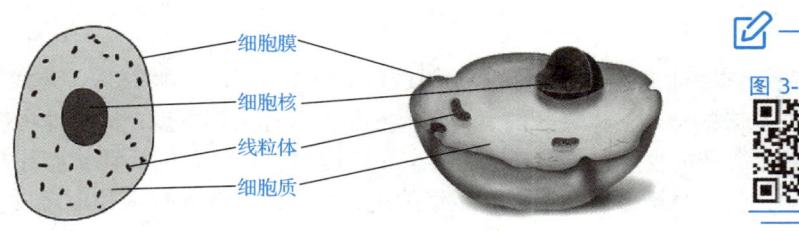

图 3-5 细胞体结构

（1）**细胞核**。细胞核内含有遗传物质，对细胞的遗传特性起决定性作用，控制着细胞的代谢和遗传活动。细胞核结构如图 3-6（a）所示。

核被膜呈双层结构，上面有许多核孔，是物质交换的通道。细胞核内含染色质，包含了神经元的全部遗传信息。在长期记忆的形成过程中，细胞核内的一些基因被激活，合成与记忆相关的蛋白质，从而巩固记忆。

（2）**细胞质**。细胞质内含有线粒体、核糖体、内质网、高尔基体等各种细胞器和神经递质，参与神经元的代谢和信号传导过程。

细胞质含有一些调节蛋白，根据神经元活动状态和外部环境变化，动态调整神经元功能，使神经元能够灵活适应各种生理情况。

（3）**细胞膜**。细胞膜由磷脂双分子层构成基本骨架，如图 3-6（b）所示。

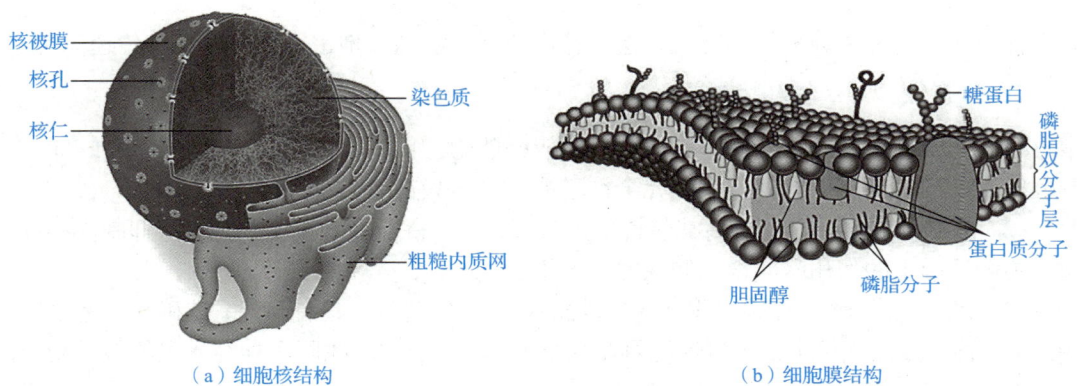

（a）细胞核结构　　　　　　　　　　（b）细胞膜结构

图 3-6 细胞核和细胞膜

磷脂分子具有亲水性的头部和疏水性的尾部，在水溶液中，磷脂分子自动排列成双层结构，头部朝向膜内外两侧的水环境，尾部在中间相互接触，形成一个相对稳定的屏障。

细胞膜上有多种离子通道，对不同离子的通透性不同。

细胞膜上还有许多蛋白质分子，如离子通道蛋白、载体蛋白、受体蛋白等。其中，受体蛋白用于接收外界信号。当神经递质与受体结合后，引起受体蛋白变化，进而调节神经元的兴奋性。不同的受体蛋白对不同的神经递质具有特异性，使得神经元能够精确接收和区分各种不同的信号。

2. 树突

树突是细胞体的延伸部分，形如树枝状，有多个分支。树突像"天线"一样，能够接收来自四面八方的信号。树突表面有许多微小突起，称为树突棘。树突棘可以增加树突的接触面积，增强信号接收能力。树突棘的形态和密度根据神经元的活动状态和学习记忆等发生变化。例如，在学习新知识或形成新记忆的过程中，树突棘的数量和形态发生改变，以适应新的神经连接和信息传递。

树突对不同来源、不同强度和不同时间到达的信号进行整合。例如，当多个兴奋性信号和抑制性信号同时到达树突时，树突会根据这些信号的综合情况，通过调节自身膜电位，初步判断是否将这些信号进一步向细胞体传递。

3. 轴突

轴突就像一条"电缆"，用于输出信号。轴突末端有很多分支，分支末端的膨大结构称为突触小体。突触小体与其他神经元的树突形成突触，通过突触将信号传递给下一个神经元。

轴突起始段的膜上有高密度的离子通道，对于动作电位的产生和启动至关重要，是神经冲动产生的关键区域。轴突外面包裹着髓鞘，髓鞘呈节段性，其主要作用是对轴突进行绝缘，减少神经冲动在轴突传递过程中的电流泄漏，提高神经冲动的传导速度。

3.2.2 神经元的特性

神经元具备一系列独特的特性，这些特性使其能够高效地进行信息处理与传递。

1. 兴奋性、抑制性和传导性

（1）兴奋性。神经元具有对刺激产生反应的能力。例如，当感受到外界足够强度的光、声、触等刺激时，相应的感觉神经元会被激活，产生兴奋。

（2）抑制性。神经元在受到某些特定刺激时，其兴奋性降低或受到抑制。抑制性神经递质在突触后膜上的作用是实现抑制性的关键机制。

（3）传导性。神经元将兴奋以动作电位的形式进行传导，具有高速、准确和不易衰减的特点。这种传导性确保了信息传递的可靠性和效率。神经冲动在同一神经元上的传导是双向的，但在神经元之间的传导通常是单向的。

2. 信息整合性

神经元可以接收来自多个神经元的信息输入，并对这些信息进行整合，再根据其强度、频率和时间等因素，决定是否产生动作电位及发放频率。

3. 可塑性

（1）结构可塑性。神经元结构会随环境变化而发生改变。突棘数量、大小和形状发生变化，会形成新连接或消除旧连接。这些连接的变化可以通过学习和经验积累进行改变和强化。

（2）功能可塑性。当神经元反复受到某种刺激时，突触连接的强度会发生变化。长时程增强或长时程抑制是神经元学习和记忆机制的基础。

4. 相对不可再生性

中枢神经系统中的大多数神经元在人出生后就不再进行分裂增殖，一旦受损或死亡，很难被替换。但研究发现，在某些脑区（如海马体的齿状回等）存在神经干细胞，在一定条件下可分化产生新的神经元，不过这种内源性的神经再生能力非常有限。

5. 同步性与节律性

在神经系统中，神经元之间常常表现出同步性和节律性的活动模式。这种同步性和节律性对于神经系统的整体功能和协调至关重要。

3.2.3 神经元的分类

根据功能不同可以将神经元分为三类。

1. 感觉神经元

感觉神经元也称传入神经元，负责将眼睛、耳朵、皮肤等感觉器官接收到的刺激转换为神经冲动，然后传递至大脑、脊髓等中枢神经系统。例如，当皮肤感觉到冷的时候，皮肤中的感觉神经元就会把"冷"这个刺激转化为神经冲动。

2. 运动神经元

运动神经元也称传出神经元，负责把中枢神经系统发出的指令信息传递给肌肉、腺体等，让肌肉收缩或腺体分泌。例如，大脑发出让腿部肌肉运动的指令，运动神经元就会把这个指令传递给腿部肌肉，使肌肉收缩，从而让腿部运动。

3. 中间神经元

中间神经元也称联络神经元，负责感觉神经元和运动神经元之间的联络。例如，在简单的反射弧中，中间神经元会先对感觉神经元传入的信号进行分析、处理、整合和调节，然后决定要不要以及如何把信号传递给运动神经元。

3.2.4 神经元的工作原理

我们已经知道，神经元由细胞体、树突和轴突组成。其中，树突负责接收来自其他神经元的信息，细胞体负责处理整合树突输入的信息。如果整合后的信息强度超过了神经元的阈值，则产生神经冲动，并由轴突传递给其他神经元或效应器。神经元工作原理如图 3-7 所示。

1. 静息状态

所谓静息状态，是指神经元未受刺激时所处的一种相对稳定的状态。静息状态下，细胞膜形成外正内负的电位差，即静息电位，如图 3-8 所示。哺乳动物的静息电位一般为 $-90 \sim -70\text{mV}$。此时，细胞膜内外离子处于动态平衡，神经元依然持续进行物质代谢和能量代谢，为细胞活动供能。

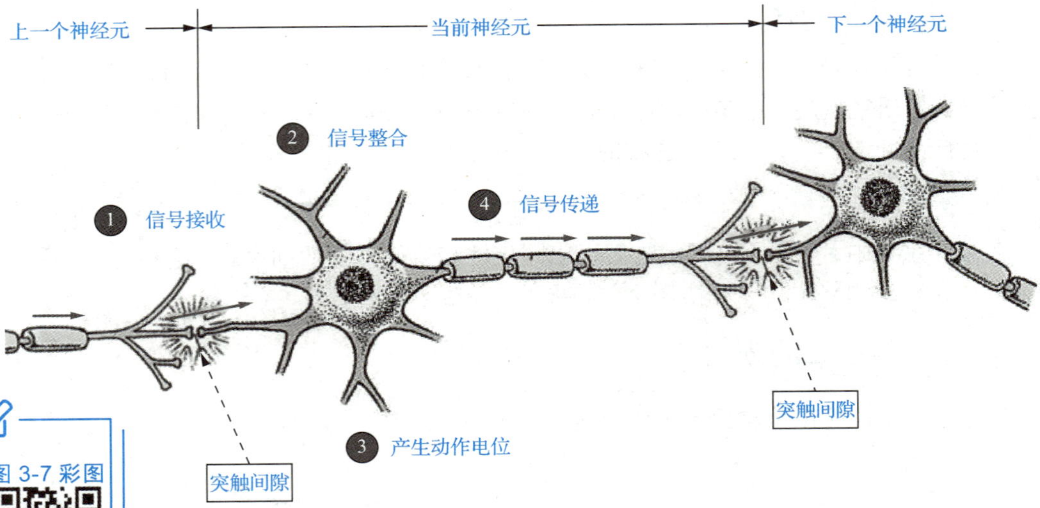

图 3-7 神经元工作原理

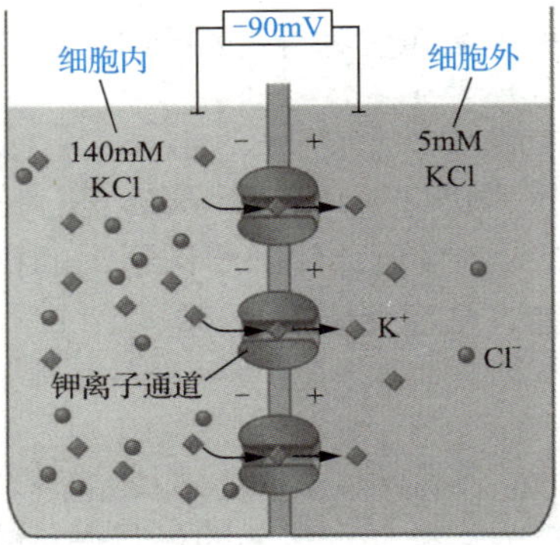

图 3-8 静息电位示意图

产生静息电位的主要原因有以下 3 个。

（1）细胞膜内外离子的不均衡分布。细胞内钾离子（K^+）浓度高于细胞外，而细胞外钠离子（Na^+）浓度高于细胞内。这种离子分布的不均衡是静息电位产生的基础。

（2）细胞膜对离子的选择性通透。细胞膜对 K^+ 的通透性较高，对 Na^+ 的通透性较小。静息状态下，K^+ 因内外浓度差外流，造成膜内变负而膜外变正，形成电位差，该电位差反过来阻止 K^+ 外流。当浓度差与电位差达到平衡时，K^+ 停止流动，形成稳定的静息电位。

（3）钠钾泵的作用。钠钾泵是一种存在于细胞膜上的蛋白质，每消耗 1 分子三磷酸腺苷（adenosine triphosphate，ATP），可将 3 个 Na^+ 泵出细胞，同时将 2 个 K^+ 泵入细胞。其作用是，一方面维持细胞内外 K^+ 和 Na^+ 浓度差，为 K^+ 外流形成静息电位提供条件；另一方面，钠钾泵每消耗 1 分子 ATP，相当于把一个净正电荷移出细胞外，可加强 K^+ 外流的趋势，对静息电位的形成有一定促进作用。

稳定的静息电位使神经元处于相对稳定状态，为神经元产生动作电位、传递神经信号提供了基础。如果静息电位不能维持稳定，神经元功能将受到影响，甚至可能导致神经元的病变或死亡。

2. 工作过程

（1）信号接收。

神经元通过树突接收信号。这些信号来源广泛，可能是来自其他神经元释放的神经递质等化学信号，也可能是外界的物理刺激转化而来的电信号，如触觉、视觉、听觉等信号。

例如，当上一个神经元的轴突末端释放神经递质时，通过突触间隙（神经元之间的微小间隙）传递到当前神经元的树突上。神经元树突有众多分支，其膜上分布着大量的受体，能够特异性地识别并结合相应的信号分子，从而启动神经元的信号处理过程。传递过来的神经递质与树突上的特定受体结合，触发细胞膜电位的微妙变化，为后续的神经冲动奠定基础。

（2）信号整合。

神经元将从多个树突接收到的众多信号在细胞体中进行整合，即将接收信号触发的膜电位变化累积起来。当达到一定阈值时，神经元才会被激活，进而产生动作电位。这一过程如同火山喷发前的能量积蓄，一旦达到临界点，便以惊人的速度释放出强大的能量。

（3）产生动作电位。

当神经元细胞膜电位达到阈值电位时，细胞膜对 Na^+ 的通透性突然增大，钠离子通道开放，细胞外的 Na^+ 大量快速内流，导致细胞膜电位迅速升高，由内负外正的静息电位状态转变为内正外负的状态，如图 3-9 所示。当膜内电位升高到一定程度（约+30mV）时，就形成去极化。

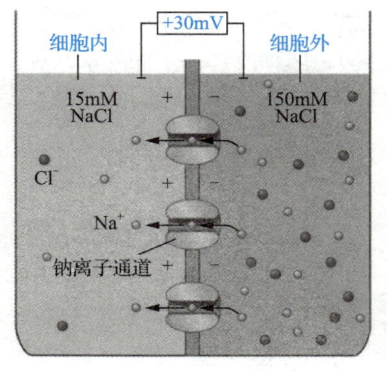

图 3-9 动作电位示意图

随着 Na^+ 的大量内流，膜电位进一步升高，直至膜内电位高于膜外电位，形成反极化状态，此时动作电位达到峰值。这一过程称为反极化。

当膜内电位升高到一定程度后，细胞膜对 Na^+ 的通透性又会下降，钠离子通道迅速关闭。同时，对 K^+ 的通透性增大，钾离子通道开放，细胞内的 K^+ 快速外流，膜内电位下降，使膜电位迅速恢复到静息电位水平。这个过程称为复极化。

在复极化后，膜电位虽然恢复到静息电位水平，但离子的分布状态并没有完全恢复到静息状态，会经历微小的波动，包括负后电位和正后电位，之后通过钠钾泵等的作用，使离子分布状态完全恢复到静息状态。

上述过程合起来就形成了一个动作电位。即 Na^+ 大量涌入后，神经元开始调整状态，让 K^+ 外流，使电位恢复到相对稳定的状态。不过，此时的离子分布和静息期略有不同。

（4）信号传递。

动作电位一旦产生，就会沿着轴突向轴突末梢传导。在无髓鞘神经纤维上，动作电位以局部电流的方式依次刺激相邻部位的细胞膜，使其依次产生动作电位；在有髓鞘神经纤维上，动作电位呈跳跃式传导，这种传导方式速度更快，且能减少能量消耗。

当动作电位沿着轴突传导到轴突末端的突触小体时，会引起突触前膜的电位变化，导致突触小体内的突触小泡与突触前膜融合，释放神经递质到突触间隙。神经递质通过突触间隙扩散到突触后膜，即下一个神经元的树突膜，并与突触后膜上的特异性受体结合。神经递质就像是"信使"，从一个神经元出发，经过"无人区"（突触间隙），找到下一个神经元的"接收站"（受体）。

神经递质与受体结合后，引起突触后膜的离子通道开放或关闭，使突触后膜电位发生变化，从而实现信号在神经元之间的传递。如此循环往复，形成了一个完整的信号传递链，实现神经系统对各种信号的接收、处理和传递，调控机体的各种生理活动和行为。

3.2.5　神经元对人工神经网络的启发

神经元对人工神经网络的启发主要体现在结构、信息处理机制、学习与训练等方面，使人工神经网络能够模拟生物神经系统的强大的信息处理能力和学习能力。

1. 神经元结构启发人工神经网络层次设计

神经元通过复杂的连接形成网络，具有模块化和层次性。人工神经网络的分层架构借鉴和模拟了神经元的这种结构，包括输入、处理和输出三层。输入层模拟神经元的树突，负责接收外界数据；处理层（隐藏层）模拟神经元的细胞体，对输入数据进行计算、处理、整合和转换；而输出层则模拟神经元的轴突，将处理后的结果传递出去，如图 3-10 所示。

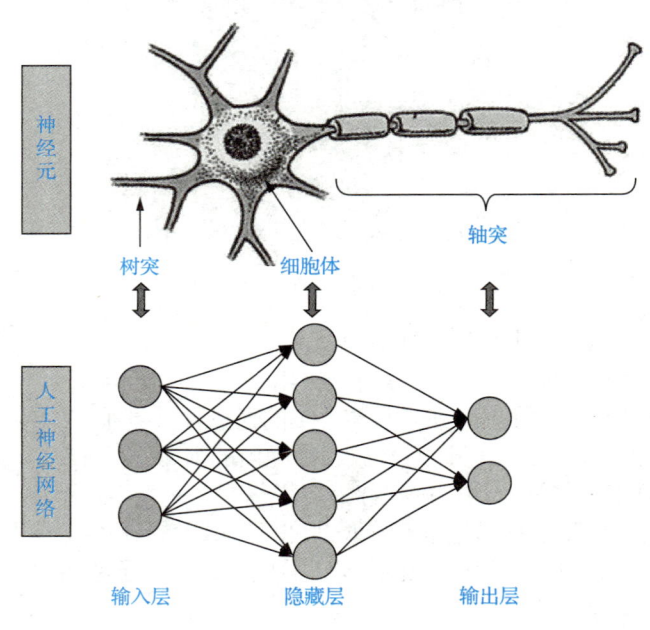

图 3-10　神经元与人工神经网络的关系

2. 神经元信号传递机制启发人工神经网络信息传播法则

神经元传递信号时,通过神经递质的释放和受体结合来调节信号强度。在人工神经网络中,通过权重来模拟信号调节机制,权重决定了一个节点对另一个节点的影响程度。在训练人工神经网络时,通过不断调整权重来优化信息传播效果。

3. 神经元激活机制启发人工神经网络激活函数

神经元产生动作电位需要达到一定的阈值,即只有刺激强度足够大时才会产生动作电位。在人工神经网络中,通过激活函数来检测节点输入,只有当输入达到一定值时,才会输出信号。这种激活机制使得人工神经网络能够产生非线性输出,增强了网络表达能力,能够处理复杂的数据关系。

4. 神经元学习机制启发人工神经网络学习算法

神经元之间的连接强度会根据经验和学习而改变。人工神经网络中的多种学习算法借鉴了这种特性。反向传播算法就是基于误差反馈来调整网络权重,当输出结果与期望结果有误差时,会通过反向传播来修改权重,使人工神经网络能够不断适应新的数据和任务。

综上所述,神经元在多个方面为人工神经网络提供了启发与灵感,推动了人工神经网络在结构、信息处理机制、学习算法等方面的不断创新与发展。

3.3 大脑认知功能与人工智能系统

人类大脑具有思维、理解、推理、思考、决策等方面的认知能力,让人们能够分析信息、形成概念,进行逻辑推理,最终做出决策。

3.3.1 大脑认知功能

大脑认知能力是高级心理功能,涵盖了大脑在接收、处理、存储和利用信息过程中的各种能力。大脑认知功能受多种因素的影响。例如,营养不良、缺乏运动、睡眠不足等,都会对大脑认知功能产生负面影响;相反,保持健康的生活方式、进行适度的认知训练等,则有助于提升大脑认知功能。

1. 感知觉功能

(1)视觉认知。当光线刺激视网膜后,视网膜上的神经元将光信号转换为神经冲动,通过视神经传导至大脑的视觉皮层,识别出物体的形状、颜色、运动方向等。

(2)听觉认知。声音通过听觉感受器转换为神经冲动,通过听神经传导至大脑的听觉皮层,识别出声音的频率、响度、音色等。

(3)触觉认知。压力、温度、疼痛等触觉信息传递给大脑,躯体感觉皮层会对信息进行整合和认知,使我们感知到物体的质地、形状以及身体部位等。

2. 注意功能

(1)选择性注意。大脑能从众多信息源中选择特定信息进行关注,额叶的某些区域会根据人们的意图和目标来抑制无关信息,而顶叶则帮助人们将注意力转向目标信息。例如,在嘈杂环境中，我们可以专注于和某一个人对话而忽略其他背景声音。

（2）持续性注意。大脑中的多巴胺等神经递质在维持持续性注意方面发挥重要作用，前额叶皮层和一些与注意相关的前扣带回等脑区会不断调节大脑的活动状态，以保持注意力的集中。例如，学生在课堂上长时间听讲就需要持续性注意。

（3）分配性注意。大脑具有同时关注多个事物的能力，需要大脑多个区域的协同合作。例如，司机在驾驶汽车时，需要同时注意路况、交通信号和车内的仪表盘等信息，大脑会协调这些信息的处理，以确保安全驾驶。

3. 记忆功能

（1）感觉记忆。信息通过感觉器官进入大脑后会短暂停留。感觉记忆容量较大，但持续时间短，通常在几秒甚至更短的时间内就会消失。

（2）短期记忆。经过感觉记忆筛选后的信息会进入短期记忆。短期记忆的容量有限，如刚刚说过的一句话、刚接听过的电话号码等。

（3）长期记忆。短期记忆经过反复巩固后，可以转化为长期记忆。长期记忆的容量几乎是无限的，并可以长时间保持。

4. 语言功能

（1）语言理解。大脑会对听到或看到的语言符号进行理解。当人们听到一句话后，听觉皮层接收信号后，传递给语言理解区域，对词汇、语法和语义进行分析，使我们能够理解这句话的意思。

（2）语言表达。大脑可以将想法转换为语言输出。当要表达一个想法时，大脑中会将想法组织成语言的语法结构和词汇序列，通过运动皮层控制口腔、舌头等发音器官表达出来。

5. 思维与决策功能

（1）抽象思维。大脑能够抽象思维，从中提取出共性特征。在数学学习中，通过大脑的前额叶皮层等区域，对抽象概念进行推理、运算和逻辑分析。

（2）形象思维。大脑也能形象思维，对事物的形象、空间关系等进行思考。在设计、艺术创作等领域，大脑利用视觉皮层和大脑空间认知区域来想象和构思形象，进行创意生成和空间布局规划。

（3）决策功能。大脑在决策时会综合考虑各种因素。在购买商品时，大脑会根据需求、预算、品牌认知等因素进行权衡。大脑前额叶皮层可以评估不同选项的优劣，预测可能的结果，并且根据情感和动机等因素做出最终的决策。

3.3.2 大脑认知功能对人工智能系统的启发

大脑的认知功能对人工智能的发展具有诸多启发。

1. 感知觉启发输入设计

（1）视觉感知启发。大脑的视觉认知启发了人工智能系统中的计算机视觉技术。图像识别系统模仿大脑视觉皮层的层次结构，设计卷积神经网络，通过对图像局部特征的提取和组合，逐步构建对整个图像的理解。

（2）听觉感知启发。大脑的听觉认知为语音识别技术提供了思路。语音识别算法借鉴大脑对声音的分层处理机制，先将声音信号分解为基本的声学特征，然后通过人工神经网络模型对这些特征进行整合和语义理解，进而识别出语言内容。

（3）触觉感知启发。大脑的触觉认知对机器人触觉感知系统的设计有一定的启发。在设计能够执行精细操作的机器人时，模仿大脑通过触觉感知来控制手部动作，实现对物体的准确把握和操作。

2. 注意机制启发信息筛选和聚焦

（1）选择性注意启发。大脑的选择性注意启发了人工智能系统中的注意力机制。在自然语言处理或复杂场景分析中，注意力机制让人工智能模型重点关注输入信息中的关键部分。例如，在机器翻译任务中，注意力机制帮助模型重点关注与当前翻译部分最相关的词汇，提高翻译的准确性；在图像识别中，注意力机制引导模型关注图像中的重要区域，提高识别效率。

（2）持续性注意启发。大脑的持续性注意为人工智能系统的稳定性和持续学习提供了参考。在一些需要长时间运行的人工智能任务中，如环境监测或复杂系统的故障诊断，人工智能模型通过内部状态的调整和外部反馈，持续关注任务相关的关键信息，避免因长时间运行而出现注意力分散或性能下降。

（3）分配性注意启发。大脑同时处理多个信息源的能力对人工智能系统的多模态信息融合和并行处理有启发作用。在智能驾驶系统中，需要同时处理来自视觉传感器、听觉传感器和车辆状态传感器等多个信息源的数据，以更好地应对复杂的驾驶场景。

3. 记忆系统启发数据存储和利用

（1）感觉记忆启发。大脑的感觉记忆启发了人工智能系统对输入数据的快速缓存和初步筛选。在实时处理系统中，设置缓存层，快速存储和初步分析接收到的数据。

（2）短期记忆启发。大脑的短期记忆为人工智能系统中的短期数据处理提供了思路。在对话系统中，短期记忆帮助人工智能模型记住当前对话的上下文，以便更好地理解用户意图并生成合理回复。

（3）长期记忆启发。大脑的长期记忆启发了人工智能系统对知识的长期存储和有效利用。在知识图谱构建和智能问答系统中，人工智能模仿大脑长期记忆方式，将知识以结构化的方式长期存储。同时，大脑长期记忆的学习和巩固机制，为人工智能系统的持续学习和知识更新提供了借鉴，通过不断强化训练来巩固知识在人工智能模型中的存储。

4. 语言功能启发自然语言处理

（1）语言理解启发。大脑对语言的理解启发了人工智能系统中的自然语言理解技术。通过构建语法树、语义网络等模型，来解析句子的结构和含义。先从词汇层面理解单词的含义，再通过语法规则组合词汇，最后结合上下文理解句子的语义和情感倾向。

（2）语言表达启发。大脑对语言的转换输出启发了人工智能系统中的自然语言生成技术。人工智能模型根据意图或给定的主题，组织词汇和语法结构，生成通顺、合理的语言表达，能够输出符合人类语言习惯的内容。

5. 思维与决策启发智能策略和优化

（1）抽象思维启发。大脑的抽象思维对人工智能系统中的知识表示和推理有启发。在数据挖掘和机器学习算法中，通过特征提取和模型抽象，将大量的数据转化为有价值的知识和规律。

（2）形象思维启发。大脑的形象思维启发了人工智能系统在可视化设计、机器人路径规划等领域的发展。在机器人路径规划中，通过构建虚拟的空间地图和机器人运动模型，规划出最优的机器人运动路径。

（3）决策功能启发。大脑决策机制启发了人工智能系统中的决策算法。在智能推荐系统中，人工智能模型综合考虑用户的历史行为、兴趣偏好、当前情境等各种因素，对推荐选项进行评估和排序，为用户提供最优的推荐方案。

3.4 大脑节能与高效信息处理

大脑为了节省能量，采取神经元选择性激活和稀疏激活、可塑性调节、噪声容忍等策略，主动拦截那些不在注意力范围内的事物，以确保专注于更重要的事情，让大脑在能耗极低的情况下高效处理信息。这种能量效率是当前人工智能技术难以企及的，为人工智能研究提供了重要的启示。

3.4.1 架构设计层面的启示

1. 层级化信息处理结构

大脑具有复杂的层级结构，不同脑区负责不同层次的信息处理。借鉴这种层级化结构，构建多层级的人工智能系统架构，将复杂任务分配到不同模块中进行处理，各模块间协同工作，在提高处理效率的同时降低能耗。例如，深度神经网络中的卷积层、池化层、全连接层等，每一层负责提取不同层次的特征，通过合理的层级划分，避免不必要的计算和能耗。

2. 选择性激活机制

大脑中的神经元会根据不同的刺激类型、强度、情境等因素，有选择地进行激活。在人工智能系统中可设计类似的选择性激活架构。例如，在卷积神经网络中，不同的卷积核可以看作对不同特征的选择性激活器，分别对输入图像中的边缘、纹理等不同特征进行提取和激活；在注意力机制中，人工智能系统根据输入信息的重要性，选择性激活与当前任务相关的信息，抑制无关信息，从而提高对关键信息的处理能力，减少不必要运算，降低整体能耗。

3. 稀疏激活模式

在大脑神经网络中，当面临特定的刺激或任务时，只有一小部分神经元被激活，而大部分神经元处于相对静息状态。这种稀疏激活模式只需调动必要的资源来完成任务，减少了能量消耗，提高了信息处理的效率和准确性。例如，当看到一个红苹果时，视觉皮层中专门负责处理颜色、形状等特征的特定神经元群体被激活，而其他无关神经元保持安静。人工智能中的稀疏神经网络也采用了类似策略，在运行过程中只有少量神经元处于激活状态，大部分神经元的输出为零或接近零，在保证性能的同时降低了计算量和能耗。

3.4.2 算法优化层面的启示

1. 自适应机制

大脑能够通过学习和经验积累不断调整自身的行为和处理方式,以适应环境的变化。在人工智能强化学习算法中引入类似机制,根据不同的任务需求和环境反馈,自动调整算法的参数和执行方式,减少不必要的探索,降低计算量和能耗。

2. 快速学习

大脑能够快速学习新知识和新技能。人工智能系统受此启发,让算法从以往经验中选择合适的参数和分配计算资源,在少量样本上进行学习和训练,实现高效节能的学习过程。

3.4.3 硬件设计层面的启示

1. 类脑芯片设计

借鉴大脑神经元的结构和工作原理,开发模仿神经元和突触功能的硬件单元,实现信息的存储和处理一体化,从硬件层面提升人工智能系统的节能性能。模拟神经元突触可塑性和信息传递机制,构建更加节能高效的类脑芯片,以更接近人脑的方式处理信息,在处理复杂任务时具有更高的能效。

2. 动态能量管理

大脑活动节律性使其能根据不同时间和状态合理分配能量。借鉴大脑能量分配机制,为人工智能硬件设计能量管理系统,根据硬件工作状态和任务需求,实时调整供电电压和频率,实现能量的精准分配和利用。例如,在智能安防系统中,当监控画面无异常时,降低图像采集设备的工作频率,减少能耗,当检测到异常时,再提高工作频率进行快速处理。

3.4.4 数据处理层面的启示

1. 数据稀疏表示

受大脑稀疏编码机制的启发,在人工智能算法中开发稀疏编码和压缩感知算法,减少存储和计算量。例如,在图像和语音处理系统中,将关键特征表示为稀疏特征向量,去除冗余信息,减少数据存储和传输量,提高后续信息处理的效率。

2. 主动感知与注意力机制

大脑能够根据自身的需求和注意力主动选择和感知有用的信息。在人工智能系统中引入主动感知和注意力机制,根据任务目标和环境变化,主动选择和聚焦于对任务最有价值的关键信息进行采样和处理,忽略无关信息,减少不必要的计算和能耗,从而提高信息处理的效率和准确性。例如,在图像识别系统中,通过注意力机制引导模型只关注图像中的关键区域,减少对背景等无关信息的处理,提高信息处理的效率和准确性。

基于大脑记忆机制的学习算法

基于大脑记忆机制的学习算法是一种受到人脑记忆过程启发的计算模型。这些算法通过模拟大脑中的记忆存储与检索以及遗忘机制，来提高人工智能系统的学习效率。

1. 核心原理

（1）记忆存储与检索。大脑中的记忆是通过神经元之间的连接（突触）来存储的。当信息被学习时，相关的神经元之间会形成新的连接或加强已有的连接。检索记忆时，大脑会激活与记忆相关的神经元网络，通过神经信号的传递来重建记忆内容。

（2）遗忘机制。大脑中的记忆并非永久不变，而是会随着时间的推移而逐渐减弱或遗忘。这种遗忘机制有助于清除不重要的信息，为新的学习腾出空间。遗忘的过程受多种因素的影响，包括记忆的强度、重复的次数以及与新信息的关联程度等。

2. 主要算法类型

（1）长短期记忆网络。长短期记忆网络是一种特殊类型的循环神经网络，能够捕捉时间序列数据中的长期依赖关系。它通过引入记忆单元以及输入门、遗忘门和输出门等门控机制来实现对信息的长期存储和选择性遗忘。长短期记忆网络在自然语言处理、语音识别等领域取得了显著成效。

（2）门控循环单元。门控循环单元是长短期记忆网络的一种变体，它简化了长短期记忆网络的结构，将遗忘门和输入门合并为一个更新门。门控循环单元在保持长短期记忆网络性能的同时，降低了模型的复杂度和计算成本。

（3）记忆网络。记忆网络是一种结合了外部记忆和神经网络的学习模型。它通过一个可寻址的外部记忆存储来增强神经网络的记忆能力。记忆网络能够根据问题的上下文从记忆中检索相关信息，并生成准确的回答。

（4）神经图灵机。神经图灵机是一种更加通用的记忆增强模型，它结合了神经网络的计算能力和图灵机的读写能力。神经图灵机能够学习排序、搜索和复制等复杂的算法和数据结构。

本章习题

一、填空题

1. 大脑约含_____个神经元，每个神经元都是一个信息处理单元。
2. 神经元之间构成极其庞大而复杂的_____，实现信息的传递与处理。
3. 大脑具有同时关注多个事物的能力，这种能力被称为_____。
4. 大脑的_____机制使其能根据不同时间和状态合理分配能量，提高能效。
5. 在人工智能系统中，通过_____来模拟神经元产生动作电位的阈值机制。

二、简答题

1. 简述大脑的主要组成结构及其功能。
2. 大脑的认知功能对人工智能系统的输入设计有哪些启发？
3. 举例说明大脑节能与高效信息处理策略在人工智能研究中的应用。

三、思考题

1. 你认为未来基于大脑记忆机制的学习算法可能在哪些领域产生重大突破？
2. 类脑芯片设计与传统计算机芯片设计相比，有哪些优势和挑战？
3. 在设计基于大脑记忆机制的学习算法时，如何平衡算法的复杂性和实用性？
4. 大脑的记忆遗忘机制对人工智能系统的持续学习和知识更新有何启示？

第 4 章 知 识 工 程

📦【知识结构】

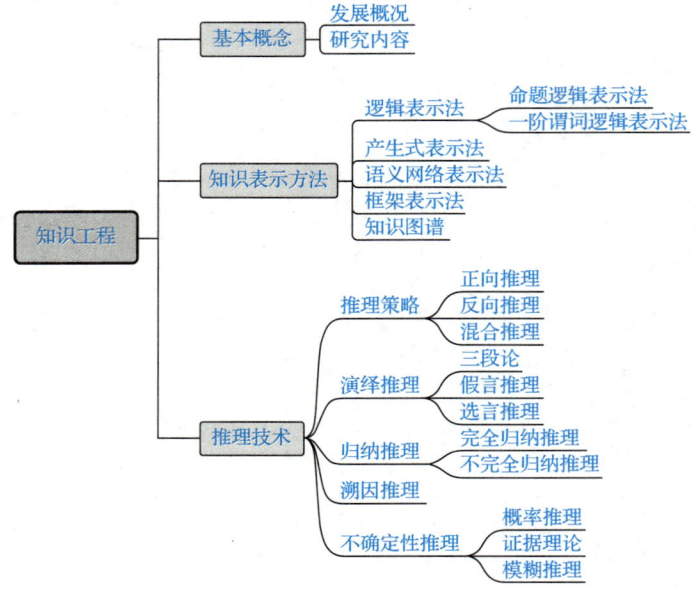

📦【教学目标】

掌握知识工程的基本概念、常用的知识表示方法和推理技术；理解知识表示与推理在人工智能发展中的重要作用；学会选用合适的知识表示方法与推理技术解决生活小问题，培养辩证思维。

📦【教学重点】

1. 知识工程的研究内容。
2. 知识表示方法。
3. 演绎推理、归纳推理。

📦【教学难点】

1. 一阶谓词逻辑表示法、知识图谱。
2. 不确定性推理。

第 4 章 知识工程

【案例导入】

有趣的推理

据《韩非子·说林上》记载，春秋时期，北方山戎部落侵犯燕国，燕国向齐国求救。齐桓公率领大军将山戎打败，追击山戎进入一个荒无人烟的迷谷。齐军在迷谷中找不到出路，粮食和水源短缺，陷入了绝境。随行的齐国宰相管仲对齐桓公说："我听说老马有认路的本领，我们可以挑选几匹老马，让它们在前面带路，也许能找到出路。"齐桓公依计而行，果然走出迷谷，回到了齐国，如图 4-1（a）所示。这个故事展现了管仲的聪明才智，他根据"老马识途"的经验，运用演绎推理，得出"跟着老马可以走出迷谷"的结论。这则故事告诉我们，在面对困难时，要善于运用经验和智慧去解决问题。

据传，英国大科学家牛顿经常坐在庄园的苹果树下思考问题，如图 4-1（b）所示。一天，一个苹果从树上掉落下来，正好砸在了牛顿的头上。这个看似平常的现象却引起了牛顿的思考：为什么苹果会垂直落向地面，而不是向其他方向飞去呢？是不是有一种力在吸引着苹果呢？这种力是否也同样作用于其他物体，甚至是天体之间呢？牛顿运用归纳推理的方法，对大量类似现象进行归纳总结，经过一系列复杂的数学推导和理论分析，最终发现了万有引力定律，即宇宙万物之间都存在着一种相互吸引的力，其大小与物体的质量成正比，与它们之间距离的平方成反比。苹果落地是地球对苹果产生了引力，月球绕地球运动、地球绕太阳运动等天体运动，也都是因为万有引力的存在。

（a）管仲与老马识途

（b）牛顿与苹果树

图 4-1 两则推理故事

4.1 基本概念

知识工程是一门综合性学科，致力于让计算机系统能够像人类一样理解、处理和运用知识，实现智能化的问题解决和决策支持，为符号主义的知识表示与推理提供实践方法。

4.1.1 发展概况

知识工程作为人工智能领域的关键学科，其发展与人工智能技术的演进紧密相连，在不同阶段呈现出鲜明的特点。

在人工智能发展早期，研究人员致力于如何使计算机能够处理符号和进行逻辑推理，这是知识工程得以发展的基础。随着前期理论和技术的积累，知识在智能系统中的重要性逐渐凸显。

1977 年，美国计算机科学家费根鲍姆在第五届国际人工智能会议上首次提出"知识工程"的概念，明确了知识在构建智能系统中的核心地位，标志着人工智能的研究重点从一般方法探索转向以知识为核心的研究。随后 DENDRAL 等专家系统的成功应用，验证了将专业领域知识与计算机技术相结合的可行性，为知识工程的进一步发展提供了实践范例。

知识工程在 20 世纪 80 年代迎来了蓬勃发展。进入 20 世纪 90 年代，互联网的迅速普及带来了数据量的爆发式增长，给知识工程的发展带来了挑战。为应对这些挑战，知识工程开始与机器学习、数据挖掘等技术深度融合，找到了新的知识获取途径，从依赖人工获取知识逐渐向自动从数据中获取知识转变，为知识工程注入了新的活力。

随着互联网的进一步发展，语义网概念的提出为知识工程带来了新的发展方向，推动了知识工程在知识表示和知识交互方面的进一步发展。知识工程与深度学习、自然语言处理等技术进一步融合，在智慧医疗、智能交通、智能金融等领域得到了广泛应用。

4.1.2 研究内容

知识工程以知识为研究对象，研究如何运用人工智能技术和方法来获取、表示、处理和利用知识，以实现智能化的知识系统。

1. 知识获取

作为知识工程的首要环节，知识获取负责从各种来源中提取知识。这些来源包括人类专家的经验、文献资料、实验数据及网络信息等。例如，在医学知识工程中，通过与医学专家交流，整理临床经验和诊断标准等知识。

知识获取的具体方法分为手动获取、半自动获取和自动获取。手动获取主要依靠知识工程师与领域专家进行交流，整理和提取知识；半自动获取借助一些工具和技术，辅助知识工程师进行知识提取；自动获取则利用机器学习、数据挖掘等技术，从大量数据中自动发现和提取知识。

2. 知识表示

知识表示是将获取到的知识以计算机能够理解和处理的形式进行描述，以便计算机进行存储、检索、推理和应用。常见的知识表示方法有逻辑表示法、产生式表示法、语义网络表示法、框架表示法、知识图谱等。

3. 知识推理

知识推理是让计算机基于已有的知识表示，运用推理技术从已知知识推导出新的知识或结论，或者对给定的问题进行求解。这是知识工程实现智能化的关键。

推理方法包括演绎推理、归纳推理、溯因推理、类比推理、不确定性推理等。

4. 知识管理

知识管理指对知识进行有效的组织、存储、检索、更新和维护等，目的是确保知识的准确性、一致性和完整性，提高知识的利用效率。例如，通过建立知识仓库，对知识进行分类存储和索引，方便用户快速检索所需知识。

5. 知识应用

知识应用是将知识工程的研究成果应用于实际领域，开发各类智能系统，解决实际问题，并对知识系统的性能和效果进行评估，以不断改进和优化知识系统。利用知识工程开发的智能系统有专家系统、智能决策支持系统、智能检索系统、智能教育系统等，为不同领域的用户提供智能化服务。

知识工程为符号主义的知识表示与推理提供了具体的技术和手段，拓展了符号主义的应用范围；通过建立知识库、开发知识系统等方式，将符号主义的理论和方法应用于实际领域，解决实际问题。例如，在专家系统中，知识工程通过收集和整理领域专家的知识，利用符号主义的知识表示与推理技术，构建出能够模拟专家思维和决策的系统，从而拓展符号主义的应用范围，使其在医疗、工业、金融等多个领域发挥重要作用。

4.2 知识表示方法

人类在思考和解决问题时，通常会使用概念、规则和逻辑等进行推理和判断。知识表示方法与人类的认知习惯相契合，先将具体的事物和现象抽象为知识概念，再运用符号和规则来表示知识，能够模拟人类的思维过程。

4.2.1 逻辑表示法

逻辑表示法是极为重要的一种知识表示方法。它以逻辑为基础，能够精确表达知识和进行推理。常见的逻辑表示法有命题逻辑表示法、一阶谓词逻辑表示法、模态逻辑表示法、描述逻辑表示法等。这里仅简单介绍前两种方法。

1. 命题逻辑表示法

1）命题

命题是一个具有确定意义的陈述句。命题通常用大写字母表示，如 P、Q、R 等。

命题的真实值一般称为真值。真值只有两种可能，即真和假，通常用 T 表示真，F 表示假。当命题所描述的情况与客观实际相符时，该命题的真值为真；反之，当命题所描述的情况与客观实际不符时，该命题的真值为假。

例如，下面的两个陈述句都是命题。

P：太阳从东方升起。

Q：月亮是由奶酪组成的。

P 的真值为真，Q 的真值为假。

2）连接词

通过命题连接词，可以将简单命题组合成复合命题。常见的命题连接词如表 4-1 所示。

表 4-1 命题连接词

P	Q	P∧Q（合取，与）	P∨Q（析取，或）	¬P（否定，非）	P→Q（蕴含，如果……那么……）	P↔Q（等价，当且仅当）
真	真	真	真	假	真	真
真	假	假	真	假	假	假
假	真	假	真	真	真	假
假	假	假	假	真	真	真

下面重点介绍蕴含关系和等价关系的含义。

（1）蕴含关系。

符号"→"表示蕴含，也叫条件命题。若已知 P 和 Q 是两个命题，命题 P→Q 读作"如果 P，那么 Q"。其中，P 被称作前件，Q 被称作后件。

例如，设 P 为今天是晴天，Q 为今天我会去公园玩。

当 P 为真且 Q 为真时，此时 P→Q 表示"如果今天是晴天，那么我会去公园玩"。当今天确实是晴天（P 为真），并且我也去了公园（Q 为真），那么"如果今天是晴天，那么我会去公园玩"这个陈述就是真的，也就是 P→Q 为真。

当 P 为真且 Q 为假时，即今天是晴天，但我没去公园，这就与"如果今天是晴天，那么我会去公园玩"相矛盾，所以在这种情况下，P→Q 为假。

当 P 为假且 Q 为真时，即今天不是晴天，然而我因为其他原因还是去了公园。在逻辑上，"如果今天是晴天，那么我会去公园玩"这个条件命题并没有被违背，因为前提"今天是晴天"不成立，所以，我们认为 P→Q 还是为真。

当 P 为假且 Q 为假时，即今天不是晴天，我也没去公园。由于前提"今天是晴天"不成立，整个条件命题"如果今天是晴天，那么我会去公园玩"也没有被否定。所以 P→Q 为真。

可见，蕴含的重点在于前件 P 为真时后件 Q 的情况。只有当 P 为真而 Q 为假时，蕴含关系 P→Q 才为假；其他情况下，蕴含关系都为真。

（2）等价关系。

符号"↔"表示等价，也叫双条件命题。若已知 P 和 Q 是两个命题，命题 P↔Q 读作"P 当且仅当 Q"，表示 P 和 Q 的真值是相同的，即要么 P 和 Q 都为真，要么 P 和 Q 都为假。

例如，设 P 为三角形是等边三角形，Q 为三角形的三个内角都相等。

当 P 为真且 Q 为真时，那么"三角形是等边三角形当且仅当三角形的三个内角都相等"这个陈述就是真的，也就是 P↔Q 为真。同理，当 P 为假且 Q 为假时，那么"三角形不是等边三角形当且仅当三角形的三个内角不都相等"是成立的，也就是 P↔Q 为真。

而当 P 为真且 Q 为假时，那么"三角形是等边三角形当且仅当三角形的三个内角不都相等"显然不成立，即 P↔Q 为假。同理，当 P 为假且 Q 为真时，P↔Q 也为假。

等价关系 P↔Q 强调的是 P 和 Q 的真值必须一致，只有当 P 和 Q 同时为真或同时为假时，等价关系才为真；否则，等价关系为假。

命题逻辑表示法简单明了，易于理解和实现。计算机可以方便地对命题进行存储和处理。推理规则相对简单，便于进行逻辑推理。其不足之处是表达能力有限，无法很好地表示事物的结构和关系，也难以处理具有普遍性的知识。例如，无法直接表示"所有的人都会死亡"这样的一般性陈述。

【例 4.1】用命题逻辑表示"小李是医生或者是教师"。

　解　设

P：小李是医生。

Q：小李是教师。

则该命题可表示为 P∨Q。

【例 4.2】将"如果明天下雨，那么我就不去爬山，并且在家看书"用命题逻辑表示。

　解　设

P：明天下雨

Q：我去爬山

R：我在家看书

则该命题可表示为 P→(¬ Q∧R)。

2. 一阶谓词逻辑表示法

一阶谓词逻辑表示法在命题逻辑表示法的基础上，引入了个体词、谓词和量词概念。个体词表示具体的事物或对象，谓词用于描述个体的性质或个体之间的关系。量词有全称量词和存在量词两种：全称量词，符号为"$\forall$"，表示"所有的"；存在量词，符号为"$\exists$"，表示"存在"。

例如，"所有的人都会死亡"，可以表示为 $\forall x (Person (x) \rightarrow Mortal (x))$。其中，$Person (x)$ 表示"x 是人"，$Mortal (x)$ 表示"x 会死亡"，$\forall x$ 表示"对于所有的 x"。该逻辑表达式本质上是蕴含关系结构，表示"对于所有的 x，如果 x 是人，那么 x 会死亡"。

【例 4.3】用一阶谓词逻辑表示"存在会飞的哺乳动物"。

解

（1）谓词定义。

$Fly(x)$ 表示 x 会飞。这里的 x 是一个个体变量。

$Mammal(x)$ 表示 x 是哺乳动物。

（2）命题描述。

使用存在量词"$\exists$"来表示存在性，则命题"存在会飞的哺乳动物"可以表示为 $\exists x(Fly(x) \land Mammal(x))$。

一阶谓词逻辑表示法能够表示事物的结构、属性和关系，以及一般性的知识和规则，可以准确描述复杂的领域知识。其局限性是，推理过程的计算复杂度较高，尤其是在处理大规模知识库时，推理效率可能较低；且对知识的获取和表示要求较高，需要对领域知识有深入的理解和准确的提炼。

4.2.2 产生式表示法

产生式表示法是一种常用的知识表示方法，以"如果……那么……"（IF-THEN）的形式来表示知识，描述了前提条件和结论之间的逻辑关系。

产生式规则的一般形式可以表示为

IF <前提条件> THEN <结论或动作>

其中，前提条件可以是关于事实、状态或属性的描述；当前提条件满足时，会执行结论或动作部分所规定的操作或得出相应的结论。

例如，下面是一个简单的动物识别产生式系统的部分规则。

规则 1：IF 动物有毛发 THEN 动物是哺乳动物。

规则 2：IF 动物能产奶 THEN 动物是哺乳动物。

规则 3：IF 动物是哺乳动物 AND 动物吃肉 THEN 动物是食肉动物。

规则 4：IF 动物是食肉动物 AND 动物是黄褐色 AND 动物有黑色条纹 THEN 动物是老虎。

4.2.3 语义网络表示法

语义网络表示法是一种用实体及其语义关系来表示知识的有向图表示法。它通过节点和有向弧来表示知识，具有图形化结构。

节点代表实体、概念、事件等，可以是具体的事物，如"苹果""狗"；也可以是抽象的概念，如"颜色""运动"；还可以表示情况、动作等，如"跑步"这个动作、"苹果被吃"这个情况。有向弧表示节点之间的语义关系，整个网络呈现为语义关联图，能够清晰地展示知识之间的内在联系。

常见的语义关系有实例关系（ISA），表示一个节点是另一个节点的具体实例，如"苹果 ISA 水果"；分类关系（AKO），表示一个节点是另一个节点的子类，如"狗 AKO 动物"；属性关系（HAS），用于说明节点具有的属性，如"苹果 HAS 红颜色"；包含关系（PART-OF），表示部分与整体的关系，如"车轮 PART-OF 汽车"等。

下面通过一个例子来理解语义网络表示法。

【例 4.4】用语义网络表示"大熊猫是一种珍稀动物，它生活在竹林里，以竹子为食"。

解 本例的语义网络如图 4-2 所示。其中，AKO 表示"大熊猫"是一种"珍稀动物"，LOC 表示"大熊猫"生活在"竹林"，EAT 表示"大熊猫"吃"竹子"。

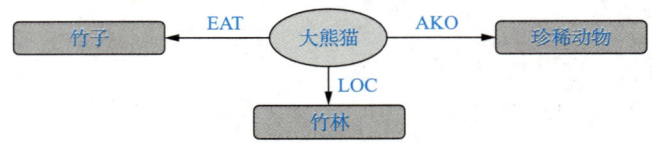

图 4-2 例 4.4 的语义网络

4.2.4 框架表示法

框架表示法是一种表示知识的结构化方法，它把与某个对象相关的各种知识组织在一起，形成一个有机的整体。每个框架可以看作对一个概念或实体的抽象描述，通过框架可以表示对象的静态特征、动态行为，以及与其他对象的关系。

框架表示法的一般形式如下。

```
<框架名>
    槽名 1：侧面 11：侧面值 11
           侧面 12：侧面值 12
           ……
    槽名 2：侧面 21：侧面值 21
           侧面 22：侧面值 22
           ……
    ……
```

其中，框架名用于唯一标识一个框架，通常是对所描述对象的概括性命名；槽相当于框架中的一个属性项，用于描述对象的某个方面的特征，每个槽有一个槽名；侧面是槽的进一步细分，用于对槽的值进行更详细的说明，一个槽可以有多个侧面。

【例 4.5】用框架表示"学生"。

解

```
<学生>
    姓名：默认值：无
```

　　　　　　取值范围：字符串
　　　年龄：默认值：无
　　　　　　取值范围：7～30
　　　性别：默认值：无
　　　　　　取值范围：男，女
　　　专业：默认值：无
　　　　　　取值范围：字符串
　　　成绩：默认值：无
　　　　　　取值范围：0～100

这个框架描述了学生的基本属性，包括姓名、年龄、性别、专业和成绩，每个属性都有默认值和取值范围的约束。通过这个框架，可以创建具体的学生实例。

　　<学生1>
　　　　姓名：张三
　　　　年龄：20
　　　　性别：男
　　　　专业：人工智能
　　　　成绩：85

4.2.5　知识图谱

知识图谱是一种基于图的数据结构，由节点和边组成，用于表示实体、概念及其之间的关系。知识图谱在语义网络的基础上进行了扩展和深化，能够更好地处理复杂的、多关系的知识。

【例 4.6】假设有一个知识图谱，包含以下信息。

实体：李白、杜甫、王维、唐朝、诗歌、《静夜思》《春望》《山居秋暝》、浪漫主义、现实主义、山水田园诗派

　　关系：李白–"属于"→唐朝
　　　　　杜甫–"属于"→唐朝
　　　　　王维–"属于"→唐朝
　　　　　李白–"创作风格"→浪漫主义
　　　　　杜甫–"创作风格"→现实主义
　　　　　王维–"创作风格"→山水田园诗派
　　　　　李白–"创作"→《静夜思》
　　　　　杜甫–"创作"→《春望》
　　　　　王维–"创作"→《山居秋暝》

根据以上知识图谱内容，回答下列问题。

（1）唐朝的诗人有哪些？
（2）《春望》的作者的创作风格是什么？
（3）浪漫主义风格的诗人创作了哪首诗？
（4）山水田园诗派的代表诗人是谁？

解
（1）唐朝的诗人有李白、杜甫、王维。
（2）《春望》的作者是杜甫，杜甫的创作风格是现实主义。
（3）浪漫主义风格的诗人是李白，李白创作的诗是《静夜思》。
（4）山水田园诗派的代表诗人是王维。

4.3 推理技术

所谓推理，是指根据已知的知识和规则，从给定的前提中推导出结论的过程。推理是符号主义实现智能的重要手段，使智能系统能够模拟人类的逻辑思维过程来解决问题或做出决策。

4.3.1 推理策略

推理策略决定了推理的方向、顺序，以及如何利用已有的知识和信息进行推理。常见的推理策略有正向推理、反向推理、混合推理等。

1. 正向推理

正向推理也称数据驱动推理，是从已知事实出发，通过匹配规则库中的规则，不断推出新的结论或执行某些操作，直到达到目标或无法继续推理。例如，在医疗诊断系统中，已知患者的症状，系统根据这些症状在知识库中查找匹配的规则，逐步推理出患者可能患的疾病。

正向推理的优点是能够充分利用已有的数据，对用户输入的信息能够快速做出反应，不需要预先确定目标，适用于对大量数据进行处理和分析的场景。其缺点是可能会产生许多与目标无关的推理结果，导致效率较低，推理过程中可能出现"组合爆炸"问题。

2. 反向推理

反向推理又称目标驱动推理，是先设定一个目标，然后在规则库中寻找能够推出该目标的规则，再检查这些规则的前提条件是否满足；若不满足，则将这些前提条件作为新的子目标继续进行推理，直到所有子目标都得到满足或无法继续推理。例如，在故障诊断系统中，假设目标是判断设备的某个部件是否出故障，系统会先从知识库中查找能够得出该部件出故障的规则，然后检查规则中的条件是否成立，如部件的输入/输出参数是否正常等。

反向推理的优点是推理方向明确，效率相对较高，能够避免不必要的推理，特别是在目标明确的情况下，能够快速定位与目标相关的规则和事实。其缺点是如果目标设定不合理，可能会导致大量无效的搜索，对于复杂问题，可能需要多次回溯和尝试不同的目标路径，增加了推理的复杂性。

3. 混合推理

混合推理也称双向推理，结合了正向推理和反向推理的优点，在推理过程中根据实际情况动态地选择正向推理或反向推理。通常先使用正向推理从已知事实中获取一些初步的结论和信息，然后根据这些信息确定一个或多个可能的目标，再使用反向推理从这些目标出发，进一步验证和细化推理结果。在推理过程中，根据推理的进展和实际情况，可能会多次切换正向推理和反向推理。

混合推理的优点是可以充分发挥正向推理和反向推理的优势，提高推理效率和准确性，能够更好地处理复杂的、多目标的推理问题，在面对不确定或不完整的信息时具有更好的适应性。其缺点是实现相对复杂，需要较好地协调正向推理和反向推理的过程，对系统的控制和管理要求较高，需要更多的资源和时间来进行推理策略的切换和协调。

4.3.2 演绎推理

所谓演绎推理，是指从一般性的前提出发，通过推导得出具体陈述或个别结论的过程。它是一种必然性推理，意味着如果前提为真，那么按照正确的推理形式得出的结论必然为真。

常见的演绎推理形式有以下几种。

1. 三段论

三段论由大前提、小前提和结论组成。大前提是一般性的原则，小前提是关于所研究的具体情况或个别对象的判断，结论则是由大前提和小前提推导出来的关于具体情况或个别对象的判断。

例如，亚里士多德提出的著名的三段论。

大前提：所有人都会死。

小前提：苏格拉底是人。

结论：苏格拉底会死。

2. 假言推理

假言推理是根据假言命题的逻辑性质进行的推理。例设有假言命题"如果天下雨，那么地面会湿"，记为P→Q。其中，P表示"天下雨"，是前件；Q表示"地面会湿"，是后件。

假言推理有以下四种情况。

第一种情况，肯定前件，即P为真，天下雨了，那么可以推导出Q为真，地面湿了。

第二种情况，否定前件，即P为假，天没下雨，那么能否推导出Q也为假，即地面没湿？显然不能，因为地面也可能因为其他原因湿了。"天下雨"仅是"地面会湿"的充分条件，而不是必要条件。

第三种情况，否定后件，即Q为假，地面没湿，那么也可以推导出P为假，即天没下雨。

第四种情况，肯定后件，即Q为真，地面湿了，那么能否推导出P为真，即天下雨了？显然也不能。道理同第二种情况相似。

3. 选言推理

选言推理是根据选言命题的逻辑性质进行的推理。选言命题是断定在几种可能的情况中至少有一种情况存在的命题，分为相容选言命题和不相容选言命题。相应地，选言推理也分为相容选言推理和不相容选言推理。

（1）相容选言推理。

相容选言推理以相容选言命题为前提。相容选言命题的特点是所断定的几种情况可以同时存在，其逻辑形式为"P或者Q"，符号表示为"P∨Q"。

相容选言推理的基本逻辑是，当否定一部分选言支，就要肯定另一部分选言支，因为至少有一种情况存在；但是，当肯定一部分选言支，却不能否定另一部分选言支，因为允许几种情况同时存在。

举例如下。
前提 1：小李或者是教师，或者是医生。
前提 2：小李不是教师。
结论：小李是医生。

但是，如果前提 2 是"小李是教师"，却不能得出"小李不是医生"，因为小李可能既是教师又是医生，例如是临床医学院的教师。

（2）不相容选言推理。

不相容选言推理以不相容选言命题为前提。不相容选言命题的特点是所断定的几种情况中只有一种情况存在，其逻辑形式为"要么 P，要么 Q"。

不相容选言推理的基本逻辑是，肯定一部分选言支，就要否定另一部分选言支，因为只有一种情况为真；同理，否定一部分选言支，就要肯定另一部分选言支。

举例如下。
前提 1：今天要么去逛街，要么去看电影。
前提 2：今天去逛街。
结论：今天没去看电影。

由前面的讲解可知，演绎推理的结论具有必然性，即只要前提真实且推理形式正确，结论必然是真实可靠的。这使得演绎推理在科学论证和逻辑证明中具有重要价值，能够帮助人们将普遍原理应用到具体情境中。

4.3.3 归纳推理

所谓归纳推理，是指从个别事例中概括出一般性结论的推理方法。它基于对多个具体事物的观察或实验结果的分析，试图找出其中的共性和规律，进而形成一般性的知识或原理。

1. 完全归纳推理

完全归纳推理需要对某类事物的全部个体对象进行考察后，才能得出关于该类事物的一般性结论。例如，要考察一个班级所有学生的性别情况，已知该班级有 50 名学生，逐一确认后发现这 50 名学生中有 25 名为男生、25 名为女生，于是得出结论"这个班级的男女生比例相同"。

完全归纳推理的特点是，只要考察对象是准确无误的，其结论必然是真实可靠的。但在实际应用中，很多情况下难以对所有对象进行考察，适用范围相对有限。

2. 不完全归纳推理

（1）简单枚举归纳推理。

简单枚举归纳推理是根据某类事物中的部分个体对象具有某种属性，并且没有遇到相反的情况，从而推出该类事物的所有对象都具有这种属性的推理。

例如，通过观察，乌鸦 1 是黑色的，乌鸦 2 是黑色的，乌鸦 3 是黑色的……经过大量观察，没有发现其他颜色的乌鸦，于是得出"天下乌鸦一般黑"的结论。

这种推理方法的特点是操作简便，应用广泛，但结论不一定正确，因为没有考察完所有对象，一旦出现反例，结论就会被推翻。

（2）科学归纳推理。

科学归纳推理是通过对某类事物中的部分对象进行考察，分析这些对象与其属性之间的因果联系，从而推出该类事物的所有对象都具有某种属性的推理。

例如，研究发现，金受热后体积膨胀，银受热后体积膨胀，铜受热后体积膨胀……经过科学分析，了解到金属受热后，分子间的凝聚力减弱，分子运动加速，导致分子间距离增大，从而引起体积膨胀，由此得出"所有金属受热后体积都会膨胀"的结论。

科学归纳推理虽然也是基于部分对象的考察，但由于深入分析了对象与属性之间的因果关系，因此结论的可靠性相对较高。

4.3.4 溯因推理

溯因推理也称回溯推理，是指从已知的结果出发，通过分析相关的现象和线索，推测出导致该结果的可能原因或假设的推理。它与演绎推理和归纳推理不同，演绎推理是从一般到特殊的必然性推理，归纳推理是从特殊到一般的或然性推理，而溯因推理则是从结果到原因的猜测性推理。

溯因推理的基本推理过程如下。

1. 观察到异常现象或结果

这是溯因推理的起点。例如，在医疗诊断中，医生观察到患者出现了发热、咳嗽、呼吸困难等症状；在犯罪调查中，警察发现犯罪现场有财物丢失、门窗被撬等迹象。

2. 提出可能的原因或假设

基于已有的知识和经验，对观察到的结果提出各种可能的解释。例如，针对患者的症状，医生可能会假设患者感染了病毒等；对于犯罪现场的情况，警察可能会推测是入室盗窃等。

3. 筛选和评估假设

对提出的各种假设进行分析和评估，考虑其合理性、可能性和与已知事实的契合度。例如，医生会根据患者的病史、检查结果等信息，判断哪种疾病的可能性更大；警察会结合现场的证据、周边的监控等信息，筛选出最有可能的犯罪嫌疑人。

4. 得出最合理的解释

在对假设进行筛选和评估后，选择一个最能解释观察结果的假设作为暂时的结论。但这个结论并不是绝对确定的，还需要进一步的验证和调查。

4.3.5 不确定性推理

上面几种推理方式，本质上都是确定性推理，即在推理过程中，所使用的知识和证据都是确定的，知识的表示和事实的描述具有明确的真或假，推理得出的结论也是基本确定的。

但在现实世界中，由于事物的复杂性、信息的不完备性、事件的随机性，以及人类认知的局限性和模糊性等因素影响，确定性推理在处理复杂多变的实际问题中存在明显的局限性。而不确定性推理是处理不精确、不完全和不确定信息的重要推理方式，在诸多领域有着广泛的应用。

所谓不确定性推理，是指在推理过程中，所使用的知识和证据具有不确定性，即知识不是绝对的真或假，而是具有一定的概率或可信度，推理得出的结论也不是确定无疑的，而是带有一定的不确定性。它旨在从不精确、不完全和不确定的信息中尽可能合理地推导出结论。

1. 概率推理

概率推理基于概率论的方法来处理不确定性。通过对事件发生的概率进行估计和计算，从而进行推理和决策。贝叶斯网络是概率推理中常用的模型，它用图形化的方式表示变量之间的概率依赖关系。

例如，假设某种疾病 D 在人群中的发病概率为 $P(D)=0.01$，即每 100 个人中有 1 个人患有该疾病。有一种检测该疾病的方法，当一个人确实患有该疾病时，检测结果为阳性的概率为 $P(+|D)=0.95$；当一个人没有患该疾病时，检测结果为阴性的概率为 $P(-|\neg D)=0.9$。现在某人的检测结果为阳性，我们想知道他实际患有该疾病的概率 $P(D|+)$。

首先，根据已知条件计算检测结果为阳性的概率为 $P(+)=0.1085$，然后，根据贝叶斯公式计算这个人患该疾病的概率为 $P(D|+)\approx 0.0876$。

可见，虽然检测结果为阳性，但这个人实际患有该疾病的概率仅约为 8.76%。这是因为该疾病在人群中的发病率较低，即使检测方法有一定的准确性，也会存在较多的假阳性情况。医生不能仅仅根据检测结果为阳性就判定患者患有该疾病，还需要结合其他症状和检查结果进行综合判断。

2. 证据理论

证据理论也称 D-S 理论，是对贝叶斯理论的扩展。贝叶斯理论在处理不确定性时，要求先验概率已知，这在很多实际问题中难以满足。而证据理论放宽了这一限制，能够在缺乏先验概率的情况下，利用证据对命题进行不确定性推理。它基于集合论和概率论，通过对证据的组合和更新来实现对命题的信任度评估。

下面通过一个例子来简单介绍证据理论的基本原理。

假设要识别一个水果，已知可能的水果种类为{苹果，香蕉，橙子}。现在有两个不同的证据，需要根据这两个证据来判断这个水果最可能是什么。

证据 1：认为水果是苹果的支持度为 0.6，是香蕉的支持度为 0.2，是橙子的支持度为 0.1，无法确定具体是哪种水果的可能性为 0.1。

证据 2：认为水果是苹果的支持度为 0.7，是香蕉的支持度为 0.1，是橙子的支持度为 0.1，无法确定具体是哪种水果的可能性为 0.1。

通过对这两个证据进行组合、更新等一系列计算后，得到该水果是苹果的支持度为 0.859，是香蕉的支持度为 0.078，是橙子的支持度为 0.047，无法确定具体是哪种水果的可能性为 0.016。可以看出对"水果是苹果"这一命题的支持度最高，所以可以推出这个水果很可能是苹果。

3. 模糊推理

模糊推理是一种基于模糊逻辑的不确定性推理方法，它模仿人类的思维方式，在不确定、不精确的环境中进行决策和判断，而不是像传统逻辑推理那样追求绝对的真或假。

模糊推理的理论基础有两个。一是模糊集合。在普通集合中，一个元素要么属于该集合，要么不属于该集合，具有明确的边界。而模糊集合允许元素以一定的隶属度属于某个集合，隶属度取值范围在 0 到 1 之间。例如，对于"高个子"这个模糊集合，身高 185cm 的人的隶属度可能为 0.9，而身高 175cm 的人的隶属度可能为 0.5。二是模糊逻辑。传统逻辑只有真和假两个值，而模糊逻辑引入了多个值，用于描述命题的真实程度。例如，"今天天气很热"这个命题,不是简单的真或假,而是可以用一个介于 0 和 1 之间的值来表示其真实程度。

下面通过一个例子来帮助大家了解模糊推理的基本原理。

判断一个人是否适合参加马拉松比赛,需考虑两个因素:身体素质和运动经验。

(1)定义模糊集合和隶属度。

身体素质:分为"好""中等""差"三个模糊集合。如果一个人的耐力、力量等综合指标很高,那么他属于"身体素质好"集合的隶属度可能是 0.8(取值范围在 0 到 1 之间,越接近 1 表示属于该集合的程度越高);如果各项指标中等,属于"身体素质中等"集合的隶属度可能是 0.6,同时属于"身体素质好"集合的隶属度就可能降低到 0.3;如果各项指标比较差,属于"身体素质差"集合的隶属度可能是 0.7。

运动经验:分为"丰富""一般""缺乏"三个模糊集合。如果一个人经常参加各种长跑比赛,那么他属于"运动经验丰富"集合的隶属度可能是 0.9;如果只是偶尔跑步锻炼,属于"运动经验一般"集合的隶属度可能是 0.7,属于"运动经验丰富"集合的隶属度可能是 0.2;如果很少运动,属于"运动经验缺乏"集合的隶属度可能是 0.8。

假设小明同学经过评估,他的身体素质属于"好"的隶属度是 0.7,属于"中等"的隶属度是 0.2,属于"差"的隶属度是 0.1;运动经验属于"丰富"的隶属度是 0.6,属于"一般"的隶属度是 0.3,属于"缺乏"的隶属度是 0.1。

(2)设定模糊规则。

规则 1:如果一个人"身体素质好"并且"运动经验丰富",那么"非常适合"参加比赛。

规则 2:如果一个人"身体素质中等"并且"运动经验一般",那么"比较适合"参加比赛。

规则 3:如果一个人"身体素质差"并且"运动经验缺乏",那么"不适合"参加比赛。

(3)模糊推理。

对于规则 1,"身体素质好"与"运动经验丰富"同时满足的程度可以通过取两者隶属度的最小值来计算,即 min(0.7,0.6)=0.6,这表示规则 1 的满足程度为 0.6。所以,根据规则 1,小明"非常适合"参加马拉松比赛的隶属度为 0.6。

对于规则 2,"身体素质中等"与"运动经验一般"同时满足的程度为 min(0.2,0.3)=0.2,即规则 2 的满足程度为 0.2。所以,根据规则 2,小明"比较适合"参加马拉松比赛的隶属度为 0.2。

对于规则 3,"身体素质差"与"运动经验缺乏"同时满足的程度为 min(0.1,0.1)=0.1,即规则 3 的满足程度为 0.1。所以,根据规则 3,小明"不适合"参加马拉松比赛的隶属度为 0.1。

(4)综合判断。

综合考虑这 3 个模糊规则的结果,对这些模糊结论进行合成,如采用加权平均法来得到一个最终的综合判断。例如,假设"非常适合"的权重为 0.5,"比较适合"的权重为 0.3,"不适合"的权重为 0.2,那么最终的综合判断为 0.6×0.5+0.2×0.3+0.1×0.2=0.3+0.06+0.02=0.38。

这个结果更偏向于"比较适合"和"非常适合"。所以,总体来说,可以认为小明比较适合参加马拉松比赛,但不是绝对的适合,还存在一定的不确定性,这就是模糊推理的过程和结果体现,是在模糊的条件下给出一个相对合理的、带有程度性的判断。

知识可视化开启知识新视界

在当今信息爆炸的时代，知识可视化作为一种极具创新性的技术，正深度融入各个领域，成为推动知识传播、激发创新思维的关键力量。

1. 概念地图：构建知识逻辑框架

概念地图恰似一位知识架构师，精准阐述概念间的内在逻辑关联。学习者仿若手握一张知识寻宝图，能够沿着概念间的线索，层层递进，清晰把握知识的脉络与层次，极大提升学习效率。

2. 思维导图：激发创意思维火花

思维导图宛如思维的火种，凭借丰富的色彩、灵动的图形与流畅的线条，不仅助力使用者组织信息，更为项目策划、头脑风暴等注入源源不断的活力，让思维突破禁锢，肆意翱翔。

3. 知识图谱：编织知识关联网络

知识图谱仿若一位博古通今的智者，依凭其强大的关联检索能力，迅速整合相关知识碎片，精准呈现详尽信息，在信息检索、智能推荐等领域大显身手，让知识获取变得轻松自如。

4. 信息图表：让数据信息跃然纸上

信息图表就像一位神奇的数据魔术师，能将枯燥的数据和晦涩的信息转化成柱状图、折线图、饼图、散点图等形式，使数据兼具美观与易懂双重魅力，在数据分析、新闻报道等领域大放异彩，成为快速传递关键信息的得力助手。

5. 可视化隐喻：化抽象为形象的知识魔法

可视化隐喻犹如一根神奇的魔杖，将抽象知识与日常生活中的熟悉场景紧密相连，让学习者仿佛置身熟悉场景，轻松洞悉原理内核，在科普教育、专业知识教学等领域大施拳脚，让抽象知识落地，化为人人可懂的通俗语言。

知识可视化以其独特魅力，跨越学科、行业与场景界限，成为人们理解、传播知识的得力助手。当前知识可视化正持续赋能社会各领域，书写知识驱动发展的崭新篇章。

本章习题

一、填空题

1. 知识工程主要研究_____、_____、_____、_____和_____。
2. 常见的知识表示方法有_____、_____、_____、_____和_____。
3. 常见的推理策略有_____、_____和_____。
4. 常见的不确定性推理方法有_____、_____和_____。

二、选择题

1. 以下哪种知识表示方法最适合表示具有层次结构的知识？（   ）
    A. 一阶谓词逻辑表示法　　　　　　　　B. 产生式表示法

C. 框架表示法　　　　　　　　　D. 语义网络表示法

2. 在一阶谓词逻辑表示法中，$\forall x (P(x) \to Q(x))$ 表示的含义是（　　）。

　　A. 存在 x，使得 $P(x)$ 成立则 $Q(x)$ 成立

　　B. 对于所有的 x，$P(x)$ 成立并且 $Q(x)$ 成立

　　C. 对于所有的 x，若 $P(x)$ 成立则 $Q(x)$ 成立

　　D. 存在 x，使得 $P(x)$ 成立并且 $Q(x)$ 成立

3. 产生式规则的一般形式是（　　）。

　　A. 若 P 则 Q　　　B. P 且 Q　　　C. P 或 Q　　　D. 非 P

4. 以下不属于知识推理策略的是（　　）。

　　A. 正向推理　　　B. 反向推理　　　C. 混合推理　　　D. 模糊推理

5. 语义网络中的节点表示（　　）。

　　A. 概念或实体　　B. 关系　　　C. 规则　　　D. 属性

三、简答题

1. 分析谓词逻辑表示法的优缺点。

2. 请分别用谓词逻辑表示法和产生式表示法来表示"如果明天天气晴朗且温度适宜，那么去公园散步"。

第 5 章 神 经 网 络

【知识结构】

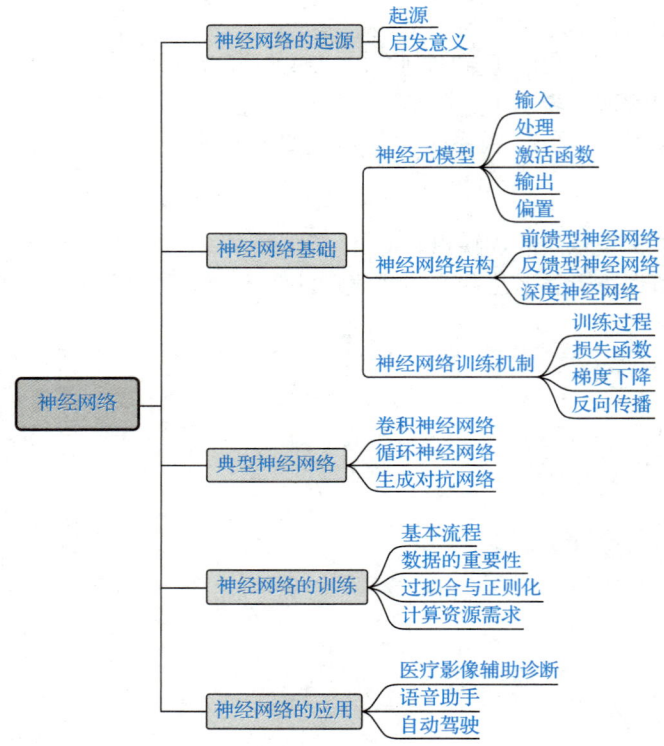

【教学目标】

掌握神经元模型、神经网络结构、网络训练流程等基本概念与基本技术；理解输入层、隐藏层、输出层的基本作用与数学基础；熟悉卷积神经网络、循环神经网络、生成神经网络等典型神经网络结构；了解神经网络起源及应用场景。

【教学重点】

1. 神经元模型。
2. 神经网络结构。
3. 神经网络训练。

【教学难点】

1. 神经元工作原理。
2. 卷积神经网络结构。
3. 过拟合与正则化。

第 5 章 神经网络

【案例导入】

神经网络领域的两件大事

2024 年诺贝尔物理学奖授予美国科学家霍普菲尔德（Hopfield）[图 5-1（a）]和英国科学家辛顿（Hinton）[图 5-1（b）]，以表彰他们在实现使用人工神经网络进行机器学习方面的基础性发现和发明。

(a) 霍普菲尔德　　　　(b) 辛顿

两名科学家获 2024 年诺贝尔物理学奖

图 5-1　2024 年诺贝尔物理学奖得主

2024 年 10 月，《自然-方法》（Nature Methods）期刊在线发表了题为《基于共聚焦光场显微镜的小鼠大脑神经元群体三维电压成像》（Volumetric Voltage Imaging of Neuronal Populations in Mouse Brain by Confocal Light Field Microscope）的研究论文。该研究由中国科学院脑科学与智能技术卓越创新中心（神经科学研究所）王凯研究组完成。研究团队开发了一种新型三维光场显微成像技术，显著提升了神经元电压光学成像的通量。这项技术能够对小鼠脑三维神经网络中数百个神经元的膜电位进行高速同步记录（图 5-2），为深入解析神经网络的信息处理机制提供了新的有力工具。

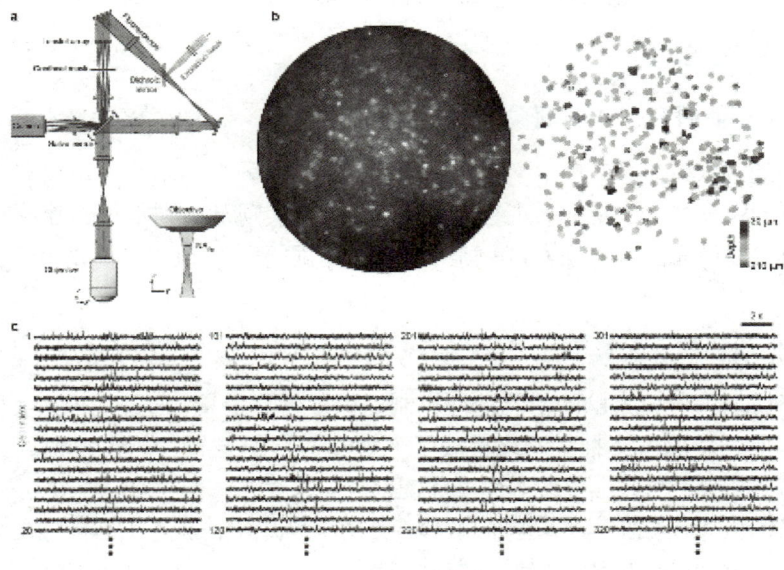

图 5-2　三维光场显微成像技术对小鼠脑三维神经网络电压成像示意图

5.1 神经网络的起源

神经网络的诞生标志着人工智能从符号逻辑转向统计学习,这是人工智能发展史上理论创新和技术进步的里程碑,对人们理解智能的本质产生了深远的影响。

5.1.1 起源

神经网络的起源,经历了从仿生到智能的艰难探索过程。

1943 年,神经科学家麦卡洛克和数学家皮茨提出 MP 模型,它通过模拟生物神经元的"输入-阈值-输出"工作原理,将生物神经元运行机制转化为数学模型,为现代神经网络的诞生奠定了理论基础。

1957 年,美国心理学家罗森布拉特提出感知机模型。这是第一个可训练的神经网络,通过模拟生物神经元的学习机制,实现了根据数据自动调整网络权重的功能,验证了"机器可通过经验改进"的核心思想。感知机虽然继承了 MP 的数学模型,但其提出了通过迭代训练逐步修正权重以适应数据差异的思想,学习能力突破了 MP 模型的静态限制,开创了机器学习纪元,体现了人工智能从"仿生理论"到"实用算法"的关键性跨越,揭示了"动态适应性"对人工智能系统的重要性。

20 世纪 60 年代到 80 年代初期,当时的神经网络因训练困难,无法解决现实的非线性问题而被边缘化。但随着 1986 年反向传播算法的重新发现和完善,解决了多层神经网络的训练难题,神经网络再次受到重视,引起了研究人员和产业界的广泛关注。

同时,计算机硬件技术不断进步,互联网的发展提供了大规模样本数据,使深度神经网络得到快速发展,实现了神经网络从浅层次特征表示到抽象层级表示的历史性跨越。

5.1.2 启发意义

1. 对人工智能研究范式的颠覆

神经网络通过大量训练,自主学习数据中隐藏的规律和模式,而不是依据人工定义的规则机械地执行,从根本上改变了人工智能的研究路径,实现从规则驱动到数据驱动的重大转变。其基于简单神经元的互联来实现复杂功能的结构原理,体现了"整体大于部分之和"的系统论思想。

2. 对其他学科的交叉影响

神经网络模型为研究大脑的信息处理机制提供了计算工具,通过模拟人类学习过程,启发了对认知本质的新思考。神经网络挑战了"智能=符号+逻辑"的传统观点,提出"智能可能源于分布式、统计性的模式匹配"的思想。

神经网络的决策过程难以完全直观解释,促使学界开始关注人工智能的可信度问题。神经网络对数据质量的高度依赖,引发对数据采集伦理、算法公平性的深入讨论。

5.2 神经网络基础

神经网络本质上是一种模拟人类大脑神经元工作方式的数学模型。大脑中的神经元通过连接传递信号，神经网络则通过"数学公式"和"数据"来学习潜在的规律和模式。

5.2.1 神经元模型

在第 3 章中，我们已经学习了神经元结构，其模型如图 5-3 所示。

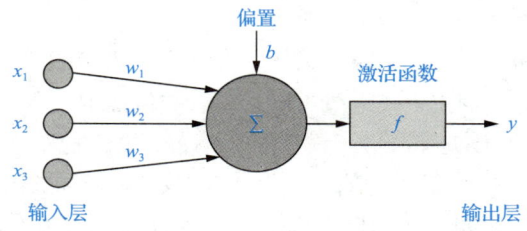

图 5-3 神经元模型

神经元是神经网络的最小计算单元，包含输入、处理和输出。

1. 输入

输入用于接收外界信号，如光线、声音等。例如，假设输入 3 门课的成绩，则 x_1=数学成绩（90 分），x_2=语文成绩（80 分），x_3=英语成绩（70 分）。

2. 处理

根据预设规则对输入进行处理。例如，将 3 门课的成绩进行加权求和，假设数学、语文、英语的权重分别为 w_1=0.5，w_2=0.3，w_3=0.2，则加权处理的结果为 90×0.5 + 80×0.3 + 70×0.2 = 83 分。

3. 激活函数

激活函数用于设置一个阈值，决定输出结果。例如，若规定加权和≥60，则输出 1，表示及格；否则输出 0，表示不及格。

常见的激活函数有很多。例如，线性整流单元（rectified linear unit，ReLU）函数，如果输入≥0，则输出原值；否则输出 0。这个函数类似一个节能灯泡，当输入电压≥0 时，灯泡亮度等于电压（直接输出输入值）；否则，灯泡熄灭（输出为 0）。

另一个常用的激活函数是 Sigmoid 函数，简称 S 函数，输出 0~1 的概率。S 函数类似一个缓慢开关的水阀，输入压力越大，水流输出越接近 100%；输入压力越小，水流输出越接近 0%。

4. 输出

输出将处理结果转化为某种形式显示出来。不同的激活函数，输出结果或有不同。例如，使用 ReLU 函数，输出结果为 0 或 1；使用 S 函数，输出结果为某个概率值。

假设上例使用 ReLU 函数，因为加权和为 83≥60，所以输出 1，表示及格。

使用激活函数的目的是避免线性叠加。如果没有激活函数，多层神经元就等价于单层计算，类似多个加法器叠加，结果还是加法运算，无法处理复杂问题。通过激活函数可以引入非线性，使神经网络能够处理更复杂的问题。

5. 偏置

从数学角度来讲，在神经元的线性组合中，偏置是一个常数项，用于调整激活函数的输入。

假设激活函数的输入为 $z = x_1w_1 + x_2w_2 + x_3w_3 + b$，其中常数项 b 类似于天平的配重，是预先加在一侧的砝码，让天平更容易向该侧倾斜。

偏置可用于调整决策边界，如果没有偏置，神经元的决策线必须经过原点，类似天平必须在空盘时达到平衡。有了偏置，决策线可以平移，类似提前给天平一侧加砝码，让天平更容易倾斜。例如，判断"是不是猫"时，设置某个偏置，以降低对"胡须"这个特征的依赖，相当于默认更倾向于认为"是猫"。另外，偏置允许"无输入时的输出"，即使所有输入为 0，偏置仍能让神经元激活。例如，在图像识别中，若所有像素为 0（即纯黑），偏置可能让模型输出"可能是夜晚"，而不至于没有输出。

如上例中，若大部分同学的成绩都不理想，可以预设一个偏置，如设置 $b=20$，只要 3 门课的加权和≥40，则激活函数的输入 $z≥60$，相当于间接地提高了所有同学的考评结果。

5.2.2 神经网络结构

神经网络由多层神经元组成，每层神经元通过权重和偏置连接。整体上类似于工厂流水线，输入层接收原材料（数据），隐藏层逐步加工（提取特征），输出层生产最终产品（结果）。

其中，隐藏层非常重要，用于实现非线性运算，能够提取复杂的特征，类似于工厂流水线中的质检和加工环节。理论上，隐藏层越多，网络模型越复杂，处理能力越强，好比加工工序越多，越能制造出更精密、更复杂的产品。而每层神经元的数量也会不同，好比不同工序可能需要不同数量的操作工。

但是，随着层数增加，网络训练难度也随之增加，不确定因素的影响越来越大。因此，从某种程度上说，神经网络的发展过程，就是在网络层数与效果之间寻找最佳平衡的过程。

常见的神经网络结构有以下 3 种。

1. 前馈型神经网络

前馈型神经网络是一种最基础的神经网络，就像一条"信息管道"，数据从起点（输入层）单向流动到终点（输出层），中间经过若干个"处理站"（隐藏层），如图 5-4 所示。

前馈型神经网络的基本原理是，建立一条从数据输入到答案输出的"智能流水线"。

输入层→隐藏层→输出层

其核心是信息的分层加工，类似"食材→厨房加工→菜品上桌"的处理流程。

（1）输入层，把原始材料，如图片、文字等，"端进厨房"。

（2）隐藏层，可以有多层，每层负责不同的"烹饪步骤"，如洗菜、切菜、调味等。

（3）输出层，给出最终结果，如"这是一盘回锅肉"。

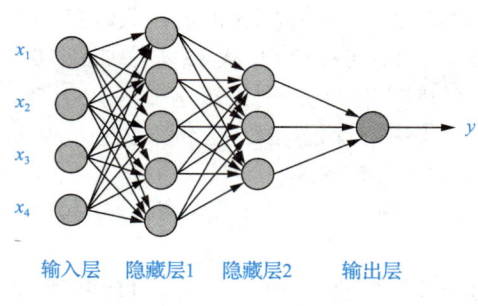

图 5-4　前馈型神经网络

2. 反馈型神经网络

前馈型神经网络如同一条直来直去的单行道，信息只能从输入层单向传递到输出层，无法保留历史信息。例如，用图像识别模型判断一张图片是猫还是狗，只依赖当前图片内容。

而反馈型神经网络就像一个会"记住过去"的大脑，存在循环回路，让信息可以在网络中反复传递，允许神经元"记住"之前的计算结果，如图 5-5 所示。就像同学们记住老师刚讲的知识点，在解题时会不断调用之前的记忆。

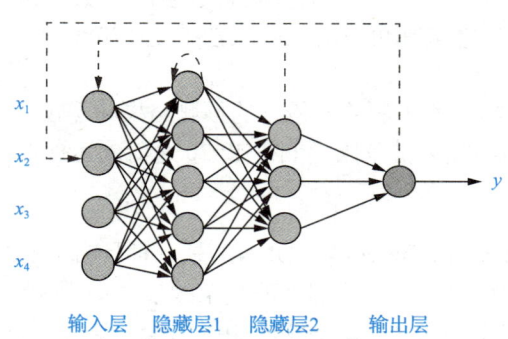

图 5-5　反馈型神经网络

反馈型神经网络的主要特点有两个。一是记忆功能。每个神经元的输出不仅传递给下一层，还会"回头"影响自己或其他神经元。例如，学生在听课时，会根据之前的内容理解当前句子的含义。二是动态系统。网络状态会随时间变化，就像接力赛中每棒选手会带着前一棒的速度继续奔跑。反馈型神经网络特别适合处理序列数据，如语音、股票走势、长文本等。

反馈型神经网络的核心优势是捕捉数据中的时间依赖关系，就像人类理解语言时需要上下文一样。

反馈型神经网络在自然语言处理、金融分析、生物医学等领域都有广泛应用。下面举一个生活中的案例来说明反馈型神经网络的应用。

案例：食堂排队时间智能预测。基于大学生熟悉的食堂场景，用具有两个隐藏层的反馈型神经网络优化排队预测，既能捕捉短期窗口人流量波动，又能学习长期周期规律。如果能提前知道食堂各个窗口未来的排队情况，就能合理安排就餐时间，避免长时间等待。

第一步：输入层输入数据。 输入层接收 3 方面的信息。

① 实时数据：当前的时间点、当前窗口已经排队的人数、当前的天气状况。例如，当前时间是周三 12:00，某窗口已经排了 20 人，外面正在下雨。

② 短期历史数据：今天之前几个小时这个窗口的排队人数变化情况。例如，今天 11:00—11:30 排队人数从 10 人增加到 15 人，11:30—12:00 从 15 人增加到 20 人。

③ 长期历史数据：过去几周同一天同一时间段这个窗口的排队数据以及相关的影响因素，如是否为考试周、当天是否有集中的课程结束等。例如，过去四周的周三 12:10 课程结束后，这个窗口的排队人数都会比平时多 30%。

第二步：第一层隐藏层（短期记忆层），根据实时数据和短期历史数据预测短期内排队人数变化。

例如，实时数据显示 12:00 已经排了 20 人，且从 11:00 到 12:00，排队人数每半小时增加 5 人。同时，外面下雨，会有更多同学来食堂，所以，预测 15 分钟内，排队人数每分钟会增加 5 人。那么，到 12:15，排队人数预计会达到 20 + 5×15 = 95 人。

第三步：第二层隐藏层（长期记忆层），结合长期历史数据对第一层隐藏层的预测结果进行修正。

例如，长期历史数据表明，每周三 12:30 选修课结束后，这个窗口的排队人数会比平时多 30%。虽然第一层隐藏层预测 12:15 排队人数是 95 人，但考虑到 12:30 选修课结束这个长期规律，第二层隐藏层知道在 12:15—12:30 这个时间段内，排队人数还会大幅增加。

假设按照第一层隐藏层的预测，12:30 排队人数会达到 95 + 5×15 = 170（人）。再根据长期规律增加 30%，那么 12:30 实际可能的排队人数就是 170×(1 + 30%) = 221（人）。

第四步：输出预测结果。

综合两个隐藏层的分析，输出层给出最终的预测结果和建议。根据前面的计算，预测到 12:30 排队人数会大幅增加，所以建议同学们在 12:20 之前到达食堂就餐，以避开排队高峰。

3. 深度神经网络

深度神经网络（deep neural network，DNN）是一种具有多层非线性变换的神经网络模型，通过逐层提取数据的抽象特征，能够处理复杂的模式识别和预测等任务。DNN 是机器学习和人工智能领域的核心技术之一，广泛应用于图像、语音、自然语言处理等领域。

DNN 由输入层、若干隐藏层和输出层组成，层数通常超过 3 层。每一层通过非线性激活函数对前一层输出进行变换，形成层级化的特征表示，逐步抽象出高级特征。

经典的 DNN 模型主要有多层感知机、深度信念网络、循环神经网络、生成对抗网络等。

DNN 通过层级化特征学习，突破了传统机器学习的瓶颈，成为现代人工智能的基石。随着硬件和算法的进步，DNN 正朝着更高效、更通用的方向发展。

5.2.3 神经网络训练机制

神经网络的训练机制是指通过调整神经元之间的连接权重，使神经网络模型从数据中学习隐藏的规律或模式的过程。

1. 训练过程

神经网络的训练过程是通过数据驱动调整模型参数的迭代过程。其训练目标是在最小化训练误差的同时，保持模型对新数据的泛化能力。神经网络训练的核心步骤包括以下 4 个，如图 5-6 所示。

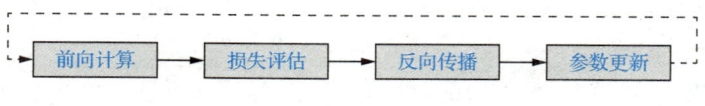

图 5-6 神经网络训练的核心步骤

（1）**前向计算**。输入数据按网络结构逐层传递，每层神经元通过激活函数处理信号，最终输出预测结果。类似于老师给学生出一道题（输入数据），学生用已学的公式（网络参数）尝试一步步算出答案（输出预测）。

例如，要求用公式 $y = ax + b$ 计算 $x=3$ 时的 y，学生自行假设 $a=2$，$b=1$，得到 $y=7$。

（2）**损失评估**。用损失函数量化预测值与真实值的差异，作为模型优化的依据。类似于老师对学生的解题结果进行评判。

例如，老师告诉学生正确答案是 $y=5$，学生发现自己做错了，误差是 7−5=2。这个误差就是"损失"。

（3）**反向传播**。从输出层反向推导各层参数的梯度，利用链式法则计算权重对损失的影响程度。类似于学生进行反思，分析错误的原因：答案错，是因为 a 或 b 的假设值错了。老师帮学生分析：如果 a 调小一点，或者 b 调小一点，结果会更接近正确答案。

（4）**参数更新**。通过优化算法，沿梯度反方向调整权重，用学习率控制更新幅度。

例如，学生根据老师的反馈，调整自己的公式参数，如再次假设 $a=1.5$，$b=0.5$，下次做题时用调整后的新参数。这个调整过程称为梯度下降。

学习率决定每次调整的幅度，如本次调整幅度为-0.5，即 a、b 分别下降 0.5。再次计算，可得 $y=5$。

重复上述过程，最后得到最优化的 a、b 值。

可见，神经网络训练就像学生通过"做题→改错→调整方法→再做题"的循环来提升能力。计算机能够自动完成这个过程，让模型从数据中"学习"规律。通过反复调整参数，让神经网络模型在训练数据上的错误越来越小，并能正确解答没见过的题目，即保持泛化能力。

2. 损失函数

损失函数相当于神经网络模型的"教练"，用数学方法告诉网络哪里错了、错得多严重。

如果把神经网络比作刚学投篮的新手，则损失函数就像教练，对每一次投篮进行"评分"，告诉学员投得准不准，帮助学员调整投篮姿势。

损失函数把预测值（投篮位置）和真实值（篮筐位置）的差距变成一个数。通过损失函数的梯度（改进方向），告诉网络哪些参数需要调大或调小。例如，教练说："这次投偏了 10 厘米"，并帮助学员分析"手肘角度太大，导致球向右偏"，指导学员投篮的改进方向。

不同的任务需要不同的评分标准，选择合适的损失函数能让网络模型学得更快、更准。通过自动计算梯度，帮助网络模型高效调整参数。

3. 梯度下降

所谓梯度下降，即损失最小化，指明神经网络模型的"下山策略"。就像游客在一座雾气弥漫的山上迷路了，目标是找到下山的路。梯度下降就像游客一步步试探下山的方法。

梯度下降的核心思想有两个。一是确定方向。在山上迷路了，就伸手摸向地面，感受哪个方向最陡，即梯度方向，表示损失函数增长最快的方向。反方向就是下山最快的方向，即梯度下降方向。二是调整步长。指明每一步应该跨多大，即学习率。跨步太大，可能直接跳过最低点,导致再次迷路;跨步太小,则要很久才能到达山下,导致效率降低。

梯度下降一般有 3 种方法。

(1)批量梯度下降,即每次下山前,先观察整个山坡的坡度,相当于用全部训练数据计算梯度。优点是方向稳定,最终能到达最低点;缺点是当山很大时,即数据量较多时,每次观察耗时太久。

(2)随机梯度下降,即随便选一个点踩一脚,根据这一点的坡度决定方向,相当于每次只用 1 条数据计算梯度。优点是速度快,适合很大的山,即大量数据;缺点是方向可能摇摆不定,容易陷入小坑,即只达到局部最优,就像不是整座山的最低点,反而耽误太多时间。

(3)小批量梯度下降,即每次观察一小片区域的坡度,相当于用一部分数据计算梯度。优点是平衡了下山速度和方向稳定性,在实际中最常用。

4. 反向传播

反向传播是神经网络的"逆向纠错系统",通过输出误差倒推各层参数的影响。

假设网络是一个奶茶店老板,目标是调配出完美甜度的奶茶。反向传播就像奶茶店老板通过顾客反馈的甜度偏差,一步步倒推调整配方的过程。

反向传播的基本原理和过程如下。

(1)先按配方调配一杯奶茶,假设顾客喝后反馈"太甜了!",这类似于了解输出与真实值的差距。

(2)反向追踪误差,开始检查配方"糖放多了?奶放少了?茶浓度不对?",即从输出层的误差出发,逐层计算各参数的梯度。

假设奶茶甜度由"糖量"→"搅拌时间"→"冷却温度"3 个环节决定。当顾客反馈太甜时,则先计算"冷却温度"对甜度的影响,再依次计算"搅拌时间"和"糖量"对甜度的影响。

(3)调整配方,即根据梯度方向调整参数。例如,糖量的梯度是正的,即增加糖会让甜度上升,因此减少糖的用量,即沿梯度下降方向调整。

每个环节的调整都会影响最终口感,即存在链式反应。

5.3 典型神经网络

典型的神经网络有全连接网络、卷积神经网络、循环神经网络、生成对抗网络、Transformer 及强化学习网络等。它们各自擅长图像识别、自然语言处理、数据生成、特征降维等任务,因此需结合任务类型、数据特点和硬件条件等选择适合的神经网络。

5.3.1 卷积神经网络

卷积神经网络(convolutional neural network,CNN)是一种深度学习模型,擅长处理具有网格结构的数据,如图像、音频和视频等。CNN 通过模拟生物视觉神经系统的工作原理,能够自动学习数据中的层次特征,在图像识别、目标检测、图像分割等领域取得了突破性成果。

CNN 包含输入层、卷积层、激活函数、池化层、全连接层、输出层等,如图 5-7 所示。

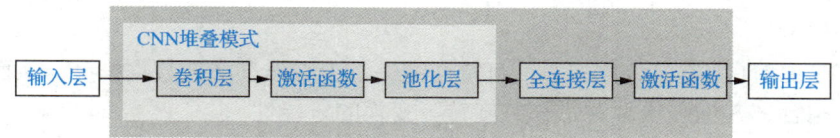

图 5-7 CNN 的结构

1. 输入层

输入层负责接收输入数据。例如，输入一张包含手写数字"5"的图片，为 28×28 像素的灰度图。

2. 卷积层

卷积层是 CNN 中最核心的部分。卷积层中含有多个卷积核。每个卷积核用来提取某一种特定特征，如水平线、纹理、颜色等。

多个卷积核同时使用能提取更多细节。假设卷积层有 3 个卷积核，卷积核 A 检测水平线，用于识别数字顶部的横线，如"5"的上半部分；卷积核 B 检测斜线，识别数字中间向右下倾斜的笔画，如"5"的中间部分；卷积核 C 检测曲线，识别数字底部的弧线，如"5"的下半部分。

操作时，将卷积核在输入图像上像放大镜一样滑动，每次覆盖一个局部区域，通过点积运算提取特征，如图 5-8 所示。

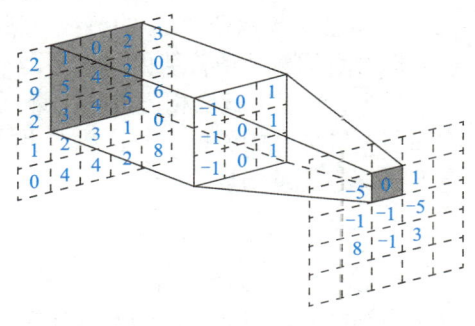

图 5-8 卷积核局部滑动

图 5-8 中，卷积核为 3×3 的窗口（中间的矩形）。图示区域的点积运算结果为

$$1×(-1)+5×(-1)+3×(-1)+2×1+2×1+5×1+0×0+4×0+4×0=-9+9+0=0$$

每个卷积核会生成一个对应的特征图。若使用了 3 个卷积核，则生成 3 个特征图。

可见，卷积层只关注输入数据的局部区域，而不是全局信息。这种局部连接方式减少了模型的参数数量，降低了计算复杂度，同时也能更好地捕捉数据的局部特征。在卷积过程中，同一个卷积核在整个输入数据上共享使用，即无论卷积核在输入数据的哪个位置进行滑动，其参数都是相同的。参数共享进一步减少了模型的参数数量，提高了模型的训练效率。同时，通过堆叠多个卷积层，可以逐渐提取到更高级、更抽象的特征。

3. 激活函数

激活函数在 CNN 中至关重要，为网络引入非线性特性，使网络能够学习复杂的模式和特征，让 CNN 从"机械累加"升级为"智能判断"，从而解决图像识别等复杂问题。通过激活函数的非线性变换，CNN 能像人类一样灵活处理现实中的各种模式。

不同的激活函数有不同的特性和适用场景，在实际应用中，需根据具体问题和网络结构来选择合适的激活函数。

上例中，假设采用 ReLU 激活函数，可将卷积层输出的负数变为 0，保留正数，目的是抑制背景噪声等弱特征，强化"5"的笔画边缘等显著特征。

4. 池化层

池化层是 CNN 的重要组件，通过对特征图进行下采样来降低数据维度，从而减少计算量、缓解过拟合，并增强模型对平移、旋转等变换的鲁棒性。

常见的池化类型有以下两种。

（1）最大池化。取池化窗口内的最大值。优点是突出显著特征，常用于图像分类、目标检测等。

（2）平均池化。取池化窗口内的平均值。优点是保留整体统计信息，常用于生成全局特征。

假设我们采用最大池化方法。对于上述得到的每个特征图，池化层首先将池化窗口放置在特征图的左上角，覆盖一个区域。假设池化窗口为 2×2 大小。再在这个 2×2 的池化窗口覆盖的区域内，找出所有元素中的最大值。

按照一定的步长，移动池化窗口，重复上述选取最大值的操作，直到覆盖整个特征图。

经过上述操作，每个特征图会被池化为 14×14 的新特征图，即输出尺寸缩小为原来的 1/2。新特征图仅保留"5"的弧线、斜线等主要形状，而忽略了细微位置偏移等，减少了需要处理的数据量，使特征更加稳定，有助于提高 CNN 的识别性能。

可见，池化层就像相册整理工具。最大池化，相当于挑选最突出的细节。其核心目标是，在保留关键信息的前提下，让数据更精简高效，从而帮助 CNN 快速抓住重点，用更少的信息准确识别复杂场景。

5. 全连接层

在 CNN 中，前面的卷积层和池化层主要负责提取图像的局部特征。而在全连接层中，每一个神经元都与前一层的所有神经元相连接，负责将这些局部特征进行整合，形成一个全局的特征表示，从而更好地对图像进行分类或执行其他任务。

全连接层将整合后的特征映射到一个合适的维度，通常这个维度对应着分类任务中的类别数量。

上例中，全连接层先将池化后的多维特征图"压扁"成一维。再通过多层神经元进行加权求和，逐步压缩信息。最后用 Sigmoid 激活函数输出 0～1 的概率，表示是否为"5"。

综上所述，CNN 通过卷积和池化，自动学习图像的边缘→纹理→物体部件→整体的层级特征，成为图像处理领域的主流模型，推动了计算机视觉技术的飞跃。通过参数共享，降低了过拟合风险，对图像平移、缩放等变换具有鲁棒性。典型的 CNN 模型有 LeNet-5、AlexNet、VGGNet 和 ResNet 等。

5.3.2 循环神经网络

循环神经网络（recurrent neural network，RNN）是一种专门处理时间、文本、语音等序列数据的神经网络。其核心特点是通过循环结构实现信息的"记忆"，允许网络在处理当前输入时参考之前的历史信息。

相比于普通神经网络只能处理独立的数据，如一张图片、一个单词，RNN 就像一个"链条"，能把过去的信息传递到现在。例如，当听到"今天天气很好，所以我决定去……"，最后一个词可能是"游泳""爬山"等。RNN 能够根据前面的"天气好"，预测出合理的结果，如"去爬山"。而传统神经网络做不到这一点，因为它每次处理信息时"忘记"了之前的内容。

1. 结构

RNN 的结构如图 5-9 所示。

（1）输入层。输入层接受一个输入序列，如文字、股票价格、语音信号等。

（2）隐藏层。隐藏层之间存在循环连接，使网络能够维护一个"记忆"状态，这一状态包含了过去的信息，使 RNN 能够理解序列中的上下文信息。

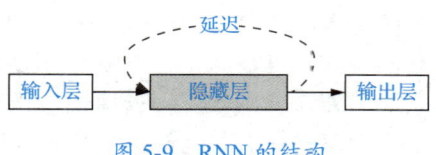

图 5-9　RNN 的结构

（3）输出层。输出层可以有一个或多个输出。例如，在序列生成任务中，每个时间步都会有一个输出。

2. 工作原理

下面我们用一个生活中的典型例子来解释循环神经网络的工作原理。

任务场景：假设要写一本连续的日记，记录当天的活动，希望用 RNN 预测第 4 天的日记内容。

输入序列：

Day1："今天我学会了骑自行车。"

Day2："骑车去了公园看日落。"

Day3："明天打算骑车去图书馆。"

目标输出：Day4 的日记内容。

RNN 的处理过程如下。

（1）输入处理。将每一天的日记内容转换为 RNN 能理解的信息。输入序列长度为 3 个时间步，对应 Day1 到 Day3。

（2）隐藏层的循环记忆。RNN 像一个会"记笔记"的笔记本，Day1 记录"骑自行车"的信息；Day2 结合 Day1 的笔记和新内容"去公园看日落"，形成新笔记；Day3 继续整合之前的所有信息，即"骑自行车" → "公园看日落" → "图书馆计划"。

（3）关键记忆传递。当处理到 Day3 时，隐藏层已经记住了以下内容。

事件链："学习骑车" → "去公园" → "计划去图书馆"。

动作连贯性："骑自行车"作为主要交通方式。

未来暗示："打算"表明即将发生的事情。

（4）输出预测。RNN 根据整合后的记忆，预测 Day4 的日记可能是"骑自行车去图书馆还书，路上遇到了同学。"

预测依据：

① 延续"骑自行车"的交通方式；

② 完成 Day3 的计划"去图书馆"；

③ 加入合理的新事件，如遇到同学。

3. 存在的局限性

RNN 的局限性主要体现在长距离依赖的记忆能力不足。例如，记忆一段长故事"小明昨天去超市买了苹果，因为妈妈说吃苹果对眼睛好。20 年后，小明成了一名眼科医生，他经常想起童年吃苹果的经历。"RNN 在处理"苹果"和"眼科医生"相隔多个时间步的长距离依赖时感到吃力,即 RNN 存在长期依赖遗忘。当时间间隔较长时,RNN 会逐渐丢失早期关键信息。

RNN 存在长期依赖遗忘的数学原因是梯度消失。RNN 的循环结构像一条链条,激活函数的导数小于 1,导致梯度在多次相乘后趋近于 0。即反向传播中,每个环节的信息传递会逐渐衰减,直至消失。类似接力比赛中,随着距离增长,火炬会逐渐熄灭。

另外,RNN 还存在短期记忆偏差,即更依赖近期信息,可能忽略长期铺垫。就像你刚读完一本书的最后一章,可能对结局印象深刻,但记不清前三章的细节。

例如,用 RNN 预测以下句子的结尾:

"我出生在成都,那里有很多熊猫。长大后我成为一名_____。"

理想预测是"动物保护者",但 RNN 可能因遗忘"熊猫"的关联,而错误输出"程序员"。

4. RNN 的升级版

(1)长短期记忆网络。

通过给 RNN 装上输入门、遗忘门、输出门 3 个"记忆开关",解决"选择保留哪些新信息""决定忘记哪些旧信息""控制输出哪些信息"等关键问题。就像给记忆仓库装上了智能锁。

针对 RNN 处理长序列时早期信息会被稀释的困境,长短期记忆网络(long short-term memory,LSTM)通过"细胞状态"(类似高速公路)直接传递关键信息,减少早期信息的损耗。针对 RNN 每个时间步都强制更新所有记忆,就像每次都要清空笔记本重写,LSTM 实现可选择性地保留或删除信息。

例如,理解句子"小明买了一本书,他说它很有趣。"中的"它"指代什么。

传统 RNN 在处理"小明"时,记住主语是"小明";处理"买了一本书"时,关注点转移到"书",逐渐忘记了"小明";处理"他说它"时,RNN 可能已经混淆了"它"的指代,错误认为"它"指的是"小明"。结果导致逻辑混乱。

而 LSTM 在处理"小明"时,用细胞状态(类似于笔记本)永久记录主语是"小明";处理"买了一本书"时,笔记本保留"小明",新增"书";处理"他说它"时,LSTM 的遗忘门保留核心信息"小明"和"书",输入门写入"他说它"。结合上下文,"它"更可能指"书",因为"小明"是动作发出者。结果正确理解"它"指代"书"。

LSTM 处理的关键,是通过"笔记本"直接存储"小明"和"书"的关联。而传统 RNN 只能通过短期记忆链传递信息,导致"小明"在后续处理中被遗忘。

可见,LSTM 就像一位会划重点的学生,把"小明"和"书"的关系记在笔记本上,而传统 RNN 更像一位只记临时笔记的学生,容易漏写关键点。因此,LSTM 能选择性保留长期关键信息,避免传统 RNN 在长距离任务中的"断片"问题。

(2)门控循环单元。

门控循环单元(gated recurrent unit,GRU)可以看作 LSTM 的简化版,通过合并部分门控机制,减少计算复杂度,同时保留长期记忆能力,适合处理中等长度的序列。

GRU 有两个门,更新门和重置门。其中,更新门决定保留多少旧信息,类似于"合并新旧笔记",选择性保留关键内容。更新门取值范围在[0,1]区间,用于确定旧状态和新候选状态的融合比例。重置门决定如何结合新信息,控制旧信息的擦除程度,帮助聚焦新输入,就像"橡皮擦",擦除无关历史以容纳新信息。重置门的取值同样在[0,1]区间,决定了旧状态中有多少信息会被舍弃。

下面举例说明 LSTM 和 GRU 的区别。

假设：记忆并复述 11 位手机号（如 13912345678）。

LSTM 的工作流程（精确记忆）如下。

① 细胞状态初始化：空白笔记本

② 处理 "139"

输入门：打开，添加 "139" 到笔记本

遗忘门：关闭，不删除任何内容

细胞状态：[139]

③ 处理 "-"

输入门：关闭，忽略符号

遗忘门：打开，删除符号

细胞状态：[139]

④ 处理 "1234"

输入门：打开，添加 "1234" 到笔记本

细胞状态：[139, 1234]

⑤ 处理 "-"

输入门：关闭，忽略符号

遗忘门：打开，删除符号

细胞状态：[139, 1234]

⑥ 处理 "5678"

输入门：打开，添加 "5678" 到笔记本

细胞状态：[139, 1234, 5678]

复述结果：输出门按顺序读取完整数字→13912345678

GRU 的工作流程（动态记忆）如下。

① 隐藏状态初始化：空白便笺纸

② 处理 "139"

更新门：80%保留空白+20%写入 "139"→[139]

重置门：保持开启，允许新信息覆盖

③ 处理 "-"

更新门：50%保留 "139"+50%写入 "-"→[139-]

重置门：检测到符号，擦除部分旧内容→[139]

④ 处理 "1234"

更新门：70%保留 "139"+30%写入 "1234"→[139,1234]

⑤ 处理 "-"

更新门：60%保留 "1391234"+40%写入 "-"→[1391234-]

重置门：擦除非数字符号→[1391234]

⑥ 处理 "5678"

更新门：40%保留 "1391234"+60%写入 "5678"→[13912345678]

复述结果：优先输出末尾数字→5678（若模型训练侧重尾号），或者混合输出→13912345678（若训练数据强调完整号码）

综上所述，LSTM 像保险箱，通过严格隔离符号与数字，按顺序精确保存所有数字，确保原始顺序零误差，适合需要 100%准确的场景；而 GRU 像快递分拣机，通过动态权重分配，动态筛选关键数字（如尾号），适合追求速度的场景。

5.3.3 生成对抗网络

生成对抗网络（generative adversarial network，GAN）是一种通过两个神经网络对抗训练来生成数据的模型，由生成器和判别器组成。其中，生成器学习从随机噪声中生成逼真的样本；判别器学习区分真实样本与生成样本。GAN 的结构如图 5-10 所示。

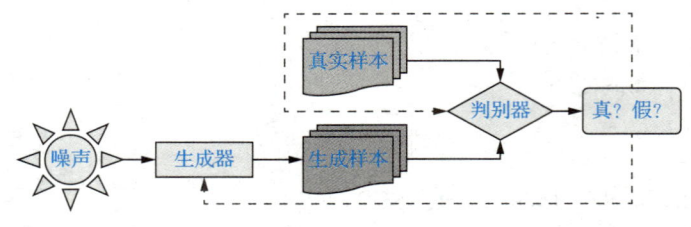

图 5-10　GAN 的结构

假设有一场特别的艺术创作比赛，比赛中有两类角色，一类是"画画新手"，另一类是"鉴赏家"。两者的互动就类似于生成对抗网络里生成器和判别器的工作过程。

1. 生成器：画画新手

GAN 里的生成器就像是画画新手。刚开始，新手没有太多绘画经验，画出的画可能和真实的东西相差甚远。例如，新手想画一只老虎，画出来的可能只是一个模糊的、看起来不太像老虎的形状，好比"画虎不成反类犬"。新手的目标是通过不断练习，画出越来越逼真的老虎的画作。新手每次画画时，就相当于生成器从随机的"灵感"，相当于 GAN 里的随机噪声，努力创作出逼真的样本。

2. 判别器：鉴赏家

GAN 里的判别器就像是鉴赏家。鉴赏家拿到两种画，一种是真正的艺术大师画的老虎（即真实样本），另一种是画画新手画的老虎（即生成样本）。鉴赏家的任务是分辨出哪些画是大师的真迹，哪些是新手的作品。鉴赏家有着丰富的经验和敏锐的眼光，一开始很容易就能区分出新手的画和大师的画。

3. 对抗训练过程

第一轮比赛：新手拿出自己画的老虎，鉴赏家一眼就看出这是新手的作品，告诉新手画得不够逼真，如老虎的眼睛比例不对、毛发的质感没画出来等。新手根据鉴赏家的反馈，知道了自己的不足，回去继续练习。相当于判别器给生成器反馈误差，生成器根据误差调整自己的"创作方式"，即调整 GAN 里的各项参数。

多轮比赛后：随着一轮又一轮的比赛进行，新手不断改进自己的绘画技巧。每次鉴赏家给出反馈后，新手都能针对性地做出改变。慢慢地，新手画的老虎越来越逼真。而鉴赏家也不能像一开始那样轻松地分辨出真假画作了，他需要更加仔细地观察细节，提高自己的鉴别能力。这就如同 GAN 中生成器和判别器在对抗训练中不断提升自己的能力，生成器生成的数据越来越接近真实数据,判别器的辨别能力也越来越强。这就需要反馈学习机制。

最终结果:经过长时间的对抗训练,新手的绘画水平达到了很高的程度,他画的老虎和大师的画作几乎没有区别,鉴赏家也很难再分辨出真假。此时,就相当于 GAN 达到了一个动态平衡,生成器能够生成以假乱真的数据。

综上所述,GAN 的核心是"在对抗中进化",就像画画新手(生成器)和艺术鉴赏家(判别器)互相提升,通过"造假"与"打假"的博弈,最终让机器学会模仿真实世界的规律。从艺术创作到医疗、游戏,GAN 的本质都是用数据"创造"可能性,解决人类难以手动完成的复杂任务,被广泛用于医疗、电商、虚拟现实、游戏等领域。

5.4 神经网络的训练

神经网络的训练是一个复杂且充满挑战的过程,通过数据驱动的方式优化网络模型的参数,使其能够从输入数据中学习到有效的特征表示,从而提升预测或分类能力。

5.4.1 基本流程

神经网络的训练流程是一个系统性的迭代过程,通过优化模型参数,实现对目标任务的有效建模,如图 5-11 所示。

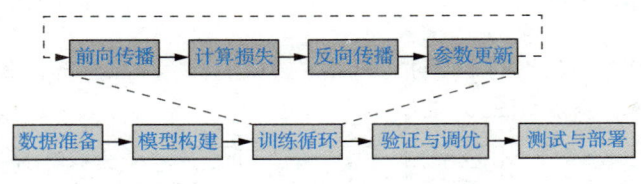

图 5-11 神经网络的训练流程

1. 数据准备阶段

(1)数据清洗与标注。处理缺失值和异常值,确保标签正确。

(2)特征工程。降维以减少冗余,标准化或归一化处理以实现统一尺度。

(3)数据划分。训练集(70%),模型学习的基础;验证集(20%),调整超参数的依据;测试集(10%),最终评估模型泛化能力。

2. 模型构建阶段

(1)网络架构设计。输入层,匹配数据维度,如 28×28 图像→784 个神经元;隐藏层,选择合适的网络类型,如 CNN 适于提取空间特征、RNN 适于处理序列数据;输出层,选用合适的激活函数。

(2)参数初始化。

(3)选择损失函数。例如,分类任务可选择交叉熵损失;回归任务常选用均方误差;而多任务学习一般选择加权损失函数。

3. 训练循环阶段

(1)前向传播。输入层将原始数据输入网络,隐藏层逐层计算激活值,输出层根据任务类型选择激活函数。同时，自动记录操作，为反向传播提供梯度计算路径。

（2）计算损失。比较预测值与真实值，得到损失值。

（3）反向传播。采用链式法则，从输出层到输入层逐层计算梯度。

（4）参数更新。这是训练循环的关键步骤，直接影响模型收敛速度和最终性能。通过选择合适的优化算法，调整模型权重，使损失函数最小化。

4. 验证与调优阶段

验证与调优是提升模型泛化能力的关键，需结合评估指标、正则化技术和调优策略系统性进行。优先通过数据增强和正则化控制过拟合，再通过超参数调优精细调整。

对网络模型进行评估，评估模型在未见过数据上的表现，检测过拟合/欠拟合情况。通过调整超参数，进一步提升网络模型的性能。超参数是指训练前手动设定的参数，决定了模型结构、训练方式及优化方向，与模型通过数据学习得到的权重参数有本质区别。超参数包括层数、神经元数量、激活函数等。

5. 测试与部署阶段

测试与部署是连接模型研发与实际应用的关键环节，需综合考虑性能、可靠性与可维护性。一般采用分层部署策略，即先在沙盒环境验证，再通过灰度发布逐步推向全量用户。同时，建立闭环反馈机制，将线上数据与监控指标反哺给模型迭代，形成持续优化的生态系统。

5.4.2 数据的重要性

在神经网络训练中，数据的重要性可以用"模型的灵魂"来形容，直接决定了模型的性能、泛化能力和可靠性等，如图 5-12 所示。

图 5-12 数据对神经网络训练的影响

1. 数据质量：模型的"地基"

（1）噪声与错误。噪声与错误会误导模型学习，因此需要进行清洗数据、人工校验、异常值检测等。

（2）特征有效性。冗余特征会增加计算成本并引发过拟合，低相关性特征会降低模型效率，因此需要通过降维、相关性分析等方法进行特征选择。

（3）缺失值处理。缺失值处理方法包括：对于少量数据，可以直接删除；也可以通过插值/预测填充，保持数据完整性。

2. 数据量：模型复杂度的"天花板"

在小数据量场景下，可能存在欠拟合，可以通过数据增强、迁移学习等解决。

在大数据量场景下，数据量原则上需是模型参数的 10 倍以上，如 ImageNet 的百万级数据，推动了深度神经网络的突破。

3. 数据分布：泛化能力的"命脉"

数据训练最好的情况是"训练-测试"数据分布一致。例如，在自动驾驶领域，若训练数据为晴天的数据，而测试数据为雨天的数据，将使神经网络的泛化能力变差。解决方案是数据增强，如通过人为添加噪声，模拟复杂环境。

对于长尾分布挑战，即少数类样本被忽略，如医疗影像中的罕见病例，也会影响泛化能力。解决方案是实施过采样，或调整权重。

4. 数据标注：监督学习的"转向盘"

数据标注要保证准确性，标签误差会直接导致模型输出偏差，可以通过多标注者校验、一致性评分等方法提高数据标注质量。

为控制数据标注成本，一是采用半监督学习，即利用少量标签数据+大量无标签数据；二是主动学习，即优先标注高价值样本。

5. 数据管理：持续优化的"引擎"

通过系统化的数据生命周期管控，支撑模型从训练到部署的全链路优化，确保数据资产可复用、可追溯、可进化。

综上所述，数据决定了神经网络模型的上限，即使算法和算力达到最优，低质量或不足的数据仍会导致模型性能受限。因此，在实际项目中，数据采集、清洗、标注和增强往往占据 70%以上的模型训练时间，这是模型成功的关键，需在数据全生命周期中建立质量保障机制。

5.4.3 过拟合与正则化

1. 过拟合

所谓过拟合，是指神经网络模型在训练集上表现优异，但在测试集或新数据上泛化能力显著下降。简单地说，网络模型"过度记忆"了训练数据中的噪声和细节，而并没有真正学习到普遍规律。就像一位学生，虽然把教材背得滚瓜烂熟，但碰到新问题仍然无从下手，即"死记硬背"式学习。

过拟合主要表现有：训练误差极低，而测试误差显著高于训练误差；模型对数据中的微小变化（如噪声）敏感；无法适应新数据的分布差异。

导致过拟合的主要原因如下。

（1）模型复杂度过高，如深层神经网络的层数过多。

（2）训练数据量不足，如数据量远小于模型参数数量。

（3）数据噪声干扰，如数据标注错误，或存在异常值。

（4）特征冗余，如高维数据中包含大量无关特征。

过拟合的影响极大，如模型无法在实际场景中稳定工作，预测结果不可靠，模型缺乏解释性等。解决方向：通过正则化、数据增强、简化模型结构、早停等方法，以降低过拟合带来的风险。

2. 正则化

正则化是防止过拟合的重要技术，其核心思想是在损失函数中引入额外的惩罚项，目的是限制模型参数的复杂度。

（1）L1 正则化。

L1 正则化的原理较简单，在损失函数中添加参数绝对值的和作为惩罚项，倾向于将部分参数压缩为 0，实现特征选择。L1 正则化适用于高维数据或特征冗余的场景。

（2）L2 正则化。

L2 正则化是在损失函数中添加参数平方和作为惩罚项，倾向于使参数趋近于 0 但不为 0，避免过拟合。L2 正则化适用于参数较多且需保留所有特征的情况。

（3）Dropout 正则化。

Dropout 正则化是在训练过程中随机"丢弃"部分神经元，即将其输出置为 0，以减少神经元间的相互依赖性。Dropout 正则化适用于神经网络训练，计算成本低。

下面举例来帮助读者理解上述概念。假设你是一名老师，发现班里有名学生考试总拿满分，但一遇到没见过的题型就考砸。你怀疑他只是死记硬背了题库答案（即过拟合），而不是真正理解知识。怎么让他学会灵活运用知识呢？正则化的解决思路是，老师在评分时增加一条规则"如果在答题时使用的公式太复杂，比如用了 10 步推导，每多一步扣 1 分"。这样一来，学生被迫简化解题步骤，优先用最直接的方法，避免过度依赖特定题型的解题套路。

从本质上看，过拟合是网络模型的参数配置"太周全"，反而在训练数据上过于"记忆"了噪声，正则化正是通过惩罚复杂模型，迫使参数简单化。一般情况下，特征稀疏的网络模型选择 L1 正则化；特征重要性均等的网络模型选择 L2 正则化；神经网络模型大多选择 Dropout 正则化。在实际应用中，正则化通常与早停机制、数据增强等其他方法结合使用，以达到更好的泛化效果。

5.4.4 计算资源需求

所谓计算资源，是指神经网络训练所需的软硬件能力总和，好比工厂的生产线需要机器设备、能源供应和生产图纸资源等。

1. 计算资源

计算资源是神经网络的"燃料"，核心资源是 GPU 和分布式计算技术。

（1）GPU 堪称神经网络的"超级引擎"，擅长同时做很多简单计算。 与 CPU 相比，CPU 像一位全能工程师，但一次只能专注做几件事；而 GPU 则像一群流水线工人，同时处理大量重复任务。

例如，训练一个识别"猫"的网络模型，普通计算机可能要一年，用 GPU 可能只需要几天。

（2）分布式计算类似于用"人海战术"实现提速。 分布式计算把网络模型拆成小块，分给多个 GPU 甚至多台计算机同时工作。

例如，训练 GPT-3 用了约 10000 个 GPU，相当于 10000 个人同时建造同一座超级大楼。

2. 需求原因

训练神经网络需要巨大的计算资源,主要原因有以下 3 个。

(1) 网络模型层数多。

神经网络像搭积木一样复杂,就像由无数个"积木块"(神经元)组成的高楼,每个积木块都要做大量数学运算。层数越多,运算量就像滚雪球一样增长,如 ResNet 有 50 层。

(2) 训练数据量庞大。

训练大型神经网络需要"喂"海量数据,如看海量图片、文字或视频。神经网络的每次"学习"都要把这些数据反复输入模型,就像反复刷题一样,非常耗时。例如,训练"语音助手"需要听几万小时的人类说话,处理这些声音文件需要大量计算时间。手机相册的"人脸识别"功能,背后是用海量人脸数据训练出来的模型。

(3) 训练算法复杂。

训练神经网络需要"反向传播学习",类似考试后反复纠错,每次纠错都要重新计算整个网络模型,好比对错误的"千里追踪"。例如,当模型认错图片时,需要从最后一层倒推到第一层来修正错误,就像从山顶滚下一个球,沿途要记录所有路径,计算量极大。普通计算机训练一个简单图像识别模型可能需要几天,高性能设备也需几个小时。

3. 降低资源消耗的措施

(1) 帮神经网络模型"减肥"。

剪掉冗余部分,就像修剪枝叶,去掉不重要的神经元,如 MobileNet 模型体积缩小 95%,依然能准确识别物体;再用更简单的数字表示模型参数,如用整数代替小数,减少计算量。

(2) 用好云计算。

相当于用别人的计算机"打工",不用自己购买昂贵的 GPU,而是通过云服务租用算力,就像用共享汽车一样方便。

综上所述,神经网络训练是"数据→模型→反馈→优化"的循环过程,通过数学优化和统计学习,让计算机从数据中"理解、学习"普遍规律。网络训练的核心在于平衡模型复杂度、数据质量和计算资源。在实际应用中,需要结合具体的任务需求,选择合适的神经网络模型架构,并通过正则化、优化策略和调参技巧提升泛化能力。

5.5 神经网络的应用

5.5.1 医疗影像辅助诊断

某人发烧咳嗽去医院拍胸片,医生需要从黑白片子里找白色阴影,即肺炎病灶。如果片子模糊或阴影很小,可能会导致医生漏诊。

1. 临床挑战

(1) 传统诊断依赖医生经验,基层医院漏诊率高达 30%。
(2) 儿童胸片纹理复杂,肺炎早期表现类似普通感冒。
(3) 疫情期间单日 CT 检查量激增,医生超负荷工作。

2. 神经网络辅助诊断的解决方案

（1）学习过程。

"喂"给神经网络大量胸片，如 20 万张，并正确标注了"健康""肺炎""其他疾病"等信息。通过训练，教会神经网络识别"健康"，胸片肺部区域黑色背景中有树枝状血管纹理；"肺炎"，胸片肺部区域局部出现白色云雾状阴影。

（2）工作原理。

第一步：图像预处理。自动裁剪胸片中的肺部区域。

第二步：特征捕捉。卷积层逐层扫描图像，从"边缘→纹理→病灶"逐步识别，类似于放大镜观察。引入注意力机制，重点关注疑似区域，如自动聚焦在白色阴影处。

第三步：智能判断。输出肺炎概率值，并生成热力图，醒目标记出病灶位置。

（3）特殊技能。

① 能同时检测肺炎、肺结核、气胸等 6 种疾病，类似多功能检测仪。

② 自动补偿不同设备的成像差异，即使如老式 X 光机对比度低也能识别。

3. 神经网络的优势

（1）速度革命。 传统医生诊断 1 张胸片需 5 分钟，神经网络仅需 1.2 秒。在疫情高峰期，某医院用神经网络技术，单日筛查量从 800 例提升至 3000 例。

（2）精准度突破。 对早期肺炎（病灶面积< 5%）检出率达 92%；在提示"正常"的病例中，复查确诊率仅 1.5%，减少了不必要的抗生素使用。

（3）可解释性支持。 热力图显示出判断依据，如用红色标出肺部炎症区域；可以自动生成结构化报告，包含了病灶位置、大小、密度分级等信息。

4. 实际应用场景

（1）急诊急救。 胸痛患者到达医院后，3 分钟内出具初步诊断报告。

（2）社区筛查。 流动体检车搭载神经网络辅助诊断仪，下乡为老人免费筛查肺炎。

（3）教学辅助。 医学院学生可通过神经网络辅助诊断对比学习典型病例。

可见，神经网络就像医生的"智能雷达兵"，能快速扫描图像并锁定异常区域。不仅能缓解医疗资源紧张，还能让偏远地区患者享受到高水平诊断。

5.5.2 语音助手

语音助手是一种基于语音识别、自然语言处理等技术，能够理解用户语音指令，并执行相应操作或提供信息服务的智能程序。例如，你对着手机说："明天早上 7 点提醒我开会。"手机立刻回应："已设置提醒。"

语音助手的背后，是神经网络在帮手机"听懂人话"，并完成任务。

1. 工作原理

语音助手工作原理包括 4 个环节，如图 5-13 所示。

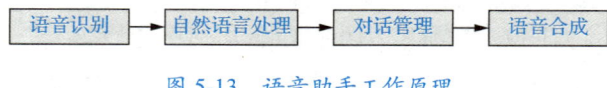

图 5-13　语音助手工作原理

其中，语音识别负责把用户说的话变成文字；自然语言处理通过词法分析、语法分析和语义分析，理解文字背后的意思；对话管理负责跟踪对话状态，根据对话状态和用户意图，制定相应的对话策略，再根据对话策略生成合适的回复内容；语音合成负责把回复内容变回声音，以便于播放。

2. 神经网络在每个环节中的作用

（1）语音识别环节。

神经网络会仔细聆听用户说的话，能听出每个字的声音特点，然后把这些声音变成计算机能看懂的文字，如"明天早上7点提醒我开会"。

神经网络通过听大量的语音，学习不同人说同样话的相似点和不同点。例如，通过听很多人说"苹果"这个词，神经网络能找到大家说"苹果"时声音的共同规律，以后再听到类似的声音，就知道说的是"苹果"。

神经网络通过训练，能知道哪些是用户的说话声，哪些是周围噪声，能剔除噪声，只留下用户说话的关键信息。

（2）自然语言处理环节。

神经网络把每个词语变成一种特别的密码，这个密码表示了该词语的意思及其在句子里的作用。例如，"苹果"这个词，它的密码就包含了"苹果是一种水果""可以吃"等信息。让计算机通过这些密码来理解用户说的话是什么意思。

神经网络把句子拆开，看看每个词语在什么位置，它们之间有什么关系。还能根据用户说的话，猜出用户想做什么。例如，用户说"明天早上7点提醒我开会。"神经网络就会知道用户是想定义闹钟，获取"时间：7点，事件：开会，动作：提醒"等关键信息，然后发出文字指令，如"设置闹钟"。

（3）对话管理环节。

当用户和语音助手聊天时，神经网络把说的话都记录下来，就能知道之前聊了什么，现在说到哪里了，即知道话题的进展。

神经网络会根据聊天情况，决定怎么回答最好。若用户的问题很清楚，就直接回答；若用户问的问题不太明朗，就会再问一些信息，根据用户的话来决定怎么回应。

神经网络会根据聊天的情况，想出合适的话来回答。这些话要符合人们平时说话的习惯，让人听起来很自然。例如，用户说"谢谢"，神经网络会说"不客气呀，很高兴能帮到你"。

（4）语音合成环节。

神经网络就像一个声音模仿大师，会学习很多人的声音特点，根据要合成的内容，模仿出好听、自然的声音。神经网络能让合成的声音有感情，就像人说话时会有不同的语气和语调一样。它会对合成的声音进行很多细节的调整，让声音更完美，如调整声音的大小、速度，让它听起来更舒服，就像你听广播里的声音，感觉很清晰、很舒服一样。

3. 神经网络的优势

（1）方言和口音适应。传统的语音助手只能识别标准普通话，而神经网络还能学习四川话、广东话等方言。

（2）上下文理解。例如，用户说"打开空调"，空调打开后再接着说"调高2度"，神经网络能记住之前的对话，知道"调高"是指空调温度。

（3）多语言翻译。神经网络能自动切换中英混合对话。例如，用户说"Good morning"，神经网络会自动翻译成"早上好"并播报。

4. 实际应用场景

语音助手被广泛应用于智能家居、车载助手、生活服务等领域。目前已出现诸多较成熟的产品。例如，苹果公司开发的 Siri，集成在 iPhone、iPad、Mac 等苹果设备中，可以执行发送短信、设置提醒、查询地图等各种任务；小米公司的"小爱同学"，能控制小米生态链中的各种智能设备，还能进行知识问答、闲聊陪伴等操作；百度公司推出的"小度"，依托百度强大的搜索引擎和人工智能技术，具备丰富的知识储备和出色的语音交互能力。

5.5.3 自动驾驶

想象一下，当你坐进一辆没有方向盘的汽车，只要说出目的地，汽车就会自动规划路线，躲避行人，严格遵守交通规则行驶。而这一切的背后，是神经网络在替驾驶员完成"观察路况→判断决策→操控车辆"的全过程。

1. 神经网络的核心任务

（1）环境感知。相当于汽车的"眼睛"，通过摄像头、雷达等设备采集周围环境数据，识别交通标志（如限速牌）、车道线、行人等。

（2）决策规划。相当于汽车的"大脑"，根据当前车速、地图信息、路况等，预测行人或车辆的运动轨迹，如预判前车变道意图，提前规划变道策略。

（3）控制执行。相当于汽车的"手脚"，根据汽车"大脑"发出的加速、刹车、转向等指令，精确调节油门和刹车力度。

2. 神经网络的优势

（1）处理复杂场景。传统技术无法处理一些较复杂的场景，如隧道突然变道、动物闯入车道等，而神经网络能通过学习历史案例快速响应新情况。

（2）实时性增强。最快能实现每 0.01 秒更新一次环境分析，而人类眨眼时间约 0.3 秒，能确保高速行驶时的安全决策。

（3）自我优化。能够每天收集全球用户的驾驶数据，持续优化神经网络模型，就像人类驾驶员在不断地积累经验。

3. 实际应用

（1）高速领航辅助。在高速公路上自动完成变道、超车，神经网络实时分析相邻车道车辆速度差。

（2）城市路口通行。在没有标线的路口，神经网络通过分析周围车辆行为，判断优先通行权。

（3）代客泊车。车辆自主寻找车位，神经网络结合停车场地图和实时视频，规划无碰撞泊车路径。

综上所述，神经网络就像自动驾驶汽车的"灵魂"，让车辆能像人类一样观察、思考和行动。

第三代神经网络

第三代神经网络，一般指脉冲神经网络（spiking neural network，SNN），它是新一代人工神经网络模型，旨在更精确地模拟生物大脑神经元的信息处理方式，被认为是最有潜力实现类脑智能的神经网络模型。

1. 发展历程

1952年，英国生物学家霍奇金（Hodgkin）和赫胥黎（Huxley）提出了霍奇金-赫胥黎模型，该模型详细描述了神经元细胞膜电位的变化，以及离子通道的动力学过程，为脉冲神经网络的发展奠定了重要的生物物理基础。

1997年，奥地利计算机科学家和神经科学家马斯（Maass）提出了一种基于脉冲神经元的计算模型，展示了脉冲神经网络在处理时间序列信息等方面的潜在优势，标志着脉冲神经网络开始作为一个独立的研究领域受到关注。

随着神经科学对大脑神经元工作机制的深入研究，以及计算技术的不断进步，脉冲神经网络在近年来得到了快速发展，不断有新的模型和算法被提出，其应用领域也被不断拓展。

2021年，北京大学智能学院博士研究生肖命清，在脉冲神经网络研究方面取得重要成果。他提出了一种新型的基于均衡态隐式微分的反馈型脉冲神经网络训练算法，相关论文被顶级会议NeurIPS 2021收录。

2023年，曾毅团队提出一种受生物脑启发的神经环路演化模型，有助于研发更高效的类脑脉冲神经网络，相关成果在学术期刊《美国国家科学院院刊》发表。

2. 工作原理

（1）神经元模型。

脉冲神经网络中的神经元具有更复杂的内部状态和行为。它接收来自其他神经元的输入脉冲信号，这些信号会使神经元的膜电位发生变化。当膜电位积累到一定阈值时，神经元就会产生一个脉冲，并将其传递给与其相连的其他神经元。之后，神经元会经历一个不应期，在这段时间内它对输入信号的响应会受到限制，然后膜电位逐渐恢复到静息状态，准备接收下一轮输入。

（2）信息编码。

信息在脉冲神经网络中以脉冲的形式进行编码和传递。这种编码方式不仅可以表示信号的强度，还可以表示信号的时间信息。例如，神经元发放脉冲的频率可以表示刺激的强度，而脉冲之间的时间间隔可以携带更复杂的信息，这使得脉冲神经网络能够处理具有时间序列特性的信息，如语音、视频等。

（3）网络连接。

脉冲神经网络中的神经元通过突触相互连接，突触的强度决定了一个神经元对另一个神经元的影响程度。在网络运行过程中，突触强度会根据神经元之间的活动模式进行调整，这就是脉冲神经网络的学习机制，类似于生物大脑中的突触可塑性。

3. 主要特点

（1）生物逼真度高。

脉冲神经网络最显著的特点是高度模拟生物大脑神经元的工作方式，包括神经元的脉冲发放、膜电位变化、突触可塑性等，能够更真实地反映大脑的信息处理过程。

（2）时间信息处理能力强。

脉冲神经网络能够有效地处理随时间变化的信息，对时间序列数据中的细微时间差异非常敏感，适用于处理语音识别、视频分析等需要捕捉时间特征的任务。

（3）计算效率高。

与前两代神经网络相比，脉冲神经网络在处理某些任务时具有更高的计算效率。它只有在神经元产生脉冲时才进行信息传递和处理，大部分时间处于休眠状态，因此可以节省大量的计算资源和能量。

（4）事件驱动特性。

脉冲神经网络是一种事件驱动的网络，只有当神经元接收到足够强的输入脉冲时才会被激活并产生输出。这种特性使得神经网络能够自适应地对环境中的事件做出响应，不需要像传统神经网络那样进行大量的冗余计算。

4. 典型应用

（1）神经科学研究。

作为研究大脑功能和神经机制的重要工具，脉冲神经网络帮助科学家更好地理解大脑如何处理信息、学习和记忆，为神经科学的研究提供了新的思路和方法。

（2）图像与视频处理。

脉冲神经网络在图像识别、目标检测、视频动作识别等领域有广泛应用。例如，能够识别图像中的物体形状、运动方向等特征，还可以对视频中的复杂动作进行分类和分析。

（3）语音识别。

脉冲神经网络可以处理语音信号中的时间信息，准确地识别语音中的音节、单词和语句，在语音交互、语音助手等领域具有很大的应用潜力。

（4）机器人控制。

脉冲神经网络用于机器人的感知和决策系统，使机器人能够更好地理解周围环境，做出更智能、更灵活的决策和动作，如在复杂环境中导航、执行任务等。

（5）类脑计算。

脉冲神经网络是实现类脑计算的关键技术之一，有望开发出具有高度并行性、低功耗和强大智能处理能力的类脑计算机，为未来的计算技术带来新的突破。

5. 面临挑战

（1）硬件实现困难。

由于脉冲神经网络的特殊工作机制，需要专门的硬件来支持其高效运行。目前，虽然已经有一些针对脉冲神经网络的硬件芯片被开发出来，但在硬件的性能、可扩展性和成本等方面还存在诸多问题，限制了其大规模应用。

（2）训练算法复杂。

相比前两代神经网络，脉冲神经网络的训练算法更加复杂和困难。由于其离散的脉冲特性和复杂的时间动态，传统的神经网络训练方法（如反向传播算法等）不能直接应用，需要开发新的适合脉冲神经网络的训练算法，这仍然是当前研究的一个热点和难点问题。

（3）理论基础不完善。

尽管脉冲神经网络在生物模拟方面取得了很大进展，但在理论基础上还存在一些不完善的地方。例如，对于网络的稳定性、收敛性等理论问题的研究还不够深入，这在一定程度上影响了脉冲神经网络的进一步发展和应用。

本章习题

一、填空题

1. 在神经网络中，神经元之间传递信息是通过_____（填"电信号"或"化学信号"或"权重"）来实现的。
2. 最早的神经网络模型感知机，是由_____（填人名）提出的。
3. 为了防止神经网络训练过拟合，可以采用的一种常见方法是_____（填"增加数据量"或"减少隐藏层"或"去除输入层"）。
4. 循环神经网络及其变体常用于处理_____（填"图像"或"序列"或"表格"）数据。
5. 在神经网络应用中，用于图像识别的典型神经网络结构是_____（填"卷积神经网络"或"多层感知机"或"感知机"）。

二、选择题

1. 神经网络的灵感来源于（　　）。
   A. 机械制造　　　B. 生物大脑　　　C. 数学公式　　　D. 物理现象
2. 以下属于神经网络基本组成部分的是（　　）。（多选）
   A. 输入层　　　B. 决策层　　　C. 隐藏层　　　D. 输出层
3. 感知机主要用于解决（　　）问题。
   A. 回归　　　B. 分类　　　C. 聚类　　　D. 排序
4. 多层神经网络相比感知机，提升模型能力的关键在于（　　）。
   A. 增加输入层神经元　　　　　　B. 增加隐藏层
   C. 增加输出层神经元　　　　　　D. 改变激活函数
5. 在神经网络训练中，用来衡量模型预测结果与真实结果差异的是（　　）。
   A. 激活函数　　　B. 权重　　　C. 损失函数　　　D. 偏置

三、简答题

1. 简述神经网络的起源。它最初是为了解决什么问题而被提出的？
2. 解释一下输入层、隐藏层和输出层在神经网络中的作用。
3. 描述神经网络训练的基本步骤，至少包含3个关键步骤。
4. 列举3个神经网络在日常生活中的应用，并各举一个简单例子。

第6章 机器学习

📦【知识结构】

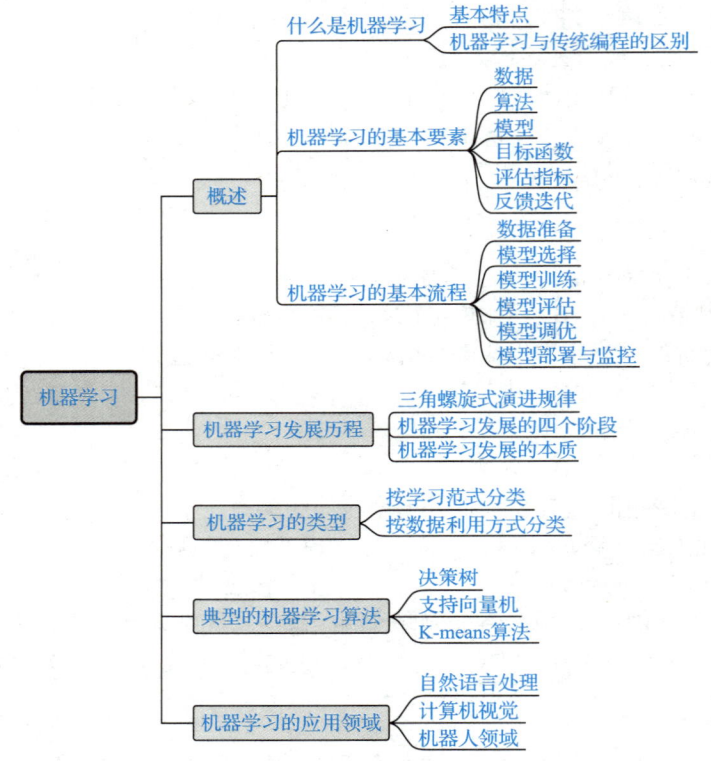

📦【教学目标】

掌握机器学习的定义、特点、基本要素、基本类型和经典算法；理解机器学习的基本流程；熟悉机器学习的三角螺旋式演进规律和发展历程；了解机器学习在自然语言处理、计算机视觉、机器人等领域的典型应用；培养学生的数据驱动思维方式和问题拆解能力，增强对算法伦理的敏感性，激发创新意识，探索机器学习在跨学科领域的应用潜力。

📦【教学重点】

1. 机器学习与传统编程的本质区别。
2. 监督学习、无监督学习、半监督学习的差异。
3. 机器学习的基本要素和基本流程。
4. 机器学习的发展历程。
5. 经典算法的基本原理。

第 6 章 机器学习

【教学难点】

1. 机器学习的三角螺旋式演进规律。
2. 决策树、支持向量机的原理与应用。

【案例导入】

机器学习的巨大威力

据报道，DeepMind 公司研发的 AlphaFold 系统［图 6-1（a）］，在国际蛋白质结构预测关键评估竞赛（critical assessment of protein structure prediction，CASP）中实现了历史性突破。该系统仅凭氨基酸序列即可精确预测蛋白质的 3D 结构，其预测精度与实验手段解析结果相当，被学界誉为"生物学领域 50 年来的重大突破"。AlphaFold 系统通过空间图网络技术，将蛋白质视为由氨基酸节点构成的 3D 图，结合进化相关序列的多维数据优化结构预测，解决了蛋白质构象搜索的天文数字难题。在 CASP 竞赛中，AlphaFold 系统对近 100 种蛋白质的中位预测精度达 92.4 分，其中最难靶点的精度亦达 87 分，部分预测甚至难以与实验数据区分。

视觉检测系统［图 6-1（b）］，将工业相机与深度学习融合，实现零部件尺寸、表面缺陷及装配精度的高效检测。检测系统采用微米级高分辨率相机，结合边缘检测算法，将精密零件的装配误差控制在 0.05mm 以内。多光谱成像与 ResNet 模型协同识别漆面橘皮、焊接气孔等缺陷，检出率超 99.7%，误检率低于 0.03%，检测时间从 120 秒缩至 8 秒，人力成本降低 60%。3D 视觉引导机器人实时调整装配姿态，效率提升 25%。Transformer 架构的引入增强了反光场景适应性，推动成本下降 30%。视觉检测系统以非接触式高速扫描与数据闭环优化重塑制造标准，成为工业 4.0 时代质量管控的核心支柱。

图 6-1 彩图

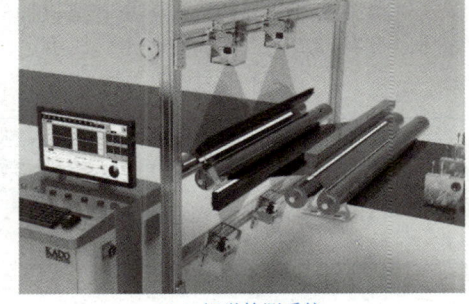

（a）AlphaFold 系统预测蛋白质结构　　　　（b）视觉检测系统

图 6-1　机器学习的应用

6.1 概述

机器学习作为人工智能的核心技术，突破了传统编程依赖显式规则的局限性，成为解决复杂问题的重要工具，推动人工智能从理论研究走向实际应用。随着算力提升与数据爆炸，机器学习正加速重构现代产业生态，成为当前全球科技竞争的战略焦点。

6.1.1　什么是机器学习

所谓机器学习（machine learning，ML），是指通过模型算法，使计算机系统通过数据自动改进其任务执行性能的科学。简单来说，机器学习是让机器模拟人类的学习能力，实现智能化的预测、决策和创造。

1. 基本特点

（1）数据驱动。机器学习的核心目标是让计算机系统通过分析文本、图像、数字等大量数据，自动发现数据中存在的规律，并利用这些规律完成预测、分类、决策等任务。

（2）自主优化。机器学习的本质是构建计算模型，并通过优化算法，迭代调整模型参数，提升预测或决策的准确性，最终实现对新数据的泛化推理能力。

（3）适应变化。机器学习适应现实环境变化的核心机制是模型的动态更新能力，模型可根据新数据不断更新，适应动态环境。这种动态更新能力使机器学习系统具备类似生物神经系统的适应性，推动人工智能从静态知识库向动态智能体进化。

2. 机器学习与传统编程的区别

机器学习的显著特征是无须依赖显式编程。机器学习与传统编程的本质区别在于解决问题的范式不同：传统编程依赖预先定义的规则来处理数据，而机器学习通过数据自主学习规律来反推规则。就像教孩子认识猫，传统编程是直接告诉孩子"猫有四条腿、长胡须、会喵喵叫"等特征，让孩子根据特征认识猫。而机器学习是让孩子看猫的图片或视频，让孩子自己总结猫的特征。机器学习与传统编程的区别如表 6-1 所示。

表 6-1 机器学习与传统编程的区别

比较项目	传统编程	机器学习
核心逻辑	规则驱动：通过代码告诉计算机如何做 具有确定性：行为完全由代码决定，结果确定	数据驱动：提供数据和目标，计算机自动发现规律 具有概率性：基于统计，结果不可预测，存在误差
输入与输出	输入：代码（逻辑指令）+ 少量数据 输出：结果（如计算结果、处理后的数据等）	输入：大量数据，如历史订单、用户行为记录等 输出：训练好的模型，即从数据中抽象出的规律
问题解决方式	将问题分解为可执行的步骤，适用于规则明确、逻辑清晰的问题	只需定义目标，算法自动从数据中提取特征并构建模型，适用于难以用规则描述的复杂问题
适应性与灵活性	程序逻辑固定，若需求变化，需要手动修改代码	模型可通过新数据更新，自动适应变化
开发流程	流程：需求分析→设计算法→编码→测试→部署 核心挑战：逻辑正确性与效率优化	流程：数据收集→预处理→特征提取→模型训练→调参→评估→部署 核心挑战：数据质量、模型泛化能力与过拟合控制
典型应用场景	数值计算、数据管理、自动化等规则明确的场景	模式识别、预测、决策等复杂且难以规则化的场景

可见，对于传统编程，人类是"规则制定者"，程序是"规则执行者"；而对于机器学习，人类是"数据提供者"，程序是"规律发现者"；传统编程受限于人类对问题的认知能力，而机器学习通过数据突破这一限制。但是，机器学习与传统编程并非对立，而是互补共存。例如，在自动驾驶系统中，传统代码处理实时控制逻辑，而机器学习处理环境感知与决策等。

6.1.2 机器学习的基本要素

机器学习是一个数据驱动的闭环系统,各要素之间相互依赖、相互作用,共同决定了机器学习的能力和效果。机器学习的基本要素如图 6-2 所示。其中,数据为算法提供学习素材,算法通过模型将数据转化为规律;目标函数定义学习方向,优化算法驱动模型逼近最优解;评估指标反馈模型缺陷,指导迭代优化,如促进数据、算法、模型的调整。

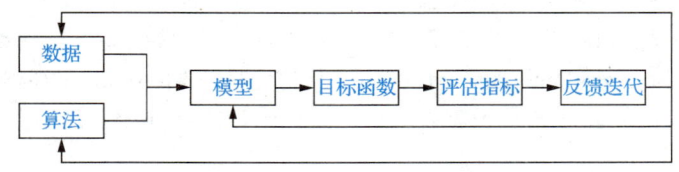

图 6-2 机器学习的基本要素

1. 数据

所谓数据,是机器学习的原材料,就像做饭的食材,可以是数字、文字、图片、声音等任何信息。数据用于驱动模型进行学习,是挖掘规律的唯一依据。

按用途,数据可分为训练数据、验证数据和测试数据。按组成结构,数据可分为结构化数据(如整理成 Excel 表格的成绩表、购物清单等)和非结构化数据(如抖音视频、微信聊天记录、心电图波形等)。

数据质量直接影响机器学习的性能和结果。因此,数据要具有代表性,应覆盖真实场景,避免偏差。例如,训练人脸识别模型时,应包含不同种族、不同性别的人类样本。数据应具有一定的规模,足够的数据量是训练模型捕捉复杂模式的重要前提。例如,ImageNet 图像集包含了百万级的图像数据。数据还需要清洗,如噪声和缺失值处理等。例如,医疗数据中的异常值可能误导诊断模型。

2. 算法

所谓算法,是从数据中学习规律的数学方法,告诉计算机如何从数据中"总结规律",是机器学习模型的"引擎"。算法可以自动从数据中提炼关键信息,如从图像中提取边缘、纹理等信息。模型通过算法迭代,可调整参数,最小化目标函数。

按用途,算法可分为分类算法、预测算法和识别算法等。

3. 模型

所谓模型,是算法与数据结合后生成的数学表示,是对现实规律的抽象,是机器学习的"大脑"。可以把模型想象成一个"黑匣子",输入数据后,输出结果,而内部是复杂的数学公式组合。

模型包括结构和参数,参数是模型内部可学习的变量,如神经网络的权重;而结构是模型的组织方式,如神经网络的层数、连接方式等。模型应具有泛化能力和可解释性。

典型的模型有线性回归模型、神经网络模型等。

4. 目标函数

目标函数也称损失函数,用于衡量模型预测结果与真实结果的差异,用来指导模型学习,让预测值尽可能接近真实值。

目标函数的核心作用有两个。一是量化"错误"，是衡量模型"对错"的尺子，告诉模型"预测结果有多差"，指出模型"哪里错了"，类似于模型的"错题本"。例如，在图像分类任务中，若模型将"猫"误判为"狗"，目标函数就会给出一个较大的值，表示错误严重。二是引导优化方向。模型训练的过程就是最小化目标函数的过程，模型通过优化算法不断调整参数，直到目标函数值尽可能小。想象你在射箭，目标函数就是"箭离靶心的距离"。每次射箭（模型预测）后，目标函数告诉你射偏了多少，指导你调整角度和力度（模型参数），直到箭尽可能靠近靶心（目标函数最小）。

应根据任务类型选择合适的目标函数，如均方误差、对数损失或交叉熵等。目前的优化算法主要有梯度下降（gradient descent，GD）及其变种（如 Adam、RMSprop）、进化算法（如遗传算法）等。优化算法调整模型参数，使目标函数尽可能小，让模型预测更接近真实。

5. 评估指标

评估指标是衡量模型性能的量化标准，用于判断模型预测结果与真实情况的吻合程度。评估指标就像考试的"评分标准"，但准确率高不代表模型一定好，可能存在偏差。就像某位同学考试成绩好，不一定代表学习成效好，需结合不同指标进行全面分析。

评估指标常用来指导模型调优，对比不同模型的优劣。例如，医疗辅助诊断模型在某类疾病上表现差（如糖尿病检测），则需要调整指标（如召回率），重点优化对该类疾病的检测效率。

评估指标一般与任务类型匹配，不同任务有不同标准。

（1）分类任务评估指标。

① 准确率：模型正确识别的比例。例如，有 100 名糖尿病患者，经糖尿病模型检测，诊断出 99 人为糖尿病患者，1 人为非糖尿病患者，则准确率为 99%。

准确率有一定局限性。当数据类别极度不平衡时，如 99 人为糖尿病患者，1 人为非糖尿病患者，此时，即使模型全部预测为糖尿病患者（1 人误检），准确率仍高达 99%，但没有实际意义。

② 精确率：模型预测为正例的样本中，实际为正例的比例。例如，模型预测 80 人为糖尿病患者，而实际糖尿病患者仅有 40 人，则精确率为 50%。精确率高可减少误诊。

③ 召回率：实际正例中被模型正确识别的比例。例如，若实际有 40 人为糖尿病患者，而模型仅正确识别出 10 人，则召回率为 25%。召回率高可减少漏诊。

（2）回归任务评估指标。

① 均方误差：模型预测值与真实值之差的平方的平均。均方误差对大误差较为敏感，因为它放大了误差的幅度，提醒用户更关注这类严重偏差。

均方误差常用于房价预测、金融风险评估等需要严格控制大误差的任务场景。

② 平均绝对误差：预测值与真实值之差的绝对值的平均。平均绝对误差对异常值不敏感，适合误差大小不重要的场景。例如，天气预报中，误差 3℃和误差 5℃对普通人的影响不大。

6. 反馈迭代

反馈迭代是指通过评估预测结果与真实目标的差异，反向优化模型参数的过程，是机器学习模型的"自我调整系统"，让模型"越学越聪明"。

反馈迭代的本质是反复执行"误差→调整→优化→减少误差"，形成闭环。其核心环节包括用训练数据调整模型参数，用验证数据评估模型泛化能力，用测试集检验模型性能。等模型上线后,再用新数据持续优化模型。例如,优化推荐系统根据用户新行为调整推荐内容,语音助手通过用户反馈改进识别准确率。这就像通过考试成绩知道哪里没学好,再针对性开展练习。

机器学习在实际应用中,需要在各要素间权衡,如复杂模型可能过拟合,但能捕捉更细微的规律。最终目标是构建高效、泛化、可解释的模型。

6.1.3 机器学习的基本流程

机器学习的基本流程通常分为以下几个步骤,适用于大多数学习场景,如图 6-3 所示。

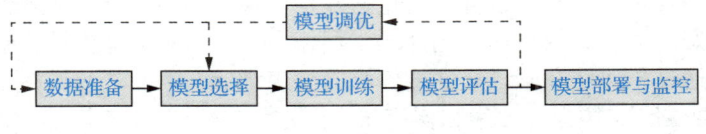

图 6-3 机器学习基本流程

1. 数据准备

数据是机器学习的起点,数据质量直接影响机器学习的效果,需要做清洗、预处理等准备工作。

所谓数据准备,是指将原始数据转化为适合机器学习模型训练的结构化、高质量数据集的全流程。目标是确保数据的完整性、一致性和适配性,为模型学习提供可靠的输入数据。

数据质量直接影响模型的性能。模型训练遵循"错进错出"原则(garbage in garbage out,GIGO),如果输入数据存在错误、噪声或偏差,即使模型算法再先进,输出结果也会不可靠。机器学习项目需投入至少 60% 的时间在数据准备阶段。

数据准备的核心步骤如图 6-4 所示。

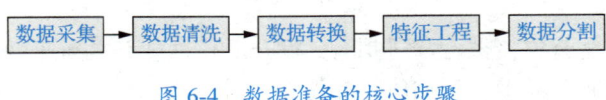

图 6-4 数据准备的核心步骤

数据准备是机器学习成功的基石,需系统性地解决数据从"原始"到"就绪"的全流程问题,其目标是让数据清晰、一致和高质量,旨在最大化揭示数据的潜在规律,为模型提供优质"燃料"。

数据准备的结果,将数据划分为训练集(60%~80%)、验证集(10%~20%)、测试集(10%~20%)。例如,将数据准备比作学生考试,训练集可看作学生刷题,学习已知题目和答案;验证集,相当于模拟考试,调整学习方法,避免死记硬背;测试集,即最终考试,检验是否真正掌握知识,对应模型泛化能力。

2. 模型选择

模型是机器学习的工具,简单模型适合处理低维线性问题,复杂模型用于处理高维非线性问题。

在机器学习中,模型选择是构建高效系统的关键步骤,需结合数据特点、任务目标和实际约束等情况,进行综合权衡。模型选择步骤如图 6-5 所示。

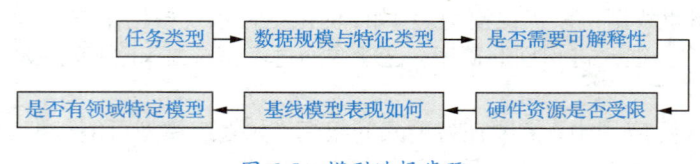

图 6-5 模型选择步骤

通过以上步骤，可逐步缩小候选模型范围，找到最优解决方案。

3. 模型训练

模型训练是机器学习的核心过程，通过迭代优化模型参数以最小化预测误差。

需要将准备好的训练集数据输入选择的学习模型，初始化模型参数，选择与任务匹配的损失函数。一般通过早停法在验证集性能停滞时结束训练。

训练中，需要实时监控损失曲线和梯度状态，使用 TensorBoard 等工具进行可视化分析，针对常见问题快速调试。

4. 模型评估

在机器学习中，模型评估是确保模型性能可靠、泛化能力强的关键步骤。需要使用验证集数据来评估模型的性能。

模型评估需结合业务目标选择合适指标。并通过交叉验证确保结果稳定性。最终目标是构建泛化能力强、符合实际需求的模型。

需要注意的是，模型的最终性能评估需要使用测试集数据，模拟测试模型在真实场景中的表现，反映模型的泛化能力。测试集数据一般仅使用一次，以避免多次调参导致对测试集的过拟合。

5. 模型调优

模型调优的目标是避免欠拟合和过拟合，提升泛化性能；平衡速度与精度，优化计算效率与预测效果；适配业务需求，根据应用场景选择评估指标。

模型调优包括超参数调优、模型结构调优和特征工程优化。

（1）超参数调优通过系统化的方法调整模型训练前预设的参数（即超参数），以提升模型在未知数据上的预测能力。这些参数不由模型从数据中自动学习，而是需要人工设定或通过算法搜索最优值。可以通过系统化搜索（如网格搜索、贝叶斯优化等）确定模型的最佳预设配置参数，以提升其在真实场景中的预测效果和鲁棒性。

（2）模型结构调优是机器学习中提升模型性能的核心方法。模型结构调优通过调整模型本身的网络结构、层间连接方式或组件设计，以增强模型的表达能力、泛化能力或计算效率。与超参数调优不同，模型结构调优直接改变模型的底层设计逻辑，提升其表达能力、效率或泛化性。

（3）特征工程优化是机器学习中提升模型性能的核心步骤。特征工程优化通过系统化方法改进数据的表示形式（即特征），以增强模型对数据规律的捕捉能力、泛化性和计算效率。其本质是将原始数据转化为更符合模型假设的输入形式。

可见，模型调优是迭代过程，需结合业务目标选择优化方向，并通过自动化工具加速实验。最终目标是找到模型复杂度、数据量和计算成本的最佳平衡点。

6. 模型部署与监控

常用的模型部署方式有将训练好的模型封装为 API、嵌入应用程序或部署到云服务。在模型使用过程中，需要持续跟踪、监控模型在生产环境中的表现，定期用新数据重新训练。

6.2 机器学习发展历程

机器学习的产生，是"符号主义瓶颈"→"统计学习理论突破"→"算力与数据提升"→"应用需求驱动"的链式反应结果，其发展历程反映了人类对"智能"本质的认知深化，即从模拟逻辑推理到模仿生物神经网络，再到探索自主决策与创造性生成。当前机器学习正引领人类进入智能革命的新纪元。

6.2.1 三角螺旋式演进规律

对应于人工智能三大要素，支撑机器学习发展的核心要素是数据、模型和算力。这三大核心要素之间的动态博弈，决定了机器学习的三角螺旋式演进，如图 6-6 所示。

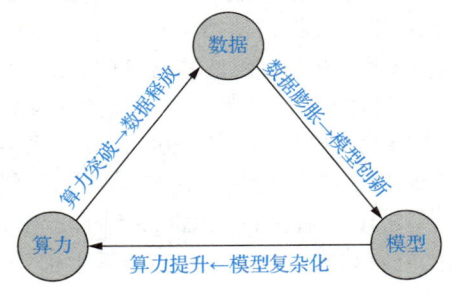

图 6-6　支撑机器学习发展的三大核心要素

1. 数据规模膨胀，超越了模型表达能力，倒逼模型创新

2012 年，ImageNet 图像集的广泛应用推动了卷积神经网络模型的革新，催生了 AlexNet 等模型。互联网文本数据的爆发式增长，助推 Transformer 成为自然语言处理的主流架构。

数据规模与模型表达能力的动态失衡正成为人工智能发展的核心矛盾。近五年间，模型训练数据量年均增速超 400%，而模型参数量年均增速仅为 240%。这种剪刀差推动模型架构进入深度创新阶段，迫使模型架构发生"从密集到稀疏"范式变革，从固定结构向动态自适应系统演进。例如，Gemini Ultra 通过混合专家架构，在保持大部分计算效率的同时，提升模型容量，使有效参数规模随数据增长弹性扩展；Sparse Transformer 将注意力计算复杂度从 $O(n^2)$ 降至 $O(n\log n)$，在 LLaMA3-405B 基础上实现长文本处理速度提升 2.3 倍；RetNet 采用递归结构，将内存占用降低至传统 Transformer 的 1/10，支持处理 1M Token 上下文。

未来，将出现参数量达万亿级的"超稀疏模型"，将重塑人工智能产业格局，推动智能应用向更复杂场景渗透。然而，模型复杂度的提升也带来新的挑战，包括能源消耗、伦理风险等，需要学术界和产业界协同应对。

2. 模型复杂化，突破算力承载极限，倒逼算力提升

GPT-3 大约有 1750 亿参数，而 LLaMA3-405B 则有 4050 亿参数，模型规模仅增大 2.3 倍，但训练所需算力却增长了 116 倍。这种算力需求超线性增长现象，遭遇基于传统冯·诺依曼架构的 GPU 算力限制。例如，GPT-4 需要 2.5 万块 A100 GPU，单次训练耗电 2.4 亿千瓦时，成本超 6300 万美元。这种高能耗推高了企业运营成本，倒逼绿色计算技术的发展，如华为昇腾 910B、中科曙光"硅立方"等国产人工智能专用芯片，通过存算一体设计极大地提升了能效比，昇腾 910B 的算力密度较传统 GPU 提升 3 倍以上。

模型的复杂化与算力提升之间的相互作用，本质上是技术创新与产业需求的动态平衡。随着模型规模从百万级参数跃升至万亿级，这种复杂度的突破不仅暴露了传统算力架构的局限性，更催生了硬件、算法、生态等多维度的系统性变革。从 GPU 集群到量子计算机，从液冷技术到神经形态芯片，算力革命不仅推动人工智能技术的突破，更重塑了整个数字经济的底层架构。未来，随着全国一体化算力网的完善和绿色智能计算的普及，算力将从"稀缺资源"转变为"普惠服务"，为各行各业的智能化转型提供坚实支撑。

3. 算力突破，进一步释放数据潜能

算力突破与数据潜能释放之间的深度耦合，正在重塑数字经济的底层逻辑，数据潜能在很多应用领域得到释放。一是多模态数据价值得到充分挖掘，如医疗影像分析、工业质检等领域。二是时空大数据的广泛应用。例如，智慧城市管理，杭州城市大脑整合 200 万路摄像头与物联网数据，通过时空人工智能模型实现交通拥堵预测准确率达 90%以上；精准农业赋能，极飞科技结合卫星遥感与无人机数据，在 2000 万亩（1 亩≈666.67 平方米）农田实现病虫害预测，农药使用量减少 35%。三是加速科学计算。例如，药物研发取得突破，AlphaFold 2 可在 48 小时内预测 10 万种蛋白质结构，结合量子计算模拟，将药物筛选周期从 12 年缩短至 18 个月；优化气候建模，国家气候中心基于神威·太湖之光超级计算机的算力，实现 1 千米分辨率全球气候模拟，极端天气预警提前量增加 72 小时。

6.2.2 机器学习发展的四个阶段

上述三角螺旋式演进构成自洽的连续性逻辑链条，表面上是相关技术的革新，实质是三要素失衡再平衡的必然结果。三要素的动态平衡过程，形成了机器学习发展的四个阶段，即符号主义阶段、统计学习阶段、深度学习阶段、多模态大模型阶段，如图 6-7 所示。

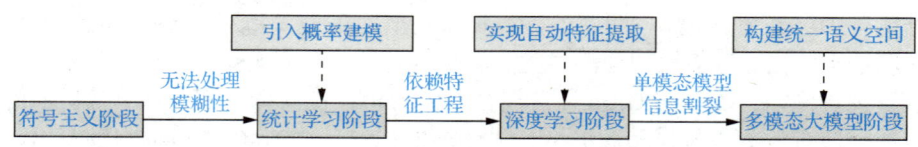

图 6-7　机器学习发展的四个阶段

任意两要素的突破，必然引发第三要素的重构，从而形成持续的技术代际跃迁，每一个阶段都是对前一阶段短板的补偿性创新。各阶段的三要素动态平衡如表 6-2 所示。

表 6-2 各阶段的三要素动态平衡

阶段	数据特征	模型创新	算力突破	三角关系失衡点
符号主义阶段	小规模结构化	逻辑规则链	CPU 单核	规则无法覆盖数据复杂性
统计学习阶段	中规模表格数据	SVM 或决策树	多核 CPU 集群	人工特征工程效率低下
深度学习阶段	大规模非结构化	CNN 或 RNN	GPU 并行计算	模型可解释性缺失
多模态大模型阶段	超大规模多模态	Transformer	TPU 或分布式训练	训练成本与能耗激增

每个阶段的突破均依赖数据、算力、模型创新的协同演进,其核心是从"人为定义规则"转向"数据驱动学习",本质上是人类对复杂问题认知范式的递次革新(incremental innovation)。

1. 符号主义阶段——规则驱动的逻辑推理

符号主义阶段的机器学习以符号逻辑为主,通过人工编写规则和逻辑表达式,让计算机模拟人类的符号推理能力。数据呈结构化,主要由人工定义。模型有决策树、专家系统等。算力支撑主要是大型机,如 IBM 704。

失衡点是,符号主义基于"规则驱动"的学习系统难以处理模糊性问题,依赖人工方式难以穷尽所有规则,存在规则的组合爆炸风险。例如,MYCIN 医疗诊断专家系统,需要维护 10 万条规则。这倒逼研究人员开始重视"让机器自主学习"的研究思路。

2. 统计学习阶段——数据驱动的概率建模

统计学习阶段的机器学习思想是,引入概率模型,基于特征工程,通过统计模型从数据中学习统计规律,进而实现分类与预测,强调模型的泛化能力。这一阶段数据跃迁式增长,呈半结构化形式,如 MNIST 手写数字库。模型有 SVM 核方法、随机森林、决策树、贝叶斯网络、隐马尔可夫模型等。算力得到升级,GPU 加速矩阵运算,支持大规模数据处理,如 x86 服务器集群。

突破性进展是,统计学习理论为模型泛化提供了数学保障,SVM 核方法解决了非线性分类问题。1995 年,SVM 通过核技巧在小数据下实现了"最优分类"。1997 年,LeNet-5 首次用 CNN 处理 MNIST 数据取得成功。2001 年,随机森林通过集成学习降低了过拟合风险。

失衡点是,统计学习的"数据驱动"虽然优于符号主义学习的"规则驱动",但特征工程高度依赖人工经验,人工设计特征耗时占比超 70%,且难以处理图像、语音等高维非结构化数据。同时,模型容量有限,无法捕捉深层的语义关联。

人工设计特征的瓶颈,推动了深度学习对自动化特征学习的探索。

3. 深度学习阶段——神经网络的复兴与爆发

深度学习阶段的机器学习思想是,通过多层神经网络自动提取数据的层次化特征表达,突破传统模型的表达瓶颈,实现端到端学习。这一阶段的数据发生重大革命,互联网和物联网产生海量标签数据。以非结构化数据为主,如 ImageNet 数据集含有 1400 万张图片。典型模型有 CNN、RNN 及其变体 LSTM 等。算力发生质变(如 BP 算法取得突破),TPU 集群使训练速度提升千倍(如 AlphaGo 能在 48 小时内完成自学围棋)。

突破性进展是,2012 年,AlexNet 在 ImageNet 数据集的图像分类错误率降至 15.3%,

而传统分类方法的错误率约 26%，证明了深度模型的潜力；残差网络（ResNet）解决了深度网络梯度消失问题，网络层数突破 1000 层；2017 年，Transformer 通过注意力机制革新了自然语言处理领域。

失衡点是，ImageNet 数据集超越计算机处理能力，如模型训练需 10^{18} 次浮点运算；模型训练依赖大量标签数据，小样本场景效果差；模型可解释性弱，难以满足医疗、金融等高可靠性、多模态数据场景需求。

深度学习对数据与算力的渴求，促进了叠加模型架构的革新，催生了大模型时代。

4. 多模态大模型阶段——自主决策与创造性生成

这一阶段产生了大量多模态数据，如文本、视频、图像、语音等。模型架构主要有 Transformer、MoE 等。算力达到巅峰，如 TPU v4 +万卡集群，量子计算进一步发展。

多模态大模型阶段的机器学习思想是，通过超大规模参数与海量数据训练，实现跨任务、跨模态的通用能力。关键技术是基于 Transformer 的"预训练+微调"模式，采用分布式训练，参数最多达万亿级，如 BERT、GPT 系列大模型。

突破性进展是，模型规模超过临界值，出现推理、创作等复杂能力；多模态融合，如 CLIP、Sora 等，突破了单模态界限。

核心特征是，任务泛化，单一模型支持语言理解、图像生成、代码编写等多功能；上下文学习，即无须微调，可以通过提示适配新任务。

失衡点是，Transformer 注意力机制需超大规模矩阵运算，训练成本巨大，中小机构难以参与；大模型"黑箱"特性导致安全与伦理风险，如幻觉输出。

综上所述，机器学习的四个阶段的演进本质上是人类先验知识依赖度降低与数据驱动能力增强的过程，每个阶段均突破了前一阶段的天花板。"符号主义"无法处理模糊性问题，促使"统计学习"引入概率建模。而"统计学习"过于依赖特征工程，推动了"深度学习"自动提取特征技术的飞跃。同理，传统"单模态模型信息割裂"的严重缺陷，促成了"多模态大模型"的快速发展，构建了统一的语义空间。机器学习的最终目标是从狭义人工智能迈向具备因果推理、可解释性的通用人工智能。

6.2.3　机器学习发展的本质

机器学习的发展遵循"实践需求→技术创新→认知升级"的螺旋式演进规律，呈现出从局部分析到整体认知的方法论进化路径。这一发展过程不仅反映了技术本身的迭代，更体现了人类对智能本质认识的深化。

1. 还原论的局限

还原论思维在面对复杂现实问题时表现出明显局限性。符号主义试图通过分解问题逼近智能，但遭遇组合爆炸；统计学习通过局部最优实现泛化，但牺牲全局语义连贯性。

2. 整体论的突破

深度学习用分布式表征取代离散符号，实现语义的连续性；大模型通过注意力机制建立全局关联，突破局部统计局限，完成从"分而治之"到"系统涌现"的认知升维。

机器学习通过持续的方法论创新，逐步逼近智能的本质特征。

6.3 机器学习的类型

机器学习可按学习范式、数据利用方式进行分类,其分类逻辑与技术发展紧密相关。

6.3.1 按学习范式分类

1. 监督学习

所谓监督学习,是指通过带标签的数据训练模型从数据中学习规律,从而能够对未知数据做出预测或分类。就像老师教学生做题时提供"样题+正确答案"一样,监督学习需要给模型提供"输入数据+标签"来训练它,让它学会自己解题。以猫狗的图像识别为例,监督学习需要提供大量标注好的训练样本,如"猫的图片→猫""狗的图片→狗"这样的数据对,使模型逐步掌握并区分不同类别的特征。这种学习方式的本质目标是建立输入数据与输出标签之间的映射关系,从而实现对未知数据的准确预测。监督学习主要解决分类和回归两种典型任务。分类就是预测离散的类别,如判断邮件是不是垃圾邮件、识别图片中的物体等。回归就是预测连续的数值,如根据房屋面积预测房价、根据历史数据预测未来等。

案例解析:学生成绩预测模型。

下面以如表 6-3 所示的数据预测学生小李的期末考试成绩为例,演示监督学习的流程。

(1)准备"样题+标准答案"。

输入(x):平时作业分、出勤率 → 相当于样题。

输出(y):期末成绩 → 相当于标准答案。

(2)训练模型。

机器自动分析表 6-3 所示的历史数据,发现成绩规律:期末成绩≈平时作业分×0.8+出勤率×100×0.2。

表 6-3 预测学生期末考试成绩的现有数据

学生	平时作业分(输入 x)	出勤率(输入 x)	期末成绩(输出 y)
小明	85	90%	88
小红	92	95%	94
小刚	78	80%	75

(3)预测新数据。

现在学生小李的数据为:平时作业分=88,出勤率=85%。

代入公式:期末成绩≈平时作业分×0.8+出勤率×100×0.2=88×0.8+85%×100×0.2=87.4 分。

机器通过分析数据,预测小李的期末成绩大约为 87 分。

可见,监督学习就像让机器做"开卷考试":先学习带答案的题目,再回答新问题。

监督学习的优点是目标明确(有标注指导)、结果可评估(对比预测值和真实值);缺点是依赖高质量标签数据(成本高)、可能过拟合(过度依赖训练数据)。

监督学习常用于医疗诊断(根据症状预测疾病)、金融风控(判断贷款是否违约)、推荐系统(预测用户喜欢的商品)等场景。

2. 无监督学习

所谓无监督学习，是指从无标签数据中自主发现隐藏的结构或模式。这类似于"自学"过程，模型靠数据本身的特征自己总结隐藏的规律，而不是依赖人工进行标注。

无监督学习的目标不明确，模型的任务可能是发现数据的分组、降维、关联规则等，但具体目标需要人为定义。

无监督学习主要解决聚类、降维、关联规则学习和生成模型四种典型任务。聚类是将数据按相似性分成不同的组，如根据购买行为将顾客分成不同群体。降维是减少数据特征的数量，同时保留重要信息，如将高维数据压缩到二维或三维，方便观察。关联规则学习是发现数据中频繁出现的关联关系，如通过购物篮分析，发现"买啤酒的人通常也买猪头肉"。生成模型是学习数据的分布规律，生成新数据，如生成逼真的图像或文本。

案例解析：衣服自动分类。

假设你刚搬进宿舍，衣柜里堆满了各种衣服，但没有任何标签，如"上衣""裤子"等，现在要让机器帮你自动分类。物品信息如表6-4所示。

表6-4 物品信息

物品	颜色	材质	形状	用途
物品 A	蓝色	棉	长条形	裤子
物品 B	白色	棉	圆形	T 恤
物品 C	黑色	皮革	长条形	皮带
物品 D	蓝色	聚酯纤维	圆形	帽子

（1）数据输入。没有"标准答案"，机器只知道数据特征（颜色、材质、形状），不知道用途标签。

（2）机器自己找规律，可能发现两种分组方式。

按形状聚类：长条形（A、C）和圆形（B、D）。

按材质聚类：棉（A、B）和皮革/聚酯纤维（C、D）。

（3）结果输出。机器反馈"这些衣服可能属于 2-3 类"，但具体的类别名称，需要人工解释。

可见，无监督学习是让机器"自己探索世界"，不给答案，让它从数据中总结规律。其优点是无须标签，节省了标注成本，适合探索性分析，发现未知规律；缺点是结果难以量化评估，因为没有标签作为基准，对数据质量和算法选择敏感。

无监督学习常用于市场细分（如客户分群）、异常检测（如信用卡欺诈）、推荐系统（如基于用户行为聚类）、自然语言处理（如主题建模）等场景。

3. 半监督学习

半监督学习是介于监督学习和无监督学习之间的一种机器学习方法，其核心思想是同时利用少量标签数据和大量无标签数据来提升模型性能。

半监督学习的核心目标是，用无标签数据弥补标签数据的不足，提升模型泛化能力，特别适用于标签数据获取成本高，而无标签数据充足的情况。例如，医疗图像标注困难，但未标注的医疗影像很多。

半监督学习的典型方法有四种。一是自训练。先用标签数据训练初始模型，再用模型预测无标签数据的伪标签，最后将高置信度的伪标签数据加入训练集，重新训练模型。例如，在文本分类中，用少量标签文章训练模型，再对无标签文章生成伪标签。二是协同训练。假设数据有两个互补的特征视图，分别用两个视图训练两个模型。两个模型互相为对方的无标签数据生成伪标签，迭代优化。三是半监督生成模型，结合生成模型，用无标签数据学习数据分布。四是基于图的半监督学习。将数据视为图中的节点，利用标签数据通过图结构传播标签信息。例如，在社交网络中，用部分用户的兴趣标签预测其他用户的兴趣。

可见，半监督学习是结合少量带标注的数据和大量不带标注的数据，让机器学习更高效。就像老师先教几道例题，剩下的题让学生自己举一反三。

案例解析：考试复习中的"半监督学习"。

假设你正在备考一门新课的期末考试，但老师只给了5道例题的答案（相当于有标签数据），而其他100道练习题都没有答案（相当于无标签数据）。这时候你会怎么复习？

传统方法（监督学习）是，你只能反复研究这5道例题的答案，但题目太少，遇到新题型时很可能不会做。

而半监督学习的方法是，你不仅研究这5道有答案的题，还会主动分析那100道无答案的题。例如，你发现很多题虽然表面不同，但解题思路相似。观察到某些题的关键词和有答案的题很像。通过大量无答案题的练习，你总结出规律，反过来更深刻地理解了有答案的例题。

最终，你通过"少量答案+大量无答案但有关联的题"的结合，在考试中取得了好成绩。这就像半监督学习，用少量标签数据找到规律，再用大量无标签数据验证和扩展规律。

半监督学习的核心优势是，降低了标注成本，半监督只需少量标注；提升了模型效果，因为无标签数据帮助发现更通用的规律，类似"练习题做得越多，知识掌握得越牢"。

可见，半监督学习就像"小老师带徒弟"，用少量标签数据指明学习方向，再用大量无标签数据扩展知识边界，既省力又高效。

监督、无监督、半监督学习的比较如表6-5所示。

表6-5 监督、无监督、半监督学习的比较

场景	监督学习	无监督学习	半监督学习
数据特点	全部带标签（有答案）	全部不带标签（无答案）	少量带标签+大量无标签
人类工作量	高（需标注所有数据）	低（无须标注）	中等（只需标注部分）
适用场景	数据充足且标注成本低	完全无标签的探索任务	标注成本高，但有大量未标注数据

4. 强化学习

强化学习是指通过试错与环境交互最大化累积奖励。强化学习的关键特点是，没有标准答案，需要机器自己从结果中总结。强化学习注重长期收益，机器会为长远目标牺牲短期利益，如绕远路避开拥堵，最终更快到达。当环境变化时，机器能快速适应新规则。用一句话来概括，强化学习通过"做对了奖励，做错了惩罚"的学习模式，让机器自己摸索出最佳行为方式。

案例解析：训练小狗学会"握手"。

想象你养了一只可爱的小狗，你想用强化学习方法教会它"握手"这个动作。强化学习的训练过程如表6-6所示。

表6-6 强化学习的训练过程

角色	类比到强化学习	具体过程
小狗（智能体）	需要学习的计算机程序	小狗尝试各种动作，伸爪子、趴下、转圈等
环境	训练场景（客厅）	环境对小狗的动作给出反馈：伸爪子就给零食（奖励），做错动作就无视（无奖励）
奖励机制	设定目标（最大化零食）	小狗发现"伸爪子"能得到零食，逐渐学会优先做这个动作

（1）试错探索。小狗一开始完全不懂"握手"是什么意思，可能随机尝试各种动作，转圈、趴下等，或者偶尔伸爪子。

（2）奖励反馈。当小狗偶尔伸出爪子，你立刻给零食，强化伸爪子与零食的联系。

（3）策略优化。通过多次尝试，小狗发现"伸爪子"会获得零食，于是逐渐减少无效动作，更倾向于"伸爪子"动作。

（4）最终目标。经过多次练习，小狗逐渐明白：听到"握手"指令+伸爪子=零食。最终形成条件反射，小狗只要听到"握手"指令，就会稳定地伸出爪子。

可见，强化学习就像"打游戏"，不断尝试→获得分数→优化策略→最终通关。强化学习不需要老师教步骤，全靠自己摸索。强化学习常用于电子游戏、机器人行走、股票交易策略、自动驾驶等场景。

6.3.2 按数据利用方式分类

1. 迁移学习

所谓迁徙学习，是指将已在一个任务或领域中获得的知识"迁移"到另一个相关但不同的任务或领域中，从而减少对大量新数据的需求，提高学习效率和模型性能。通俗地说，就像你学会骑自行车后，学习骑电动自行车会更容易。

迁移学习的原因是数据稀缺，许多任务缺乏足够数据，直接训练比较困难。迁移学习主张"举一反三"，强化知识复用，避免每次都从零开始学习而增加成本。

例如，将 ImageNet 预训练的动物图像识别模型迁移到医学影像领域，如肿瘤检测，只需少量医学数据微调即可；自然语言处理的 BERT、GPT 等大模型，也是先在海量文本上预训练，再通过微调用于处理情感分析、问答等具体任务；在自动驾驶领域，在模拟环境中训练好策略，再迁移到真实车辆，加速了模型适应过程。

案例解析：先学英语后学法语，即知识跨语言迁移学习。

假设你高中时英语很好，现在大学选修法语。传统学习是从零开始背单词、学语法，需要大量时间，而迁徙学习是利用英语基础快速掌握法语。

（1）迁移部分。
① 字母体系，26个字母相同。
② 部分词汇，如 nation（国家）拼写相似。
③ 语法结构，主、谓、宾顺序相似。

（2）专注新内容。
① 法语特有发音，如小舌音等。
② 特殊语法，如阴性或阳性词性等。

③ 英语没有的词汇，如 baguette（细长的棍子）等。

这样把英语模型迁移到法语学习任务中，学习效率更高。

2. 联邦学习

所谓联邦学习，是一种分布式机器学习框架，在保护数据隐私的前提下，让多个参与方协作训练共享模型，而无须直接共享本地数据。数据始终保留在本地，仅通过加密方式交换模型参数或中间计算结果。

通俗地理解，在传统学习方式下，医院 A、B、C 把各自的患者数据集中到一个服务器，训练疾病预测模型，隐私泄露风险高；而在联邦学习方式下，医院 A、B、C 各自用本地数据训练模型，只上传"模型更新值"到服务器汇总，即"数据不出本地，模型效果共享"。

联邦学习的目的有 3 个。一是数据保护，避免原始数据传输。二是打破数据孤岛，解决企业或机构间数据因竞争或安全原因无法直接融合的问题，如银行与电商数据协作反欺诈。三是边缘计算，如手机、物联网设备在本地进行数据处理，减少云端负担。

联邦学习是隐私计算时代的关键技术，让"数据可用不可见"，推动人工智能系统在合规前提下释放跨领域协作价值。联邦学习常用于医疗、金融风控、智能终端、智慧城市等领域。

案例解析：高数考试划重点。

假设你是大一新生，高数要考试了，全年级 5 个班的同学都想让老师划重点，但每个班同学都不想暴露自己私下整理的错题本，如 A 班常错积分题，B 班总在级数题上丢分。

传统做法是，教务处强行收走所有班级的错题本，统一分析后划重点。但这样各班同学的弱点都被公开，大家觉得尴尬，拒绝上交。

而联邦学习的做法则基于保护隐私。

（1）**各自偷偷学习**。各班学委在本地分析自己班的错题本，如 A 班发现积分题错得多，B 班发现级数题是痛点，但绝不对外透露具体是谁错了哪道题。

（2）**只交"知识点报告"**。各班学委把分析结果总结成一份匿名报告，如"建议重点复习积分计算，占比 30%"，交给教务处，但不包含任何具体题目或人名。

（3）**汇总出押题指南**。教务处把 5 个班的报告合并，生成一份"高数重点范围"，如积分题占 25%，级数题占 20%，微分方程占 15% 等，再下发到各班。这样全年级都能高效复习，但没人知道哪个班具体错哪儿了。

3. 自监督学习

所谓自监督学习，是指从数据本身自动生成监督信号，而非依赖人工标注。通过设计预定义任务，模型从无标签数据中学习通用的特征表示，再迁移到下游任务中。

通俗地理解，就像人类通过填空、拼图等游戏学习语言和空间认知，自监督学习让模型通过"数据猜谜"自学。例如，遮盖句子中的某些词，让模型预测缺失的内容；旋转图片后让模型判断旋转角度，从而理解物体方向。

自监督学习的目的有 3 个。一是数据标注成本高，人工标注医学图像、专业文本等海量数据费时费力。二是利用无标签数据，因为互联网中 90% 以上的数据无标签，自监督学习可挖掘其潜在规律。三是通用表征学习，学到的特征可迁移到其他任务，如文本理解、图像分割等。

自监督学习是人工智能系统突破数据标注瓶颈的核心技术,让机器从无标签数据中自学成才。自监督学习常用于自然语言处理、计算机视觉、语音处理、跨模态学习等领域。

案例解析：婴儿如何自学语言。

1 岁宝宝听大人日常对话，没人专门教语法或单词含义。

（1）输入数据。例如，宝宝经常听到妈妈说这样的类似句子："宝宝看，这是球""把球递给爸爸"等。

（2）宝宝自动生成训练任务。

任务 1：当听到"这是……"时，预测后面出现的名词，如"球""碗""奶瓶"等物体。

任务 2：发现"球"常和"圆形""滚动"等词一起出现。

（3）宝宝自我验证。宝宝某天指着狗说"球"，妈妈纠正道"这是狗狗"。于是，宝宝的认知系统自动修正：当物体不会滚动时，大概不是"球"。

（4）应用新场景。宝宝学会认识"球"后，当看到小的圆形物体就会说"小球"，即使没人教宝宝"小"和"球"的组合。

这个例子揭示了自监督学习的本质，没有老师详细解释"球"的定义，但同一个词在不同场景重复出现，自己就是监督信号，即"数据即答案"。

6.4 经典的机器学习算法

经典的机器学习算法是指在机器学习领域中具有广泛影响力，经过长期验证且应用广泛的算法。它们通常基于传统统计学或优化理论，适用于结构化数据和常见任务。

6.4.1 决策树

决策树（decision tree，DT）是一种直观的机器学习模型，它通过类似"树状结构"来模拟人类的决策过程。决策树算法常用于分类和回归任务，在实际数据分析中有着广泛的应用。

1. 基本原理

决策树的核心思想是，根据数据的特征逐层分割数据，逐步缩小范围，直到划分完所有的特征，得出最终结论。这一构建过程类似于树的生长过程。

决策树包含根节点、内部节点和叶子节点，每个节点代表一个特征或决策。其中，根节点代表初始决策条件，如"今天是否出门"；内部节点用于基于某特征进行分支，每个分支代表一个决策，如"天气是否晴朗"；叶子节点表示最终决策结果，每个叶子代表一个结果，如"出门"或"不出门"。

2. 特征选择

决策树的特征选择方法是构建决策树的核心步骤，其目标是从候选特征中选择最能有效区分数据的那个属性。比较常用的特征选择方法为信息增益法。

信息增益法基于信息论中的熵概念，衡量特征对数据集分类的贡献。信息增益越大，说明该特征对分类的帮助越大。换句话说，信息增益就是用特征划分数据后，混乱度下降的程度。混乱度下降得越大，特征越有用。

例如，有 4 个水果，2 个苹果和 2 个橙子，它们有两个特征：颜色（红色/橙色）和形状（圆形/椭圆形）。现在要区分苹果和橙子。

初始状态下，完全混乱，即熵值最大，称为原始熵，假设为 1。

若用颜色来划分，红色：2 个苹果→完全纯净，此时熵为 0。橙色：2 个橙子→完全纯净，熵也为 0。颜色划分后的总混乱度，即划分后的熵为(2/4)×0 +(2/4)×0 = 0。

则本次划分的信息增益为：原始熵-划分后熵=1-0=1。

若用形状来划分，圆形：1 苹果+1 橙子，熵为 1。椭圆形：1 苹果+1 橙子，熵 1。形状划分后的熵为(2/4)×1+(2/4)×1=1。

则本次划分的信息增益为：1-1=0。

可见，颜色划分的信息增益（1）远大于形状划分（0），说明颜色是更好的分类特征。

3. 案例解析：挑选苹果

假设小明逛超市挑苹果，先看颜色红不红，再看价格和软硬度，最后筛选出满意的苹果。决策树就是用类似的"条件判断链"来做预测的模型，如图 6-8 所示。

图 6-8 所示决策树的根节点代表起点问题"这个苹果红吗？"；内部节点表示中间判断条件；叶子节点表示最终结论，"买"或"不买"。根据统计，70%的红苹果是甜的，而绿苹果只有 30%是甜的，所以，首选"颜色"特征进行分类。

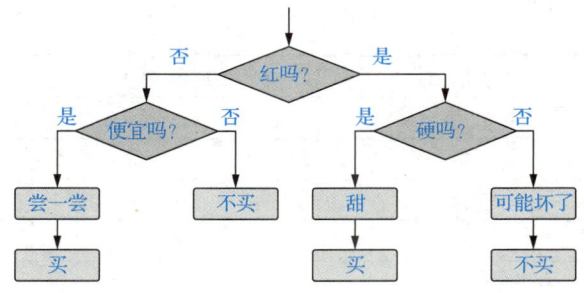

图 6-8 买苹果的决策树

综上所述，决策树就像一个"问题探测器"，通过不断提问缩小范围，最终给出答案。其优点是直观易懂，决策过程一目了然。其缺点是容易过拟合，且对特征选择的顺序很敏感，不同特征选择顺序可能导致差异较大的树结构。决策树常被用于垃圾邮件识别、客户流失预测、医疗诊断等领域。

由决策树延伸而来的随机森林（random forest，RF），是一种基于集成学习的机器学习算法，通过构建多个决策树并整合预测结果来提升模型性能。其核心思想是用群体智慧解决问题。例如，预测明天是否下雨，随机森林就像让 100 个不同的气象专家各自分析不同的天气数据，最后综合他们的意见得出结论。显然，这种方法比依赖单个专家的判断更可靠。随机森林是工业界常用的算法之一，因其高效、易调参和强大的泛化能力，广泛应用于金融、医疗、电商等领域。

6.4.2 支持向量机

支持向量机（support vector machine，SVM）是一种有监督的机器学习算法。其核心思想是，通过寻找一个最优的超平面，来最大化不同类别数据之间的间隔，从而实现高效分类。SVM 通过几何直观的最大化间隔策略，在小样本、高维数据中表现出色。

1. 关键概念

（1）最优超平面。想象在二维平面上，两类数据点被一条直线分开。SVM 的目标就是找到这条直线（即超平面），使得离直线最近的点到直线的距离最大化。

（2）支持向量。离超平面最近的样本点，它们决定了超平面的位置。也就是说，移除其他样本点不会影响超平面的位置，但移除支持向量会导致超平面重新计算。

（3）核函数。当数据在原始空间中无法线性分类时，核函数可以将数据映射到更高维的特征空间，使其变得线性可分。常见的核函数有线性核、多项式核、高斯核等。

（4）软间隔与正则化。允许部分样本点违反间隔约束（即被错误分类），通过引入正则化参数平衡模型复杂度和分类错误率，从而提升模型对噪声的鲁棒性。

2. 案例解析：区分苹果和橙子

假设用 SVM 来自动区分超市的苹果和橙子，步骤如下。

（1）数据准备。

假设原始数据如表 6-7 所示。

表 6-7 原始数据

样本编号	质量/g	表皮粗糙度	类别
1	150	3	苹果
2	180	4	苹果
3	200	5	苹果
4	250	7	橙子
5	300	8	橙子
6	350	9	橙子

对数据进行标准化处理，将质量缩放到 0～1 范围。对某一个质量 x，按下式进行归一化。

$$y = \frac{x - 最小值}{最大值 - 最小值}$$

根据表 6-7，最大值为 350，最小值为 150。

例如，对于编号为 1 的样本，x_1=150，则 y_1=(150-150)/(350-150)=0；对于编号为 6 的样本，x_6=350，则 y_6=(350-150)/200=1。归一化后的数据如表 6-8 所示。

表 6-8 归一化后的数据

样本编号	质量（归一化）	表皮粗糙度	类别
1	0.0	3	苹果
2	0.15	4	苹果
3	0.25	5	苹果
4	0.5	7	橙子
5	0.75	8	橙子
6	1.0	9	橙子

以质量为 X 轴，粗糙度为 Y 轴，将表 6-8 画在二维坐标系中，如图 6-9 所示。

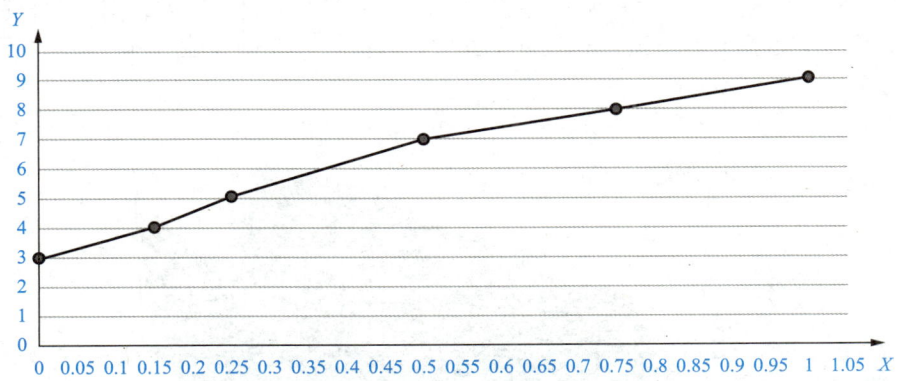

图 6-9　数据的可视化

（2）线性 SVM 训练。

假设数据线性可分，目标是找到一条直线（即超平面），将苹果和橙子分开，并且让这条直线到两类点的间隔最大。

训练的过程就是尝试绘制不同的分界线。例如，质量=0.4 的垂直分界线，质量+粗糙度=5 的斜线分界线等。再计算间隔，即直线到两类点的最小距离的两倍。例如，对于质量=0.4 的垂直分界线，最近的苹果点（即图 6-9 中的红点）是 (0.25,5)，最近的橙子点（即蓝点）是 (0.5,7)，间隔=0.5-0.25=0.25。

SVM 通过优化算法不断尝试，最终找到最优分界线。本例中为质量=0.4 的垂直分界线，间隔为 0.25，支持向量为离分界线最近的 (0.25,5) 和 (0.5,7)，它们决定了分界线的位置。

（3）处理非线性数据。

假设新增数据如表 6-9 所示。引入新特征后的数据如表 6-10 所示。

表 6-9　新增数据

样本编号	质量（归一化）	表皮粗糙度	类别
7	0.6	4	苹果
8	0.3	8	橙子

表 6-10　引入新特征后的数据

样本编号	质量（归一化）	质量的平方	表皮粗糙度	类别
1	0.0	0	3	苹果
2	0.15	0.0225	4	苹果
3	0.25	0.0625	5	苹果
4	0.5	0.25	7	橙子
5	0.75	0.5625	8	橙子
6	1.0	1	9	橙子
7	0.6	0.36	4	苹果
8	0.3	0.09	8	橙子

新增数据导致原分界线（质量=0.4）无法正确分类，样本 7 被误判为橙子，样本 8 被误判为苹果。解决方案是，使用核函数将数据映射到更高维空间。例如，引入新特征"质量的平方"，将二维数据升到三维。在三维空间中，数据可能变得线性可分，其三维可视化如图 6-10 所示。

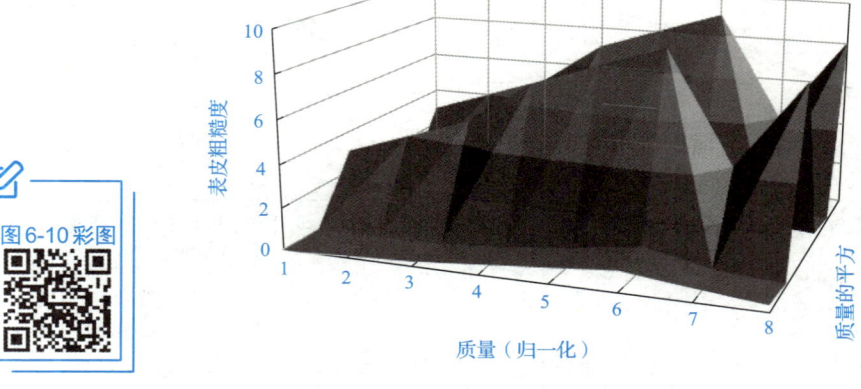

图 6-10 三维可视化

可见，在三维空间中，"苹果"集中在低质量、低粗糙度区域，而"橙子"则集中在高质量、高粗糙度区域。分界线变成一个平面，假设求得为：质量（归一化）+质量的平方-粗糙度=0 的平面。再反映射（inverse mapping）到原始二维空间，分界线表现为一条曲线。

6.4.3 K-means 算法

K-means 是一种经典的无监督学习算法，主要用于将数据点分组为 K 个簇，目标是让同一簇内的数据点相似度高，不同簇之间的相似度低。

1. 基本步骤

（1）随机初始化。从数据中随机选择 K 个点作为初始聚类中心。
（2）分配数据点。计算每个数据点到所有聚类中心的距离，将其分配到最近的簇。
（3）更新聚类中心。重新计算每个簇的平均值，作为新的聚类中心。
（4）迭代优化。重复步骤（2）和（3），直到聚类中心不再变化或达到最大迭代次数。

K-means 算法常用于市场细分、图像分割、异常检测等领域。其优点是计算效率高，适合大规模数据，实现简单，易于理解。其缺点是需预先指定 K 值，对初始聚类中心的选择敏感，可能陷入局部最优。

2. 案例解析：分糖果

假设买了一大袋混装糖果，里面有红、黄、蓝 3 种颜色的糖果，拟把这些糖果分成 3 堆，使得每一堆里的糖果颜色尽量相同。

（1）随机初始化聚类中心。

把袋子里的糖果都倒在桌子上，随意挑出 3 颗，分别放在桌子的 3 个不同位置。这 3 颗糖果就相当于 K-means 算法里初始随机选定的聚类中心。假设挑出的 3 颗糖果分别是浅红色、亮黄色和深蓝色。

（2）分配其他糖果到最近的聚类中心。

拿起第一颗糖果，观察它和初始挑出的那3颗糖果颜色的接近程度。若这颗糖果是桃红色，它和浅红色糖果的颜色最接近，则把这颗桃红糖果放到浅红色中心糖果的旁边。

再拿起下一颗糖果，若是柠檬黄色，它和亮黄色糖果的颜色最接近，就把它放到亮黄色中心糖果的旁边。

按照这样的方法，依次把袋子里剩下的所有糖果都分配到离它颜色最近的中心糖果旁边。这样，桌子上就初步形成了3堆糖果。

（3）更新聚类中心。

接下来，要重新确定每一堆糖果的"代表颜色"。

对于放着桃红色等红色系糖果的一堆，仔细观察这些糖果的颜色，在心里想象出它们颜色的一个中间状态，把这个中间颜色当作这一堆糖果的新的"代表颜色"。然后从这一堆糖果里挑出一颗最接近这个中间颜色的糖果，把它移动到这一堆的中心位置，这颗新的糖果就成了这一堆糖果的新的聚类中心。

同样地，对放着黄色系糖果和蓝色系糖果的另外两堆，也分别找出它们颜色的中间状态，挑出最接近中间颜色的糖果作为新的聚类中心。

（4）再次分配糖果到新的聚类中心。

以新的3颗中心糖果为标准，再次拿起每一颗糖果，判断它和新的中心糖果颜色的接近程度，然后把它重新分配到离它最近的新的中心糖果旁边。

注意，这个过程可能会让一些糖果从原来的堆里移动到另一个堆里。

（5）迭代。

不断重复步骤（3）和（4），每一次重复后，每一堆糖果的颜色会越来越接近。直到某一次操作后，所有的糖果都不再需要移动到其他堆里，也就是说，每一颗糖果都已经在离它颜色最近的聚类中心所在的堆里，而且聚类中心也不再发生变化，这时就可以停止这个过程了。

（6）结果。

最终，桌子上形成了3堆糖果，每一堆里的糖果颜色都很接近，不同堆之间的糖果颜色差异明显。相当于 K-means 算法把数据分成了不同的簇，同一簇内的数据相似度高，不同簇内的数据相似度低。

3. K-means 算法可能遇到的问题

（1）初始中心选择不当。

例如，初始选了3颗红色糖果，导致所有糖果都被错误地分到红色堆。解决方法是重新随机选择初始中心。

（2）颜色边界模糊。

例如，某颗糖果的颜色介于红和蓝之间，如紫色，可能在多次迭代中被反复分配。解决方法是通过多次迭代让中心点逐渐调整，最终确定归属。

（3）K 值选择。

例如，如果实际颜色只有红、蓝两种，但选了 $K=3$，可能出现一个空堆。解决方法是用手肘法等方法确定最佳 K 值，如尝试不同堆数，观察颜色均匀度。

6.5 机器学习的应用领域

机器学习作为人工智能的核心技术,正从单一任务向通用智能演进,其跨领域协同重塑了人类社会的生产生活方式,几乎渗透到所有行业。

6.5.1 自然语言处理

机器学习在自然语言处理的核心应用场景与技术突破主要体现在以下几个方面。

1. 机器翻译

所谓机器翻译,是指通过计算机技术自动将一种自然语言(如汉语)转换为另一种自然语言(如英语)的过程。这是人工智能、语言学和计算机科学交叉的领域,旨在突破语言障碍,实现跨语言交流。机器翻译已从统计机器翻译,发展到 Transformer 架构,再到多语言大模型。

当前,机器翻译在通用领域已接近人类水平,但在文学、学术等复杂场景中仍需与人工译后编辑结合使用。机器翻译面临的主要挑战有 4 个:一是语义歧义,如"He saw a bat",需结合上下文判断是"蝙蝠"还是"球棒";二是文化差异,谚语、双关语等难以直译;三是专业领域,医疗、法律等术语需定制化训练数据才能保证准确性;四是低资源语言,小语种缺乏足够双语数据,翻译质量受限。

(1)语义歧义的机器学习方案。

Transformer 模型引入自注意力机制,动态计算词与词之间的关联权重,捕捉长距离依赖。例如,句子"He ate a date with her."中,模型通过上下文判断"date"应译为"椰枣"而非"日期"。

也可以使用 BERT 等预训练模型,生成包含上下文信息的词向量,提升歧义消解能力。联合训练翻译与语义角色标注,增强语义理解。

(2)文化差异的机器学习方案。

文化差异导致直译结果的文化冲突或语义丢失。机器学习方案是,注入外部知识,将常识知识库融入模型,辅助文化特定表达的理解;或者进行对抗训练,提升译文的本地化程度;或者人工反馈强化学习,收集人工对翻译质量的评分,通过强化学习优化生成策略。

(3)专业领域的机器学习方案。

通用模型在专业领域表现不佳。机器学习方案是,在该领域进行微调,即在通用模型基础上,用少量领域数据(如医学论文)继续训练;或者在动态领域适配,即在训练时注入领域标签,如"法律""科技"等,推理时根据输入自动选择适配模式;或者进行数据增强,通过术语替换、句法变形生成领域相关数据,如将"合同"替换为"协议",增强法律语料。

(4)低资源语言的机器学习方案。

小语种缺乏大规模双语语料库。机器学习方案是,采用多语言联合训练,训练一个模型支持多语言互译,共享参数以迁移知识;或者利用单语数据生成伪双语数据,即训练初始模型将目标语言(如藏语)翻译为高资源语言(如英语),将藏语单语句子翻译为英语,再反向译回藏语,形成"伪平行语料";或者零样本翻译,即让模型理解语言间的潜在关系,实现未见过语言对的翻译,如汉语与傣语互译,无须直接训练数据。

2. 情感分析与舆情监控

机器学习在情感分析与舆情监控中的应用已成为企业、政府和学术界的重要工具，尤其在社交媒体和互联网数据爆炸式增长的现代背景下。

（1）情感分析。

① 文本情感分类。通过监督学习，使用标注数据集（如正面、负面评论）训练分类模型，对用户评论、推文、新闻等文本进行情感极性判断。通过深度学习，捕捉上下文语义，处理复杂表达，如判断出"这手机好到让人想哭"为正面情感。通过细粒度分析，区分情感强度或针对特定实体的情感。

② 情感演化追踪。结合时间序列分析，监测公众对某事件的情感变化，如新产品发布后的口碑波动等，辅助企业调整策略。

（2）舆情监控。

① 热点发现与追踪。通过无监督学习（如聚类算法），自动识别社交媒体中的突发话题，如某品牌的质量问题讨论等。利用图神经网络建模信息扩散网络，定位关键传播节点，如某媒体账号等。

② 危机预警与应对。实时监测负面情感激增事件，触发预警机制。例如，某汽车品牌通过舆情系统在 1 小时内发现用户对刹车问题的集中投诉，迅速启动召回流程。

③ 观点摘要与可视化。基于文本生成技术（如 GPT 系列），自动生成舆情报告，提炼核心观点并可视化情感分布，如词云、热力图等。

情感分析与舆情监控的应用很广泛。例如，在企业领域，某电商平台通过 BERT 模型分析用户评论，发现"物流慢"是差评主因，通过优化配送后，差评率下降 40%；在政府应用方面，某市利用舆情监控系统实时捕捉"自来水异味"讨论，2 小时内启动应急检测，避免恐慌扩散。

综上所述，机器学习不仅提升了情感分析的准确性，还通过自动化处理海量数据，使舆情监控从"事后应对"转向"事前预警"，成为数字时代决策的关键支撑。

3. 智能问答与对话系统

机器学习在智能问答与对话系统中的应用是自然语言处理领域的核心方向之一，其技术演进已从早期的规则系统发展到如今基于大模型的生成式交互。

（1）智能问答系统。

① 基于知识库的问答。通过知识库，利用语义匹配模型解析用户问题，检索并生成精准答案。例如，医疗问答系统，通过链接医学知识图谱，可以回答"糖尿病患者的饮食禁忌有哪些？"。

② 开放域问答。依赖大规模预训练模型直接生成答案，无须特定知识库。例如，用户问"如何制作烤鸭？"，模型会基于训练数据生成详细的步骤说明。

③ 多模态问答。结合文本、图像、视频等数据，利用多模态模型回答复杂问题。例如，用户上传鞋子的图片后问"这款鞋的材质是什么？"，模型能结合文字和图片给出令人较满意的答案。

（2）对话系统。

① 任务型对话系统。用分类模型对用户意图进行分类，如是"订机票"还是"查天气"。通过序列标注模型提取关键参数，如日期、目的、事项等。基于强化学习确定系统的响应策

略,如直接确认信息,还是继续追问问题的细节等。例如,银行客服机器人可以引导用户完成转账操作。

② 闲聊式对话系统。依赖生成式模型模拟人类对话,注重上下文连贯性和情感表达。例如,用户说"今天好累",系统可能回应"您辛苦了,听首歌放松一下?"。

(3) 多轮对话理解。

利用注意力机制或记忆网络跟踪对话历史,可实现多轮深层次对话。例如,用户提出"推荐一部科幻电影",系统回答"《星际穿越》如何?",用户反馈"看过了",系统再推荐"那试试《沙丘》?"。

综上所述,机器学习驱动的智能问答与对话系统,正从"工具"演变为"协作者",其核心价值在于降低服务成本、提升响应效率、扩展交互场景。随着大模型与垂直领域知识的深度结合,未来的对话系统将更加拟人化、专业化、可信化。

6.5.2 计算机视觉

机器学习在计算机视觉领域的应用已经渗透到众多场景,其核心是通过算法让计算机"看懂"图像或视频内容,推动计算机视觉从"感知"走向"认知"。

1. 图像分类

机器学习在图像分类中的应用是计算机视觉领域的核心任务之一,通过从图像数据中学习特征与类别间的映射关系,实现图像的自动化分类。

(1) 特征工程方面的应用。

传统方法是人工设计特征,耗时且依赖专家经验,如人脸识别需手动标注眼睛间距、鼻梁角度等,误差率高。而机器学习可以自动进行特征提取,如卷积神经网络通过卷积核自动学习边缘、纹理等特征。ResNet 在 ImageNet 图集中通过多层卷积,无须人工定义即可识别动物毛发,与背景进行区分等。

同时,机器学习可以实现降维处理,如通过主成分分析来压缩数据维度,但保留了关键信息。例如,在半导体晶圆缺陷检测中,将 10 万维图像数据压缩至 500 维,训练速度可提升 8 倍。

(2) 模型训练方面的应用。

传统分类器在处理高维图像数据时,效果不佳。而机器学习的端到端学习可以实现"原始像素→分类结果"的直接映射。

迁移学习在预训练模型基础上微调,仅需少量数据即可适应新任务,如在医疗领域仅用 200 张皮肤癌图像微调模型,其诊断准确率就超过 85%的皮肤科医生。通过对抗训练增强模型鲁棒性,如在自动驾驶方面,采用对抗训练使系统在雨雾中保持 98%以上的交通标志识别率。

(3) 优化策略方面的应用。

① 破解过拟合。通过随机旋转、裁剪等操作,使训练样本量虚拟扩大 10 倍以上。例如,在农业领域,采用数据增强技术处理不同光照下的农作物图像,使虫害识别率大幅提高。采用正则化技术 Dropout 随机关闭神经元,防止模型依赖局部特征。

② 效率提升。通过量化压缩,将 32 位浮点参数转换为 8 位整数,大幅缩小模型体积,适用于在手机端部署。通过知识蒸馏,可在保持 95%准确率的同时速度提升 3 倍以上,如

海康威视监控摄像头，通过蒸馏模型实现实时人脸分类，功耗降低60%以上。

综上所述，机器学习在图像分类中不仅体现为最终的分类器，而且贯穿"特征学习→模型构建→效率优化→决策深化"的全链条，使得机器学习能够取代人工设计，突破维度灾难，实现动态进化，推动场景创新。

2. 目标检测

目标检测是计算机视觉的核心任务，需同时完成物体定位和分类。其应用主要集中在以下两个方面。

（1）候选区域生成。

传统方法是通过滑动窗口遍历所有可能位置，计算量大。而机器学习引入神经网络自动生成候选框，实现从"穷举搜索"到"智能筛选"的突破。例如，Waymo自动驾驶系统实时生成车辆或行人候选区域，处理延迟小于10ms。

（2）特征提取。

传统手工特征提取难以适应复杂场景，如遮挡、光照变化等情况。而机器学习采用多尺度特征融合，检测深层语义信息与浅层细节，小目标检测精度大幅提升。例如，Maxar公司检测3m分辨率图像中的车辆，漏检率从15%降至3%。Transformer引入注意力机制，动态聚焦关键区域，在CrowdHuman密集人群数据集上的检测效率提升了12%。

3. 人脸识别

人脸识别是通过分析人脸特征完成身份验证或识别的技术。人脸识别依赖机器学习实现从原始数据到语义理解的跨越。

（1）人脸检测。

传统方法依赖手工设计的边缘特征，对遮挡、光照敏感等处理不够好。而机器学习可以联合检测人脸框和关键点，准确率和速度大大提高，可以实时处理视频流，如支亻宝刷脸支付、门禁系统等。

（2）特征提取。

传统方法的局限是仅能捕捉全局线性特征，跨姿态泛化能力差。而机器学习采用深度度量学习，识别准确率甚至超越人类水平，在安防领域应用广泛。

（3）活体检测。

传统方法的漏洞是使用2D照片或视频回放，可破解防御系统。而机器学习通过多模态融合，如结合"RGB+红外+深度信息"等，对攻击拦截率高达99.99%。例如，在金融领域，通过时序行为分析，如要求用户完成眨眼或摇头等动作，分析动作的连贯性，抵御3D面具攻击。

6.5.3 机器人领域

机器人系统依赖机器学习，实现了环境感知、运动控制等核心能力。

1. 环境感知

传统方法是基于几何模型，在动态场景中失效率较大。而机器学习通过语义分割和多传感器融合，使机器人理解"可通行区域"与"障碍物"。例如，亚马逊仓储机器人能实时检测货架空隙，拣选效率大幅提升。

2. 运动控制

通过强化学习，训练机器人的抓取和摔倒恢复动作，提升对复杂地形的适应能力。通过层级强化学习，训练机器人的规避→瞄准→射击等空战策略。

通过模仿学习（如行为克隆），达·芬奇手术机器人通过解析外科专家操作视频学习缝合动作，手术误差优于人类外科医生。

多模态学习——突破单一感官的认知边界

人类通过视觉、听觉、触觉等多通道感知世界，而人工智能正通过多模态学习技术逐步逼近这种综合感知能力。这项融合文本、图像、语音等多种数据的技术，正在重塑人工智能的认知范式，推动其从"单能"走向"全能"。

1. 多模态学习的核心逻辑

多模态学习的本质是建立跨模态语义关联。以经典模型 CLIP（contrastive language-image pret-raining，对比式语言-图像预训练）为例，它通过 4 亿图文对训练，将图像和文本映射到同一向量空间。当输入"戴墨镜的北极熊"这一文本时，CLIP 能准确匹配未见过的相关图像，展现出惊人的零样本学习能力。这种跨模态对齐技术，就像为不同语言的单词建立通用翻译系统，让人工智能突破单一模态的认知局限。

2. 技术架构的三重进化

多模态模型的发展经历了 3 个阶段。早期融合架构将不同模态数据直接拼接，如 Faster R-CNN+LSTM 处理图文数据。晚期融合架构独立编码后整合，如 BERT+ViT 的协同工作。最新的混合融合架构采用动态注意力机制，如 Flamingo 通过交叉注意力动态分配图文权重。这种架构演进使模型参数效率提升 30%以上，训练成本显著降低。

3. 应用场景的突破性进展

在智能驾驶领域，特斯拉 FSD 通过多模态 BEV 网络融合摄像头、激光雷达与高精地图数据，将紧急制动准确率提升至 99.2%。在医疗领域，腾讯觅影系统结合胸部 CT 图像与电子病历文本，在肺癌筛查中 AUC 值达到 0.98，超越资深医师水平。在文化创意领域，Stable Diffusion 等文生图工具让普通人也能创作出专业级插画。

4. 技术突破与伦理挑战

多模态学习面临三大核心挑战：数据对齐难题需要结合合成数据与主动学习技术；模型效率优化通过参数高效微调（如 QLoRA）将微调成本降低 90%；跨模态推理能力则依赖工具增强学习与思维链技术。同时，生成式内容的真实性验证、隐私保护等伦理问题，需要数字水印、联邦学习等技术手段加以应对。

在技术革命的浪潮中，多模态学习正推动人工智能从"感知"走向"认知"。随着 Google Gemini 等原生多模态架构的出现，人工智能或将实现更自然的人机交互。这场技术变革不仅需算法创新，更需要数据生态、算力基建与伦理框架的协同发展。作为未来的科技探索者，年轻一代将见证人工智能如何突破感官界限，开启认知智能的新纪元。

本章习题

一、填空题

1. 机器学习的核心目标是让计算机通过_____自动改进性能。
2. 监督学习是利用带_____的数据训练模型。
3. 过拟合是指模型在训练数据上表现优异，但_____能力不足。
4. 符号主义阶段的代表技术是_____，统计学习阶段的代表算法是_____。
5. 支撑机器学习的三大核心要素是_____、_____和_____。

二、选择题

1. 机器学习与传统编程的核心区别是（　　）。
   A. 机器学习依赖人工规则　　　　　B. 机器学习通过数据自动学习规律
   C. 传统编程无法处理大数据　　　　D. 机器学习仅用于分类任务
2. 监督学习的典型任务是（　　）。
   A. 聚类分析　　　　　　　　　　　B. 降维
   C. 图像识别　　　　　　　　　　　D. 生成对抗网络
3. K-means 算法属于（　　）。
   A. 监督学习　　　　　　　　　　　B. 无监督学习
   C. 强化学习　　　　　　　　　　　D. 半监督学习
4. 以下哪个是深度学习阶段的标志性算法？（　　）
   A. 决策树　　　　　　　　　　　　B. 支持向量机
   C. 卷积神经网络　　　　　　　　　D. Q-learning
5. 过拟合的本质是（　　）。
   A. 模型复杂度不足　　　　　　　　B. 数据噪声过多
   C. 模型记忆了训练数据的细节　　　D. 特征数量不足

三、简答题

1. 简述机器学习的三大核心要素及其作用。
2. 监督学习与无监督学习的核心区别是什么？各举一个应用场景。
3. K-means 算法的基本步骤有哪些？为什么需要迭代更新聚类中心？
4. 简述机器学习的四个发展阶段。

第7章 智能感知

【知识结构】

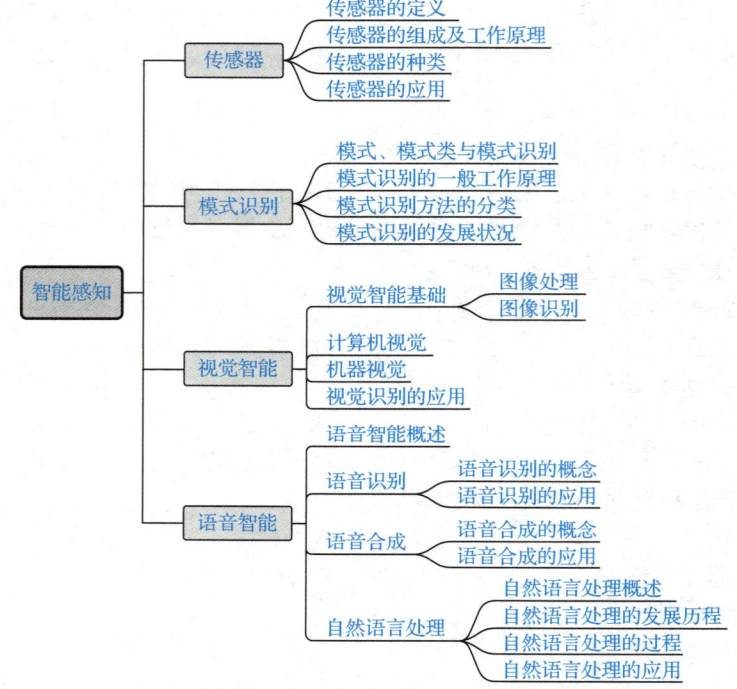

【教学目标】

掌握传感器的概念及分类，了解传感器在人工智能中的应用方向；掌握模式识别的概念、模式识别的过程；掌握图像表示和视觉表示，理解图像处理、视觉处理过程，了解视觉识别的应用与方法；掌握语音的概念，理解语音合成、语音识别的过程，了解语音识别的应用；掌握自然语言处理的概念，理解自然语言处理的过程及相关技术。

【教学重点】

1. 传感器的概念、分类及应用。
2. 模式识别的概念、模式识别的过程。
3. 视觉识别的方法与实现过程。
4. 语音合成、识别的方法与实现过程。
5. 自然语言处理的概念、语言处理的一般过程及相关技术。

第 7 章
智 能 感 知

□【教学难点】

1. 传感器的组成与工作原理。
2. 模式识别的实现。
3. 视觉智能的实现。
4. 语音合成、语音识别的实现。
5. 自然语言处理的实现技术。

□【案例导入】

智能感应技术在智慧农业中的应用

正所谓："国以民为本，民以食为天"。党的二十大报告中也指出，要"建成现代化经济体系，形成新发展格局，基本实现新型工业化、信息化、城镇化、农业现代化"。农业作为国民经济的基础，为人类提供了生存所必需的食品和其他农产品。传统农业生产需要大量的人力进行耕种与维护，而现代农业可以做到仅需一部手机或电脑和少量的人工就可以完成大片的农田管理与维护。

山东寿光现代农业高新技术试验示范基地利用人工智能技术实现了温室集群智控可视化管理。

重庆市长寿区的伏羲农场内的第三代智能农机可以通过多种传感终端对土壤、环境和作业情况进行精准感知，并将数据传输到中央控制平台，支持高效精准作业。

山东潍坊依托 AI+5G 种植系统，利用物联网传感器和系统内置种植数据模型，自动调节作物生长环境，实现西红柿数字化种植。

以上案例展示了智能感应技术在智慧农业中的多样化应用，从精准灌溉到全程追溯，再到智能化的田间管理，智能感应技术正助力农业向现代化、智能化方向发展。

智慧农业技术助力麦田春管

通过前面的学习，我们已经了解到人工智能就是通过模拟人的行为，使机器具有人的行为和能力。而感知是人类认识世界的起点，也是人类智能发展的基础。人类通过感觉器官（如眼睛、耳朵、鼻子、皮肤等）接收外界信息，这些信息经过大脑的加工和处理，形成对世界的认知和理解。目前，普遍认为智能应具有感知能力、记忆与思维能力、学习能力和行为能力这 4 种能力。试想，机器人要完成各种任务，如果不能实时地了解自己的状态，自己的位置以及相关的变化就不可能完成相关的任务与活动（如自主运动、自主决策等）。也就是说，机器人需要通过各种不同功能的感知元件来收集各种不同性质的信息，然后通过对这些信息的处理来获得对信息的理解。本章将从机器感知入手，介绍人工智能如何让机器具有感觉、知觉，再到认知能力的实现。

7.1 机器人的感知基础——传感器

7.1.1 传感器的定义

人类靠感觉器官感知世界。人类主要通过五官（眼、耳、鼻、舌、身）对应的五感，即视觉、听觉、嗅觉、味觉、触觉，来直接感受周围事物的变化并获取信息，同时对感受到的信息进行加工、处理，从而调节人类的行为活动。人类能够感知的信息多种多样，如温度、湿度、压力等，这些信息通常采用不同的物理量表示，表示形式也各不相同。而信息处理设备一般只能处理数字信息，同时一些受控设备又只能接收模拟信息。因此，信息处理设备需要对感知并存储的信息进行一些转化。这个转化部件，就称为传感器。

通俗地讲，传感器就是通过敏感元件来感知物体的某一种信息，并转换为计算机或其他电子设备能识别的信息的工具。

7.1.2 传感器的组成及工作原理

1. 传感器的组成

国家标准《传感器通用术语》（GB/T 7665—2005）对传感器的定义为：能感受被测量并按照一定的规律转换成可用输出信号的器件或装置，通常由敏感元件和转换元件组成。传感器的结构如图 7-1 所示。

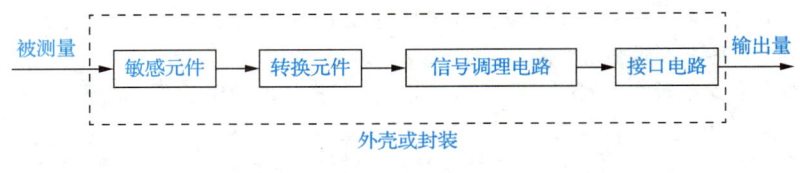

图 7-1 传感器的结构

（1）敏感元件。敏感元件是传感器的核心部分，它直接与被测物体的物理量接触，并能够对这些物理量产生响应。例如，温度传感器的敏感元件可能是一种随温度变化而变化的电阻。

（2）转换元件。转换元件的作用是将敏感元件检测到的物理量转换成电信号。这涉及机械过程、化学过程、电磁转换或光电转换过程。

（3）信号调理电路。信号调理电路用于处理转换元件产生的电信号，以便于进一步地分析和控制。其包括信号的放大、滤波、模数转换等功能。

（4）接口电路。接口电路允许传感器与其他系统（如微控制器、计算机）进行通信，主要完成两个部件间信号量的电气规范的适配。

（5）外壳或封装。外壳或封装保护传感器内部的元件不受环境因素的影响，如湿度、温度、灰尘和机械冲击等。

2. 传感器的工作原理

传感器的工作原理可以简单概括如下。

（1）检测：利用敏感元件检测被测物体的物理量，如温度、压力、光强、湿度、高度等。

（2）转换：将敏感元件检测到的物理量由转换元件转换成电信号。

（3）调理：信号调理电路对电信号进行放大、量化等处理，以便于使用。

（4）输出：处理后的信号通过接口电路输出到相关系统进行进一步处理。

在某些系统中，传感器的输出可能会被用来控制或调节被测量，形成一个闭环控制系统。

7.1.3 传感器的种类

传感器的存在和发展，让物体有了触觉、味觉和嗅觉等感觉，让物体"活"了起来。传感器的种类很多，分类方法也有很多。按传感器的基本感知元件可分为热敏元件、光敏元件、气敏元件、力敏元件、磁敏元件、湿敏元件、声敏元件、放射线敏感元件和味敏元件等；按被测量参数可分为温度传感器、湿度传感器、速度传感器等；按测量原理可分为应变式传感器、电涡流式传感器、热敏传感器等。下面对传感器按工作原理和用途进行分类说明。

1. 按工作原理分类

（1）电阻式传感器，特性是利用电阻参数的变化实现信号转换，主要应用案例为电阻应变片，如图7-2（a）所示。

（2）电容式传感器，特性是利用电容参数的变化实现信号转换，主要应用案例为电容传感器，如图7-2（b）所示。

（3）电感式传感器，特性是利用电感参数的变化实现信号转换，主要应用案例为电感传感器，如图7-2（c）所示。

（4）热电式传感器，特性是利用热电效应实现信号转换，主要应用案例为热敏电阻，如图7-2（d）所示。

（5）压电式传感器，特性是利用压电效应实现信号转换，主要应用案例为压电式传感器，如图7-2（e）所示。

（6）磁电式传感器，特性是利用电磁感应原理实现信号转换，主要应用案例为磁电式传感器，如图7-2（f）所示。

（7）光电式传感器，特性是利用光电效应实现信号转换，主要应用案例为光敏电阻，如图7-2（g）所示。

（8）光纤式传感器，特性是利用光纤特性参数的变化实现信号转换，主要应用案例为光纤传感器，如图7-2（h）所示。

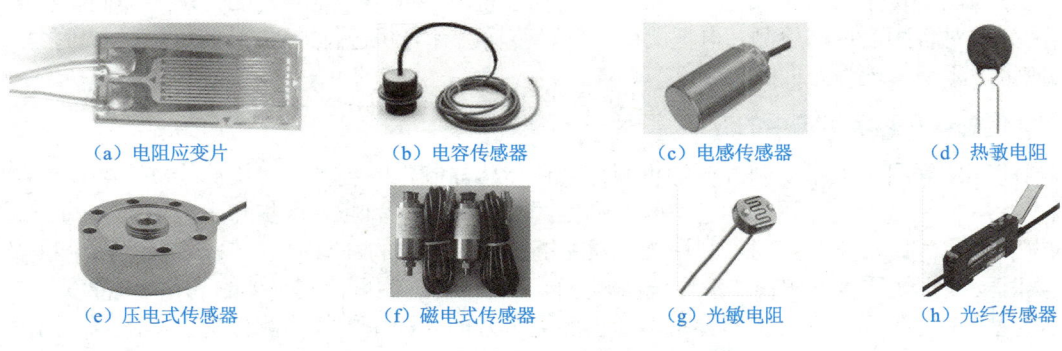

图7-2　按工作原理分类的传感器

2. 按用途分类

按传感器的用途分类，可以分为测温度的温度传感器、测压力的压力传感器、测流量的流量传感器、测位移的位移传感器、测角度的角度传感器、测加速度的加速度传感器、测气体的气体传感器、测雨滴的雨滴传感器、测声音的声音/语音传感器、测颜色的颜色/色标传感器、测位置的位置传感器、测物体接近程度的接近传感器等，如图7-3（a）～（l）所示。

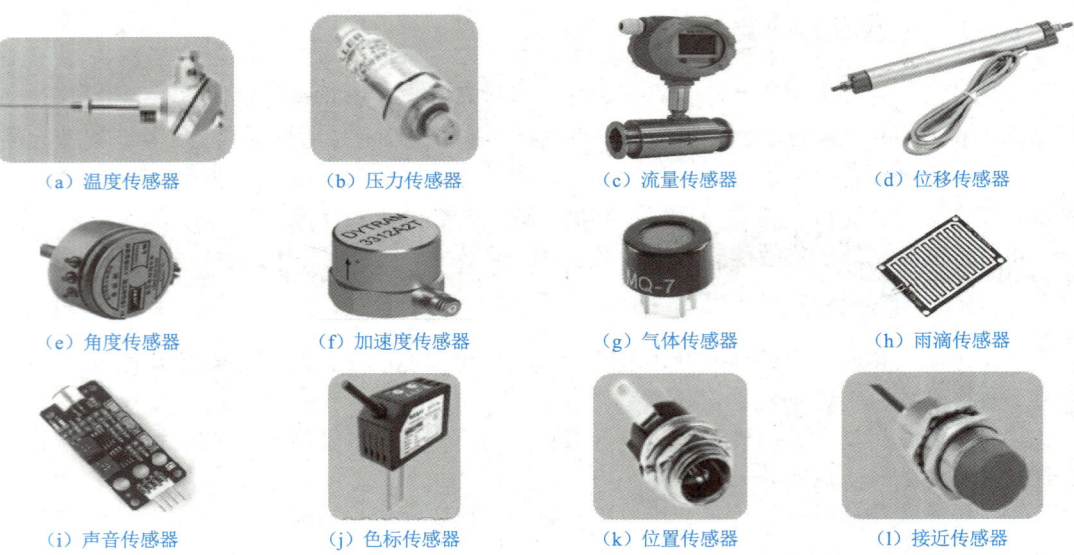

图 7-3 按用途分类的传感器

7.1.4 传感器的应用

随着计算机、现代通信、生产自动化、遥感、航空等科技的发展，各行各业对传感器的需求与日俱增，其应用已渗透到人们的日常生活中以及国民经济的各个领域。下面来了解一下传感器在行业中的实际应用。

1. 传感器在工业控制中的应用

传感器在工业控制中的应用非常广泛，是当今科技产业、新技术革命和信息社会的重要技术基础，一切现代化仪器、设备几乎都离不开传感器。在化工、机械、电子等行业中，传感器在各自的工位上担负着相当于人类感觉器官且超越了人类感觉器官的作用，它们能够根据需要完成对各种信息的检测，再把测得的信息传输给计算机进行处理，用以进行生产过程、产品质量、工艺管理等方面的控制。

2. 传感器在环境监测中的应用

当前环境问题越来越受到人们的重视，利用传感器制作的各种环境检测仪器在环境检测方面发挥着越来越大的作用，通过实时、精准的数据采集，为环境保护和生态治理提供了科学依据。在空气质量监测方面，利用传感器能够监测大气中的 PM2.5、二氧化硫等污染物浓度，实时反馈空气质量变化；在水环境监测方面，利用传感器可检测水体的 pH 值、浊度、重金属含量等关键指标，预警水质异常；在土壤监测方面，利用传感器能分析土壤湿度、温度及污染物渗透情况，助力农业生态保护。此外，结合物联网技术，传感器网络可实现多维度、全天候的环境数据动态追踪，为智慧城市、气候研究和环境政策制定提供数据支撑。随着技术的进步，微型化、智能化的传感器正推动环境监测向更高精度、更低成本的方向发展，成为守护绿水青山的重要科技力量。

3. 传感器在汽车行业中的应用

汽车的电子化和智能化离不开各种各样传感器。例如，电子稳定性控制系统中包括轮速传感器、陀螺仪及刹车处理器;车道偏离警告系统和盲点探测系统中包括雷达、红外线及光学传感器等;汽车发动机控制系统中包括温度传感器、压力传感器、冷却水传感器、燃油温度传感器、车速传感器等;汽车安全气囊系统、防盗装置等设施上也都应用到了传感器。近几年,随着科学技术的进步与发展,智能化辅助驾驶和无人驾驶技术获得重大突破,对传感器技术的应用也相应提出了更高的要求。

4. 传感器在医疗医学中的应用

医用传感器是应用于生物医学领域的传感器。它可以帮助医务人员对人体的体表及体内温度、血压、脉搏、心脑电波等进行准确的检测。另外,基于RFID(radio frequency identification,射频识别)的跟踪技术也应用到了病人的监护和管理中。医生可以利用医用传感器为病人进行健康检测。

5. 传感器在智能家居中的应用

传感器已普遍应用于现代家用电器中。例如,湿度传感器被应用于洗衣机、空调等家用电器中;温度传感器被应用于电饭锅、空调、微波炉等家用电器中。随着物联网技术的发展,出现了智能家居系统,而这更离不开传感器的使用。图7-4展示了一个智能家居系统,其中分布着各类传感器。

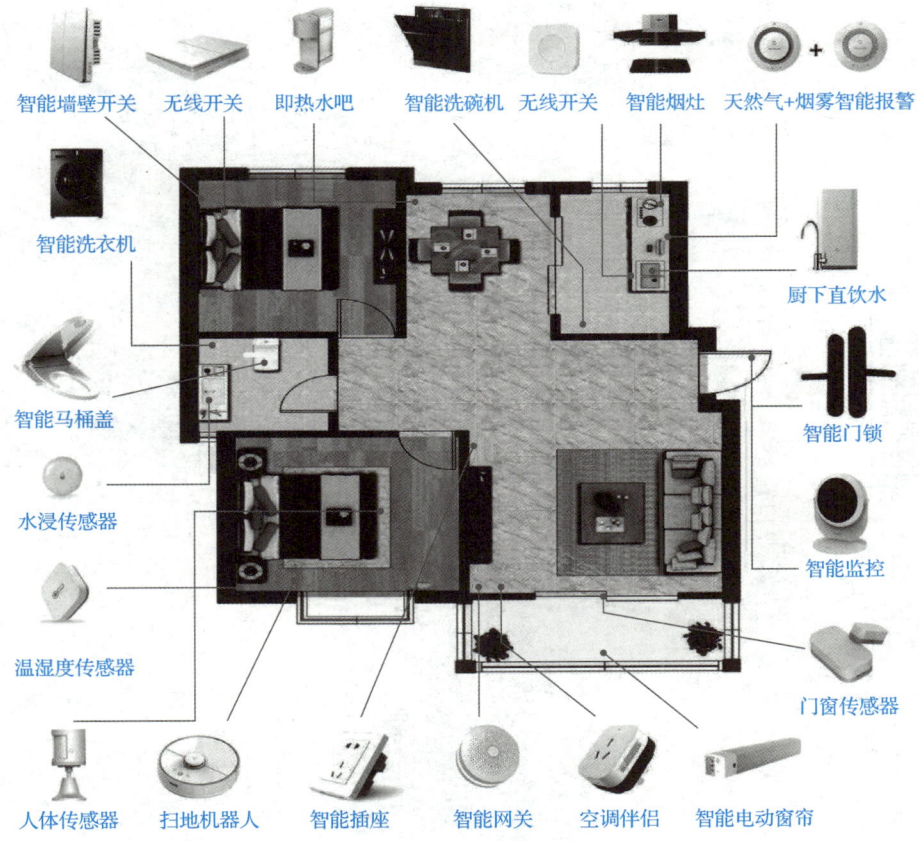

图 7-4 智能家居系统

6. 传感器在农业生产中的应用

智慧农业是集移动互联网、云计算和物联网技术为一体，依托部署在农业生产现场的各种传感节点和无线通信网络，来实现农业生产环境的智能感知、智能预警、智能决策、智能分析等功能，为农业生产提供精准化种植、可视化管理和智能化决策。环境检测是农业物联网的核心。在环境监测系统中使用了丰富多样的传感器，主要用来测量空气温度、空气湿度、土壤湿度、光照度、风力、二氧化碳浓度等多种农业生产指标。图 7-5 展示了传感器在智慧农业中的应用。

7. 传感器在机器人中的应用

机器人是人工智能的最终应用，要求其具有类似于人类的视觉功能、触觉反馈和运动协调能力，能够在极端环境中工作和能够对工作对象进行检测等。这主要是因为机器人身上安装了视觉传感器、光敏传感器、力觉传感器、触觉传感器、声学传感器等。这些传感器协调工作，为机器人提供详细的外界环境信息，使得机器人能够对外界环境的变化做出实时、准确、灵活的响应。图 7-6 所示为智能服务机器人。

图 7-5 彩图

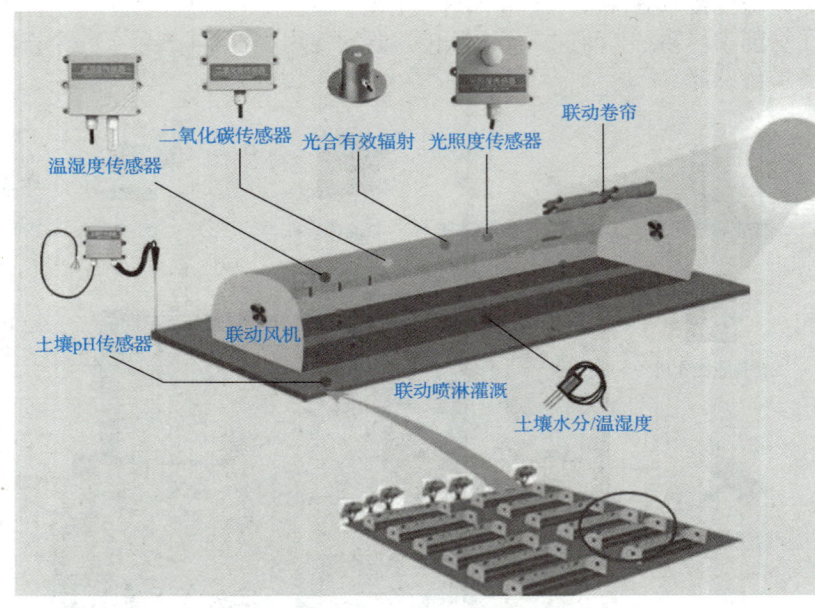

图 7-5 传感器在智慧农业中的应用

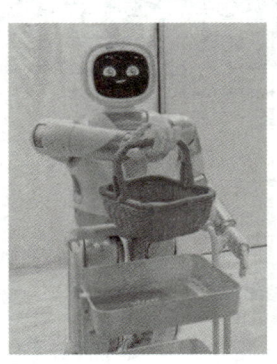

图 7-6 智能服务机器人

党的二十大报告提出，"推动战略性新兴产业融合集群发展，构建新一代信息技术、人工智能、生物技术、新能源、新材料、高端装备、绿色环保等一批新的增长引擎"，而要实现新一代信息技术与制造技术的融合发展，必须依靠传感器在各个环节的数据采集。未来，传感器将向可穿戴式应用、无人驾驶、医护与健康监测、工业控制等多个方面发展。

7.2 模式识别

人类从感知到记忆再到思维的这一过程称为"智慧"。智慧的结果是行为和语言，行为和语言的表现便称为"能力"。智慧与能力合称为"智能"。感知、记忆、思维、语言、行为的整个过程称为智能过程。

感知可分成感觉与知觉两个过程。古人云"有感而发"，指的就是只有感觉到了外界的事物或事物的状态，才能认识与表达该事物。传感器实现的是针对特定物理量的感觉，要实现人工智能还需要有知觉。实际生活中，对一个事物的认识必须综合多种感觉，从多个方面认识该事物，才能更精确地感知并利用这个事物。例如，通过光线、颜色、空间等进行视觉识别；通过音量、音色等进行语音识别。机器感知首先涉及对图形、图像、声音等信息的识别，为此发展出一门称为"模式识别"的学科。

模式识别（pattern recognition）是指对人类感知外界功能的模拟，使计算机系统具有模拟人类通过感官接收外界信息、识别和理解周围环境的感知能力。当前主要是对人类视觉和听觉的模拟，主要集中于图形、图像和语音识别。

7.2.1 模式、模式类与模式识别

在生活中，我们能够通过记住一些人的面部特征、身材特征或声音特质等，牢牢记住一个人，并在再次相见时认出他们。这是因为被识别的对象总具有一些属性或特征，而我们通过眼、耳等感觉器官了解到了某个人的一些独特属性或特征。认识其他对象也大致相同。例如，图形有长度、面积、颜色、边的数目等特征；声音有音量、音调、频率等特征。对象之间的差异就表现在这些特征的差异上。因此，可以用对象的特征来表征对象，这就是对象建模。另外，从结构方面来看，有些被识别对象可以看作由若干基本元素按一定的规则组合而成。例如，一个汉字是由若干基本笔画、偏旁部首组合而成；一个几何图形是由若干点、线条组合而成。因此，可以用一些基本元素的某种组合来刻画对象，这同样是对象建模。

由此，将能够表征或刻画被识别对象属性或特征的信息模型称为对象的模式（pattern）。有了模式，对实体对象的识别就转化为对其模式的识别。模式可以分成抽象和具象两种形式。前者如意识、思想等，属于概念识别研究的范畴；后者主要是对图片、文字、声音、符号等对象的具体特征进行辨识和分类。

人类对物体的认知与区分过程本质上是一种模式分类行为。通过分析可知，识别活动即是对目标对象的类属进行判定。以汉字识别为例，"土"字可能存在多种书写形态、尺寸差异或笔画变形，但人类仍能准确判定其属于"土"字类别。这种认知过程本质上是在确认观察对象是否符合特定类别的特征标准。同理，在人脸识别场景中，同一人物因拍摄角度、年龄变化或表情差异会产生不同影像，但这些视觉表征仍归属同一生物特征类别。当我们进行面部识别时，实质上是在将当前视觉输入与记忆中的类别模板进行匹配，通过特征比对确定其应归属的具体类别。这种分类机制既包含对新输入信息的特征提取，也涉及与已有类别特征的相似度计算，最终完成"当前观测→类别映射"的认知过程。

我们将具有某些共同特性的模式的集合称为模式类，而判定一个待识别对象的模式类的过程则称为模式识别，也称模式分类。模式识别是信息科学和人工智能的重要组成部分，也是人工智能较早研究的领域之一。

综上所述，实现模式识别的先决条件是要有相关的分类知识，而分类知识的获取主要依靠机器学习。所以，模式识别与机器学习关系密切，二者互相促进，相辅相成。因而，模式识别既是人工智能系统的组成部分，也是人工智能技术的应用领域。当前，模式识别技术已广泛应用于工业检测、人脸识别、文本识别、指纹识别、癌细胞识别、遥感数据分析等方面。

7.2.2 模式识别的一般工作原理

在上一小节中，我们已经知道模式识别就是判定一个待识别对象的模式类的过程。但是要判定一个对象的模式类，首先要有相应的模式类。在正式进行模式识别之前，要使计算机先具有相关模式类的知识。这种知识可以是一个类的标准模式（这是最直接、最自然的想法和做法），也可以是该类的判别条件（如判别函数或规则）等。有了相关模式类的知识，在遇到相应的模式时，计算机就可以根据这些知识来判定该模式的类别了。

模式识别的工作原理如图 7-7 所示。模式识别的过程包括相互关联的两个阶段：学习阶段，即分类知识的生成过程，对样本进行特征选择并寻找分类规律，这是一个纯粹的机器学习过程；实现阶段，即根据分类规律对未知样本集进行分类和识别，这一步才是真正的模式识别过程。

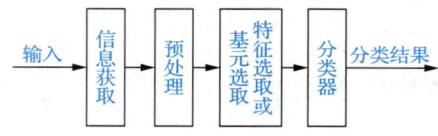

图 7-7　模式识别的工作原理

1. 信息获取

信息获取是采集被识别对象的原始信息，这些信息一般表现为光、声、热、电等形式的信号量。采集过程实际上就是利用各种传感器将这些信息转换为计算机可以接收的数值或符号集合。因此，这一步的关键是选择合适的传感器。

2. 预处理

在采集到信息后，需要对信息进行预处理，包括模数转换、消除模糊、减少噪声、纠正几何失真等操作。对信息进行预处理是消除或减少在模式采集中的噪声及其他干扰，人为地增强有用信号，以获得良好的识别效果。此外，采集到的原始信息的数据量往往很大。当把一个对象的原始信息作为对象的特征值时，将会形成维数很高的特征向量。例如，将摄像机拍摄到的物体图像表示为一个 256×256 灰度阵列，相当于一个 256×256 维向量。直接使用这种高维向量进行模式识别是十分困难的。因此，需要对原始信息进行适当处理（如计算或变换等），以降低其维数，从而形成对象的特征向量。

3. 特征选取或基元选取

已经形成的各类特征并非都是有用的或并非总是有用的。例如，颜色这个特征对于汽车的识别来讲就是无关紧要的。因为颜色固然可以作为汽车的一个特征，但它并非判断一个物体是否为汽车的关键特征。但如果识别的目的是要从众多的汽车中找出一辆特定的汽车，颜色就又变成必不可少的重要特征。也就是说，在模式识别时，还需要根据具体的识别目的对已知的对象特征进行选择。这一过程称为对象的特征提取和特征选择，在此统称为特征选取。特征选取是对建立对象的数量模式（即特征向量）而言的。对于建立对象的结构模式，也有一个类似的过程，该过程是分析、选择被识别对象的基本构造元素，一般称为基元提取和基元选择，在此统称为基元选取。特征选取或基元选取不是一次就可以完成的，需要不断地修改和完善。

4. 分类器

模式识别中的分类器的主要作用是将输入的数据或特征分配到预定义的类别中，从而实现自动分类和识别。分类器通过学习训练数据中的模式，能够根据输入的特征向量判断其所属的类别。分类器设计的基本要素包括以下几个。

（1）判别函数：这是分类器的基础，用于定义不同类别之间的边界。
（2）判别准则：确定分类器的设计目标，如最小化分类错误率。
（3）优化算法：搜索最优的判别函数参数。

7.2.3 模式识别方法的分类

从模式识别的原理可知，可以分别从待识别模式、分类知识和模式的表示形式3个层面对模式识别方法进行分类。

待识别模式可以表示为特征向量、字符串、树、图、模糊集合或软集合等。因此，模式识别方法可以分为面向特征向量的模式识别、面向字符串的模式识别、面向树的模式识别、面向图的模式识别，以及面向模糊集合或软集合的模式识别等。

利用原始样例可以发现的分类知识有模式类的标准模式、模式类的判别函数、模式类的统计决策等。据此，模式识别方法可以分为基于标准模式的模式识别、基于判别函数的模式识别、基于统计决策的模式识别等。

依据模式的表示形式，模式识别方法可以分为统计模式识别、结构模式识别。统计模式识别和结构模式识别是两种经典的模式识别方法，其技术比较成熟。

除此之外，还有模糊模式识别、软模式识别、神经网络模式识别等方法，近年来还出现了自适应模式识别、集成学习模式识别、仿生模式识别等方法。

7.2.4 模式识别的发展状况

随着深度神经网络和深度学习的出现和发展，神经网络模式识别发展迅猛，在计算机视觉（图像识别）和语音识别等方面取得了巨大的成功，展现出了良好的应用前景，已成为人工智能领域的一个研究热点。

当前，模式识别精度越来越高，已经基本可以满足实用要求。但是模式识别发展至今，人们的一种普遍看法是不存在对所有模式识别问题都适用的单一模型。虽然深度学习可以较好地解决大部分模式识别问题，但是对具体问题还是要寻找不同的深度学习模型才能获得更好的结果。例如，识别静态图像的模型和识别动态视频的模型就有很大区别。在实践中，针对具体问题把各种模型结合起来，或者采用集成学习（ensemble learning）是一种非常有效的途径。

7.3 视觉智能

对于人类而言,大部分信息的获取来自视觉。使机器能够像人一样"看见",从而获得对世界的感知、识别和理解能力,就是视觉智能。对人工智能来说,视觉智能被视为目前最有应用价值的人工智能技术,它能够使机器具备"从识人知物到辨识万物"的能力,从而看懂、理解这个世界。计算机视觉在深度学习的加持下,从过去的图像信息表达和物体识别阶段,跨越到采集、推理、决策一体化阶段,能够在公共安全保障、工业生产自动化、无人商业零售和交通与公共事务中发挥重要作用。

7.3.1 视觉智能基础

人类通过视觉系统来获取外界图像信息,当光辐射刺激人眼时,将会引起复杂的生理和心理变化,这种感觉就是视觉。人类视觉系统可以说是一种图像处理系统。视觉智能泛指使用计算机和数字图像处理技术实现对图像的识别与理解。在人工智能领域,图像处理技术是机器视觉智能的基础。或者说,视觉智能处理的是图像,处理的目的是图像识别。

1. 图像处理

图像处理也称数字图像处理(digital image processing)或计算机图像处理,是利用计算机技术与数学方法,对图像信号进行分析、加工和处理,以得到所需结果。数字图像是指用数码相机、扫描仪、计算机断层扫描(computed tomography,CT)仪、磁共振成像(magnetic resonance imaging,MRI)设备等经过采样和数字化得到的二维或多维数组,该数组的元素称为像素,其值是一个整数。图像处理技术一般包括图像变换、图像编码压缩、图像增强和复原、图像分割等,下面分别进行介绍。

(1)图像变换。

由于图像阵列很大,直接在空间域中进行处理涉及的计算量太大。因此,往往采用各种图像变换方法,如傅里叶变换、沃尔什变换、离散余弦变换等间接处理技术,将空间域的处理转换为变换域处理,不仅可减少计算量,而且可获得更有效的处理(如傅里叶变换可在频域中进行数字滤波处理)。目前新兴的小波变换在时域和频域中都具有良好的局部化特性,在图像处理中也有着广泛而有效的应用。

(2)图像编码压缩。

图像编码压缩可减少图像的数据量(即比特数),以节省图像传输、处理时间和减少所占用的存储器容量。压缩可以在不失真的前提下进行,也可以在允许一定失真的条件下进行。编码是压缩技术中的重要方法,它在图像处理技术中是发展最早且比较成熟的技术。

(3)图像增强和复原。

图像增强和复原的目的是提高图像的质量。图像增强不考虑图像降质的原因,而是突出图像中的某个部分。例如,强化高频分量,可使图像中的物体轮廓清晰、细节明显;强化低频分量,可减少图像中的噪声。图像复原要求对图像降质的原因有一定的了解,应根据降质过程建立降质模型,再采用某种滤波方法,恢复或重建原来的图像。

(4)图像分割。

图像分割是将图像中有意义的特征部分提取出来,如图像中的边缘、区域等。图像分割是数字图像处理中的关键技术之一，也是进一步进行图像识别、分析和理解的基础。虽然目前已研究出不少边缘提取、区域分割的方法，但是还没有一种普遍适用于各种图像的有效方法。因此，对图像分割的研究还在不断深入，是目前图像处理的研究热点之一。

2. 图像识别

图像识别是模式识别的一种，是指利用计算机对图像进行处理、分析和理解，以识别各种不同模式目标和对象的技术。图像识别是当前的热点，也是应用较成功的一个人工智能分支领域。目前，使用深度学习方法进行图像识别，其精度已经达到 95%以上，可与人眼相媲美。但其抗噪能力、泛化能力、抽象能力还与人眼有很大差距。

图像识别的目的是让计算机代替人类处理大量的图像信息，解决某些人类无法识别或识别率特别低的问题。从应用的方面来看，图像识别的发展主要经历了 3 个阶段。

(1) 文字识别阶段。该研究始于 20 世纪 50 年代，一般是识别字母、数字和符号，从印刷文字识别到手写文字识别，应用非常广泛。

(2) 数字图像处理和识别阶段。该研究始于 20 世纪 60 年代，数字图像与模拟图像相比具有存储和传输方便、可压缩、传输过程中不易失真、处理方便等优势，这大大促进了图像识别技术的发展。

(3) 物体识别阶段。物体识别是对三维世界的客体及环境的感知和认识，属于高级计算机视觉的范畴。它以数字图像处理与识别为基础，结合人工智能、系统学等学科的研究，在 2000 年以后发展迅速，其研究成果被广泛应用于智能工业及探测机器人上。

7.3.2 计算机视觉

视觉识别技术是人工智能的重要分支，通常被称为计算机视觉，涉及图像的采集、处理、分析和解释，用于识别和理解场景中的对象、事件和活动。计算机视觉的核心在于从现实世界中提取有用的信息，并将其转化为可操作的数据。

1. 认识计算机视觉

简单地说，计算机视觉是用计算机来模拟人通过视觉获取和处理信息的能力，即利用摄像机等图像传感器或光学传感器代替"人眼"，使计算机视觉系统拥有通过二维图像认知三维环境信息的能力。这种能力不仅包括对三维环境中物体形状、位置、姿态和运动等信息的感知，而且包括对这些信息的描述、存储、识别与理解。

计算机视觉的研究从 20 世纪 60 年代就已经开始了，但直到 20 世纪 80 年代随着计算机硬件性能的大幅提升及 Marr 计算视觉理论的提出，才有了突破性进展。Marr 计算视觉理论有两个核心论点：人类视觉的主体是重构可见表面的几何形状；人类视觉的重构过程可以通过计算来实现。

从与其他学科的关联性来说，计算机视觉是一门研究如何对数字图像或视频进行高层理解的、跨领域的交叉学科。它与计算机科学（图形处理、算法等）、数学、工程学、物理学（光学）、生物学（神经科学）和心理学（认知科学）等学科关系密切。许多科学家认为，计算机视觉为人工智能的发展开拓了道路。一方面，这些学科极大地受益于计算机视觉所带来的图像处理和分析功能；另一方面，这些学科所揭示的视觉认知规律对计算机视觉领域的发展起到了积极的推动作用。例如，深度学习就是受到了神经科学的启发而发展起来的。因此，对计算机科学与脑科学进行交叉研究，是非常有前途的研究方向。

2. 计算机视觉的主要任务

计算机视觉的内涵非常丰富，主要用于完成以下任务。

（1）目标检测、定位和跟踪，是指在图像或视频中发现和跟踪某一个或多个特定的目标，并给出其位置和区域。例如，使用算法判断图像中是不是同一辆汽车，首先要在图像中标记出汽车的位置，然后用红色方框把汽车框起来，这就是目标检测；然后判断汽车在图像中的具体位置，这就是目标定位；最后判断汽车下一时刻的位置，这就是目标跟踪。目前，目标检测、定位和跟踪在无人驾驶领域具有重要作用。

（2）目标分类和识别，是指将图像或视频中出现的一个特殊目标（或某种类型的目标）从其他目标（或其他类型的目标）中区分出来的过程。例如，识别画面中人的性别、年纪等，车辆的款式、型号等。

（3）场景分类与识别，是指从多幅图像中区分出具有相似场景特征的图像，并正确地对这些图像进行分类。场景识别是从给定的图像中识别出预先定义的场景。识别的结果既可以是具体的地理位置，也可以是该场景的名称，还可以是数据库中的某个相同的场景。

（4）事件检测与识别，是指对图像或视频中的人、物和场景等进行分析，识别人的行为或正在发生的事件（特别是异常事件）。例如，公共安全监控系统中出现的踩踏、打架斗殴等突发事件，道路监控系统中出现的闯红灯、逆行等违章事件。

（5）距离估计，是指计算图像或视频中的每个点与摄像机的物理距离。例如，在自动导盲系统中需要知道人与障碍物的距离。

（6）图像自动生成文字，是指为图像自动生成文字描述，即人们常说的"看图说话"，这是由深度学习发展而来的研究方向。

计算机视觉的研究内容还包括实时并行处理、主动式定性视觉、动态和时变视觉、三维景物识别与重构、运动分割与跟踪等。

3. 计算机视觉的技术途径

目前，计算机视觉的技术途径主要有以下两种。

（1）仿生学方法。即从分析人类视觉的过程入手，建立起视觉过程的计算模型，然后用计算机系统来实现。

（2）工程方法。即脱离人类视觉系统的约束，利用一切可行和实用的技术手段实现视觉功能。此方法的一般做法是，将人类视觉系统作为一个黑盒子对待，只关心对于某种输入，视觉系统将给出何种输出。

以上两种方法在理论上都是可行的，但人类视觉系统对应某种输入的输出到底是什么，这是无法直接测得的。由于人的智能活动是一个多功能系统综合作用的结果，即使得到了一个输入输出对，也很难肯定它是仅由当前的输入视觉刺激所产生的响应，而可能是一个综合作用的结果。因此，计算机视觉的研究具有双重意义。既可满足人工智能应用的需要，即利用计算机实现人工视觉系统的需要，将计算机视觉的各种成果安装在计算机和各种机器上，使计算机和机器能够具有"看"的能力；而视觉计算模型的研究结果反过来对于我们进一步认识和研究人类视觉系统本身的机理，甚至人脑的机理，也同样具有相当大的参考意义。现实的实现途径可能是两种方法的融合。

7.3.3 机器视觉

机器视觉同计算机视觉一样，是一门交叉学科。它涉及人工智能、神经生物学、物理学、计算机科学等诸多领域。机器视觉主要使用计算机模拟人的视觉功能，从客观事物的图像中提取信息，进行处理并加以理解，最终用于检测、测量和控制。机器视觉技术的特点是速度快、信息量大、功能多。

1. 机器视觉的基本概念

机器视觉是人工智能领域中发展迅速的一个重要分支。一般认为机器视觉是通过光学装置和非接触传感器自动地接收和处理一个真实场景的图像，通过分析图像获得所需信息并用于控制机器运动的装置，使机器能够"看得见""看得准"，可替代甚至胜过人眼所做的测量和判断，实现高分辨率和高速度的控制。

机器视觉的起源可追溯到 20 世纪 60 年代美国学者罗伯兹对多面体组成的积木世界的图像处理研究。20 世纪 70 年代，麻省理工学院人工智能实验室开设了机器视觉课程。20 世纪 80 年代，机器视觉研究热潮开始兴起，出现了一些基于机器视觉的应用系统。20 世纪 90 年代以后，随着计算机和半导体技术的飞速发展，机器视觉的理论和应用得到进一步发展。进入 21 世纪后，机器视觉技术的发展突飞猛进，已经大规模应用于多个领域，如智能制造、智能交通、医疗卫生、安防监控等。

常见的机器视觉系统主要分为两类。一是基于计算机的，如工控机或个人计算机；二是基于更加紧凑的嵌入式设备。典型的基于计算机的机器视觉系统主要包括光学系统、相机和计算机（包含图像采集、图像处理和分析、控制/通信）等单元，如图 7-8 所示。机器视觉系统对核心的图像处理要求算法准确、快捷和稳定，同时还要求系统的实现成本低，升级换代方便。

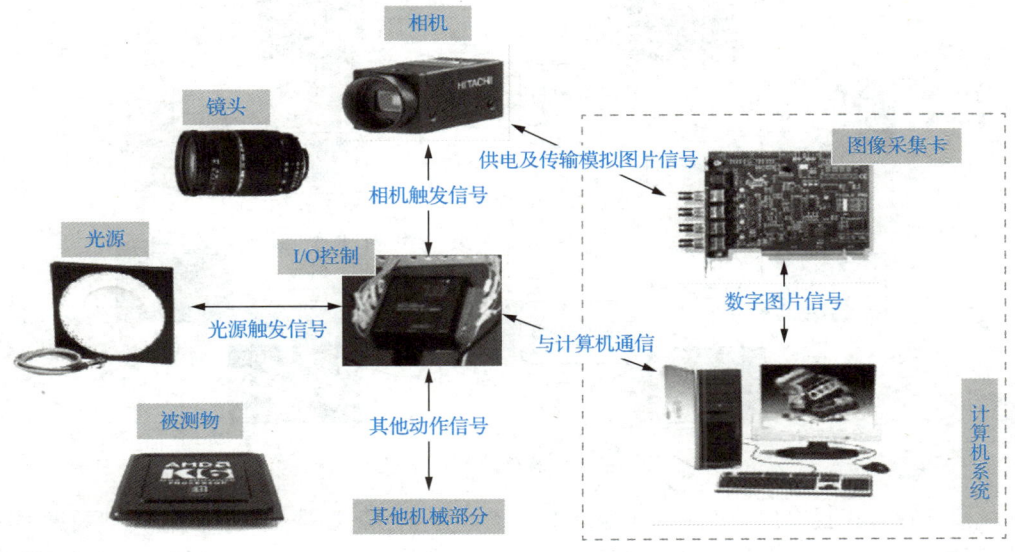

图 7-8　机器视觉系统的构成

2. 计算机视觉与机器视觉的区别

机器视觉可以被认为是工业化的计算机视觉，主要研究面向应用的计算机视觉系统的设计与实现。计算机视觉系统与机器视觉系统有着相同的理论基础，两者之间没有很清晰的界限。一般认为，计算机视觉与机器视觉的区别如下。

（1）定义不同。

计算机视觉是一门研究如何使机器"看"的科学，具体来说，就是指使用摄像机和计算机代替人眼对目标进行识别、跟踪和测量等，并进一步做图像处理。

机器视觉是用机器代替人眼来做测量和判断。机器视觉系统通过图像采集设备将被摄目标转换成图像信号，传送给专用的图像处理系统，得到被摄目标的形态信息，并将其转换为数字信号；图像处理系统对这些信号进行各种运算以抽取目标的特征，进而根据判断结果来控制现场的设备操作。

（2）侧重不同。

计算机视觉更加注重人工智能，而机器视觉主要是为了工业应用。简单来讲，计算机视觉通常体现在深度学习等软件系统，而机器视觉则更偏重自动化等行业和工程应用。例如，在工业生产中，机器视觉可以代替人类自动检测产品的外形特征，实现 100%在线全检，使制造商可以进行大批量、高速、高精度产品检测。

机器视觉是工业化的计算机视觉，而计算机视觉则不限于工业领域。从狭义角度看，在工业应用中，计算机视觉可以作为机器视觉的一部分，计算机视觉提供软件算法，而机器视觉提供传感器模型和系统构造等。

3. 机器视觉的行业应用

机器视觉的应用领域非常广泛，包括自动驾驶、工业视觉、人机交互、智能安防、医疗健康、物体自动识别、图像自动解释和虚拟现实等，如图 7-9 所示。

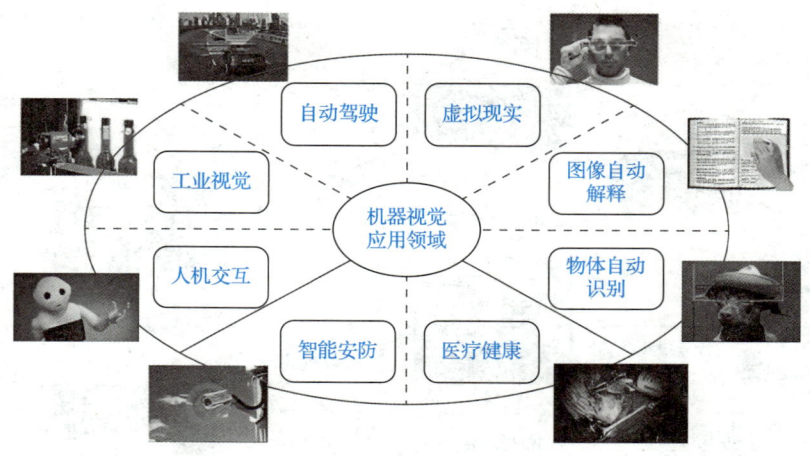

图 7-9 机器视觉的应用领域

机器视觉应用最多的领域是高性能、高精密的专业设备制造领域，比较典型的是半导体行业，从上游晶圆加工制造、分类切割，到下游电路板印刷、贴片，都高度依赖高精度的机器视觉测量和检测。

随着我国制造业的蓬勃发展,国际知名品牌纷纷在我国开展业务,我国本土企业也开始崛起,机器视觉的应用范围进一步扩大,由最初的电子制造业和半导体行业,发展到了包装、汽车、交通和印刷等行业。据中国报告厅(www.chinabgao.com)产业分析报告《2023 年机器视觉行业前景:机器视觉发展自动化技术》中显示,电子电气(除半导体)是目前中国机器视觉行业最大的下游应用领域,占比达 52.9%。半导体(含太阳能电池)、汽车、印刷包装、食品加工领域占比分别为 10.3%、8.8%、5.5%和 4.9%,其他占比为 17.6%,如图 7-10 所示。

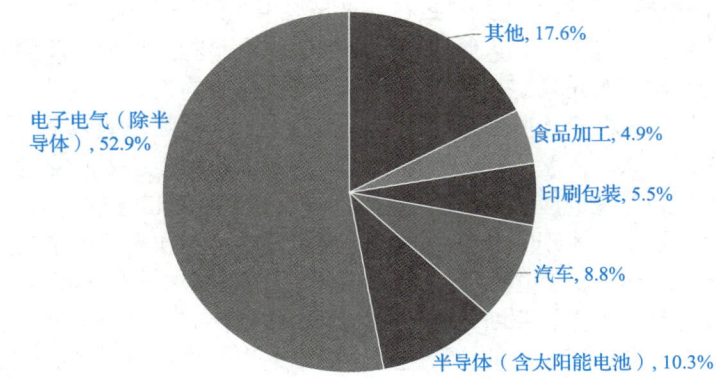

图 7-10　机器视觉在行业应用中的比例

7.3.4　视觉识别的应用

在日常生活中,视觉识别已经得到了大量的应用。在此介绍两个典型的应用,一是光学字符识别,二是人脸识别。

1. 光学字符识别

光学字符识别(optical character recognition,OCR)是一种将印刷或手写文本转换为机器可读文本的技术。OCR 通过扫描或拍照的方式获取纸质文档或图片中的文字,然后利用 OCR 软件自动识别这些文字,最终生成电子文档或可编辑的文本文件。

典型的 OCR 工作过程如图 7-11 所示,其中的关键环节是文字检测和文本识别。

图 7-11　OCR 工作过程

根据应用场景,可将 OCR 大致分为识别特定场景下的专用 OCR 与识别多种场景下的通用 OCR。前者,针对特定场景进行设计、优化以达到最好识别效果,如证件识别和车牌识别。后者用于更多、更复杂的场景下,具有较好的普适性,但由于场景的不确定性,如背景丰富、亮度不均衡、光照不均衡、残缺遮挡、文字扭曲、字体多样等问题,会给识别带来一定的难度。

2. 人脸识别

计算机视觉领域的热门应用技术之一是人脸识别技术,典型的应用场景包括生活中的手机"刷脸解锁"、消费中的"刷脸支付"、金融系统中的"刷脸认证"等。人脸识别技术是基于人的脸部特征信息进行身份识别的一种生物识别技术,也称人像识别或面部识别。

人脸识别是图像识别中研究最多的子领域之一，图像识别的各种新方法基本上都会用人脸识别问题进行验证。人脸识别具有重要的学术研究价值，因为人脸既具有区分性，又包含很多细节，还具有一定变化性。人脸其实是一类复杂的、具有相当多细节变化的自然结构目标。对此类目标识别的挑战在于：①拍照角度变化、光线变化或人本身的表情变化都会使同一个人的脸产生变化；②在真实环境中，人脸上可能存在眼镜、胡须、妆容、口罩或被其他物体遮挡；③物体遮挡导致在复杂环境中难以检测出人脸。

人脸识别具体包含人脸验证和人脸辨识两个问题。人脸验证是判断两幅图片中的人是否为同一个人，而人脸辨识则是判定现场采集的照片或视频中的人是事先见过的众多人中的哪一个。人脸验证只需判定两个人脸图像是否相同，而人脸辨识则是从多个不同人脸中找出哪一个与输入人脸为同一人。人脸验证问题常见的应用是人脸解锁、人脸支付等进行身份验证的场景；人脸识别问题常见的应用是疑犯追踪、客户识别等场景。以前，人脸验证和人脸识别一般通过不同算法框架来实现，若系统要同时拥有人脸验证和人脸识别功能，则需要分别训练两个神经网络。2015年，谷歌的 FaceNet 将两者统一到了一个框架里。

人脸识别的过程是：首先，判断是否存在人脸，如果存在人脸，则进一步给出每张人脸的位置、大小和各个主要面部器官的位置信息，简单来说就是找到人脸；然后，依据这些信息，进一步提取每张人脸中所蕴含的身份特征，并将其与人脸资料库进行对比，从而识别出一个人的身份。图 7-12 所示为人脸识别的一般流程。

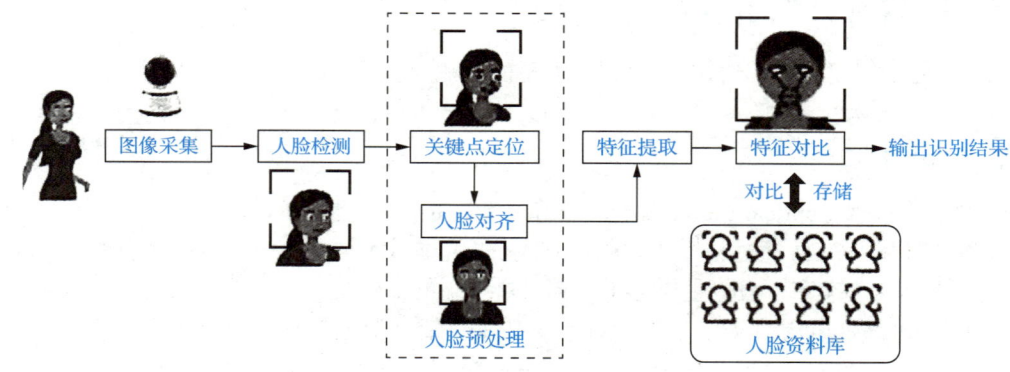

图 7-12 人脸识别的一般流程

人脸识别系统常见的应用领域如下。

（1）智慧出行。人脸识别技术已广泛应用于交通出行管理。例如，在火车站、机场、地铁站、汽车站等交通枢纽处的人流量很大，应用人脸识别闸机不仅能够加强对进出站旅客的管理工作，也方便旅客快速通过。

（2）金融与支付。在银行业务中，利用人脸识别技术辅助信用卡网络支付，可以防止信用卡被盗刷等。在电子商务活动中可利用人脸识别技术实现线上支付。

（3）零售与营销。利用人脸识别技术可以有效地进行身份辨别，当前已出现了无人值守便利店，实现了"拿了就走"购物场景，同时还可以统计出同一顾客的购物习惯、当时的情绪。根据顾客的相关特性实现顾客的分类，实现精准广告推送。

（4）安防与公共安全。利用人脸识别技术可实现智能监控与布控，在机场、车站、地铁等场所进行实时人脸抓拍与比对，可实现逃犯追踪、走失人员搜救等。在企业、学校、社区的门禁系统中应用人脸识别技术可实现人员的快速考勤及无关人员的隔离。

（5）医疗与健康。利用人脸识别技术可以实现刷脸挂号、取药，有效防止错拿与"黄牛"，还可以对医院的住院患者进行监护等。

（6）教育与管理。利用人脸识别技术可以实现对校园陌生人的预警，规范管理学生就寝等。

7.4 语音智能

7.4.1 语音智能概述

语音是人通过发声器官产生的声学信号。语音智能是研究语音发声过程、语音的自动识别、语音的机器合成及语音感知等各种处理技术的总称，其主要方向包括语音识别、语音合成、语音增强、语音转换、语义理解和情感语音等方面，如图 7-13 所示。语音智能的研究目的是使机器像人类一样拥有"听""说"的能力。例如，利用音箱实现"说"，利用麦克风实现"听"，利用各种算法实现"理解语义"。

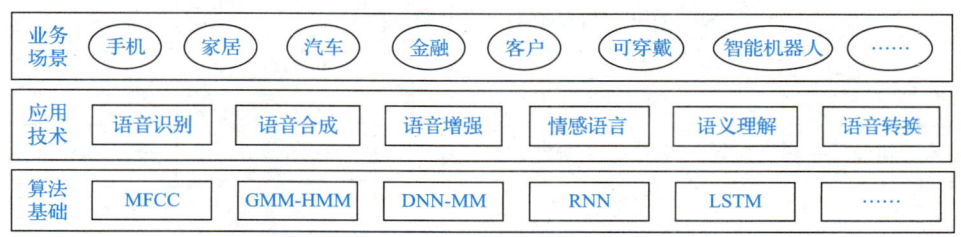

图 7-13　智能语音处理技术应用框架

一个完整的语音智能系统，包括前端的信号处理、中间的语音识别、语义理解和对话管理，以及后期的语音合成。

（1）前端处理，包括人声检测、回声消除、唤醒词识别、麦克风阵列处理、语音增强等。

（2）语音识别，包括特征提取、模型自适应、声学模型、语言模型、动态解码等。

（3）语义理解和对话管理，属于自然语言处理的范畴。

（4）语音合成，包括文本分析、语言学分析、音长估算、发音参数估计等。

智能语音已广泛应用于社会的各个方面，如电话外呼、医疗领域听写、语音书写、计算机系统声控、电话客服、导航等。相信在不久的将来，语音处理能真正做到像正常人类一样，与他人流畅沟通，自由交流。

7.4.2 语音识别

1. 语音识别的概念

语音识别是实现语音自动控制的基础，是利用计算机自动对语音信号中的音素、音节或词进行识别的技术总称。

语音识别起源于 20 世纪 50 年代的"口授打字机"梦想。科学家认为通过对元音与辅音的声学特性的掌握，能够将语音转化为文字的过程用机器来实现。贝尔实验室于 1952 年实现了首个数字识别器 Audrey 系统，虽然该系统仅能识别 0～9，但是代表了语音识别上的突破。

当前语音识别的理论研究已经过了几十年，但转入实际应用阶段却是在数字技术、集成电路技术发展之后。

语音识别可按不同的识别内容进行分类，可分为音素识别、音节识别、词或词组识别；按识别的词汇量分类，可分为小词量（30个词以下）识别、中词量（30～500个词）识别、大词量（500个词以上）识别；按发音特点分类，可分为孤立音识别、连接音识别、连续音识别；按对发音人的要求分类，可分为区分人识别（只对特定的发话人识别）和不区分人识别（不论发话人是谁都能识别）。最困难的语音识别是大词量识别、连续音识别和不区分人识别同时满足的语音识别。

语音识别过程一般包含特征提取、声学模型训练、建立语音模型和声学模型、语音解码和搜索等环节，如图7-14所示。

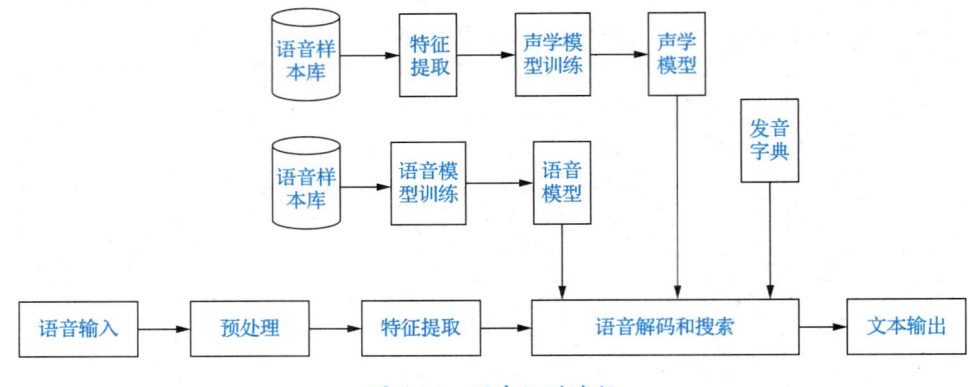

图7-14 语音识别过程

（1）语音样本库是语音识别系统的训练基础。它是通过对原始录音进行去标识化处理后，再标注并进行质量检测，将合格的语音样本存入数据库来构建的。

（2）特征提取是把要分析的信号从原始信号中提取出来，为声学模型提供合适的特征向量。

（3）预处理是为了能更有效地提取特征，包括对语音的幅度标称化、频响校正、加窗和始末端点检测等。

（4）声学模型是可以识别单个音素的模型，是对声学、语音学、环境变量、说话人性别、口音等要素差异的知识表示。利用声学模型进行语音声学参数（包括语音共振峰频率、幅度等参数）的分析，以及对语音的线性预测参数等的分析。

（5）语音模型是根据语言学相关的理论，结合发音词典，用于计算某声音信号对应可能词组序列概率的模型。声学模型和语音模型主要利用大量语料进行统计分析，进而建模得到。

（6）发音字典主要用于提供单词或字符的准确发音信息，包含系统所能处理的单词的集合，并标明了其发音。通过发音字典可得到声学模型建模单元和语音模型建模单元之间的映射关系，从而把声学模型和语音模型连接起来，组成一个搜索的状态空间，用于解码器进行解码工作。

（7）语音解码和搜索的主要任务是在由声学模型、发音字典和语音模型构成的搜索空间中寻找最佳路径。解码时需要用到声学得分及语音得分，其中声学得分由声学模型计算得到、语音得分由语音模型计算得到。

与语音识别相近的概念是声纹识别。声纹识别是生物特征识别技术的一种，包括说话人辨认（speaker identification）和说话人确认（speaker verification）。声纹识别是把声音信号转换为电信号,再用计算机进行识别。不同的任务和应用会用到不同的声纹识别技术,如缩小刑侦范围时可能需要说话人辨认技术,而银行交易时则需要说话人确认技术。

2. 语音识别的应用

语音识别已经取得了广泛的应用,按照识别范围来划分,可以分为封闭域识别应用和开放域识别应用。

(1)封闭域识别应用。

在封闭域识别应用中,识别范围为预先指定的字词集合。算法只在开发者预先设定的封闭域识别词的集合内进行语音识别,对范围之外的语音会拒识。例如,对于简单指令交互的智能家居和电视盒子,语音控制指令一般只有"打开窗帘""打开中央台""关灯"等。封闭域识别还包括语音唤醒功能,如智能音箱的唤醒(如"小度小度""天猫精灵"等)。语音唤醒有时也称为关键词检测(keyword spotting),是在连续不断的语音中将目标关键词检测出来,一般目标关键词的个数比较少。

由于封闭域识别应用具有较小的集合或特定的词汇集,实现时可将其声学模型和语音模型进行裁剪,使得识别引擎的运算量变小;并且可将识别引擎封装到嵌入式芯片或本地化的SDK(software development kit,软件开发工具包)中,从而使识别过程完全脱离云端,摆脱对网络的依赖,并且不会影响识别。封闭域识别典型的应用场景是不涉及多轮交互和多种语义说法的场景,如智能家居等。

(2)开放域识别应用。

在开放域识别应用中,无须预先指定识别词集合,算法将在整个语言大集合范围中进行识别。为适应此类场景,声学模型和语音模型一般都较大,引擎运算量也较大。如果将其封装到嵌入式芯片或本地化的SDK中,耗能较高并且影响识别效果。因此,业界厂商基本上都只以云端形式(云端包括公有云形式和私有云形式)提供服务。对于本地化形式,只提供带服务器级别计算能力的嵌入式系统(如会议字幕系统)。按照音频录入和结果获取方式来划分,开放域识别的产品形态可以分为以下三种。

① 流式上传(同步获取),应用软件会对说话人的语音进行自动录制,并将其连续上传至云端,说话人在说完话的同时能实时看到返回的文字。其主要应用于输入场景,如会议、法院庭审时的实时字幕上屏;也可以应用于麦克风阵列和语义结合的人机交互场景,如具备更自然交互形态的智能音箱,如用户说"请转发这篇文章",在无特殊配置的情况下,识别系统也能够识别这段语音,并返回相应的结果。

② 已录制音频文件上传(异步获取),音频时长一般小于3小时,用户自行调用软件接口,或者硬件平台预先录制好规定格式的音频,并通过语音云服务厂商提供的接口进行音频上传,上传完成之后便可以断开连接。用户通过轮询语音云服务器或使用回调接口进行结果获取。由于长语音的计算量较大,计算时间较长,因此采取异步获取的方式可以避免由于网络问题带来的结果丢失。也由于语音转写系统通常是非实时处理的,因此这种产品形态也给了识别算法更多的时间进行多遍解码。而长时的语料,也给了算法使用更长时的信息进行长短期记忆网络建模。在同样的输入音频下,此类产品形态牺牲了一部分实时率,消耗了更多的资源,但是却可以得到更高的识别率。在时间允许的使用场景下,非实时已录制音频转写无疑是最值得推荐的产品形态。其典型的应用场景是对已经录制完毕的音/视频配字幕,对实时性要求不高的客服语音质检和审查场景等。

③ 已录制音频文件上传(同步获取),音频时长一般小于1分钟,用户需自行预先录制

好规定格式的音频，并使用语音云服务厂商提供的接口进行音频上传。此时，客户端与云端建立长连接，同步监听并一次性获取完整的识别结果。其典型应用场景是无法用音频录制接口进行实时音频流上传或结果获取的实时性要求比较高的场景。

7.4.3 语音合成

1. 语音合成的概念

语音合成又称文语转换，是通过机械的、电子的方法产生人造语音的技术，能将任意文字信息实时转化为标准流畅的语音输出，相当于给机器装上了"嘴巴"。语言合成涉及声学、语言学、数字信号处理、计算机科学等多个学科，是信息处理领域的一项前沿技术，解决的主要问题就是如何将文字信息转化为声音信息，也即让机器像人一样开口说话。这里所说的"让机器像人一样开口说话"与传统的声音回放设备有着本质的区别，传统的声音回放设备（如录音机）是通过预先录制声音然后回放来实现"让机器说话"。这种方式无论是在内容存储、传输方面，还是在方便性、及时性等方面，都存在很大的限制。而通过计算机语音合成，则可以在任何时候将任意文本转换为具有高自然度的语音，从而真正实现"让机器像人一样开口说话"。

语音合成过程通常有三个步骤，分别是语言处理、韵律处理、声学处理，如图 7-15 所示。

图 7-15 语音合成过程

（1）语言处理，在语音合成系统中起着关键作用，主要模拟人对自然语言的理解过程，包括文本规整、词的切分、语法分析和语义分析，使计算机对输入的文本能完全理解，并给出后两部分所需要的各种发音提示。

（2）韵律处理，为合成语音规划出音段特征，如音高、音长和音强等，使合成语音能正确表达语意，听起来更加自然。

（3）声学处理，根据前两部分的处理结果输出语音，即合成语音。

2 语音合成的应用

语音合成是将文本转化为拟人化语音。语音合成能够提供多种音色选择，支持自定义音量、语速。语音合成可应用于语音导航、有声读物、机器人、语音助手、自动新闻播报等场景，提升人机交互体验。语音合成的应用广泛，可归纳为以下三个方面。

（1）App 应用类。智能手机上大多有电子书阅读应用。例如，QQ 阅读这样的读书应用能自动朗读小说；滴滴出行、高德导航等导航播报类应用，运用语音合成技术来播报路况信息；以 Siri 为代表的语音助手能自动问答。

（2）智能服务类。智能服务类产品包括智能语音机器人、智能音箱等。智能语音机器人遍布各行各业，如银行、医院的导航机器人，需要甜美又亲切的声音；教育行业的早教机器人，需要呆萌又可爱的声音；营销类型的外呼机器人，对于不同的话术场景需要定制不同的声音。智能音箱在不知不觉中已经慢慢融入我们的生活，不仅可以点播歌曲、播报新闻、讲故事，还可以对智能家居设备进行控制，如打开窗帘、设置冰箱温度、关闭空调、提前让电暖器升温等。

（3）特殊领域。一些特殊领域非常需要语音合成类产品。例如，对于视障人士，以往读书只能用手触摸来获取书上的信息，而有了智能阅读功能，可以大大提高他们的生活质量，毕竟听书比摸书要高效、精准得多；针对文娱领域的虚拟人设，可以打造虚拟语音形象，用于虚拟人设的语音表达。

7.4.4 自然语言处理

1. 自然语言处理概述

语言是人类区别于其他动物的特征。在所有生物中，只有人类具有语言能力。人类的绝大部分知识是以语言文字的形式记载和流传下来的。

自然语言是指汉语、英语、法语等人们日常使用的语言，是随着人类社会发展自然演变而来的语言，而不是人造的语言，它是人类学习、生活的重要工具。概括来说，自然语言是人类社会约定俗成的，区别于人工语言（包括机器语言、程序设计语言，如 C++、Java、Python 等）的语言。

自然语言处理（natural language processing，NLP）指利用计算机对自然语言的形、音、义等信息进行处理，即对字、词、句、篇章的输入、输出、识别、分析、理解、生成等的操作和加工。自然语言处理的具体形式包括机器翻译、文本摘要、文本分类、文本校对、信息抽取等。自然语言处理的核心环节包括知识的获取与表达、自然语言理解、自然语言生成等，也相应出现了知识图谱、对话管理、机器翻译等研究方向。其应用场景包括广告、翻译、风控、配送、金融、客服、商品搜索/推荐、舆情监控等。自然语言处理应用框架如图 7-16 所示。

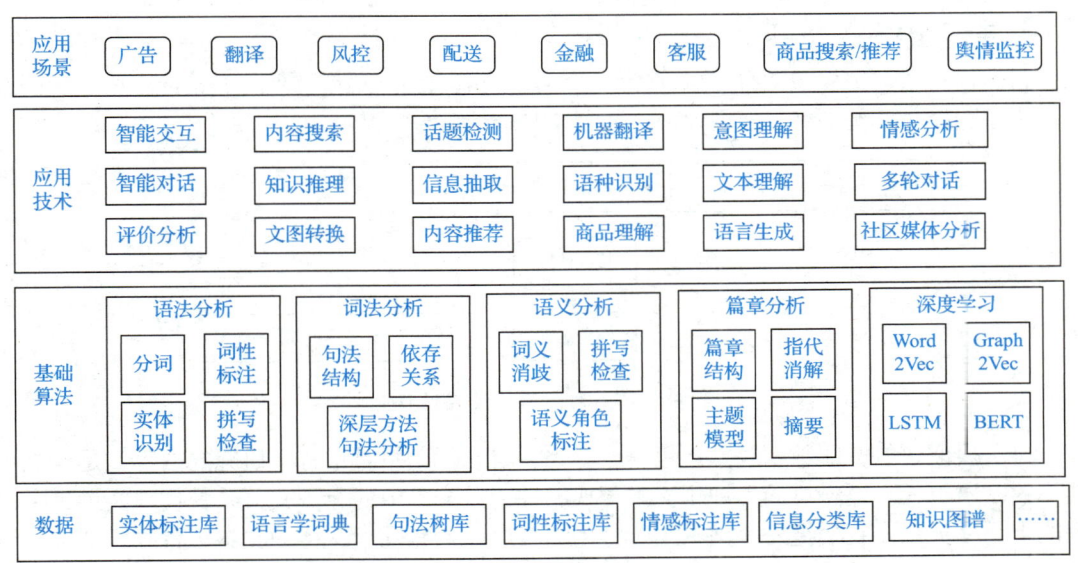

图 7-16　自然语言处理应用框架

自然语言处理并不是一般地研究自然语言，而在于研制能有效地实现与人进行自然语言通信的计算机系统。

用自然语言与计算机进行通信，这是人们长期以来所追求的。这既具有明显的实际意义，也具有重要的理论意义，即人们可以用自己最习惯的语言来使用计算机，而无须花费大量时间和精力去学习各种计算机语言。要实现人机间用自然语言通信，意味着计算机既能理解自然语言的意义,也能以自然语言来表达。前者称为自然语言理解,后者称为自然语言生成。因此,自然语言处理大体包括自然语言理解和自然语言生成两个部分。

2. 自然语言处理的发展历程

自然语言处理的研究源自机器翻译。1949 年,美国人威弗首先提出了机器翻译的概念。20 世纪 60 年代,人们对机器翻译开展了大规模的研究工作,但人们当时显然是低估了自然语言的复杂性,语言处理的理论和技术均不成熟,所以进展不大。当时主要的做法是存储两种语言的单词、短语对应译法的大辞典,翻译时一一对应,技术上只需调整语言的相应顺序即可。但日常生活中,语言的翻译远不是如此简单,很多时候还要参考某句话前后的意思。

到了 20 世纪 90 年代,自然语言处理领域发生了巨大的变化。这种变化主要体现在系统输入与输出的要求上:一是要求对系统输入大规模的真实文本,而不是像以前的研究性系统那样,仅处理很少的词条和典型句子;二是要求对系统的输出仅从中抽取有用的信息,而并不要求系统能对自然语言文本进行深层的理解。例如,对自然语言文本自动提取重要信息,进行自动摘要等。

由于强调了"大规模"和"真实文本",构建大规模真实语料库和编制大规模、信息丰富的词典的基础性工作得到了重视和加强。经过不同深度加工的大规模的真实文本形成的语料库是研究自然语言统计性质的基础。随着计算机可用词典的单词规模从几万个逐渐提高到十几万个乃至几十万个,单词的搭配信息逐渐完善,计算机对自然语言处理的能力得到了极大的提高。

3. 自然语言处理的过程

自然语言处理过程通常有 7 个步骤,分别是获取语料、语料预处理、特征工程、特征选取、模型选择、模型训练、模型评估,如图 7-17 所示。

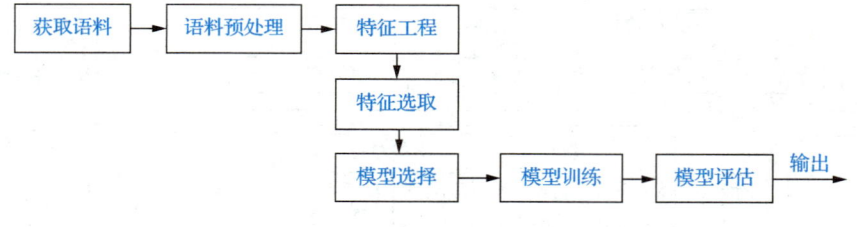

图 7-17 自然语言处理过程

(1) **获取语料**,即数据收集。语料,即语言材料。语料是语言学研究的内容,是构成语料库的基本单元。语料可简单地用文本替代,并通过文本中的上下文关系替代现实世界中语言的上下文关系。我们把一个文本集合称为语料库,当有几个这样的文本集合时,则称为语料库集合。按语料来源,可将语料分为两种。

① 已有语料。很多业务部门、公司等组织随着业务发展,会积累大量的纸质文本或电子文本资料。对于这些资料,在允许的条件下稍加整合,把纸质文本全部电子化就可以作为语料库。

② 网上下载、抓取语料。从网上获取国内外标准开放数据集,也可以借助开源爬虫工具从网上抓取特定数据。

（2）语料预处理。在一个自然语言处理应用中，语料预处理的工作量会占整个工作量的大部分。此步骤一般包括数据清洗、分词操作、词性标注、去停用词四个环节。

① 数据清洗。数据清洗是保留有用的数据，删除噪声数据，包括从原始文本中提取标题、摘要、正文等信息。对于爬取的网页内容应去除广告、标签、JS 代码和注释等。由于获取的数据中，大部分是非结构化的，因此数据清洗必不可少。常见的语料清洗方式有人工去重、对齐、删除和标注等。

② 分词操作。分词操作是将文本分成词语。在进行文本挖掘分析时，通常希望文本处理的最小粒度是词或词语，这时就需要用分词操作来将文本切分成词语。常用的分词方法有基于字符串匹配的分词方法、基于理解的分词方法、基于统计的分词方法和基于规则的分词方法等。每种方法对应多个具体的算法，感兴趣的读者可以参阅其他相关书籍。

③ 词性标注。词性标注就是给词语标上词类标签，如名词、动词、形容词等。词性标注可以为后续的文本处理加入更多有用的语言信息，在情感分析、知识推理场景中是非常必要的。常见的词性标注方法有基于规则的方法和基于统计的方法。其中基于统计的方法又分成基于最大熵的词性标注、基于统计最大概率输出的词性标注和基于 HMM（hidden markov model，隐马尔可夫模型）的词性标注。

④ 去停用词。停用词一般指对文本特征没有任何影响的字词，如标点符号、语气词、人称等。在信息检索中，为了节省存储空间和提高搜索效率，在处理自然语言之前或之后会过滤掉这些字词，这些字词即称为停用词。对于一般性的文本处理，去停用词是在分词之后完成。对于中文来说，去停用词操作不是一成不变的，应根据具体场景来决定。例如，在情感分析中，语气词、感叹号是应该保留的，因为它们对表示语气程度、感情色彩有一定的作用。

（3）特征工程。语料预处理完成之后，接下来需要考虑如何把分词之后的字词表示成计算机能够计算的类型。词袋模型和词向量是两种常用的表示模型。

① 词袋模型将文本中的每个字词视为一个特征，直接将每个字词统一放置在一个集合中，即不考虑字词原本在句子中的顺序，然后按照计数的方式对字词出现的次数进行统计，即统计词频。

② 词向量是将字词转换成向量矩阵的计算模型。目前最常用的词表示方法是 One-Hot，这种方法把每个字词表示为一个很长的向量，这个向量的维度是词表大小，其中绝大多数维度的值为 0，只有一个维度的值为 1，这个维度就代表了当前的字词。当前非常流行的词向量模型是 Word2Vec。

（4）特征选取。在自然语言处理任务中，原始文本通常包含大量的信息，但并非所有信息都对特定任务有用。特征选取的目的是从原始文本中筛选出对任务最具影响力的特征，以提高模型的效率和准确性。通过特征选取可以减少数据维度、去除冗余信息，并增强模型对关键信息的捕捉能力。

（5）模型选择。模型选择就是选择合适的模型进行训练。常用的机器学习模型有 KNN、SVM、NaiveBayes、决策树、K-means、GBDT 等，深度学习模型有 RNN、CNN、LSTM、Seq2Seq、FastText、TextCNN 等。谷歌在 2018 年发布的 BERT 模型在机器阅读理解水平测试中表现出惊人的成绩，在某些衡量指标上甚至超越了人类。

（6）模型训练。模型训练就是通过将标注数据输入到模型中，调整模型的参数，使模型能够学习到数据中的规律和模式。在此过程中主要注意过拟合、欠拟合问题。

过拟合问题是指模型学习能力太强，以至于把噪声数据的特征也学习到了，导致模型泛化能力下降，在训练集上表现很好，但是在测试集上表现很差。常见的解决方法有增大训练数据量、增加正则化参数、人工筛选特征、使用特征选择算法、采用 Dropout 方法等。

欠拟合问题是指模型不能很好地拟合数据，表现为模型过于简单。常见的解决方法有添加其他特征项、增加模型复杂度（如为神经网络增加更多的层、为线性模型添加多项式等，使模型泛化能力更强）、减少正则化参数等。

（7）模型评估。在自然语言处理过程中，模型评估不仅能够量化模型在测试集上的表现，还能够指导后续的模型优化工作。通过评估，可以了解模型的优点和不足，从而有针对性地调整模型参数或改进特征提取方法，以提升模型的性能。模型的评价指标主要有错误率、精准度、准确率、召回率、F1 值、ROC 曲线、AUC 曲线等。

4. 自然语言处理的应用

自然语言处理在机器翻译、垃圾邮件分类、信息抽取、文本情感分析、个性化推荐等方面都有着很好的应用。

（1）机器翻译。机器翻译是指运用机器，通过特定的算法将一种形式的自然语言翻译成另一种形式的自然语言。目前，机器翻译应用有文本翻译、语音翻译和图像翻译三种形式。

（2）垃圾邮件分类。当前，垃圾邮件过滤器已成为抵御垃圾邮件的第一道防线。但是人们在使用电子邮件时还是会遇到以下问题：不需要的电子邮件仍然被接收，或者重要的电子邮件被过滤掉。这主要是因为垃圾邮件过滤器是通过"关键词过滤"来识别垃圾邮件的。但正常邮件中也可能有这些关键词，同时，垃圾邮件也会采取规避关键词的方法来逃过过滤。利用自然语言处理技术分析邮件中的文本内容，能够更准确地判断邮件是否为垃圾邮件。目前，贝叶斯垃圾邮件过滤是备受关注的技术之一。它通过学习大量的垃圾邮件和非垃圾邮件，收集邮件中的特征词生成垃圾词库和非垃圾词库，然后根据这些词库的统计频数计算邮件属于垃圾邮件的概率，以此来进行判定。

（3）信息抽取。信息抽取是把文本里包含的信息进行结构化处理，变成像表格一样的组织形式。输入信息抽取系统的是原始文本，输出的是固定格式的信息点。信息点从各种各样的文档中被抽取出来，然后以统一的形式集成在一起。信息以统一的形式集成在一起的好处是方便检查和比较。互联网是一个特殊的文档库，同一主题的信息通常分散存放在不同网站上，表现形式也各不相同。利用信息抽取技术，可以从大量的文档中抽取需要的特定事实，并用结构化形式储存。优秀的信息抽取系统将把互联网变成一个巨大的数据库。

（4）文本情感分析。文本情感分析又称意见挖掘、倾向性分析等。简单而言，就是对带有情感色彩的主观性文本进行分析、处理、归纳和推理。社交平台上每天都会产生大量的用户对诸如人物、事件、产品等的评论信息。这些评论信息体现了人们的情感色彩和情感倾向性，如喜、怒、哀、乐，或者批评、赞扬等。基于这些信息，网络管理员可以了解大众舆论对于某一事件的看法，企业可以获得消费者对产品的反馈等。

（5）个性化推荐。个性化推荐是根据用户的兴趣特点和购买行为，向用户推荐其感兴趣的信息和商品的营销方式。例如，今日头条的新闻推荐，购物平台的商品推荐，直播平台的主播推荐，知乎上的话题推荐等。在电子商务方面，推荐系统依据大数据和用户历史行为记录，提取出用户的兴趣爱好，预测出用户对给定商品的评分或偏好，实现对用户意图的精准理解，同时对语言进行匹配计算，实现精准匹配，向用户提供商品信息和建议，帮助用户决定购买什么商品。在新闻服务方面，通过用户阅读的内容、时长、评论，甚至所使用的移动设备型号等，综合分析用户所关注的信息源，提取出核心词汇，从而提供新闻的定制化服务，以提升用户黏性。

感知交互新突破，具身智能，共创智能新纪元

随着人工智能技术的飞速发展，具身智能（embodied AI）作为新一代人工智能技术的代表，正逐渐成为推动产业升级和转型的重要力量。具身智能是指将人工智能系统与物理实体相结合，使其能够通过感知器和执行器与环境进行实时互动的智能形式。这种智能系统不仅具备传统的计算和决策能力，还能通过物理实体感知环境、执行动作，并在实际环境中学习和适应。具身智能不仅打破了传统人工智能局限于数字领域的束缚，更通过物理实体的感知与交互，实现了与现实世界的深度融合。具身智能的核心在于将智能系统与物理实体相结合，使其能够通过感知器和执行器与环境进行实时互动。这种智能系统具备感知、认知、决策和行动的能力，能够根据环境变化做出自适应调整。

感知能力：通过多种传感器获取环境信息。

认知能力：对感知到的信息进行处理和理解。

决策能力：基于认知结果做出合理的决策。

行动能力：通过执行器将决策转化为具体行动。

具身智能在多个领域展现出广阔的应用前景。在智能制造中，通过虚实融合的具身智能自主协作，提升制造业的智能化水平。在工业自动化中，具身智能机器人能够灵活应对生产线上的复杂情况，提高生产效率和产品质量。在教育领域，利用大模型技术，实现针对每个学生的个性化教学方案，提升学习效果；具身智能机器人可作为智能辅导老师，提供实时互动和个性化辅导。在游戏开发中，通过将图像转化为可交互的三维游戏世界，开启游戏制作新纪元；具身智能技术可以使游戏中的角色更加智能化，提供更丰富的游戏体验。在医疗健康方面，具身智能机器人可以协助医护人员进行护理工作，提高护理质量和效率；通过具身智能技术，开发智能康复设备，帮助患者进行康复训练。

近年来，具身智能取得了一系列重要技术突破。利用大模型技术（如 Genie 2），能够生成高质量的三维虚拟世界，为具身智能提供强大的技术支撑。通过多模态感知技术和深度学习算法，具身智能系统能够更精准地感知和理解环境。基于强化学习和神经网络技术，具身智能系统能够实现更高效的自主决策。具身智能的发展前景广阔，未来有望在技术整合、应用拓展、人机协同等方面取得更大的突破。

具身智能作为人工智能技术的全新发展方向，正引领我们进入一个智能新纪元。通过感知交互的新突破，具身智能不仅将推动产业升级，更将为人类社会带来前所未有的智能体验。让我们共同期待和见证这一智能新纪元的到来。

本章习题

一、填空题

1. 传感器通常由_____、_____、_____和_____组成。
2. 传感器的工作原理可以概括为_____、_____、_____、_____等几个过程。
3. 传感器按其基本感知元件可分为_____、_____、气敏元件、_____、磁敏元件、湿敏元件、_____、放射线敏感元件和_____等。

4. 传感器按被测量参数可分为_____、_____、_____等。
5. 传感器按测量原理可分为_____、_____、_____等。
6. 人类从_____到记忆再到_____这一过程称为"智慧"。智慧的结果是行为和语言，行为和语言的表现便称为_____。
7. 智慧与能力合称为_____，将感觉、回忆、思维、语言、行为的整个过程称为智能过程。
8. 感知可分成_____与_____两个过程。一般感知是_____传感器测得的数据的综合，感觉是_____传感器测得的信息。
9. 可以用对象的特征来表征对象，这就是_____。
10. 从结构方面来看，有些被识别对象可以看作由_____按一定的规则组合而成。
11. 将能够表征或刻画被识别对象属性或特征的_____称为对象的模式。
12. 模式可以分成_____和_____两种形式。前者如意识、思想等，属于_____的范畴；后者主要是对图片、文字、声音、符号等对象的_____进行辨识和分类。
13. 人类对物体的认识与区分过程，本质上是一种_____行为。
14. 将具有_____的模式的集合称为模式类，而判定一个待识别对象的模式类的过程则称为_____。
15. 数据预处理，包括_____、_____、_____、_____等操作。
16. 在模式识别时，还需要根据具体的识别目的对已知的对象特征进行选择。这一过程称为对象的_____。
17. 图像处理技术一般包括_____、_____、_____。
18. 图像分割是将图像中_____提取出来，如图像中的_____、_____等。
19. 图像增强和复原的目的是_____。
20. 从计算机视觉的技术途径来看，深度学习属于_____。
21. 机器视觉技术的特点是_____、_____、_____。
22. 计算机视觉是一门研究如何使机器"看"的科学，具体来说，就是指使用_____和_____代替人眼对目标进行识别、跟踪和测量等，并进一步做图形处理。
23. 机器视觉是用机器代替人眼来做_____和_____。
24. 光学字符识别的关键环节是_____和_____部分。
25. 根据光学字符识别的应用场景，大致分成_____与_____。
26. 语音处理主要包括_____、_____两个部分。
27. 从工程的视角来看，所谓_____，就是用机器自动实现人类听觉系统的功能；所谓_____，就是用机器自动实现人类发音系统的功能。
28. 语音识别可按不同的识别内容进行分类，可分为_____、_____、_____；按识别的词汇量分类，可分为_____、_____、_____；按发音特点分类，可分为_____、_____、_____；按对发音人的要求分类，可分为_____和_____。
29. 语音识别过程一般包含_____、_____、_____、_____等环节。
30. 声学模型是可以识别_____（单个/多个）音素的模型。
31. 语音解码和搜索的主要任务是在由_____、_____和_____构成的搜索空间中寻找最佳路径。

32. 语音合成又称_____，是通过机械的、电子的方法产生人造语音的技术，能将任意文字信息实时转化为标准流畅的语音输出，相当于给机器装上了"嘴巴"。

33. 语音识别已经取得了广泛的应用，按照识别范围来划分，可以分为_____和_____。

34. 自然语言处理大体包括_____和_____两个部分。

35. 自然语言处理过程通常有 7 个步骤，分别是_____、_____、_____、_____、_____、_____、_____。

36. 常用的分词方法有_____、_____、_____和_____等。

37. 常见的欠拟合问题解决方法有_____、_____、_____等。

二、选择题

1. 模式识别原本是（　　）的一项基本智能。
   A. 人类　　　　　B. 动物　　　　　C. 计算机　　　　D. 人工智能

2. 人工智能领域通常所指的模式识别主要是对图片、文字、声音、符号等对象的（　　）。
   A. 分类和计算　　B. 清洗和处理　　C. 辨识和分类　　D. 存储与利用

3. 要实现计算机视觉必须有图像处理的帮助，而图像处理依赖于（　　）的有效运用。
   A. 输入和输出　　B. 模式识别　　　C. 专家系统　　　D. 智能规划

4. 模式识别是一门与概率与统计紧密结合的科学，主要分为三种，但（　　）模式识别不属于其中之一。
   A. 统计　　　　　B. 句法　　　　　C. 模糊　　　　　D. 智能

5. 图像识别是指利用（　　）对图像进行处理、分析和理解，以识别各种不同模式的目标和对象的技术。
   A. 专家　　　　　B. 计算机　　　　C. 放大镜　　　　D. 工程师

6. 图像识别是以图像的主要（　　）为基础的。
   A. 元素　　　　　B. 像素　　　　　C. 特征　　　　　D. 部件

7. 基于计算机视觉的图像检索过程可分为类似文本搜索引擎的三个步骤，但（　　）不属于其中之一。
   A. 提取特征　　　B. 建立索引　　　C. 查询　　　　　D. 清晰

8. 图像识别的发展经历了三个阶段，但（　　）不属于其中之一。
   A. 文字识别　　　B. 像素识别　　　C. 物体识别　　　D. 数字图像处理与识别

9. 现代图像识别技术的一个不足是（　　）。
   A. 自适应性能差　　　　　　　　　B. 图像像素不足
   C. 识别速度慢　　　　　　　　　　D. 识别结果不稳定

10. 图像识别的主要方法有三种，但（　　）识别不属于其中之一。
    A. 统计模式　　　B. 结构模式　　　C. 像素模式　　　D. 模糊模式

11. （　　）是图像处理中的一项关键技术，一直都受到人们的高度重视。
    A. 数据离散　　　B. 图像聚合　　　C. 图像解析　　　D. 图像分割

12. 具有智能图像处理功能的（   ），相当于人们在赋予机器智能的同时为机器安上了"眼睛"。
    A. 机器视觉　　　B. 图像识别　　　C. 图像处理　　　D. 信息视频
13. 图像处理技术的主要内容包括三个部分，但（   ）不属于其中之一。
    A. 图像压缩　　　B. 数据排序　　　C. 增强和复原　　D. 匹配、描述和识别
14. 图像处理一般指数字图像处理，常见的处理有图像数字化、图像编码、图像增强、（   ）等。
    A. 图像复原　　　B. 图像分割　　　C. 图像分析　　　D. 以上皆是
15. 机器视觉需要（   ），以及物体建模。一个合格的机器视觉系统应该把这些处理都紧密地集成在一起。
    A. 图像信号　　　　　　　　　　　B. 纹理和颜色建模
    C. 几何处理和推理　　　　　　　　D. 以上皆是
16. 计算机视觉要达到的基本目的是（   ），以及根据多幅二维投影图像恢复出更大空间区域的投影图像。
    A. 根据一幅或多幅二维投影图像计算出观察点到目标物体的距离
    B. 根据一幅或多幅二维投影图像计算出目标物体的运动参数
    C. 根据一幅或多幅二维投影图像计算出目标物体的表面物理特性
    D. 以上皆是
17. 神经网络图像识别技术是在（   ）的图像识别基础上融合神经网络算法。
    A. 现代　　　　　B. 传统　　　　　C. 智能　　　　　D. 先进
18. 图像采集就是从（   ）获取场景图像的过程，是机器视觉的第一步。
    A. 终端设备　　　B. 数据存储　　　C. 工作现场　　　D. 离线终端
19. 图像分割就是按照应用要求，把图像分成不同（   ）的区域，从中提取出感兴趣的目标。
    A. 特征　　　　　B. 大小　　　　　C. 色彩　　　　　D. 像素
20. 语音处理是研究语音发声过程、语音信号的统计特性、（   ）、机器合成以及语音感知等各种处理技术的总称。
    A. 语音的自动模拟　　　　　　　　B. 语音的自动检测
    C. 语音的自动识别　　　　　　　　D. 语音的自动降噪
21. 语音信号处理是一门多学科的综合技术。它以（   ）及声学等基本实验为基础。
    A. 生理　　　　　B. 心理　　　　　C. 语言　　　　　D. 以上皆是
22. 语音理解是指利用（   ）等人工智能技术进行语句自动识别和语义理解。
    A. 声乐和心理　　　　　　　　　　B. 合成和分析
    C. 知识表达和组织　　　　　　　　D. 字典和算法
23. 可以通过语音调节水温或室温的技术是（   ）。
    A. 机器翻译　　　B. 情绪分析　　　C. 注意力机制　　D. 语音识别
24. 将一种语言转换成另一种语言的过程属于（   ）。
    A. 机器翻译　　　B. 文本分类　　　C. 语义分析　　　D. 语音识别

25. 词义消歧和篇章分析属于（　　）的常见研究方法。
    A. 机器翻译　　　B. 语义分析　　　C. 语音识别　　　D. 情绪分析
26. 语音识别实现的是人类的（　　）。
    A. 感知智能　　　B. 认知智能　　　C. 运算智能　　　D. 觉知智能
27. 不属于语音识别应用的是（　　）。
    A. 智能音箱　　　B. 苹果的 Siri　　　C. 微软的 Cortana　　　D. 身份证识别
28. 自然语言处理是人工智能研究中（　　）的领域之一。
    A. 研究历史最长、研究最多、要求最高
    B. 研究历史最短，但研究最多、要求最高
    C. 研究历史最长、研究最多，但要求不高
    D. 研究历史最短、研究较少、要求不高
29. 在运用上，语言既是精确的也是模糊的，由此，可以想象（　　）可能会给机器带来的问题。
    A. 语言表达　　　B. 语言收集　　　C. 语言理解　　　D. 语言音色
30. 自然语言处理的研究至少涉及（　　）等学科。
    A. 语言学　　　B. 计算机科学　　　C. 数学　　　D. 以上皆是
31. 人们长期以来所追求的，是使用（　　）与计算机进行通信。
    A. 程序语言　　　B. 自然语言　　　C. 机器语言　　　D. 数学语言
32. 要实现人机间用自然语言通信，意味着计算机既能理解自然语言的意义，也能以自然语言来表达。前者称为（　　），后者称为（　　）。因此，自然语言处理大体包括了这两个部分。
    A. 自然语言理解，自然语言生成　　　B. 自然语言生成，自然语言理解
    C. 自然语言处理，自然语言加工　　　D. 自然语言输出，自然语言识别
33. 造成自然语言处理困难的根本原因是自然语言文本和对话的各个层次上广泛存在的各种各样的（　　）。
    A. 一致性或统一性　　　B. 复杂性或重复性
    C. 歧义性或多义性　　　D. 一致性或多义性
34. 自然语言的形式与其意义之间是多对多的关系，其实这也正是自然语言的（　　）所在。
    A. 缺点　　　B. 矛盾　　　C. 困难　　　D. 魅力
35. 最早的自然语言理解方面的研究工作是（　　）。
    A. 语音识别　　　B. 机器翻译　　　C. 语音合成　　　D. 语言分析
36. 在自然语言处理中，可以在一些不同（　　）上对语言进行分析。
    A. 语言种类　　　B. 语气语调　　　C. 结构层次　　　D. 规模大小
37. 早些时候，通过非统计学方法进行的机器翻译主要有三种方法，但（　　）不属于其中之一。
    A. 自动翻译　　　B. 直接翻译　　　C. 转换法　　　D. 中间语言方法
38. 不同于涉及大量的规则编码的早期语言处理尝试，现代自然语言处理是基于（　　）。
    A. 自动识别　　　B. 机器学习　　　C. 模式识别　　　D. 算法辅助

三、简答题

1. 什么是传感器？举例说明你所了解的传感器。
2. 传感器通常由哪几部分组成？各部分的作用是什么？
3. 传感器是如何进行分类的？
4. 什么是语音识别？简述语音识别的过程。
5. 什么是语音合成？语音合成有哪些应用？
6. 图像处理一般包括哪几个步骤？
7. 简述计算机视觉与机器视觉的区别。
8. 自然语言处理的一般流程包括哪几个步骤？

第 8 章 搜索技术

【知识结构】

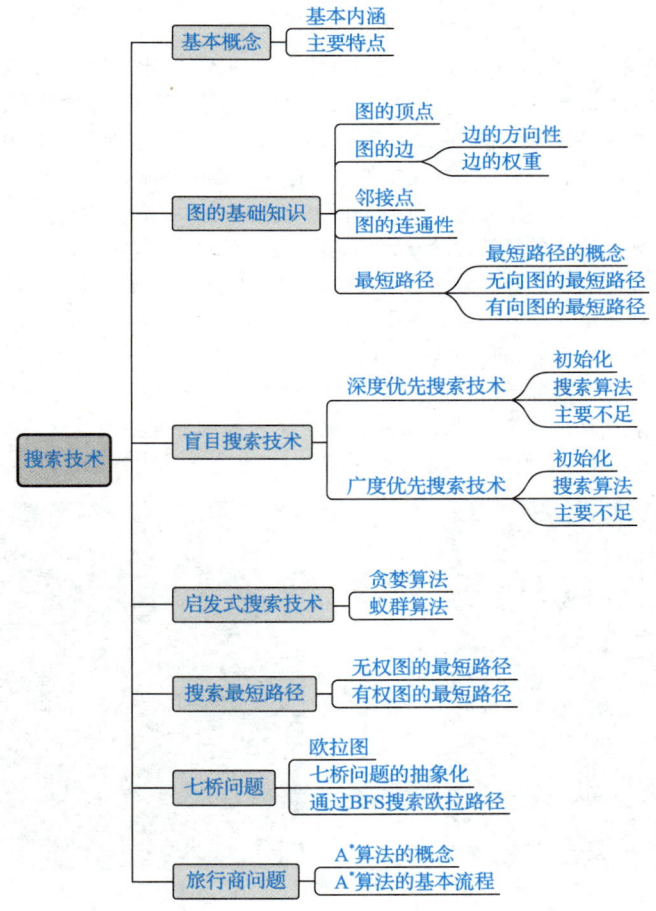

【教学目标】

理解人工智能搜索技术的基本概念、主要特点及其在人工智能领域的重要性;掌握图的基础知识,最短路径问题的概念、求解方法,盲目搜索技术和启发式搜索技术的基本原理、搜索策略以及在不同场景下的应用;能够运用人工智能搜索技术解决实际问题。

【教学重点】

1. 最短路径问题的求解方法。
2. 盲目搜索技术和启发式搜索技术的原理和应用。

【教学难点】

1. 盲目搜索技术和启发式搜索技术的原理和应用。
2. 人工智能搜索技术在生产生活中的实际应用。

【案例导入】

中国象棋与汉普顿宫廷迷宫：搜索技术的应用

中国象棋这一蕴含深厚文化底蕴的益智对抗游戏，凭借其简约的用具、易于上手及高度的趣味性等特点，虽然历经岁月洗礼，依然深受大众喜爱。

中国象棋的棋盘为方形布局，由九条竖线与十条横线交织而成，共计九十个交叉点，棋子共计三十二枚，分红黑两组，每组各十六枚。棋子便在这方寸之间运筹帷幄，进行一场场智慧的较量，如图8-1（a）所示。

随着科技的日新月异，象棋游戏软件应运而生。象棋游戏软件不仅忠实地还原了传统的棋艺对决，还融入了前沿的人工智能技术。在象棋游戏软件中，每一步棋的决策都凝聚着搜索技术的智慧。它们综合考虑棋子的价值（依据棋子类型赋予不同分值）、当前的位置优势、活动范围、处境威胁程度，以及对对手可能行动的精准预测，通过搜索不同的路径走法，运用特定的算法评估每种走法的优劣，最终筛选出得分最高的策略作为当前的最佳行动方案。

图 8-1 彩图

而在地球的另一端，英国伦敦泰晤士河畔的汉普顿王宫内，隐藏着一座迷宫——汉普顿宫廷迷宫，如图 8-1（b）所示。这座约建于 17 世纪末的迷宫，以其错综复杂的路径和令人着迷的挑战性吸引着无数游客前来探寻。有人总结出"右手规则"来简化探索过程，但真正的智慧在于如何在未知和变化中灵活运用搜索技术。游客们在这座迷宫中体验着搜索的乐趣与挑战，寻找着最优路径以走出迷宫。

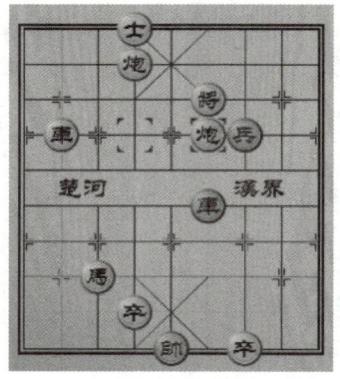

（a）中国象棋

（b）汉普顿宫廷迷宫

图 8-1　路径搜索案例

搜索技术不仅在传统棋艺和迷宫探索中发挥着重要作用，更在日常生活、科学研究及工业生产等领域展现出广泛的应用前景。

8.1　基 本 概 念

人工智能搜索技术是人工智能研究领域的重要组成部分，用于寻找问题的最佳答案。作为一种新兴的信息检索方式，人工智能搜索技术具有巨大的应用潜力和发展前景。随着人工智能应用场景的不断拓展，人工智能搜索技术将发挥更加重要的作用。

8.1.1 基本内涵

所谓人工智能搜索技术，是指在人工智能领域中，为解决各种问题而采用的一系列方法和策略，旨在采用人工智能技术进行信息检索，从庞大的解空间或数据空间中，快速高效地找到满足特定目标或条件的最优解、可行解或相关信息。

1. 从问题求解角度看

面对复杂的问题，如路径规划、游戏策略制定、资源分配等，人工智能搜索技术先将问题抽象为一个包含初始状态、目标状态和一系列可能操作的搜索空间。然后通过特定的搜索算法，在这个空间中探索从初始状态到达目标状态的路径或方法，即寻找问题的解。例如，在迷宫问题中，搜索技术会从入口开始，尝试各种走法，搜索到达出口的路径。

2. 从数据处理角度看

在数据丰富的环境下，如大数据集、知识库、图像库等，人工智能搜索技术用于从大量数据中快速检索出有价值的信息，根据用户的查询需求或预设的目标对数据进行分析、匹配和筛选。例如，在嫌犯脸谱检索中，搜索技术根据输入的嫌犯脸部图像特征进行比对，找出犯罪嫌疑人。

3. 从智能决策角度看

在需要做出决策的场景中，如机器人行动决策、智能投资决策等，搜索技术考虑各种因素和约束条件，模拟不同决策带来的变化，通过评估不同决策选项的可能结果，搜索出在当前情况下最符合目标的决策。例如，在机器人执行任务时，搜索技术会根据任务目标、环境信息等，搜索出最佳的行动方案，使机器人能够高效地完成任务。

4. 从学习优化角度看

在机器学习和优化问题中，人工智能搜索技术用于搜索最优的模型参数或解决方案。通过不断地调整和搜索参数空间，使模型在给定的数据集上达到最佳的性能指标，如最小化损失函数、最大化准确率等。例如，在神经网络训练中，搜索技术会搜索最优的权重和偏置参数，使神经网络能够准确地对数据进行分类或预测等。

8.1.2 主要特点

人工智能搜索技术的核心优势体现在其深刻的意图理解、精准回答、高效信息获取及个性化体验等多个方面，如表 8-1 所示。人工智能搜索系统不仅能够匹配关键词，而且能够准确理解用户的自然语言问题，分析并提取出用户意图，并通过智能算法提供精准的答案。人工智能搜索策略的制定与应用通常结合了自然语言处理、深度学习、知识图谱等先进技术，使得搜索系统不仅仅停留在提供信息的表层，而是能够进行深入分析，能够为用户提供更为个性化的搜索服务。

表 8-1　人工智能搜索技术的主要特点

特点	含义
意图理解	不仅能够匹配关键词，而且能分析用户的自然语言输入，深入理解用户的搜索意图
精准回答	通过对大量数据的整合、分析和处理，筛选出与用户查询最相关的信息，为用户提供精准、可靠、全面的搜索答案
高效信息获取	能够在短时间内处理和分析大量数据，快速找到用户所需的信息，显著提高信息获取的效率
个性化体验	能够根据用户搜索历史、兴趣爱好和行为模式等信息，为用户提供个性化的搜索结果和推荐内容

8.2　图的基础知识

所谓图，是指一种由顶点集合和边集合组成的结构。在数学和计算机科学中，图常被用来表示对象之间的关系，提供一种方式来建模现实世界。例如，社交网络中的用户关联、交通网络中的路线连接、通信网络中的信号传输等均可通过图这一结构展现。

8.2.1　图的顶点

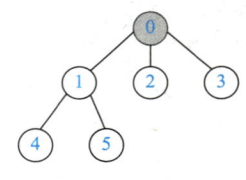

图 8-2　图的顶点

图的顶点也称节点，是图的基本组成元素。顶点可以用数字、字符或其他符号来标记。顶点可以用来表示任何事物，具体取决于图所建模的实际问题。例如，在社交网络中，顶点可以代表个人或群体；在交通网络中，顶点可以代表城市、交叉路口或站点；而在计算机网络里，顶点可以代表计算机、路由器或服务器等。图 8-2 所示的图中含有 6 个顶点。

8.2.2　图的边

边是图中连接两个顶点的线段或弧，用于表示两个顶点之间存在的某种联系。例如，在社交网络中，边可以表示两个人之间的友谊关系；在交通网络中，边可以表示两个城市之间的公路或铁路等。顶点 u 到顶点 v 之间的边，可记为 (u,v)。

1. 边的方向性

边可以是无向或有向的。若边有方向，则表示从一个顶点到另一个顶点的单向连接；若边没有方向，则表示顶点之间的连接是双向的。如图 8-3（a）所示，边(1,4)、(2,3)、(5,3)是有向边，而其他 3 条边是无向边。

若图中仅含有向边，称为有向图，如图 8-3（b）所示；如果图中仅含无向边，则称为无向图，如图 8-3（c）所示。

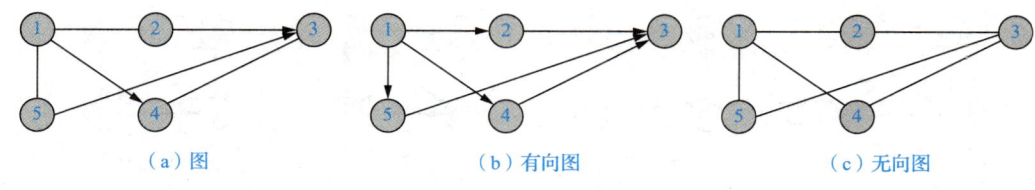

图 8-3 边的方向性

2. 边的权重

边可以有权重，用于表示顶点之间的某种度量。例如，在交通网络中，权重可以表示两个城市之间的距离、旅行时间或费用等；在社交网络中，权重可以表示两个人之间关系的密切程度。

所有边都带有权重的图，称为有权图，如图 8-4（a）所示；反之，称为无权图，也可以认为所有边的权重相等，如图 8-4（b）所示。在图 8-4（a）中，顶点 1 到顶点 2 的权重为 4，可记为 $w(1,2)=4$。

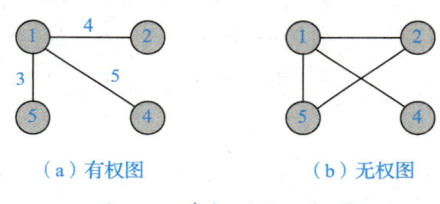

图 8-4 有权图和无权图

8.2.3 邻接点

与某个顶点直接相连的其他顶点，称为该顶点的邻接点，也称相邻点或邻居点。对于无向图，如果存在一条边连接顶点 A 和顶点 B，则 A 是 B 的邻接点，B 也是 A 的邻接点。而对于有向图，如果存在一条弧从顶点 A 指向顶点 B，则 A 是 B 的入邻接点（也称前驱点），B 是 A 的出邻接点（也称后继点），一般统称为邻接点。

例如，在图 8-3（c）中，顶点 1 的邻接点为顶点 2、4、5；而在图 8-3（b）中，顶点 2 的前驱点为顶点 1，后继点为顶点 3。

8.2.4 图的连通性

无向图中，若任意两个顶点之间都存在通路，则称该图为连通图，如图 8-5（a）所示。反之，称为非连通图，如图 8-5（b）所示。

对于有向图，如果对于任意两个顶点 u 和 v，既存在从 u 到 v 的有向路径，也存在从 v 到 u 的有向路径，则称为强连通图，如图 8-5（c）所示。

如果将有向图的所有有向边替换为无向边后，得到的无向图是连通的，则称为弱连通图。也就是说，如果忽略边的方向性，图中的任意两个顶点之间都存在一条有效路径，如图 8-5（d）所示。

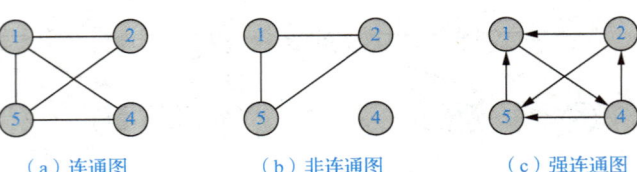

(a) 连通图　　(b) 非连通图　　(c) 强连通图　　(d) 弱连通图

图 8-5　图的连通性

8.2.5　最短路径

最短路径是一个经典问题，在生产生活中应用非常广泛。例如，在导航系统中，用于搜索从起点到终点的最短运行路线；在通信网络中，用于确定数据包在网络中的最短传输路径，以最小化延迟；在物流配送中，用于规划最有效的配送路线，以最小化运输时间等。

1. 最短路径的概念

所谓最短路径，是指从起始点到目标点之间的连边权重之和最小的路径。例如，如果把图中顶点看作城市地点，边看作连接城市的道路，边的权值可看作道路的长度或通过这条道路所需的时间或费用等代价，那么，最短路径就是从一个城市到另一个城市最"划算"的旅游路线，如距离最短、时间最少、花费最低等。

2. 无向图的最短路径

由于无向图两点之间的连接在两个方向上是相同的，因此无向图的最短路径是指从起始点到目标点之间经过的一系列边，这些边的权重之和最小。如果边没有权重，那么，最短路径就是所经过边数最少的路径。

图 8-6（a）所示的有权图中，顶点 2 到顶点 4 的最短路径为 2→0→1→4，总权重为 1+3+2=6。

图 8-6（b）所示的无权图中，顶点 2 到顶点 4 的最短路径为：2→5→4，长度为 1+1=2，即仅经过两条边。

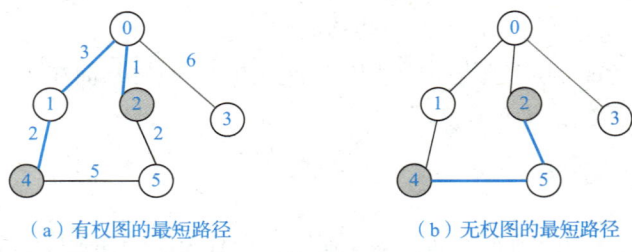

(a) 有权图的最短路径　　(b) 无权图的最短路径

图 8-6　无向图的最短路径

3. 有向图的最短路径

有向图中的边具有方向性，从顶点 A 到顶点 B 的边和从顶点 B 到顶点 A 的边是两条不同的边。例如，从北京到成都的机票价格，与从成都到北京的机票价格可能是不同的。因此，在有向图中，最短路径是指从起始点到目标点，沿着有向边的方向，使得路径上所有边的权重之和最小的路径。

例如，在图 8-7 中，假设边上的数字代表两地之间的机票价格，而不是指距离。那么，从顶点 2 到顶点 4 的最短路径为 2→3→5→4，总票价为 1+1+4=6。

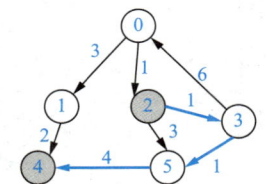

图 8-7　有向图的最短路径

8.3　盲目搜索技术

盲目搜索技术也称无信息搜索技术，是一种直接搜索策略。盲目搜索不依赖于问题本身的特定信息，而仅按照一般的逻辑法则或控制性知识，在预定的路线或控制策略下进行搜索，且在搜索过程中获得的中间信息也不会用来改进控制策略。盲目搜索技术在计算机科学和人工智能领域有着广泛的应用，如迷宫求解、路径规划、故障诊断等。

8.3.1　深度优先搜索技术

所谓深度优先搜索（depth-first search，DFS），是一种基于树或图的遍历型搜索技术，是指从初始点开始，沿着某一条分支尽可能深地搜索，直到无法继续深入，就像人们常说的"不撞南墙不回头""撞了南墙才回头"；然后逐层回溯到上一层未完全搜索的顶点继续探索其他分支；通过不断重复此过程，访问所有顶点。这种搜索策略就像走迷宫一样，一直沿着一条路走，直到走不通了再回头尝试其他岔路。

DFS 技术常用来查找路径、检测连通性、拓扑排序等，具有较广泛的应用。例如，网络管理员利用 DFS 技术来绘制网络拓扑图，当网络出现故障时，通过网络拓扑图可以快速定位出现问题的设备和链路；在电路板制造和测试过程中，通过 DFS 检查电路连通性，及时发现短路或断路等问题；在基因序列分析中，用于基因聚类、进化树构建等操作，通过 DFS 发现不同基因序列之间的相似性模式，从而推断物种之间的亲缘关系；在社交网络中，DFS 用于市场调研、精准营销和社交网络平台的运营管理等，可以针对不同社区的用户兴趣和行为特点进行精准广告投放。

下面以图 8-8（a）为例，介绍以顶点 0 为起始点的 DFS 搜索过程。

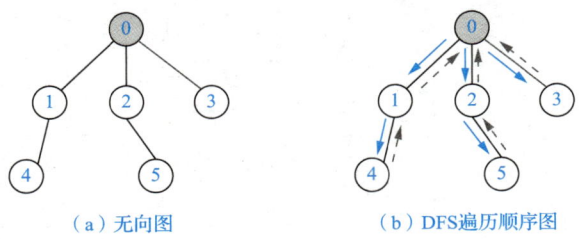

（a）无向图　　　　　　（b）DFS遍历顺序图

图 8-8　DFS 搜索过程

1. 初始化

（1）创建一个栈，用于存储待处理的顶点。开始时，将起始点 0 进栈，如图 8-9 所示。

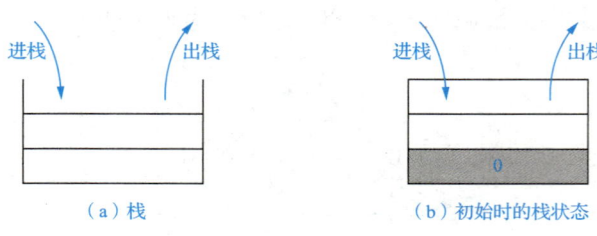

图 8-9 栈

栈的特点是"后进先出",即后进栈的元素先出栈。例如,进栈顺序是 A、B、E、D、G,则出栈顺序是 G、D、E、B、A。

(2)创建一个数组,用于标记顶点是否被访问过,避免重复访问同一个顶点。

开始时,将起始点 0 标记为已访问,其他顶点标记为未访问。

2. 搜索算法

(1)当栈不为空时,执行以下操作。

① 将栈顶元素出栈,记为 u。

② 处理顶点 u。例如,可以显示顶点值,或执行与之相关的比较、求权重等其他操作。

③ 考察顶点 u 的所有邻接点。对于邻接点 v,如果未访问,则将 v 进栈,并标记为已访问。

(2)以此类推,直至栈为空时,遍历结束。其流程图如图 8-10 所示。

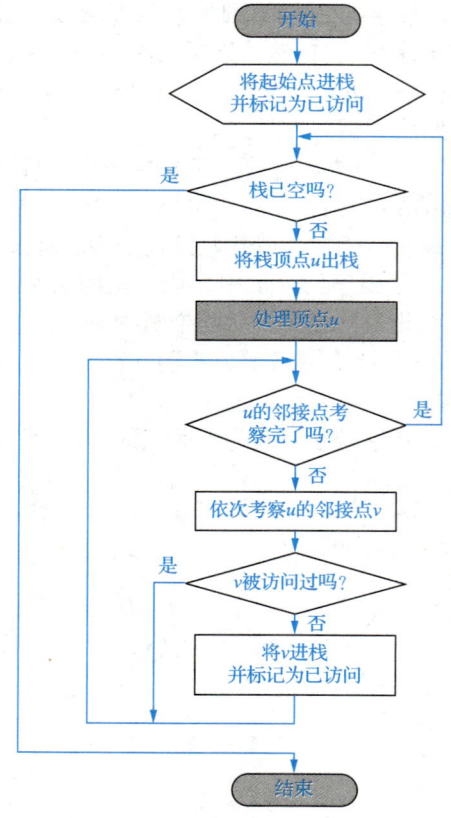

图 8-10 DFS 流程图

图 8-8（a）所示无向图的 DFS 过程如表 8-2 所示。

表 8-2 DFS 过程

步骤	操作	当前顶点	栈的内容	已访问顶点	备注
1	将栈顶顶点 0 出栈	0	—	0	顶点 0 的邻接点为 1、2、3
2	考察顶点 0 的邻接点 1	0	1	0,1	邻接点 1 未访问过，则将其进栈
3	考察顶点 0 的邻接点 2	0	2,1	0,1,2	邻接点 2 未访问过，则将其进栈
4	考察顶点 0 的邻接点 3	0	3,2,1	0,1,2,3	邻接点 3 未访问过，则将其进栈
5	将栈顶顶点 3 出栈	3	2,1	0,1,2,3	顶点 3 的邻接点为 0
6	考察顶点 3 的邻接点 0	3	2,1	0,1,2,3	邻接点 0 已访问过
7	将栈顶顶点 2 出栈	2	1	0,1,2,3	顶点 2 的邻接点为 0、5
8	考察顶点 2 的邻接点 0	2	1	0,1,2,3	邻接点 0 已访问过
9	考察顶点 2 的邻接点 5	2	5,1	0,1,2,3,5	邻接点 5 未访问过，则将其进栈
10	将栈顶顶点 5 出栈	5	1	0,1,2,3,5	顶点 5 的邻接点为 2
11	考察顶点 5 的邻接点 2	5	1	0,1,2,3,5	邻接点 2 已访问过
12	将栈顶顶点 1 出栈	1	—	0,1,2,3,5	顶点 1 的邻接点为 0、4
13	考察顶点 1 的邻接点 0	1	—	0,1,2,3,5	邻接点 0 已访问过
14	考察顶点 1 的邻接点 4	1	4	0,1,2,3,5,4	邻接点 4 未访问过，则将其进栈
15	将栈顶顶点 4 出栈	4	—	0,1,2,3,5,4	顶点 4 的邻接点为 1
16	考察顶点 4 的邻接点 1	4	—	0,1,2,3,5,4	邻接点 1 已访问过
17	栈已空			遍历结束	

按照顶点出栈顺序，得到一种遍历结果：0→3→2→5→1→4，如图 8-8（b）所示。

3. 主要不足

（1）可能陷入无限循环或深度过深的路径。

DFS 是沿着一条路径尽可能深入地探索。若图中存在环路，DFS 可能陷入死循环。另外，在图很大或深度很深的情况下，DFS 可能会沿着一条很长的路径一直深入下去，而忽略了其他可能更有希望的分支，导致效率低下，甚至无法在有限时间内找到目标。例如，迷宫中如果存在很多死胡同，或很长的回廊，DFS 则可能会一直深入探索这些没有出路的路径，从而浪费了大量时间和资源。

（2）不一定能找到最优路径。

DFS 按照深度优先的方式遍历，没有考虑路径代价或长度等因素。因此，DFS 主要关注的是能否找到目标，而不是到达目标的最优路径。例如，在有权图中，DFS 可能会先找到一条很长的路径到达目标，反而忽略了更短的有效路径。若用在物流配送网络中，DFS

可能会先找到一条绕路很多的路径，而不是最短路径。

8.3.2 广度优先搜索技术

所谓广度优先搜索（breadth-first search，BFS），是指从初始顶点开始，以广度优先的方式逐层对顶点进行扩展和探索。即先搜索起始点的所有邻接点，然后依次搜索这些邻接点的邻接点。以此类推，就像水波纹一样向外扩展，直到搜索完所有可能到达的顶点。

BFS 常用来搜索路径、挖掘数据、构建知识图谱等。例如，网络爬虫使用 BFS 来遍历网页之间的链接，确保在深入挖掘某一网站内部页面之前，先抓取同一层次的其他相关网页，从而更全面地收集网页信息，避免陷入网站内部深度链接而错过其他重要网页；在社交网络中，BFS 用来寻找两个人之间的最短好友关系路径；在机器人导航中，BFS 用于规划机器人最短移动路径。

下面以图 8-8（a）为例，介绍以顶点 0 为起始点的 BFS 搜索过程。

1. 初始化

（1）创建一个队列用于保存待处理的顶点。

队列的特点是"先进先出"，类似于仅能容纳一辆车通过的单行通道，保证先进入队列的顶点先被处理，符合 BFS 的搜索规则。

初始时，将起始点放入队列。如图 8-11 所示。

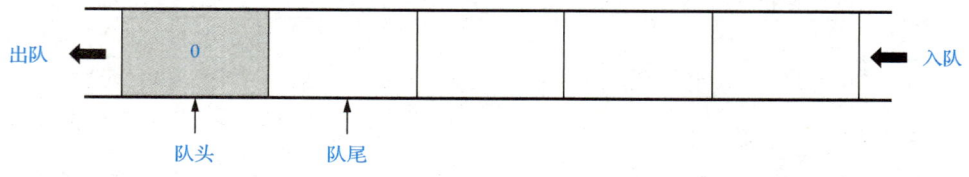

图 8-11 队列

（2）同样，需要创建一个数组用于标记顶点是否被访问过。开始时，起始点标记为已访问。

2. 搜索算法

（1）当队列不为空时，执行以下操作。

① 将队头顶点出队，并记为 u。
② 处理顶点 u。例如，可以显示顶点值，或执行与之相关的比较、求权重等其他操作。
③ 依次考察顶点 u 的所有邻接点。

对于每个邻接点 v，如果还没有被访问过，则将 v 入队，并将其标记为已访问。

（2）以此类推，当队列为空时，遍历结束。其流程图如图 8-12 所示。

图 8-8（a）所示无向图的 BFS 过程如表 8-3 所示。

第 8 章 搜索技术

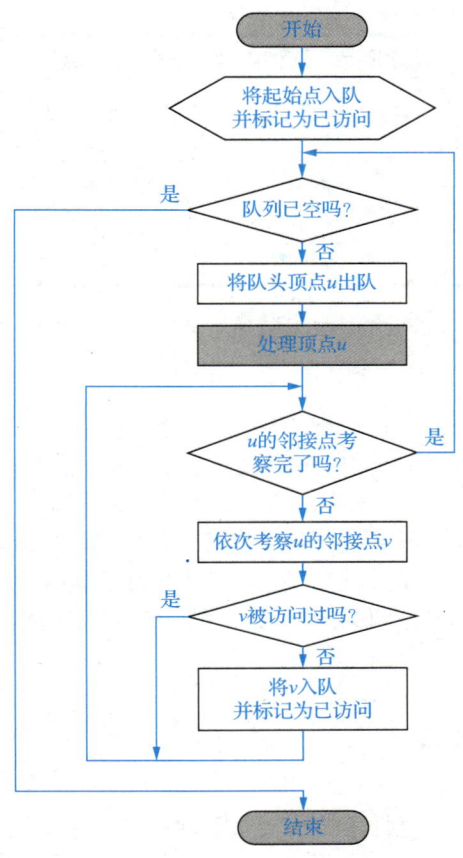

图 8-12 BFS 流程图

表 8-3 BFS 过程

步骤	操作	处理顶点	队列内容	已访问顶点	备注
1	将队头顶点 0 出队		—	0	顶点 0 的邻接点为 1、2、3
2	考察顶点 0 的邻接点 1	0	1	0,1	邻接点 1 未访问过，则将其入队
3	考察顶点 0 的邻接点 2		1,2	0,1,2	邻接点 2 未访问过，则将其入队
4	考察顶点 0 的邻接点 3		1,2,3	0,1,2,3	邻接点 3 未访问过，则将其入队
5	将队头顶点 1 出队		2,3	0,1,2,3	顶点 1 的邻接点为 0、4
6	考察顶点 1 的邻接点 0	1	2,3	0,1,2,3	邻接点 0 已访问过
7	考察顶点 1 的邻接点 4		2,3,4	0,1,2,3,4	邻接点 4 未访问过，则将其入队
8	将队头顶点 2 出队		3,4	0,1,2,3,4	顶点 2 的邻接点为 0、5
9	考察顶点 2 的邻接点 0	2	3,4	0,1,2,3,4	邻接点 0 已访问过
10	考察顶点 2 的邻接点 5		3,4,5	0,1,2,3,4,5	邻接点 5 未访问过，则将其入队
11	将队头顶点 3 出队	3	4,5	0,1,2,3,4,5	顶点 3 的邻接点为 0
12	考察顶点 3 的邻接点 0		4,5	0,1,2,3,4,5	邻接点 0 已访问过

续表

步骤	操作	处理顶点	队列内容	已访问顶点	备注
13	将队头顶点 4 出队	4	5	0,1,2,3,4,5	顶点 4 的邻接点为 1
14	考察顶点 4 的邻接点 1		5	0,1,2,3,4,5	邻接点 1 已访问过
15	将队头顶点 5 出队	5	—	0,1,2,3,4,5	顶点 5 的邻接点为 2
16	考察顶点 5 的邻接点 2		—	0,1,2,3,4,5	邻接点 2 已访问过
17	队列已空			遍历结束	

按照顶点出队的顺序，得到一种遍历结果：0→1→2→3→4→5。

3. 主要不足

在有向图中，BFS 主要是基于顶点的层次结构进行搜索，按照从起始点出发的距离来遍历。但是，对于一些需要考虑有向边的特定顺序或循环依赖的问题，BFS 可能无法直接提供有效的解决方案。例如，在有向图表示的工作流程中，每个顶点代表一个任务，有向边代表任务之间的先后顺序。如果想要寻找一条满足特定任务顺序要求的路径（例如，任务 A 必须在任务 B 之后执行，任务 C 必须在任务 A 和任务 B 之前执行），BFS 可能会找到一些不符合这种特定顺序要求的路径，因为 BFS 只是基于顶点的距离层次进行搜索，而没有考虑有向边的这种复杂顺序关系。

8.4 启发式搜索技术

启发式搜索技术也称有信息搜索技术，主要利用问题本身拥有的启发信息来引导搜索，通过启发函数和评估函数来评测每个可能的下一步行动的价值，并选择最有希望的行动来继续搜索，从而达到减少搜索范围、降低问题复杂度、提高搜索效率和效果的目的。

所谓启发信息，是指在启发式搜索中使用的一种指导信息，可以提供关于问题结构、目标状态和可能的行动等信息。启发信息通常是通过先验知识、经验或问题特性来获取的。

启发式搜索技术被广泛应用于生产生活实践中。例如，在交通导航中，综合考虑道路长度、路况、交通规则等因素，为用户提供最佳出行建议；在生产作业调度中，根据生产任务的优先级、时间限制、资源需求等因素，快速生成高效的调度方案，提高生产效率和资源利用率；在物流配送中，可综合考虑客户位置、货物质量、交通状况等因素，优化配送路径，降低物流成本；在搜索引擎等信息检索系统中，帮助快速定位用户所需的信息，根据用户输入的关键词和文档的相关度等启发信息，对搜索结果进行排序和筛选，提高信息检索的效率和准确性；在基因序列分析中，快速找到最优的序列比对结果，提高基因序列分析的效率；在蛋白质结构预测中，根据物理化学原理和已知的结构信息，找到最可能的蛋白质结构。

8.4.1 贪婪算法

所谓贪婪算法（greedy algorithm，GA），是指在求解问题的过程中，总是做出在当前状态下看来最优或最有利的选择。也就是说，贪婪算法不从整体最优上考虑，而是在每一步选择中都采取局部最优，期望通过一系列的局部最优选择来达到全局最优。例如，在资源分配问题中，如果遵循资源利用最大化准则，则在每次分配资源时，贪婪算法会选择能使当前资源利用率最大的分配方式，而不考虑这种分配方式对后续分配或整体最优资源利用的影响。

1. 基本原理

贪婪算法的决策是基于一个贪婪准则。贪婪准则根据问题性质来确定，用于判断当前的哪种选择是最优的。例如，在找零问题中，贪婪准则是尽量选择面值大的货币来组成给定的金额。

问题：硬币面值有 25 美分、10 美分、5 美分和 1 美分 4 种，用最少的硬币数量凑出 67 美分。

贪婪准则：每次尽可能选择大面值硬币，但该面值硬币的使用不会使总金额超过给定金额。

算法步骤如下。

① 用 67 除以 25，商为 2，余数为 17，表示可以选用 2 个 25 美分硬币，还剩下 17 美分。
② 用 17 除以 10，商为 1，余数为 7，表示可以再选用 1 个 10 美分硬币，还剩下 7 美分。
③ 用 7 除以 5，商为 1，余数为 2，表示可以再选用 1 个 5 美分硬币，还剩下 2 美分。
④ 最后选用 2 个 1 美分硬币，刚好凑齐剩下的金额。

至此，总共选用了 2+1+1+2=6 个硬币。

2. 主要不足

（1）不能保证得到全局最优。

贪婪算法是基于局部最优选择，在某些问题中，这种局部最优策略可能会导致错过全局最优。例如，旅行商问题，使用贪婪算法可能会因为一开始选择了距离当前城市最近的城市，而忽略了后续可能出现的更短的整体路线，最终得到的路线可能比最优路线长。

例如，在图 8-13（a）中，A、B、C、D 表示四个城市。从 A 点出发，搜索最短路线。

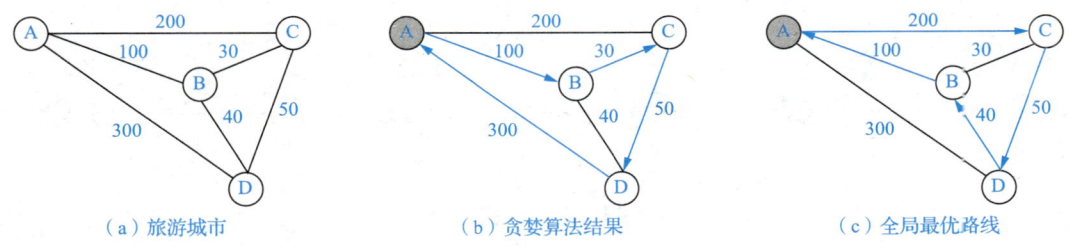

（a）旅游城市　　　　　　（b）贪婪算法结果　　　　　　（c）全局最优路线

图 8-13　简化的旅行商问题

按照贪婪算法，从 A 出发，会先选择 B（因为距离 A 最近），然后从 B 出发，会选择 C（因为距离 B 最近），最后从 C 出发选择 D。得到路线 A→B→C→D→A，距离为 100+30+50+300=480。

然而，全局最优路线实际是 A→C→D→B→A，距离为 200+50+40+100=390。可见，贪婪算法只考虑局部最短距离，而没有考虑整体路线的最优性，导致得到的不是最短的旅行路线。

（2）对问题的依赖性强。

贪婪算法的有效性完全取决于问题本身和所选择的贪婪准则。如果贪婪准则选择不当，得到的结果可能会更差。

例如，在找零游戏中，一般情况下，使用贪婪算法找零通常能得到较好的结果。假设某种货币有 1 元、5 角、1 角面值，要找零 8 角。按照贪婪算法，会先选择 1 个 5 角，然后再选择 3 个 1 角，这种方式可以用最少的货币数量完成找零。

然而，在一些特殊的货币体系下，贪婪算法就不一定适用了。假设存在一种货币体系，有面值 6 角、4 角和 1 角的货币。如果要找零 8 角，按照贪婪算法，会先选择 1 个 6 角，然后还剩下 2 角，再选择 2 个 1 角，总共用了 3 个货币。但实际上，使用 2 个 4 角就可以完成找零。说明在这种货币体系下，贪婪算法依赖于货币面值的设置，不能保证得到最优答案。

8.4.2 蚁群算法

所谓蚁群算法（ant colony optimization，ACO），是一种模拟蚂蚁觅食行为的启发式优化算法，是受到蚂蚁在寻找食物过程中，通过释放信息素来进行路径搜索和选择的行为启发而提出的。

1. 基本原理

在自然界中，蚂蚁在寻找食物时，会在经过的路径上释放一种称为信息素的化学物质。当一只蚂蚁发现食物后，它会沿着原路返回蚁巢，同时在返回的路上留下信息素。其他蚂蚁在寻找食物时，会更倾向于选择信息素浓度高的路径，因为这可能意味着该路径通向食物的概率更高。随着时间的推移，更多的蚂蚁选择同一条路径，导致这条路径上的信息素浓度不断增强，从而吸引更多的蚂蚁，形成一种正反馈机制。通过信息素的更新和扩散，逐渐找到最优的食物寻找路径。

如图 8-14 所示，设有甲、乙两只蚂蚁，开始时均在 A 点，而食物在 B 点。

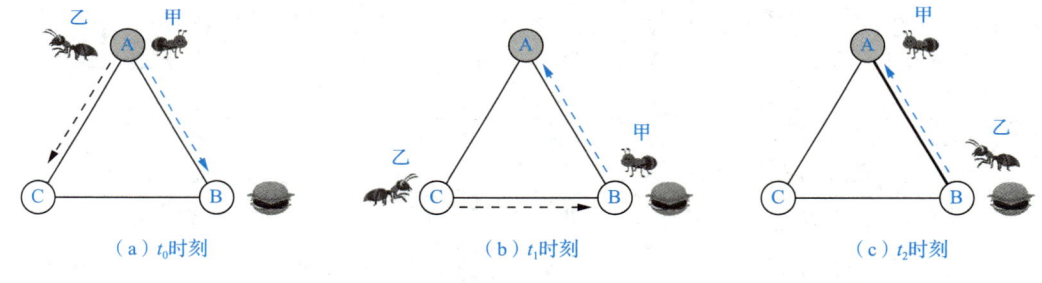

图 8-14 蚂蚁觅食示意图

从 A 到 B 有两条路径，即 A→B 和 A→C→B。A、B、C 三点构成等边三角形。假设两只蚂蚁的爬行速度相同，释放的信息素浓度相同。

① 在 t_0 时刻，蚂蚁乙沿 A→C→B 出发，蚂蚁甲沿 A→B 出发。两只蚂蚁沿途均释放信息素，如图 8-14（a）所示。

② 当到 t_1 时刻，蚂蚁乙到达 C 点，蚂蚁甲到达 B 点。此时 A→C 路径和 A→B 路径的信息素浓度相同，且蚂蚁乙将继续从 C 到 B 爬行，蚂蚁甲则从 B 到 A 返回，如图 8-14（b）所示。

③ 当到 t_2 时刻，蚂蚁乙到达 B 点，蚂蚁甲到达 A 点。显然，此时 A→B 路径的信息素浓度是 B→C 路径的 2 倍。因此，当蚂蚁乙想要返回 A 点，它不会再选择沿 B→C→A 原路返回，而是选择信息素浓度高的 B→A 路径返回，如图 8-14（c）所示。

这样持续下去，A→B 路径上的信息素浓度会越来越高，后面的蚂蚁都会选择 A→B 路径来获取食物，从而找到了获取食物的最短路径。

2. 主要不足

（1）收敛速度较慢。

蚁群算法是通过蚂蚁个体的随机搜索和信息素的积累来逐步搜索最优解。在初期，搜索是比较盲目的，信息素的分布相对均匀，蚂蚁选择路径的随机性较大。随着信息素差异逐渐显现，蚂蚁才会更倾向于选择信息素浓度高的优质路径。然而，这个过程可能需要较长时间，尤其是在处理大规模、复杂问题时，需要大量的迭代才能使信息分布收敛到一个稳定状态，才能找到较优解。

例如，在一个包含 100 个城市的旅行商问题中，可能需要几百次甚至上千次迭代，才能找到一个相对较优的旅行路线，其速度明显较慢。较慢的收敛速度意味着需要更多的计算资源和时间成本。在实际应用中，如果是在实时交通路线规划或网络路由动态调整等对算法的实时性要求较高的场景，蚁群算法可能无法满足快速决策的需求。

（2）容易陷入局部最优解。

蚁群算法中信息素的正反馈机制虽然有助于快速找到较优路径，但存在缺陷。一旦某几条局部较优路径上的信息素浓度在早期迭代中迅速增加，蚂蚁就会更倾向于选择这些路径，导致算法可能过早地集中在这些局部最优区域进行搜索，而忽略了其他可能存在全局最优路径的区域。

8.5 搜索最短路径

搜索技术最广泛的应用之一是搜索最短路径。最短路径在日常的生产生活中具有多方面的重要作用，如导航系统优化出行路线、物流配送路线规划和供应链优化、网络路由选择、社交网络好友关系链、机器人路径规划和避障等。

8.5.1 无权图的最短路径

由于 BFS 是按照到起始点距离从小到大的顺序来遍历各个顶点的，因此，在无权图中，BFS 搜索到的第一条从起始点到目标点的路径就是最短路径。

1. 初始化

在 BFS 基础上，创建一个数组，用来记录每个顶点的前驱顶点，用于后续回溯得到最短路径。

2. 搜索算法

对图 8-12 所示的 BFS 流程图做些修改，以达到搜索目标，如图 8-15 所示。

由图 8-15 可见，在 BFS 过程中，对考察的邻接点进行判断，判断其是否为目标点。如果是目标点，则表示找到了起始点到目标点的最短路径。

如果直到 BFS 结束，仍未找到目标点，则表示起始点和目标点之间不存在通路，当然也就不存在最短路径。

下面以图 8-6（b）中的无权图为例，采用 BFS 搜索顶点 2 到顶点 4 的最短路径。初始时，把起始点 2 放入队列，并标记为已访问，其他点标记为未访问。具体搜索过程如表 8-4 所示。

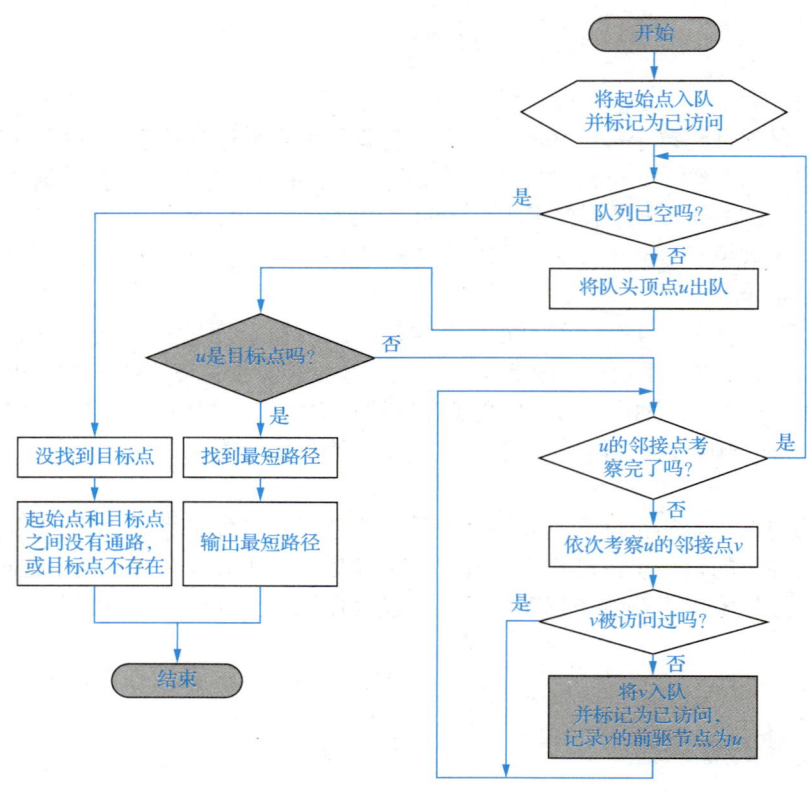

图 8-15 无权图最短路径搜索流程图

表 8-4 无权图最短路径搜索过程

步骤	操作	是否为目标点	队列内容	前驱顶点 0	1	3	4	5	已访问顶点	备注
1	将队头顶点 2 出队	否							2	顶点 2 的邻接点为 0、5
2	考察顶点 2 的邻接点 0		0	2					2,0	邻接点 0 未访问过，则将其入队，顶点 0 的前驱记为顶点 2
3	考察顶点 2 的邻接点 5		0,5					2	2,0,5	邻接点 5 未访问过，则将其入队，顶点 5 的前驱记为顶点 2
4	将队头顶点 0 出队	否	5						2,0,5	顶点 0 的邻接点为 1、2、3
5	考察顶点 0 的邻接点 1		5,1		0				2,0,5,1	邻接点 1 未访问过，则将其入队，顶点 1 的前驱记为顶点 0
6	考察顶点 0 的邻接点 2		5,1						2,0,5,1	邻接点 2 已访问过
7	考察顶点 0 的邻接点 3		5,1,3			0			2,0,5,1,3	邻接点 3 未访问过，则将其入队，顶点 3 的前驱记为顶点 0
8	将队头顶点 5 出队	否	1,3						2,0,5,1,3	顶点 5 的邻接点为 2、4
9	考察顶点 5 的邻接点 2		1,3						2,0,5,1,3	邻接点 2 已访问过
10	考察顶点 5 的邻接点 4		1,3,4				5		2,0,5,1,3,4	邻接点 4 未访问过，则将其入队，顶点 4 的前驱记为顶点 5

续表

步骤	操作	是否为目标点	队列内容	前驱顶点 0	前驱顶点 1	前驱顶点 3	前驱顶点 4	前驱顶点 5	已访问顶点	备注
11	将队头顶点 1 出队	否	3,4						2,0,5,1,3,4	顶点 1 的邻接点为 0、4
12	考察顶点 1 的邻接点 0		3,4						2,0,5,1,3,4	邻接点 0 已访问过
13	考察顶点 1 的邻接点 4		3,4						2,0,5,1,3,4	邻接点 4 已访问过
14	将队头顶点 3 出队	否	4						2,0,5,1,3,4	顶点 3 的邻接点为 0
15	考察顶点 3 的邻接点 0		4						2,0,5,1,3,4	邻接点 0 已访问过
16	将队头顶点 4 出队	是							2,0,5,1,3,4	找到目标点
17	找到最短路径								搜索结束	

从目标点的前驱开始回溯到起始点：目标点 4 的前驱为顶点 5，顶点 5 的前驱为起始点 2。至此，得到顶点 2 到顶点 4 的最短路径为 2→5→4，长度为 1+1=2。

8.5.2 有权图的最短路径

BFS 适合于搜索无权图的最短路径。而在有权图中，由于边可能有不同权重，BFS 按层遍历的方式不能保证找到的第一条路径就是最短路径。例如，可能存在一条权重很大的直连路径，BFS 会先探索到这条路径，但实际上很可能还存在另一条经过更多边但总权重更小的路径。

使用 BFS 搜索有权图的最短路径，一种特殊情况是，若所有边的权重都相等时，则可以像无权图一样处理。若边的权重不同时，可以把有权图转换为一个等价的无权图，即将有权图中的边按照权重进行展开。例如，一条权重为 3 的边，可以用 3 条权重为 1 的边来替换，这样就把有权图转化为了一个与之等价的无权图。但这种方法会导致图的规模急剧增大，增加了计算复杂度。

对于一般有权图，需要对传统 BFS 进行改进，引入边的权重，使得搜索过程可以优先考虑某些顶点，称为加权广度优先搜索（weighted breadth-first search，WBFS）。

下面以图 8-6（a）中的有权图为例，采用 WBFS 搜索顶点 2 到顶点 4 的最短路径。

1. 初始化

与传统 BFS 的初始化相比，WBFS 略有不同。

（1）需要创建一个优先队列，用于保存有待进一步访问的顶点。

优先队列中的每个元素包含两部分：顶点 u，以及从起始点到此顶点 u 的距离。

队列按起始点到顶点的距离从小到大排序，确保队头距离最小，即具有优先被选择权。

初始时，将起始点 2 放入队列，到本身的距离为 0，如图 8-16 所示。

（2）创建两个数组。一个用来标记顶点是否被访问过。初始时，起始点设为已访问，其他顶点设为未访问。另一个用来记录每个顶点的前驱顶点。初始时，均设为空。

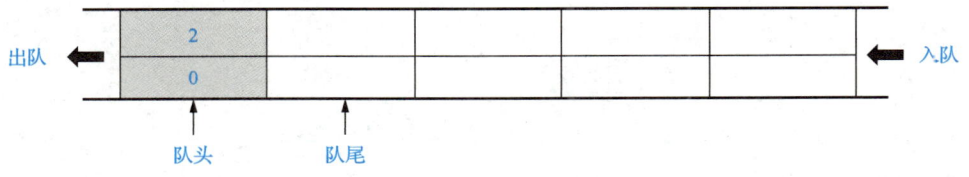

图 8-16 优先队列

2. 搜索算法

（1）当优先队列不为空时，执行以下操作。

① 将队头顶点出队，记为 u。

② 遍历 u 的所有邻接点。对于每个邻接点 v，计算从起始点经过 u 到达 v 的新距离 d_{v_new}。

$$d_{v\_new} = d_u + w(u, v)$$

式中，d_u 为起始点到 u 的距离；$w(u, v)$ 为 $u \rightarrow v$ 连边上的权重。

③ 如果这个新距离 d_{v_new} 小于之前记录的起始点到 v 的最短距离 d_{v_old}，表示找到了一条更短的起始点到 v 的路径，则将 d_{v_new} 更新为迄今记录的起始点到 v 的新的最短距离，即令 $d_{v\_old} = d_{v\_new}$。

同时，将 v 的前驱更新为 u。

④ 如果 v 未被访问，则将其加入队列，并标记为已访问。

（2）当队列为空时，搜索结束。若目标点被访问，则从目标点前驱逐步回溯到起始点，即得到最短路径序列；否则，表示从起始点无法到达目标点，即不存在最短路径。

对图 8-12 所示的 BFS 流程图做些修改，以达到搜索目标，如图 8-17 所示。

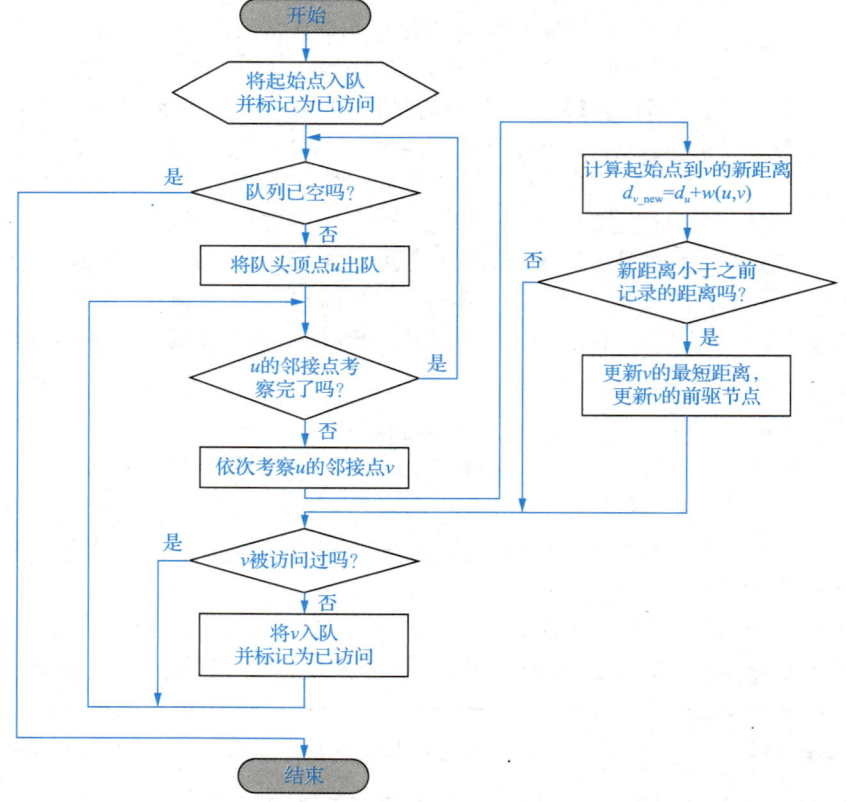

图 8-17　有权图最短路径搜索流程图

下面以图 8-6（a）中的有权图为例，搜索顶点 2 到顶点 4 的最短路径。初始时，把起始点 2 放入队列，并标记为已访问，其他点标记为未访问。具体搜索过程如表 8-5 所示。

表 8-5　有权图最短路径搜索过程

步骤	操作	队列内容	到起始点最短距离						前驱						已访问顶点	备注
			0	1	2	3	4	5	0	1	2	3	4	5		
1	将队头顶点 2 出队		∞	∞	0	∞	∞	∞							2	顶点 2 的邻接点为 0、5
2	考察顶点 2 的邻接点 0	(0,1)	1	∞	0	∞	∞	∞	2						2,0	2⇒0 最短距离为 2→0：1<∞ 邻接点 0 的前驱记为顶点 2，且未访问过，则将其入队
3	考察顶点 2 的邻接点 5	(0,1)(5,2)	1	∞	0	∞	∞	2	2					2	2,0,5	2⇒5 最短距离为 2→5：2<∞ 邻接点 5 的前驱记为顶点 2，且未访问过，则将其入队
4	将队头顶点 0 出队	(5,2)	1	∞	0	∞	∞	2	2					2	2,0,5	顶点 0 的邻接点为 1、2、3
5	考察顶点 0 的邻接点 1	(5,2)(1,4)	1	4	0	∞	∞	2	2	0				2	2,0,5,1	2⇒1 最短距离为 (2⇒0)+(0→1)=1+3=4<∞ 邻接点 1 的前驱记为顶点 0，且未访问过，则将其入队
6	考察顶点 0 的邻接点 2	(5,2)(1,4)	1	4	0	∞	∞	2	2	0				2	2,0,5,1	2⇒3 起始点
7	考察顶点 0 的邻接点 3	(5,2)(1,4)(3,7)	1	4	0	7	∞	2	2	0		0		2	2,0,5,1,3	2⇒3 最短距离为 (2⇒0)+(0→3)=1+6=7<∞ 邻接点 3 的前驱记为顶点 0，且未访问过，则将其入队
8	将队头顶点 5 出队	(1,4)(3,7)	1	4	0	7	∞	2	2	0		0		2	2,0,5,1,3	顶点 5 的邻接点为 2、4
9	考察顶点 5 的邻接点 2	(1,4)(3,7)	1	4	0	7	∞	2	2	0		0		2	2,0,5,1,3	2⇒2 起始点
10	考察顶点 5 的邻接点 4	(1,4)(3,7)(4,7)	1	4	0	7	7	2	2	0		0	5	2	2,0,5,1,3,4	2⇒4 最短距离为 (2⇒5)+(5→4)=2+5=7<∞ 邻接点 4 的前驱记为顶点 5，且未访问过，则将其入队

续表

步骤	操作	队列内容	到起始点最短距离						前驱						已访问顶点	备注
			0	1	2	3	4	5	0	1	2	3	4	5		
11	将队头顶点1出队	(3,7)(4,7)	1	4	7			2	2	0			5	2	2,0,5,1,3,4	顶点1的邻接点为 2⇒0 最短距离为0、4
12	考察顶点1的邻接点0	(3,7)(4,7)	1	4	7			2	2	0			5	2	2,0,5,1,3,4	(2⇒1)+(1⇒0)=4+3=7>1 邻接点0的最短距离不变, 且已访问过
13	考察顶点1的邻接点4	(3,7)(4,6) 小→大排序: (4,6)(3,7)	1	4	7		6	2	2	0			1	2	2,0,5,1,3,4	(2⇒1)+(1⇒4)=4+2=6<7 将邻接点4的最短距离更新为6, 前驱更新为顶点1
14	将队头顶点4出队	(3,7)	1	4	7		6	2	2	0			1	2	2,0,5,1,3,4	顶点4的最短距离为 2⇒1 最短距离为1、5
15	考察顶点4的邻接点1	(3,7)	1	4	7		6	2	2	0			1	2	2,0,5,1,3,4	(2⇒4)+(4⇒1)=6+2=8>4 邻接点1的最短距离不变, 且已访问过
16	考察顶点4的邻接点5	(3,7)	1	4	7		6	2	2	0			1	2	2,0,5,1,3,4	(2⇒4)+(4⇒5)=6+5=13>2 邻接点5的最短距离不变, 且已访问过
17	将队头顶点3出队		1	4	7		6	2	2	0			1	2	2,0,5,1,3,4	顶点3的邻接点为 2⇒0 最短距离为0
18	考察顶点3的邻接点0		1	4	7		6	2	2	0			1	2	2,0,5,1,3,4	(2⇒3)+(3⇒0)=7+6=13>1 邻接点0的最短距离不变, 且已访问过
19	队列已空															搜索结束

从目标点的前驱开始回溯到起始点：目标点 4 的前驱为顶点 1，顶点 1 的前驱为顶点 0，顶点 0 的前驱为起始点 2。至此，得到顶点 2 到顶点 4 的最短路径为 2→0→1→4，长度为 1+2+3=6。

8.6 七桥问题

18 世纪初，普鲁士的哥尼斯堡有一条名叫普雷格尔的河流穿过，河上有两个小岛，有七座桥把两个岛与河岸联系起来，如图 8-18（a）所示。当地居民每周六组织一次有趣的消遣活动，即步行走过所有七座桥，每座桥只能经过一次，且起点与终点必须是同一地点。

8.6.1 欧拉图

数学家欧拉［图 8-18（b）］对七桥问题进行了深入研究，把七桥问题转化成"一笔画"几何问题，写成《哥尼斯堡七桥》论文，由此开创了图论这一新的数学分支。

欧拉通过对七桥问题的研究，不仅圆满地解决了哥尼斯堡七桥问题，而且得到并证明了更为广泛的有关"一笔画"的三条结论，即欧拉定理。

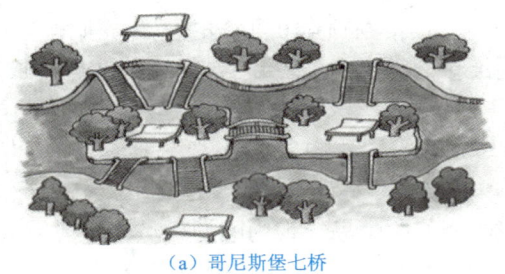

（a）哥尼斯堡七桥　　　　　　　　　（b）欧拉

图 8-18　七桥问题

1. 欧拉路径

在一个图中，如果存在一条经过所有边且仅经过一次的路径，则称为欧拉路径，如图 8-19（a）所示。例如，一个邮递员要沿着街道送信，他走过每条街道一次的路线就是欧拉路径。需要注意的是，欧拉路径只要求经过图中的每一条边一次，而不要求起点和终点相同。

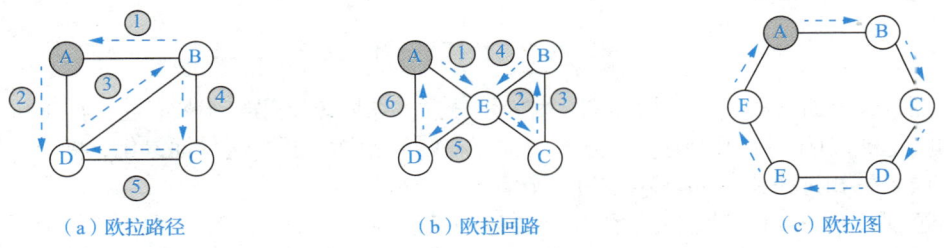

（a）欧拉路径　　　　　　（b）欧拉回路　　　　　　（c）欧拉图

图 8-19　关于欧拉图的几个概念示意图

2. 欧拉回路

在一个图中，如果存在一条回路（起点和终点相同的路径），它经过图中所有边且仅经过一次，则该回路称为欧拉回路，如图 8-19（b）所示。

3. 欧拉图

在一个图中，如果存在欧拉回路，则称为欧拉图。例如，一个简单的正六边形，从一个顶点出发，沿着边依次经过其他顶点，最后回到起始顶点，且每条边只经过一次，这条路径就是欧拉回路，这个正六边形就是欧拉图，如图 8-19（c）所示。

4. 欧拉定理

欧拉对"一笔画"图形提出以下三个条件。

（1）由偶点构成的连通图，可以一笔画成。

（2）只有两个奇点的连通图，以一个奇点为起点，另一个奇点为终点，可以一笔画成。即图中间点均是偶点，奇点只在两端。

（3）其他情况下，都不能一笔画成。

所谓奇点，是指与之相连的边数是奇数的顶点；如果边数是偶数，则称为偶点。

如图 8-20 所示，连接到顶点 0 和 3 的边数分别是 3 条和 1 条，所以是奇点；而连接到顶点 1、2、4、5 的边数都是 2 条，所以都是偶点。

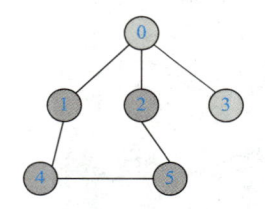

图 8-20　图的奇点和偶点

8.6.2　七桥问题的抽象化

在七桥问题中，把河的两岸陆地和河中间的两个岛屿视为图的顶点，分别用 A、B、C、D 四个顶点来表示。而将连接陆地和岛屿的七座桥抽象为连接相应顶点的边，每一座桥对应图中的一条边，边的两个端点就是桥所连接的陆地或岛屿对应的顶点，如图 8-21 所示。

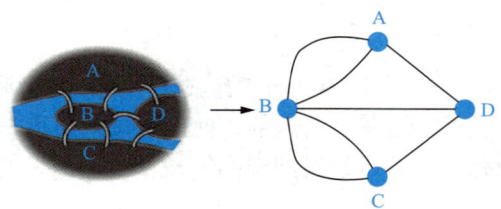

图 8-21　七桥问题的抽象化

显然，这个抽象后的图是连通图。因为从任意一块陆地或岛屿出发，通过桥都可以到达其他陆地或岛屿，即任意两个顶点之间都存在路径相连。通过这种抽象化，将一个复杂的实际地理场景和过桥路径问题转化为一个清晰的无向图模型。

通过观察图 8-21，我们注意到：当通过一条边到达一个顶点时，那么除非该顶点是行走的最后一个点，否则要再次离开该顶点时，就必须通过不同的边，因为这是游戏规则。也就是说，任何不是起点和终点的顶点，都需要有偶数条边与之相连，每进入一条线，就必须有一条边能离开。

为了使每条边都能准确走过一次，那么最多只能有两个顶点有奇数条边相连，即要么有两个奇数边的顶点，要么根本没有。在前一种情况下，这两个顶点对应于步行的起点和终点。而在后一种情况下，起点和终点是同一个顶点。

然而，在七桥问题中，四个顶点都有奇数条边，是奇点，所以七桥问题无解。

8.6.3 通过 BFS 搜索欧拉路径

我们采用 BFS 来检测七座桥是否可以不重复地一次性走遍，即判断是否存在欧拉路径。

在遍历过程中，记录每个顶点与之连接的边数。根据欧拉定理，一个无向图可以"一笔画"的必要条件是：图中只有零个或两个奇点。如果在遍历完后，发现不符合这个条件，则不存在不重复地一次性走遍七座桥的路线。

七桥问题的 BFS 过程如表 8-6 所示。

表 8-6 七桥问题的 BFS 过程

步骤	操作	连接边数	队列内容	标记为已访问顶点	备注
0			A	A	初始状态
1	将队头顶点 A 出队		—	A	顶点 A 的邻接点为 B、D
2	考察顶点 A 的邻接点 B	3	B	A,B	邻接点 B 未访问过，则将其入队
3	考察顶点 A 的邻接点 D		B,D	A,B,D	邻接点 D 未访问过，则将其入队
4	将队头顶点 B 出队		D	A,B,D	顶点 B 的邻接点为 A、D、C
5	考察顶点 B 的邻接点 A	3	D	A,B,D	邻接点 A 已访问过
6	考察顶点 B 的邻接点 D		D	A,B,D	邻接点 D 已访问过
7	考察顶点 B 的邻接点 C		D,C	A,B,D,C	邻接点 C 未访问过，则将其入队
8	将队头顶点 D 出队		C	A,B,D,C	顶点 D 的邻接点为 A、B、C
9	考察顶点 D 的邻接点 A	3	C	A,B,D,C	邻接点 A 已访问过
10	考察顶点 D 的邻接点 B		C	A,B,D,C	邻接点 B 已访问过
11	考察顶点 D 的邻接点 C		C	A,B,D,C	邻接点 C 已访问过
12	将队头顶点 C 出队		—	A,B,D,C	顶点 C 的邻接点为 B、D
13	考察顶点 C 的邻接点 B	3	—	A,B,D,C	邻接点 B 已访问过
14	考察顶点 C 的邻接点 D		—	A,B,D,C	邻接点 D 已访问过
15	队列已空		遍历结束		

可见，在七桥问题中，四个顶点都是奇点（连接边数为 3），所以不存在欧拉路径。

8.7 旅行商问题

旅行商问题（traveling salesman problem，TSP）也称推销员问题，是一个经典的组合优化问题，由 Dantzig 等人提出。旅行商问题可以描述为：一个旅行商要去若干个城市旅游，从一个城市出发，需要经过且仅经过一次所有城市后，再回到出发地。应如何选择旅行路线，以使总的旅行代价最小。旅行商问题在交通运输、电路板线路设计、物流配送等领域有着广泛的应用。

从图论角度来看，旅行商问题的实质是从一个有权无向图中寻找一条权重最小的回路。显然，旅行商问题与上面的七桥问题略有差异。七桥问题是无权图，关注的是能否遍历所有的边，而不涉及边的长度等度量问题。本质上说，七桥问题是寻找欧拉路径。而旅行商问题是有权图，不仅要考虑遍历所有的顶点，还要考虑顶点之间连接的成本，目标是找到总代价最小的遍历路线。旅行商问题的本质是寻找代价最小的欧拉回路。

下面以图 8-22 为例讲解旅行商问题。图 8-22 中描绘了 5 个城市，一个旅行者计划从成都启程，逐一游览其余所有城市，且每个城市只能经过一次，并最终返回成都。请协助这个旅行者规划一条总旅行代价最小的最优路径。图 8-22 中各城市间的连线权重代表了相应的旅行代价。

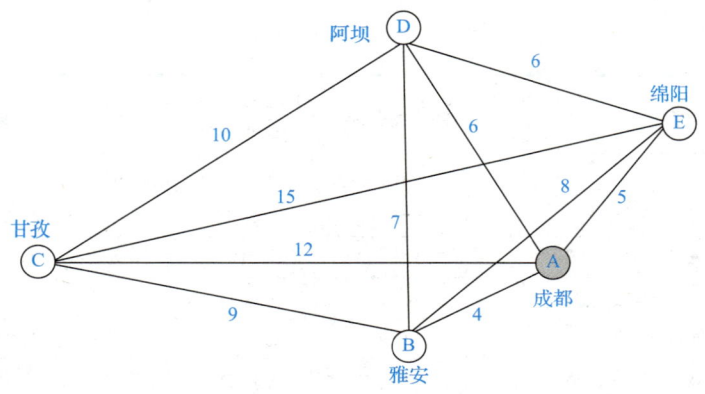

图 8-22　旅行商问题

8.7.1　A*算法的概念

A*算法也是一种启发式搜索算法，它融合了 BFS 和贪婪算法的优点，在每一步选择中综合考虑了当前状态下的最佳选择和整体目标的距离。A*算法通过一个启发函数来计算每个顶点的优先级，保证搜索结果的全局最优化。A*算法、BFS、贪婪算法的比较如表 8-7 所示。

表 8-7　A*算法、BFS、贪婪算法的比较

算法	搜索策略	目标导向性
A*算法	结合了最优性和速度，每一步选择综合考虑当前状态下的最佳选择和整体目标的距离	具有明确的目标导向性，通过启发函数来评估顶点到达目标的优先级
BFS	先访问当前节点的所有邻接点，再逐层向下访问	缺乏明确的目标导向性，只是按照层次顺序逐层访问
贪婪算法	只关注当前步骤的最优选择，而不考虑未来的影响或整体结果	缺乏全局视角，可能导致整体结果不是最优的

1. 使用一个优先队列来管理待访问节点

队列的一个元素表示一个搜索状态，包含了当前顶点、已访问顶点集、起始点到当前顶点已走过的路程等内容。开始时，将初始状态加入队列，如图 8-23 所示。

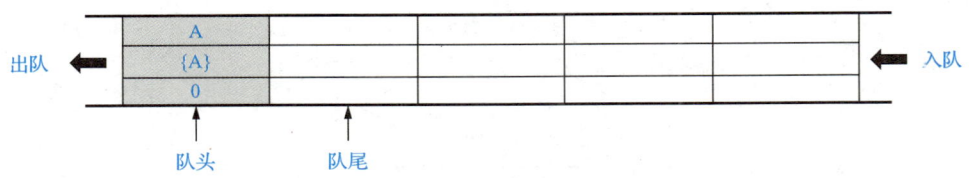

图 8-23 优先队列

2. 通过一个评估函数来评估节点优先级

评估函数如下。

$$f(n)=g(n)+h(n)$$

式中，$g(n)$是起始点到当前顶点已走过的路程；$h(n)$是启发函数，计算当前顶点到未访问顶点中距离最近的顶点的距离，再加上未访问顶点中到起始点距离最近的顶点的距离。

例如，在图 8-24 中，若当前状态是（B,{A,B},100），未访问顶点是{C,D}，首先找出 B 到{C,D}中距离最近的顶点，是顶点 C，距离为 30。再找出{C,D}中到起始点 A 距离最近的顶点，是顶点 C，距离为 200。那么，启发函数值 $h(n)$=30+200=230。评估函数值为 $f(n)=g(n)+h(n)$=100+230=330。

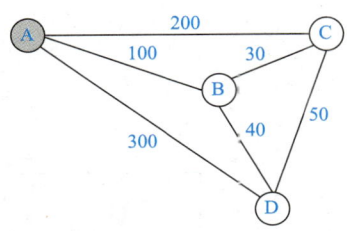

图 8-24 启发函数示例

8.7.2 A*算法的基本流程

A*算法的基本流程是通过维护一个优先队列，每次从队列中选择评估函数值最小的顶点进行扩展，引导搜索朝着可能的最优化方向进行，进而优化搜索过程，提高搜索效率，实现更高效、更准确的路径规划。旅行商问题的 A*算法流程图如图 8-25 所示。

（1）开始时，将初始状态(A,{A},0)放入队列，评估函数值为 0+(A→B)+(E→A)=4+5=9。

（2）当队列不为空时，将队头状态出队。

① 因为当前只访问了顶点 A，所以可以扩展到(B,{A,B},4)、(C,{A,C},12)、(D,{A,D},6)、(E,{A,E},5)等新的状态。

② 为每个新状态计算 $g(n)$和 $h(n)$，进而得到评估函数 $f(n)$的值。

例如，对于新状态(B,{A,B},4)，未访问顶点集是{C,D,E}。顶点 B 到{C,D,E}中的距离最近的点是 D，距离为 6。{C,D,E}集到起始点 A 距离最近的点是 E，距离为 5。则 $h(n)$=6+5=11，$f(n)$==4+11=15。

同理，状态(C,{A,C},12)、(D,{A,D},6)和(E,{A,E},5)的 $f(n)$值分别为 25、16、15。

③ 将这些新状态按 $f(n)$值由小到大顺序依次放入队列，如图 8-26 所示。

④ 重复上述步骤。要保证队列中状态是按 $f(n)$值由小到大排序的，确保每次都是从队列中取出 $f(n)$值最小的状态进行扩展。

（3）当从队列中取出的状态满足已访问所有顶点且回到起始点时，记录下此时的总路程。

（4）当队列为空，最终记录的最小路程对应的路径就是所求的最短路径。

最终得到的最优路径为 A→E→D→C→B→A，即成都→绵阳→阿坝→甘孜→雅安→成都。总路程为 5+6+10+9+4=34。

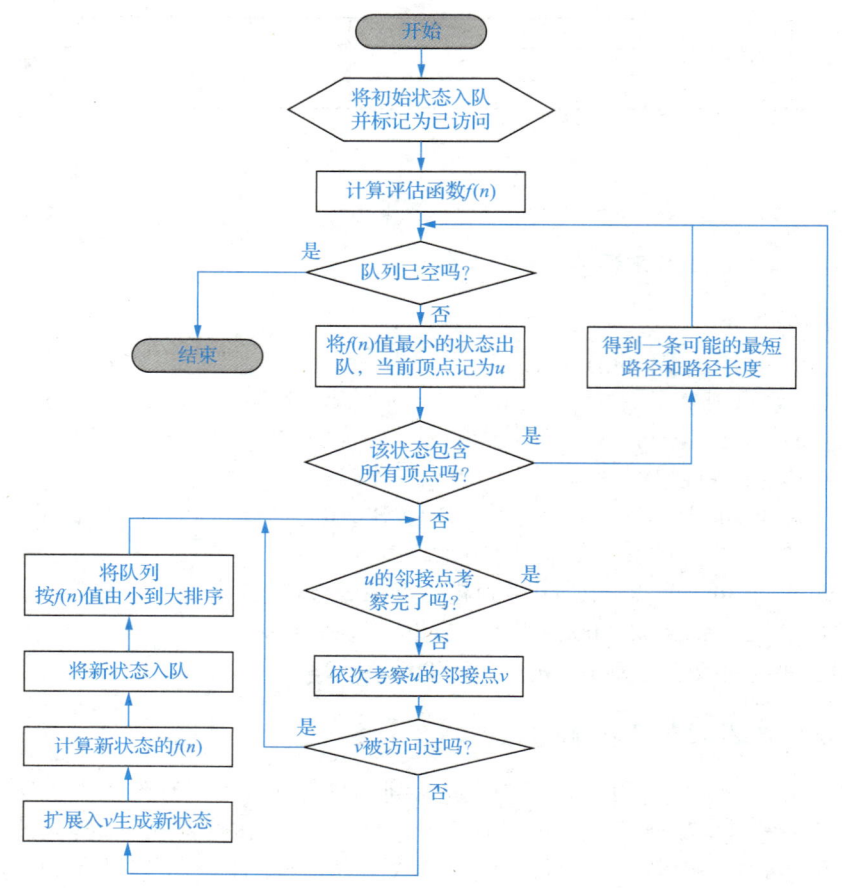

图 8-25 旅行商问题的 A*算法流程图

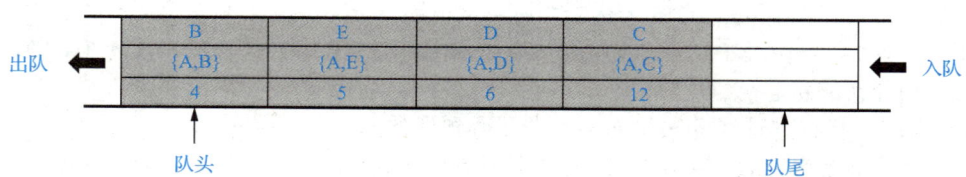

图 8-26 第一轮循环后队列的内容

 拓展阅读

小蜜蜂解决大问题

据国外一项研究表明，在花丛中飞来飞去的蜜蜂具有轻易破解旅行商问题的能力，而这是一个吸引全世界数学家研究多年的大问题。如果能理解蜜蜂的解决方式，将有助于人们改善交通规划和物流路线规划等领域的工作。

英国伦敦大学皇家霍洛威学院研究人员介绍说，蜜蜂显示出了轻而易举破解这个问题的能力。研究人员利用人工控制的假花进行了实验。结果显示，无论怎样改变花的位置，蜜蜂在稍加探索后，很快就可以找到在不同花朵间飞行的最短路径。这是首次发现能解决这个问题的动物。

进行研究的奈杰尔·雷恩博士说，蜜蜂每天都要在蜂巢和花朵间飞来飞去，为了采蜜而在不同花朵间飞行是一件很耗精力的事情。因此，实际上蜜蜂每天都在解决旅行商问题。尽管蜜蜂的大脑只有草籽那么大，也没有计算机的帮助，但它已经进化出了一套很好的解决方案。如果能理解蜜蜂怎样做到这一点，将对人类的生产生活带来巨大帮助。

本 章 习 题

一、填空题

1. 盲目搜索技术也称_____搜索技术，是一种直接搜索策略，不依赖于问题本身的特定信息。
2. 深度优先搜索是一种基于_____或图的遍历型搜索技术。
3. 广度优先搜索是指从初始顶点开始，以_____的方式逐层对顶点进行扩展和探索。
4. 启发式搜索技术利用问题本身拥有的启发信息来引导搜索，通过_____函数和_____函数来评测每个可能的下一步行动的价值。
5. 在无权图中，采用广度优先搜索算法搜索到的第一条从起始点到目标点的路径就是_____。
6. 在人工智能搜索技术中，_____是指搜索系统能够准确理解用户的自然语言问题，分析并提取用户意图的能力。

二、简答题

1. 请简述人工智能搜索技术的基本含义。
2. 盲目搜索技术与启发式搜索技术的主要区别是什么？
3. 深度优先搜索和广度优先搜索各有哪些应用场景？
4. 请解释无权图中最短路径的搜索过程。
5. 什么是 A^* 算法？请简要描述 A^* 算法的基本流程。

三、思考题

1. 在实际应用中，如何选择合适的搜索算法来解决特定问题？
2. 人工智能搜索技术在处理大数据集时面临哪些挑战？如何克服这些挑战？
3. 在人工智能搜索技术的发展过程中，有哪些关键技术或算法对搜索效率的提升起到了重要作用？

第 9 章 智能制造

【知识结构】

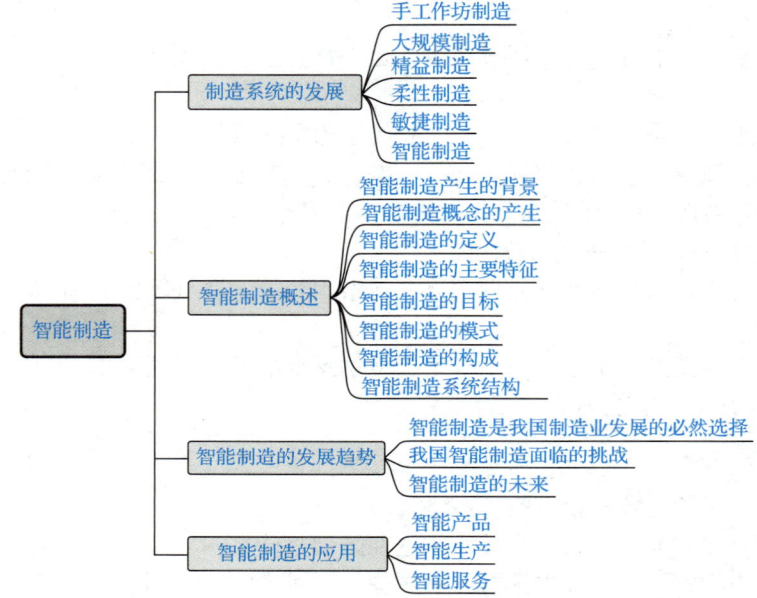

【教学目标】

了解制造模式的发展历程；熟悉精益制造和柔性制造的概念、特点；熟悉四次工业革命的特点及影响；了解各国的智能制造战略；掌握智能制造的概念；了解智能制造与传统制造的异同；了解智能制造的发展趋势。

【教学重点】

1. 制造模式的发展历程。
2. 智能制造的概念。
3. 智能制造的产生背景及内涵。
4. 智能制造发展的现状。

【教学难点】

1. 智能制造的概念。
2. 智能制造的产生背景及内涵。
3. 智能制造发展的现状。

【案例导入】

海尔集团的智能制造之路

青岛海尔集团（简称海尔）是我国最早探索智能制造的中国企业之一，率先开启了转型道路——建立互联工厂。截至 2021 年，海尔已经打造了 17 个互联工厂，覆盖家用空调、冰箱、洗衣机、热水器等多个家电品类。以海尔中央空调为例，海尔互联工厂通过首创的智能制造平台实现全程信息互联，从而达成大规模定制化生产。外部用户的需求信息将直接送到内部生产线上的每个工位，员工根据用户需求进行产品生产过程的实时优化；同时，通过生产线的众多传感器实现产品、设备、用户之间的相互对话与沟通。

据悉，海尔中央空调销售额已经连续 5 年保持行业增幅第一，其中综合节能效果达到 50% 的磁悬浮中央空调更是占据国内市场 81% 的份额。海尔中央空调互联工厂的建成让用户定制符合自己个性化需求的大件家电成为可能，这种模式除了能够及时响应用户的个性化需求，还能实现大规模生产，降低企业生产成本。

制造与我们的学习、生活和工作息息相关。我们身边的各种物品，几乎都是通过制造而来。制造业为我们提供了物质基础，满足我们的基本生活需求。而且，制造还能推动生活质量的提升。先进的电子产品如智能手机，通过不断地制造技术革新，功能越来越强大，让我们获取信息、沟通交流更加便捷高效。同时，制造业的发展也提供了大量的就业岗位，促进了经济发展。本章将介绍制造系统的发展、讲解智能制造的概念、智能制造的发展趋势及应用。

9.1 制造系统的发展

制造系统的发展是随着科技进步和市场需求变化而不断演进的，尤其体现在制造模式的变化上。制造模式是指企业体制、经营管理、生产组织和技术系统的形态和运作的模式。从更广义的角度看，制造模式就是一种有关制造过程、制造系统建立和运行的哲理及指导思想。纵观制造模式发展的历史，制造模式总是与当时的生产发展水平及市场需求相联系。至今，制造模式经历了手工作坊制造、大规模制造、精益制造、柔性制造、敏捷制造、智能制造等发展阶段。

9.1.1 手工作坊制造

手工作坊制造也称单件生产，在这时产品的设计、加工、装配和检验都是由个人完成的，一次生产一件产品。这种制造模式灵活性好，但效率很低，难以完成大批量产品的生产。按制造工具与技术的发展，大致经历了新石器时代、青铜和铁器时代、蒸汽时代。第一阶段的特征是按每个用户的要求进行单件生产，产品的零部件完全没有互换性，制作产品依靠的是操作者自己的技艺。第二阶段始于第二次社会大分工，手工业与农业相分离，形成了专职工匠，手工业者完全依靠制造谋生，制造工具不是为了自己使用，而是为了同他人交换。第三阶段以蒸汽机的发明为标志，形成近代制造体系，但使用的是手动操作的机床。

手工作坊制造属于"少品种单件小批生产"的生产方式，其基本特征如下。

(1) 按照用户的要求进行生产，采用手动操作的通用机床。由于无标准的计量系统，因此生产出来的产品规格只能达到近似要求，可靠性和一致性不能得到保证。

（2）生产效率不高，产量很低。例如，当时的汽车产量每年不超过 1000 辆，而且生产成本很高，成本也不随产品产量的增加而下降。

（3）从业者需通晓和掌握产品设计、机械加工和装配等方面的知识和操作技能，大多数从业者从学徒开始，经过长时间的训练才能成为制作整个产品的技师或作坊业主。

（4）工厂的组织结构松散，管理层次简单。生产一般是凭借个人的劳动经验和师傅定的行规进行管理，因此个人的经验智慧和技术水平起着决定性的作用。

9.1.2 大规模制造

大规模制造也称量产，是指在较长时间内接连不断地重复制造同品种产品的生产。例如，采矿、钢铁、纺织、造纸等工业生产，都是量产。大规模制造始于 19 世纪中叶，美国福特汽车公司提出了基于可互换零件的大规模制造模式。其特点是产品品种少、同一产品产量大、生产比较稳定。一般采用流水线、标准化等生产组织形式，操作工人往往固定从事一种劳动，有利于提高工人的操作熟练程度和劳动生产效率。

大规模制造的优点是产品结构稳定、自动化程度高；能够提高产品质量、降低劳动工时和物料消耗、缩短生产周期和加速资金周转；有利于减少手工劳动操作的比重，提高工人的技术熟练程度，可使产品和零部件的加工精度限制在规定的技术要求之内；在正常生产条件下，可使各道生产工序的劳动力和设备得到充分利用，建立科学的生产工序，保证各生产环节协调运作。

但是其缺点也相当明显，大规模制造以牺牲产品的多样性为代价，生产线的初始投入大，建设周期长；刚性大，无法适应变化愈来愈快的市场需求和激烈的市场竞争。

实现大规模制造的主要工作如下。

（1）从产品设计开始贯彻零部件的标准化、通用化和产品系列化原则，把构成产品的关键部件和通用化部件与专业化零部件区分开。

（2）从零部件生产、组装、检验到最终装配、调整、校验都贯彻操作技术的程序化和典型化，简化对工人的培训，用自动化程度较高的专用设备来获得更高的生产效率。

（3）设计各种形式的传送带实现生产过程连续化，材料和加工件传递的机械化。

（4）广泛开展专业化协作。

（5）工厂布置、物料搬运、设备管理、质量管理和库存管理都服从大批量生产要求，协调一致，形成有机整体。

9.1.3 精益制造

精益制造（lean manufacturing，LM）也称精益生产。20 世纪后半叶，日本汽车工业崛起，丰田通过持续改善生产流程，消除浪费等理念，形成了高效的生产模式，后被总结为精益制造。这种生产方式的核心思想是消除浪费、持续改善、价值流动。

20 世纪 50 年代，日本丰田汽车公司工程师大野耐一注意到制造过程中的浪费是造成生产效率低下和成本增加的根源。他从美国的超级市场运作中受到了启发，形成了看板系统的构想，于 1953 年提出了准时生产（just-in-time，JIT）制。经过不断改进和逐步推广，20 世纪 60 年代初日本丰田汽车公司形成了应用于运营管理的精益生产模式。20 世纪 80 年代后期，精益生产系统的原理在美国、中国和欧洲的一些国家开始被运用。

精益制造应用的主要方法是 5S 管理、价值流图分析和看板管理。5S 管理即整理（seiri）、整顿（seiton）、清扫（seiso）、清洁（seiketsu）、素养（shitsuke），用于改善工作环境，让工作场所更加有序，减少寻找工具等时间浪费。价值流图分析通过绘制价值流图，分析从原材料到成品的整个流程中的增值和非增值活动，找出可以改进的环节。看板管理是一种用于控制生产过程的方法。看板上记录着生产信息，如生产数量、零部件需求等，以实现准时生产，减少库存。

9.1.4 柔性制造

柔性制造（flexible manufacturing，FM）是相对于传统流水制造而言的。正如前述的大规模制造，从 20 世纪 50 年代开始，人们逐渐认识到其存在许多难以克服的缺点和矛盾。例如，劳动分工过细，导致了大量功能障碍；生产单一品种的专用工具、设备和生产流水线不能满足产品品种、规格变动的需要，对市场和用户需求的应变能力较弱；纵向一体化的组织结构形成了臃肿的"大而全""小而全"的塔形多层体制。

市场的多变性和顾客需求的个性化，产品品种和工艺过程的多样性，以及生产计划与调度的动态性，迫使人们去寻找新的生产方式，提高工业企业的柔性，同时提高生产效率。简单地说，柔性制造系统是能根据制造任务和生产品种变化而迅速进行调整的自动化制造系统。

自 1946 年在美国诞生了世界上第一台通用计算机以后，人们就不断地将计算机技术引入制造业中。1952 年，美国麻省理工学院试制成功世界上第一台数控（numerical control，NC）机床，对不同零件的加工只要改变 NC 程序即可，有效地解决了工序自动化的柔性问题，揭开了柔性自动化的序幕。1955 年，在通用计算机上开发成功的自动编程工具（automatically programmed tool，APT），实现了 NC 程序编制的自动化。为了进一步提高 NC 机床的生产效率和加工质量，于 1958 年研制成功的自动换刀镗铣加工中心（machining center，MC）能在一次装夹中完成多工序的集中加工。随即于 1962 年前后在数控技术基础上研制成功的第一台工业机器人，以及自动化仓库和自动导引车，实现了物料搬运的柔性自动化。1966 年出现的用一台较大型的通用计算机集中控制多台数控机床的直接数控（direct NC，DNC），降低了机床数控装置的制造成本，提高了工作的可靠性。

NC 和 APT 的出现标志着柔性生产的开始，它们将高效率和高柔性融于一体，实现了单机的柔性自动化，但 NC 机床及用于上下料的工业机器人只实现了零件加工单个工序的自动化，只有将一个零件的全部加工过程以及与之有关的信息流都进行自动化，并追求整体效果，才能大幅度提高生产效率，获得最佳的加工效果。在成组技术和计算机控制的基础上，1967 年英国莫林公司和 1968 年美国辛辛那提公司先后各自建造了由计算机集中控制的自动化制造系统，命名为柔性制造系统（flexible manufacturing system，FMS），FMS 具有更大的柔性和高度应变能力，进一步提高了设备利用率，缩短了生产周期，降低了制造成本。这正是多品种、小批量生产所要求的生产方式。20 世纪 70 年代以前，由于计算机处于第三代电路技术，工作性能和可靠性较差，致使 FMS 未获广泛应用。20 世纪 70 年代中期，由于微处理机的问世和数据库技术的发展，出现了各种微型机数控系统及柔性制造单元、柔性生产线和自动化工厂。在此期间，还相应开发了一系列用于支撑生产活动的计算机辅助技术，包括计算机辅助工艺过程设计、计算机辅助质量控制、计算机辅助制造、计算机辅助生产管理、计算机辅助制造资源计划、计算机辅助作业计划、计算机辅助设计、计算机辅助工程、计算机辅助物料需求计划、计算机辅助管理信息系统等。这些计算机辅助技术基本上都是在 20 世纪 60 年代至 70 年代发展起来的，且都获得了广泛的应用，大大提高了企业的决策能力和管理水平。但就整个企业而言，前述各种制造技术毕竟都是一些自动化"孤岛"，只能带来局部效益。进入 20 世纪 80 年代，单元技术逐渐成熟，并且商品化，数据库管理系统、局域网络等数据处理和通信网络逐渐普及。至此，出现了许多新概念、新思想和新生产模式，其实质是使生产系统朝着自动化、柔性化、智能化、集成化、系统化和最优化方向发展，以提高企业的整体效益。

柔性制造的模式目前已经广泛存在，如定制制造，这种制造是以消费者需求为导向的。与以需定产的方式对立的是传统大规模制造的生产模式。在柔性制造中，考验的是生产线和供应链的反应速度。例如，在电子商务领域兴起的 C2B（consumer to business，顾客对企业电子商务）等模式体现的正是柔性制造的精髓。柔性制造是实现未来工厂的新颖概念模式和新的发展趋势，是决定制造企业发展前途的具有战略意义的技术。

柔性制造具有以下特点。

（1）设备柔性。设备能够快速地从生产一种产品转换到生产另一种产品，通过可重新编程的控制系统和快速更换的工装夹具等实现。例如，数控机床可以通过修改数控程序来加工不同形状和尺寸的零件，无须对机床结构进行大规模改造。

（2）工艺柔性。能够根据不同的产品要求，快速调整和组合各种制造工艺。例如，一条柔性制造生产线既能进行切割工艺，又能迅速切换到焊接工艺，以适应不同产品的加工需求。

（3）产品柔性。能够经济高效地生产多种类型、多种规格的产品。企业可以在同一生产线上生产不同型号的产品，甚至可以是完全不同系列的产品，满足市场多样化和个性化的需求。

（4）生产能力柔性。制造系统可以根据市场需求的变化，灵活地调整生产速度和产量。例如，在市场需求旺季可以快速提高产量，而在淡季可以适当降低产量，同时保持系统的高效运行。

（5）维护柔性。系统的维护更加灵活方便，能够快速诊断和修复故障，并且可以通过远程监控、预测性维护等技术减少设备停机时间。例如，利用传感器收集设备运行数据，提前预测设备故障，及时安排维修，保障生产的连续性。

（6）扩展柔性。能够方便地增加或减少生产设备、模块等，以改变系统的生产规模和功能。就像搭建积木一样，企业能够根据发展需求灵活扩展生产线，添加新的加工单元或设备来应对新产品或新订单。

9.1.5 敏捷制造

敏捷制造（agile manufacturing，AM）的核心思想是提高企业对市场需求变化的快速反应能力，满足顾客的要求。除了充分利用企业内部资源，还可以充分利用其他企业乃至社会的资源来组织生产。敏捷制造具有以下特点。

（1）从产品开发开始的整个产品生命周期都是为了满足用户需求。

（2）采用多变的动态的组织结构。

（3）着眼于长期获取经济效益。

（4）建立新型的标准体系，实现技术、管理和人的集成。

（5）最大限度地调动、发挥人的作用。

9.1.6 智能制造

智能制造（intelligent manufacturing，IM）源于对人工智能的研究。一般认为智能是知识和智力的总和，前者是智能的基础，后者是获取和运用知识的能力。

随着2013年德国"工业4.0"等国家制造战略的提出，世界开始进入智能制造模式。智能制造突出了知识在制造活动中的价值和地位，而知识经济又是继工业经济后的主体经济形式。智能制造成为未来经济发展中重要的制造模式。关于智能制造产生的背景、概念、特征等，将在下一节详细介绍。

总体来说，每种制造模式都具有一组不同的需求集合，既有来自社会的需求，也有来自市场的需求；都产生于不同的时代；都是在制造工具的变革下产生的。随着通信、网络技术的飞速发展，远距离的实时通信已成为现实，全球化的资源配置与生产已成为现实。20世纪末提出了跨企业制造系统和全球制造系统，并成为21世纪制造系统的发展方向。全球制造的基本概念是根据全球化的产品需求，通过网络协调和运作，把分布在世界各地的制造工厂、供应商和销售点连接成一个整体，从而能够在任何时候与世界任何一个角落的用户或供应商打交道，由此构成具有统一目标、在逻辑上是一个整体，而在物理上分布于世界各地的跨企业和跨国制造系统，即全球制造系统，从而完成具有竞争优势的产品制造和销售。它的目标之一是与合作伙伴甚至竞争对手建立全球范围的设计、生产和经营的联盟网络，以加速产品开发和生产过程，提高产品的质量和市场响应速度，并向用户提供最优的服务，从而确保竞争优势，共同取得繁荣发展。各制造模式的特点如表9-1所示。

表 9-1 各制造模式的特点

制造模式	社会需求	市场力量	模式目标	使用技术	制造系统	产品结构
手工作坊制造	独特产品	不稳定需求	满足要求	人力，蒸汽机械，电力	手工，机械，电动机床	个性化
大规模制造	大批量，低成本	稳定需求	降低成本	可互换零件	专用制造系统（机床、装配线等）	不变
精益制造	低成本，高质量	稳定需求	低成本，高质量	精益生产	精益生产系统	模块化
柔性制造	多品种，小批量，高质量	稳定需求	多品种，高质量	计算机数控	柔性制造系统，计算机集成制造系统	模块化
敏捷制造	个性化产品和服务	波动需求	快速响应服务	信息技术和互联网	可重构制造系统，现代集成制造系统	高度模块化
智能制造	智能产品和服务	波动需求	智能服务	新一代信息技术	智能制造系统	智能化

9.2 智能制造概述

制造业是国民经济和国防建设的重要基础。没有强大的制造业,就没有国民经济的可持续发展,更不可能支撑强大的国防事业。自瓦特改良蒸汽机以来,制造业已经历了机械化、电气化、自动化三次技术革命,每一次技术革命都导致一次经济腾飞。随着以物联网、大数据、云计算为代表的新一代信息技术的快速发展,以及与先进制造技术的融合创新发展,全球兴起了以智能制造为代表的新一轮产业变革,智能制造正促使我国制造业发生大变化。当前,我国面临全球产业重新整合的机遇期,抓住了智能制造就抓住了工业化和信息化融合的本质,就有望在新一轮产业竞争中抢占制高点。在经济发展新常态下,要充分认识智能制造的重要性和紧迫性。

9.2.1 智能制造产生的背景

科技是第一生产力,科技创新是推动经济社会发展的根本动力。第一次工业革命和第二次工业革命分别以蒸汽机和电力的发明和应用为根本动力,极大地提高了生产力,人类社会进入现代工业社会。第三次工业革命的标志是计算、通信和控制等信息技术的不断创新和运用,不断把工业发展提高到一个崭新的水平。进入 21 世纪,人类面临空前的全球能源与资源危机、全球生态与环境危机、全球气候变化危机的多重挑战,由此引发了第四次工业革命。"工业 4.0"的概念于 2011 年在德国汉诺威工业博览会上被首次提出,2013 年"工业 4.0"报告发布。作为工业领域的全球领先展会,汉诺威工业博览会对推动第四次工业革命发挥了重要作用。第四次工业革命是以人工智能、石墨烯、生物基因、虚拟现实、量子信息技术、可控核聚变、清洁能源及生物技术为技术突破口的工业革命。在这一次工业革命中,制造业开始应用信息物理系统(cyber-physical system,CPS),使物理设备具有计算、通信、精确控制、远程协调和自治等功能,如图 9-1 所示。

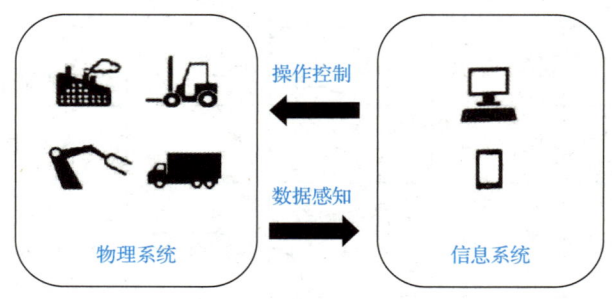

图 9-1 信息物理系统示意图

第四次工业革命的浪潮由几大工业强国共同发起,正在以惊人的速度席卷全球,它将把新一代信息技术广泛深入地渗透并融合到制造业中,彻底改变传统制造业的生产方式和人类知识技术的创新方式,推动制造技术和制造业向智能方向发展。伴随着四次工业革命,人类的生产方式也经历了四次重大变革,并且在每次的变革过程中,都会有一些国家崛起,如表 9-2 所示。

表 9-2 生产方式的变革和国家的崛起

变革	时间	技术变革	生产方式变革	崛起国家	崛起的原因
第一次工业革命	18世纪70年代—19世纪50年代	机器代替人力	工厂代替手工作坊	英国	利用生产技术的变革和进步，进行劳动分工与标准化
第二次工业革命	19世纪80年代—20世纪20年代	电力、化学、石油、新动力、新材料	企业集团出现大规模流水生产	美国、德国	利用新兴生产方式和新技术，如福特的大批量生产方式
第三次工业革命	20世纪40年代末—20世纪末	信息技术及网络、核能、生物技术、新材料	中小企业的兴起，大企业的联盟结成	日本、德国、美国	利用高科技产业的发展与技术的进步，如日本的精益制造、德国的柔性制造、美国的敏捷制造等生产方式
第四次工业革命	2012年至今	移动互联网、大数据、云计算、人工智能、物联网	智能制造、服务型制造、客户化定制	美国、德国、中国	利用创新能力，即技术创新、商业模式创新、生产组织方式创新及制造体系创新等，如工业互联网、"工业4.0"等

9.2.2 智能制造概念的产生

智能制造的概念最早在 20 世纪 80 年代由美国纽约大学的怀特教授和卡内基梅隆大学的布恩教授在他们出版的专著《制造智能》（*Manufacturing Intelligence*）里首次提出，并把智能制造定义为通过集成知识工程、制造软件系统、机器人视觉和机器人控制来对制造技工们的技能与专家知识进行建模，以使智能机器能够在没有人工干预的情况下进行小批量生产。1989 年，库夏克出版专著《智能制造系统》（*Intelligent Manufacturing Systems*），并于次年创办智能制造领域著名的国际学术期刊《智能制造杂志》（*Journal of Intelligent Manufacturing*）。

20 世纪 90 年代初，日本提出了智能制造系统国际合作研究计划，其目的是把日本工厂的专业技术与欧盟的精密工程技术、美国的系统技术充分地结合起来，开发出能使人和智能装备都不受生产操作和国界限制，且能彼此合作的高新技术生产系统。美国于 1992 年执行新技术政策，大力支持包括信息技术、新的制造工艺和智能制造技术在内的关键重大技术。欧盟于 1994 年启动新研发项目，其中的信息技术、分子生物学和先进制造技术均突出了智能制造的地位。这段时期，由于人工智能进展缓慢，智能制造技术未能在企业中广泛应用。

21 世纪以来，在经历一段时间的沉寂后，智能制造又蓬勃发展起来。美国以智能制造新技术引领"再工业化"：2011 年 6 月，启动包括工业机器人在内的先进制造伙伴计划；2012 年 2 月，出台《国家先进制造业战略》，提出建设智能制造技术平台，以加快智能制造的技术创新；2012 年 3 月，建立全美制造业创新网络，其中智能制造的框架和方法、数字化工厂、3D 打印等均被列为优先发展的重点领域。德国通过政府、弗劳恩霍夫应用研究促进协会和各市州政府合作投资数控机床、制造和工程自动化行业的智能制造研究。2011 年，日本发布了第四期科技发展基本计划，在该计划中主要部署了多功能电子设备、信息通信技术、测量技术、精密加工、嵌入式系统等重点研发方向；同时，加强智能网络、高速数据传输、云计算等智能制造支撑技术领域的研究。

2012 年，美国通用电气公司提出"工业互联网"，通过它将智能设备、人和数据连接出来，并以智能的方式分析所交换的数据，从而帮助人和设备做出更智慧的决策。美国电话电报公司、思科公司、美国通用电气公司、国际商业机器公司和英特尔公司随后在美国波士顿成立工业互联网联盟，以期望打破技术壁垒，促进物理世界和数字世界的融合。目前，该联盟的成员已经超过 200 个。

在 2013 年 4 月的汉诺威工业博览会上，德国政府宣布启动"工业 4.0"国家级战略规划，意图在新一轮工业革命中抢占先机，奠定德国工业在国际上的领先地位。"工业 4.0"利用信息物理系统实现由集中式控制向分散式增强型控制的基本模式转变，其目标是建立高度灵活的个性化和数字化的产品与服务的生产模式，推动现有制造业向智能化方向转型。

我国有关智能制造的研究问题由国家自然科学基金委员会（National Natural Science Foundation of China，NSFC）于 1988 年首次提出，并于 1993 年设立 NSFC 重大项目"智能制造系统关键技术"，之后相关的理论研究一直在进行，但大规模的应用研究并未开展。2010 年，《国务院关于加快培育和发展战略性新兴产业的决定》中首次将"智能制造及装备"列为高端制造装备中的重点发展领域。之后，智能制造技术被国家"十二五"规划、国家中长期发展规划列为优先发展和支持的重点领域，并制定《智能制造装备产业"十二五"发展规划》和《智能制造科技发展"十二五"专项规划》。2015 年，国务院正式发布《中国制造 2025》，在"战略任务和重点"中明确提出：加快推动新一代信息技术与制造技术融合发展，把智能制造作为两化深度融合的主攻方向；着力发展智能装备和智能产品，推进生产过程智能化，培育新型生产方式，全面提升企业研发、生产、管理和服务的智能化水平。

纵观智能制造概念与技术的发展，经历了兴起和缓慢推进阶段，直到 2013 年开始爆发式发展。究其原因有很多。第一，近几年来，世界各国都将智能制造作为重振和发展制造业战略的重要抓手；第二，随着以互联网、物联网和大数据为代表的信息技术的快速发展，智能制造的范畴有了较大扩展，以信息物理系统、大数据分析为主要特征的智能制造已经成为制造业转型升级的强大推动力。

9.2.3 智能制造的定义

当前，对于智能制造还没有一个统一的定义，下面列举一些较为权威的定义。

（1）1991 年，日本、美国和欧洲国家共同发起实施的智能制造系统国际合作研究计划中的定义，"智能制造系统是一种在整个制造过程中贯穿智能活动，并将这种智能活动与智能机器有机融合，将整个制造过程从订货、产品设计、生产到市场销售等各个环节以柔性方式集成起来的能发挥最大生产力的先进生产系统。"

（2）百度百科中关于"智能制造"一词采用了路甬祥所作报告中的定义，"智能制造是一种由智能机器人和人类专家共同组成的人机一体化智能系统，它在制造过程中能进行智能活动，诸如分析、推理、判断、构思和决策等。通过人与智能机器的合作共事，去扩大、延伸和部分地取代人类专家在制造过程中的脑力劳动。它把制造自动化的概念更新、扩展到柔性化、智能化和高度集成化。"

（3）2011 年 6 月，美国智能制造领先者联合会（Smart Manufacturing Leadership Coalition，SMLC）发布了《实施 21 世纪智能制造》报告，其中将智能制造定义为，"先进智能系统强化应用、新产品制造快速、产品需求动态响应,以及工业生产和供应链网络实时优化的制造。智能制造的核心技术是网络化传感器、数据互操作性、多尺度动态建模与仿真、智能自动化,以及可扩展的多层次的网络安全。"

(4)我国《智能制造科技发展"十二五"专项规划》中的定义,"智能制造是面向产品全生命周期,实现泛在感知条件下的信息化制造,是在现代传感技术、网络技术、自动化技术、拟人化智能技术等先进技术的基础上,通过智能化的感知、人机交互、决策和执行技术,实现设计过程智能化、制造过程智能化和制造装备智能化等。"

(5)我国《智能制造发展规划(2016—2020年)》中的定义,"智能制造是基于新一代信息通信技术与先进制造技术深度融合,贯穿于设计、生产、管理、服务等制造活动的各个环节,具有自感知、自学习、自决策、自执行、自适应等功能的新型生产方式。"

从上述定义可以看出,随着各种新制造模式的产生和新一代信息技术的快速发展,智能制造的内涵也在不断变化,人工智能的成分在弱化,而信息技术、网络互联等概念在强化。同时,智能制造的范围在扩大,横向上从传统制造环节延伸到产品全生命周期,纵向上从制造装备延伸到制造车间、制造企业甚至企业的生态系统。

当前,关于智能制造的理解存在一定的分歧。例如,国家973项目"高品质复杂零件智能制造基础研究"中认为,智能制造的科学理念集中体现在智能工艺和智能装备上,是复杂工况下高性能零件制造的有效手段,这可视为对智能制造的狭义理解。虽然"工业4.0""工业互联网"和《中国制造2025》都没有给出智能制造的具体定义,但"工业4.0"强调智能生产(smart production)和智能工厂(smart factory),"工业互联网"强调智能设备(Intelligent devices)、智能系统(intelligent systems)和智能决策(intelligent decisionmaking)三要素的整合,《中国制造2025》把智能制造作为两化深度融合的主攻方向。因此,也有一种观点认为这些战略规划就是在讲"智能制造",这实际上过于泛化了,不利于理解智能制造的本质特征。

在此从智能制造的本质特征出发,给出智能制造较为普适的定义,即智能制造是面向产品的全生命周期,以新一代信息技术为基础,以制造系统为载体,在其关键环节或过程,具有一定自主性的感知、学习、分析、决策、通信与协调控制能力,能动态地适应制造环境的变化,从而实现某些优化目标。关于该定义的解释如下。

(1)智能制造面向产品全生命周期而非狭义的加工生产环节,产品是智能制造的目标对象。

(2)智能制造以新一代信息技术为基础,包括物联网、大数据、云计算等,是泛在感知条件下的信息化制造。

(3)智能制造的载体是制造系统,制造系统从微观到宏观有不同的层次,如制造装备、制造单元、制造车间、制造企业和企业生态系统等。制造系统的构成包括产品、制造资源(机器、生产线、人等)、各种过程活动(设计、制造、管理、服务等)及运行与管理模式。

(4)智能制造技术的应用是针对制造系统的关键环节或过程,而不一定是全部。

(5)"智能"的制造系统,必须具备一定自主性的感知、学习、分析、决策、通信与协调控制能力,这是其区别于"自动化制造系统"和"数字化制造系统"的根本之处,同时,"能动态地适应制造环境的变化"也非常重要,一个只具有优化计算能力的系统和一个智能的系统是不同的。

(6)构建"智能"的制造系统,必然是为了实现某些优化目标。这些优化目标非常多,如提升用户体验、提高装备运行可靠性、提高设计和制造效率、提升产品质量、缩短产品制造周期、拓展价值链空间等。应当注意,不同的制造系统层次、制造系统的不同环节和过程、不同的行业和企业,其优化目标及其重要性都是不同的,难以一一枚举,必须具体情况具体分析。

9.2.4 智能制造的主要特征

智能制造是一种由智能机器和人类专家共同组成的人机一体化系统,通过人与智能机器的合作共事,扩大、延伸和部分地取代人类专家在制造过程中的脑力劳动。它更新了制造自动化的概念,使其扩展到柔性化、智能化和高度集成化。和传统的制造相比,智能制造具有以下特征。

1. 自律能力

自律能力即搜集与理解环境信息和自身的信息,并进行分析判断和规划自身行为的能力。具有自律能力的设备称为"智能机器"。"智能机器"在一定程度上表现出独立性、自主性和个性,甚至相互间还能协调运作与竞争。强有力的知识库和基于知识的模型是自律能力的基础。

2. 人机一体化

人机一体化突出了人在制造系统中的核心地位,同时在智能设备的配合下,更好地发挥出人的潜能,使人机之间表现出一种平等共事、相互"理解"、相互协作的关系,使二者在不同的层次上各显其能,相辅相成。因此,在智能制造系统中,高素质的人将发挥更好的作用,使机器智能和人的智能真正地集成在一起,互相配合,相得益彰。

3. 虚拟现实技术

虚拟现实技术是实现虚拟制造的支持技术,也是实现高水平人机一体化的关键技术之一。虚拟现实技术是以计算机为基础,融信号处理、动画技术、智能推理、预测、仿真和多媒体技术为一体,借助各种音像和传感装置,虚拟展示现实生活中的各种过程、物件等,从感官上使人获得如同真实的感受。虚拟现实技术的特点是可以按照人们的意愿变化。这种人机结合的新一代智能界面是智能制造的一个显著特征。

4. 自组织与超柔性

智能制造系统中的各组成单元能够依据工作任务的需要自行组成一种最佳结构。其柔性不仅表现在运行方式上,而且表现在结构形式上,所以称这种柔性为超柔性,如同一群人类专家组成的群体,具有生物特征。

5. 学习能力与自我维护能力

智能制造系统能够在实践中不断地充实知识库,具有自学习功能。同时,在运行过程中可以自行诊断故障,并具备对故障自行排除、自行维护的能力。这种特征使智能制造系统能够自我优化并适应各种复杂的环境。

9.2.5 智能制造的目标

"智能制造"概念刚提出时,其预期目标是使智能机器在没有人工干预的情况下进行小批量生产。随着智能制造内涵的扩大,智能制造的目标已变得非常宏大。例如,"工业 4.0"指出了 8 个方面的建设目标,即满足用户个性化需求,提高生产的灵活性,实现决策优化,提高资源生产率和利用效率,通过新的服务创造价值机会,应对工作场所人口的变化,实现工作和生活的平衡。《中国制造 2025》指出,实施智能制造可给制造业带来"两提升、三降低"。

"两提升"是指生产效率大幅提升,资源综合利用率大幅提升;"三降低"是指研制周期大幅缩短,运营成本大幅下降,产品不良品率大幅下降。结合不同行业的产品特点和需求,下面从 4 个方面对智能制造的目标特征进行归纳阐述。

1. 满足客户的个性化定制需求

在家电、3C 等行业,产品的个性化来源于客户多样化与动态变化的定制需求,企业必须具备提供个性化产品能力,才能在激烈的市场竞争中生存下来。智能制造技术可以从多方面为个性化产品的快速推出提供支持,例如,通过智能设计手段缩短产品的研制周期,通过智能制造装备(如智能柔性生产线、机器人、3D 打印设备等)提高生产的柔性,从而适应单件小批生产模式等。这样,企业在一次性生产且产量很低(批量为 1)的情况下也能获利。以海尔为例,2015 年 3 月,首台用户定制空调成功下线,这离不开背后智能工厂的支持。

2. 实现复杂零件的高品质制造

在航空、航天、船舶、汽车等行业,存在许多结构复杂,加工质量要求非常高的零件。以航空发动机的机匣为例,它是典型的薄壳环形复杂零件,最大直径可达 3m,其外表面分布有安装发动机附件的凸台、加强筋、减重型槽及花边等复杂结构,壁厚变化强烈。用传统方法加工时,加工变形难以控制,质量一致性难以保证,变形量的超差将导致发动机在服役时发生振动,严重时甚至造成灾难性事故。对于这类复杂零件,采用智能制造技术,在线监测加工过程中力-热-变形场的分布特点,实时掌握加工中工况的变化规律,并针对工况变化即时决策,使制造装备自动运行,可以显著地提升零件的制造质量。

3. 保证高效率的同时,实现可持续制造

可持续发展是指既能满足当代人的需要,又不对后代人满足其需要的能力构成危害的发展。可持续制造是可持续发展对制造业的必然要求。从环境方面考虑,可持续制造首先要考虑的因素是能源和原材料消耗。这是因为制造业能耗占全球能源消耗的 33%,CO_2 排放量占全球排放的 38%。当前许多制造企业通常优先考虑效率、成本和质量,对降低能耗认识不够。然而实际情况是不仅化工、钢铁、锻造等流程行业,而且在汽车、电力装备等离散制造行业,对节能降耗都有迫切的需求。以离散机械加工行业为例,我国机床保有量世界第一,有 800 多万台。若每台机床额定功率平均按 5~10 千瓦计算,我国机床装备总的额定功率为 4000 万~8000 万千瓦,相当于三峡电站总装机容量 2250 万千瓦的 1.8~3.6 倍。智能制造技术能够有力地支持高效可持续制造。首先,通过能耗和效率的综合智能优化,获得最佳的生产方案并进行能源的综合调度,提高能源的利用效率;然后,通过制造生态环境的一些改变,如改变生产的地域和组织方式,与电网开展深度合作等,可以进一步从大系统层面实现节能降耗。

4. 提升产品价值,拓展价值链

产品的价值体现在"研发-制造-服务"的产品全生命周期的每一个环节,根据"微笑曲线"理论,制造过程的利润空间通常比较低,而研发与服务阶段的利润往往更高,通过智能制造技术帮助企业拓展价值空间。通过产品智能化升级和产品智能设计实现产品创新,提升产品价值;通过产品个性化定制,产品使用过程的在线监测及远程故障诊断等智能服务,创造产品新价值,拓展价值链。

9.2.6 智能制造的模式

制造模式是指企业体制、经营、治理、生产组织和技术系统的形态和运作模式。先进制造模式是指在生产制造过程中，依据不同的制造环境，通过有效地组织各种制造要素形成的，可以在特定环境中达到良好制造效果的先进生产方式。在我国开展的智能制造试点示范项目中，包括以下 5 种智能制造模式。

1. 离散型智能制造

离散型制造是指生产过程中基本上没有发生物质改变，只是物料的形状和组合发生改变，制造出的产品往往由多个零件经过一系列并不连续的工序的加工最终装配而成。加工此类产品的企业称为离散型制造企业。例如，火箭、飞机、武器装备、船舶、电子设备、机床、汽车等制造企业，都属于离散型制造企业。离散型制造企业推行智能制造的目的是利用新技术、新工艺，突破生产瓶颈，提升生产效率，保证产品质量，合理配置资源，降低人员劳动强度。由于我国离散型制造领域的智能制造程度较低，因此离散型智能制造系统解决方案的需求缺口较大。

2. 流程型智能制造

流程型制造是指通过一系列的加工装置对原材料进行不间断的混合、分离、粉碎、加热等物理或化学方法，以批量或连续的方式使原材料增值的制造方法，主要包括石油、化工、造纸、冶金、电力、轻工等原材料和能源行业的生产。流程工业位于整个制造业的上游，具有资源密集、大批量生产、自动化程度高等特点，在制造业及整个国民经济中占有举足轻重的地位。

流程型智能制造具有 3 个特点。

（1）**重视数据采集与管理**。制造企业会选择物联网技术、MES、ERP 等信息化管理平台作为生产数据的采集与流转平台，通过实时、规范的操作，实现对设备远程监控和高效的管理，通过实时数据采集，为生产排产提供有效依据。

（2）**重视生产质量管理**。流程型制造企业的智能制造管理离不开质量管控系统的完善，如检验、试验在生产订单中作为工序来处理。

（3）**重视设备管理**。设备是生产要素，流程型制造企业的智能制造管理同样需要关注设备管理，最大限度释放设备的产能，通过合理的安排，减少设备等待时间。同时，在设备管理过程中，需要建立各类设备数据库，及时对设备进行维护。

3. 网络协同制造

网络协同制造（network collaborative production，NCP），是 21 世纪的现代制造模式。它也是敏捷制造、协同商务、智能制造、云制造的核心内容。网络协同制造充分利用网络技术、信息技术、物联网技术等，将串行工作变为并行工作，实现供应链内及跨供应链的企业产品设计、制造、管理等的合作，使整个供应链上的企业和合作伙伴共享客户、设计及生产经营信息，从而最大限度地缩短新品上市时间，缩短生产周期，快速响应客户需求，提高设计、生产的柔性。例如，生产管理、质量控制和运营管理系统全面互联，众包设计研发和网络化制造等模式创新，以及公共云制造平台服务等。网络协同制造打破了时间和空间的约束，大大提高了产品设计水平，提高了供应链的反应速度、匹配精度和调运效率，有利于降低企业的库存成本和经营成本，提高产品质量和客户满意度。

4. 大规模定制

大规模定制（mass customization，MC）是一种集企业、客户、供应商、员工和环境于一体，在系统思想指导下，用整体优化的观点，充分利用工业云计算、工业大数据、工业互联网等技术，根据企业已有的各种资源，按照客户的个性化需求，以大批量生产的低成本、高质量和高效率提供定制产品和服务的生产方式。传统的定制生产模式，只能生产有限品种的产品。大规模生产虽然为客户低成本、高效率地提供了大量的产品，但是对客户日益扩大的多样化、个性化需求不能满足。因此，大规模定制生产企业与传统的定制生产企业或大规模生产企业相比，其核心能力表现在其能够低成本、高效率地为客户提供充分的商品选择空间，从而满足客户的个性化需求。目前，大规模定制的主要应用领域是化工、钢铁、有色金属、建材、汽车、纺织、服装、家用电器等。

5. 远程运维服务

远程服务类似在线服务，是指利用通信手段实现不同地域（区域）之间的实时人工服务方式。与在线服务不同的是，在线服务特指基于网络的服务方式，而远程服务具有即时性、灵活性、人性化等特点，用户可以与服务人员直接沟通获取服务。传统的运维服务都是相关工程师去现场对问题设备进行诊断或排查，这样各种成本都非常高。远程运维服务则通过信息平台解决这样的问题，从而给企业和个人都提供了方便，而且还节约了成本，提高了办事效率，远程运维服务平台还可以提前预判故障等。目前智能制造企业通过建立产品全生命周期管理平台，开展智能装备（产品）远程操控、健康状况监测、虚拟设备维护方案制订和执行、最优使用方案推送、创新应用开放等远程运维服务。

9.2.7 智能制造的构成

智能制造是一种集自动化、智能化和信息化于一体的先进制造模式，是信息技术与制造业的深度融合和创新集成，主要包括产品智能化、设计智能化、生产智能化、管理智能化和服务智能化 5 个关键环节。这些关键环节相互关联、相互支持，共同构成了智能制造的完整体系，如图 9-2 所示。

1. 产品智能化

产品智能化是把传感器、处理器、存储器、通信模块、传输系统融入各种产品，使得产品具备动态存储、感知和通信能力，实现产品可追溯、可识别、可定位、可管理。

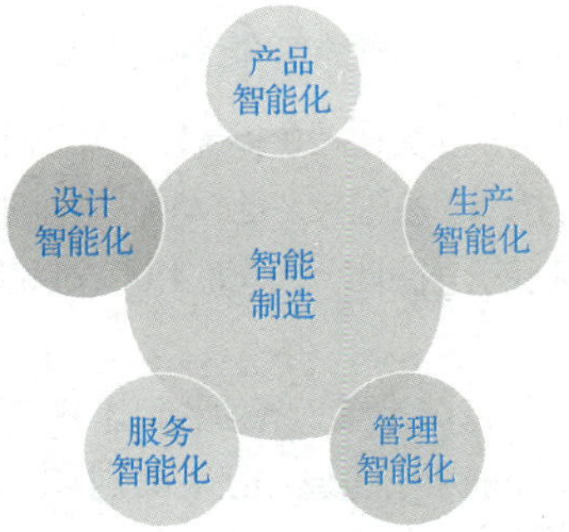

2. 设计智能化

设计智能化是指应用智能化的设计手段和先进的数据交互信息系统来模拟人类的思维活动，从而使计算机能够更好地承担设计过程中的各种复杂任务，不断地根据市场需求设计多种方案，从而获得最优的设计成果和效益。

图 9-2　智能制造的构成

3. 生产智能化

个性化定制、极少量生产、服务型制造及云制造等新业态、新模式，其本质是重组客户、供应商、销售商及企业内部组织的关系，重构生产体系中信息流、产品流、资金流的运行模式，重建新的产业价值链、生态系统和竞争格局。在传统的工业时代，产品价值由企业定义，企业生产什么产品，用户就买什么产品，主动权完全掌握在企业手中。而智能制造能够实现个性化定制，不仅去掉了中间环节，还加快了商业流动，产品价值不再由企业来定义，而是由用户来定义，只有用户认可的、用户参与的、用户愿意分享的产品，才具有价值。

4. 管理智能化

管理智能化是指将人工智能、大数据、物联网等先进的信息技术应用于管理领域，以实现管理过程的自动化、智能化和优化。例如，通过机器学习、深度学习等人工智能技术，让计算机系统模拟人类的学习、推理、决策等智能行为，实现数据分析、预测、智能客服等方面；通过收集、挖掘、存储、分析大量的管理大数据，获取有价值的信息，为决策提供支持；通过物联网技术，实现物物间的互联互通和信息共享。

5. 服务智能化

服务智能化是指利用先进的信息技术，如人工智能、大数据、物联网、云计算等，对服务行业的各个环节进行优化和升级，以实现服务的自动化、个性化、高效化和智能化，从而提升服务质量、用户体验和服务提供商的竞争力。例如，利用自然语言处理，实现智能客服、语音助手等功能；利用机器学习与深度学习，实现服务需求预测、服务质量评估、个性化推荐等功能；利用大数据技术，更好地了解用户需求、行为模式和市场趋势，为制定精准的服务策略提供依据；利用物联网技术，实现远程监控、自动化管理和智能交互，提高生活的便利性和舒适度。

未来的智能制造要建立一个智能生态系统，当智能无所不在、连接无处不在、数据无处不在时，设备和设备之间、人和人之间、物和物之间、人和物之间的联系将会越来越紧密，最终必然出现一个系统连接另一个系统、小系统组成大系统、大系统构成更大系统的情况，对于智能制造而言，它就是系统的系统。

9.2.8 智能制造系统结构

1. 国外智能制造系统架构

自美国20世纪80年代提出智能制造的概念后，智能制造一直受到众多国家的重视和关注，许多国家纷纷将智能制造列为国家级计划并着力发展。目前，在全球范围内具有广泛影响的是德国"工业4.0"战略和美国工业互联网战略。

（1）德国。

2013年，德国推出了"工业4.0"战略，其核心是通过信息物理系统实现人、设备与产品的实时连通、相互识别和有效交流,构建一种高度灵活的个性化和数字化的智能制造模式。在这种模式下，生产由集中向分散转变，规模效应不再是工业生产的关键因素；产品由趋同向个性转变，未来产品都将完全按照个人意愿进行生产，极端情况下将成为自动化、个性化的单件制造；用户由部分参与向全程参与转变，用户不仅出现在生产流程的两端，而且广泛、实时参与生产和价值创造的全过程。

德国"工业4.0"战略提出了3个方面的要求：一是价值网络的横向集成，即通过应用信息物理系统，加强企业之间研究、开发与应用的协同推进，以及在可持续发展、商业保密、标准化、员工培训等方面的合作；二是全价值链的纵向集成，即在企业内部通过采用信息物理系统，实现从产品设计、研发、计划、工艺，到生产、服务的全价值链的数字化；三是端对端系统工程，即在工厂生产层面、通过应用信息物理系统，根据个性化需求定制特殊的信息技术结构模块，确保传感器、控制器采集的数据与企业资源计划管理系统有机集成，打造智能工厂。

（2）美国。

2011 年 6 月，美国智能制造领导者联合会发布了《实施 21 世纪智能制造》报告。该报告给出了智能制造企业框架。智能制造企业将融合所有方面的制造，从工厂运营到供应链，并且使得对固定资产、过程和资源的虚拟追踪横跨整个产品的生命周期。最终结果将是在一个柔性的、敏捷的、创新的制造环境中，优化性能和效率，并且使业务与制造过程有效串联在一起。

2012 年，美国通用电气公司提出"工业互联网"的概念，与"工业 4.0"的基本理念相似，倡导将人、数据和机器连接起来，形成开放而全球化的工业网络，其内涵已经超越制造过程以及制造业本身，跨越产品生命周期的整个价值链。"工业互联网"和"工业 4.0"相比，更加注重软件、网络和大数据，目标是促进物理系统和数字系统的融合，实现通信、控制和计算的融合，营造一个信息物理系统的环境。工业互联网系统由智能设备、智能系统和智能决策三大核心要素构成，完成数据流、硬件、软件和智能的交互。由智能设备和网络将收集的数据存储之后，利用大数据分析工具进行数据分析和可视化，由此产生的"智能信息"可以由决策者在必要时进行实时判断处理，成为大范围工业系统中工业资产优化战略决策过程的一部分。

① 智能设备，是将信息技术嵌入装备中，使装备成为可智能互联产品。为工业机器提供数字化仪表是工业互联网革命的第一步，使机器和机器交互更加智能化，这得益于以下 3 个要素。一是部署成本。仪器仪表的成本已大幅下降，从而有可能以比过去更经济的方式装备和监测工业机器。二是微处理器芯片的计算能力。微处理器芯片持续发展已经达到了一个转折点，使得机器拥有数字智能成为可能。三是高级分析。大数据软件工具和分析技术的进步为了解由智能设备产生的大规模数据提供了手段。

② 智能系统，是将设备互联形成的一个系统。智能系统包括各种传统的网络系统，但其广义的定义包括部署在机组和网络中并广泛结合的机器仪表和软件。随着越来越多的机器和设备加入工业互联网，可以实现跨越整个机组和网络的机器仪表和软件的协同效应。智能系统的构建整合了广泛部署智能设备的优点。当越来越多的机器连接到一个系统口后，久而久之，结果将是系统不断扩大并能自主学习，而且越来越智能化。

③ 智能决策，是在大数据和互联网基础上进行实时判断处理。当从智能设备和系统中收集了足够的信息来促进数据驱动型学习时，智能决策就发生了，从而使一个小机组网络层的操作功能从运营商传输到数字安全系统。

2014 年 3 月，美国通用电气公司、国际商业机器公司、思科公司、英特尔公司和美国电话电报公司 5 家行业龙头企业联手组建工业互联网联盟。其目的是通过制定通用标准，打破技术壁垒，使各个厂商的设备之间可以实现数据共享，利用互联网激活传统工业过程，更好地促进物理世界和数字世界的融合。工业互联网联盟制定了工业互联网通用参考架构，该参考架构将定义工业物联网的功能区域、技术及标准，用于指导相关标准的制定，帮助硬件和软件开发商创建与物联网完全兼容的产品，最终目的是实现传感器、网络、计算机、云计算系统、大型企业、车辆和数以百计其他类型的实体全面整合，推动整个工业产业链的效率全面提升。

2. 国内智能制造系统架构

借鉴德国、美国智能制造的发展经验，我国的智能制造系统具有通用的制造系统架构，其作用是为智能制造的技术系统提供构建、开发、集成和运行的框架；其目标是指导以产品全生命周期管理形成价值链主线的企业，实现研发、生产、服务的智能化，通过企业间的互联和集成建立智能化的制造业价值网络，形成具有高度灵活性和持续演进优化特征的智能制造体系。

（1）基本架构。

智能制造系统是供应链中的各个企业通过以网络和云应用为基础构建的制造网络相互连接所构成的。企业智能制造系统由企业计算与数据中心、企业管控与支撑系统，以及为实现产品全生命周期管理集成的各类工具共同构成。智能制造系统具有可持续优化的特征。智能制造系统架构可分为5层，第1层是生产基础自动化系统，第2层是制造执行系统，第3层是产品全生命周期管理系统，第4层是企业管控与支撑系统，第5层是企业计算与数据中心，如图9-3所示。

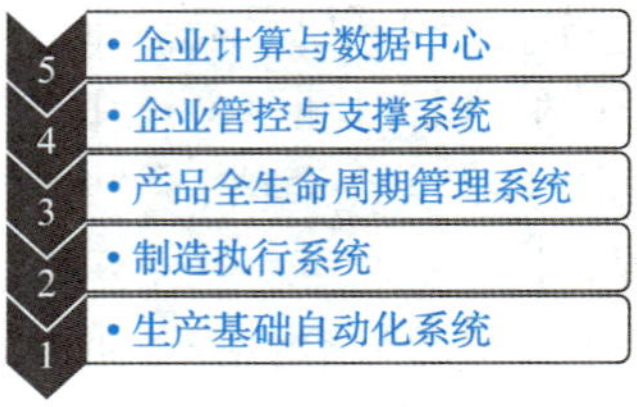

图9-3 智能制造系统架构

（2）具体构成。

① 生产基础自动化系统。生产基础自动化系统主要包括生产现场设备及其控制系统。生产现场设备主要包括传感器、智能仪表、可编程逻辑控制器、机器人、机床、检测设备、物流设备等；控制系统主要包括适用于流程制造的过程控制系统、适用于离散制造的单元控制系统和适用于运动控制的数据采集与监控系统。

② 制造执行系统。制造执行系统包括不同的子系统功能模块（计算机软件模块）。典型的子系统有制造数据管理系统、计划排程管理系统、生产调度管理系统、库存管理系统、质量管理系统、人力资源管理系统、设备管理系统、工装管理系统、采购管理系统、成本管理系统、项目看板管理系统、生产过程控制系统、底层数据集成分析系统、上层数据集成分解系统等。

③ 产品全生命周期管理系统。产品全生命周期管理系统在横向上可以分为研发设计、生产和服务3个环节。研发设计环节主要包括产品设计、工艺仿真、生产仿真。仿真和现场应用能够对产品设计进行反馈，促进设计提升，在研发设计环节产生的数字化产品原型是生产环节的输入要素之一。生产环节涵盖了上述生产基础自动化系统层和制造执行系统层包括的内容。服务环节通过网络实现的功能主要有实时监测、远程诊断和远程维护。服务环节主要应用大数据对监测数据进行分析，形成与服务有关的决策，指导诊断和维护工作，新的服务记录将被采集到数据系统。

④ 企业管控与支撑系统。企业管控与支撑系统包括不同的子系统功能模块。典型的子系统有战略管理系统、投资管理系统、财务管理系统、人力资源管理系统、资产管理系统、物资管理系统、销售管理系统、健康安全与环保管理系统等。

⑤ 企业计算与数据中心。企业计算与数据中心主要包括网络、数据中心设备、数据存储和管理系统、应用软件等，为企业实现智能制造提供计算资源、数据服务以及具体的应用功能。

9.3 智能制造的发展趋势

目前各国都已意识到智能制造对制造业的重要作用,未来制造业的竞争将是智能制造技术的竞争,工厂的生产从原料的供应到产品设计、制造、测试、使用过程,都将通过网络和虚拟计算进行连接、分析和预测,用更灵活的手段实现市场所需产品的生产制造,满足用户需求的同时,将制造成本降到最低。智能制造既是各国制造业发展的必然选择,同时也会带来挑战,认清发展趋势,抓住发展机遇,才能推动制造业高质量发展。

9.3.1 智能制造是我国制造业发展的必然选择

如前所述,从20世纪90年代开始,国内外在智能制造理论、智能制造技术和智能制造系统等方面进行了广泛的探索和研究,很多国家和国际组织设立了相关的研究计划及项目。无论是从技术发展的角度,还是从国家战略的角度,智能制造已经成为各国确保制造业领先发展的必然选择。我国也把智能制造作为制造业未来的主攻方向,原因有以下几个。

1. 国际环境所驱

制造业是现代工业的基石,是实现国家现代化的保障,也是国家综合国力的体现,是一个国家的脊梁。这早已是世界各国的共识。而自国际金融危机以来,世界各国对制造业在推动贸易增长、提高研发和创新水平、促进就业等方面的重要作用又有了新的认识,纷纷提出制造业的国家战略,如美国的先进制造业战略、德国的"工业4.0"战略和日本的机器人新战略等,制造业正重新成为国家竞争力的重要体现。智能制造发展的国际环境前所未有,我国推动智能制造正当其时。

2. 支撑技术日趋成熟

纵观制造业的发展史,每一次制造业的巨大变革都离不开相应技术的支持。智能制造是一种高度网络连接、知识驱动的制造模式,它优化了企业全部业务和作业流程,可实现可持续生产力增长、高经济效益目标。智能制造结合信息技术、工程技术和人类智慧,从根本上改变产品研发、制造、运输和销售过程。正像电子信息技术推动了"工业3.0"的变革一样,以大数据、物联网、云计算、人工智能等为代表的新一代信息技术也必将不断推进智能制造的健康发展。

3. 产业结构调整的必然选择

我国经济经过几十年的高速发展,部分制造业逐渐向东南亚等人工成本更低的地区转移,传统制造业依靠低廉的人工成本占领市场的局面已经一去不返。我国制造业要想在发达国家先进技术优势和部分国家低成本竞争的双重挤压下突出重围,实现制造业由大转强的历史性跨越,产业结构调整势在必行。而智能制造正是利用新一代信息技术对传统制造业生产方式和组织模式进行的创新。由此可见,智能制造是我国经济新常态下的一种必然选择,也是我国制造业发展的现实需要。

4. 社会生产力发展的内在需求

当今企业处在一个瞬息多变的市场环境中,市场的需求和国际化竞争环境对制造业提出了更高的要求，社会需求的转变也使得产品的生产模式从大批量、规模化的生产模式转向小批量、定制化的生产模式。为了提高自身的竞争力，企业的制造应表现出更高的灵活性和智能性。另外，随着市场竞争的加剧和信息量的增加，企业进行决策的难度越来越大，未来的制造系统必须减少制造过程对人类的依赖，具有智能处理信息的能力。

5. 关键软硬件核心部件的制造需求

虽然我国先进制造技术已经取得了长足的进步，但自主研发能力相对薄弱，产业化水平依然较低，高端智能制造装备及核心零部件仍然依赖进口，关键技术主要依赖国外的状况仍未从根本上改变。部分行业以劳动密集型为主，附加值不高。面对这种情况，我国必须加快推进智能制造技术和装备的研发，提高产业化水平，重塑我国制造业的新优势。

9.3.2 我国智能制造面临的挑战

我国虽然具有发展智能制造的有利条件，但工业化起步晚，技术积累相对薄弱，先进技术的产业化能力与工业强国存在显著差距。我国智能制造当前面临以下一些挑战。

1. 智能制造生产模式尚处于起步阶段

现阶段，我国智能制造尚处于初级应用阶段，以智能制造整合价值链和商业模式的企业屈指可数。

2. 制造业整体大而不强

作为国民经济发展过程中的主体，制造业的强大与否是衡量一个国家在国际上的地位高低的重要指标。从我国改革开放以来，我国的制造业空前壮大，并且我国也成了国际上名副其实的制造大国，但是制造水平与其他制造强国之间还有差距，主要体现在我国智能制造的自主创新能力不足、产品档次不高，对相关的生产制造资源的利用不够充分，产业结构上不够完善，以及信息技术与国际强国相比仍有不足。同时，这种差距的存在也导致生产效率、环境等方面的问题和矛盾。

3. 技术创新能力不足

首先，我国智能制造领域的创新能力还不够充足，使得我国在智能制造的发展过程中所依靠的创新驱动力、知识驱动力不足，并且智能制造环节中的技术含量较低，使得我国智能制造企业生产的产品缺乏一定的竞争力。其次，核心技术受到了一定的限制，主要体现在基础制造装备核心技术、基础原材料等方面。最后，核心技术的研发人员缺乏，导致智能制造行业的发展较为缓慢。

4. 资源配置率偏低

在我国现阶段的智能制造发展过程中，虽然很多企业在利用大量资源的情况下获得了较高的经济效益和发展速度，但是在对这些资源进行利用的过程中，由于没有对其进行合理化配置，出现了资源配置率低的问题；再加上没有相应保护环境的意识，导致后续的环境问题以及人与自然的矛盾较为突出。

5. 智能制造标准等基础薄弱

先进标准是指导智能制造顶层设计、引领智能制造发展方向的关键依据，它是产业特别是高技术产业领域工业大国和商业巨头的必争之地,主导标准制定意味着掌握市场竞争和价值分配的话语权。目前,德国除了在国内及欧盟层面推广"工业 4.0"标准化工作,还在国际标准化组织设立了与"工业 4.0"相关的咨询小组。我国虽然是制造大国,但是由我国主导制定的制造业国际标准数量并不多,国际上对我国标准的认可度也不高,我国在全球制造业标准领域缺少话语权及影响力。

6. 高素质复合型人才严重不足

从经营管理层面来看,我国企业缺少具有预见力的领军人物,以及高水平的研发、市场开拓、财务管理等方面的专门人才。从员工队伍层面来看,我国企业存在初级技工多、高级技工少,传统型技工多、现代型技工少,单一技能的技工多、复合型的技工少的现象,直接制约了智能制造系统的应用和推广。而在国家战略层面,涉及智能制造标准制定、国际谈判、法律法规等方面的高级专业人才更是明显的"短板"。

9.3.3 智能制造的未来

世界工业经历了机械化、电气化、数字化 3 个发展阶段,当前正在向智能制造阶段转型。未来必然是以高度的集成化和智能化为特征的智能制造系统取代单一的流水线作业,即在整个制造过程中通过计算机将人的智能活动与智能机器有机融合,以便有效地推广专家的经验知识,从而实现制造过程的最优化、自动化、智能化。智能制造的未来发展具有以下 5 个趋势。

1. 制造全系统、全过程应用建模与仿真技术

建模与仿真技术是制造业不可或缺的工具与手段。基于建模的工程、基于建模的制造、基于建模的维护作为单一数据源的数字化企业系统建模中的 3 个主要组成部分,涵盖从产品设计、制造到服务的完整的产品全生命周期业务,从虚拟的工程设计到现实的制造工厂,直至产品的上市流通,建模与仿真技术服务于产品全生命周期的每个阶段,为制造系统的智能化提供了使能技术。

2. 重视使用机器人和柔性化生产

柔性与自动生产线和机器人的使用可以积极应对劳动力短缺和用工成本上涨的问题。同时,利用机器人高精度操作,提高产品品质和作业安全,是市场竞争的取胜之道。以工业机器人为代表的自动化制造装备在生产中的应用日趋广泛。

3. 物联网和业务联网在制造业中的作用日益突出

通过虚拟网络-实体物理系统整合智能机器、储存系统和生产设施,通过物联网、服务计算、云计算等信息技术与制造技术融合,构成制造业务联网,实现软硬件制造资源的全系统、全生命周期、全方位的感知、互联、决策、控制和执行,使得从入厂物流到生产、销售、出厂物流和服务,实现泛在的人、机、物、信息的集成、共享、协同与优化。

4. 普遍关注供应链动态管理、整合与优化

供应链管理是一个复杂、动态、多变的过程,供应链管理更多地应用物联网、互联网、人工智能、大数据等新一代信息技术,更倾向于使用可视化的手段来显示数据,采用移动化

的手段来访问数据。供应链管理更加重视人机系统的协调性，实现人性化的技术和管理系统。企业通过供应链的全过程管理、信息集中化管理、系统动态化管理，实现整个供应链的可持续发展，进而缩短了满足客户订单的时间，提高了价值链协同效率，提升了生产效率，使全球范围的供应链管理更具效率。

5. 增材制造技术发展迅速

增材制造技术（如 3D 打印技术）是综合材料、制造、信息技术的多学科技术。它以数字模型文件为基础，运用粉末状的沉积、黏合材料，采用分层加工或叠加成型的方式逐层增加材料来生成实体。其突出的特点是无须机械加工或模具，就能直接从计算机数据库中生成几乎任何形状的物体，从而缩短研制周期、提高生产效率和降低生产成本。增材制造技术与云制造技术的融合将是实现个性化、社会化制造的有效制造模式与手段。

9.4 智能制造的应用

"物理世界"（由制造业设备代表）和"数字世界"（由人工智能、传感器等技术代表）的碰撞催生了制造业的巨大转变。两个世界的融合将为下一轮经济发展注入新的动能。以人工智能为代表的新技术正在对生产流程、生产模式和供应链体系等生产运营过程产生巨大影响，制造业正在变得高效化、定制化、模块化和自动化。人工智能技术正在不断地被应用到图像识别、语音识别、智能机器人、智能驾驶/自动驾驶、故障诊断与预测性维护、质量监控等各个领域，覆盖研发创新、生产管理、质量控制、故障诊断等多个方面。目前"人工智能+制造"的典型方向主要有智能产品、智能生产、智能服务。

9.4.1 智能产品

1. 智能产品研发

人工智能可以对复杂过程进行智能化指引。以产品研发设计为例，工业设计软件在集成了人工智能模块后，不仅可以理解设计师的需求，还可以与区域经济、社会舆情、社交媒体等多元化数据进行对接，由此形成的数据模型可以向设计者智能化推荐相关的产品设计研发方案，甚至自主设计出多个初步的产品方案供设计者选择。同时，新产品制造无论是在设计还是在生产过程中都是一个迭代的过程，充满了微调。人工智能能够显著缩短这一过程，提升制造行业的效率。

具体来说，根据既定目标和利用约束算法探索各种可能的设计解决方案，需要经过 3 个步骤。首先，设计师或工程师将设计目标以及各种参数（如材料、制造方法、成本限制等）输入到生成设计软件中。然后，软件探索解决方案的所有可能的排列并快速生成设计备选方案。最后，利用机器学习来测试和学习每次迭代后哪些方案有效，哪些无效。一些航天公司正在利用生成式设计以全新的设计方式开发飞行器部件，如设计出与传统设计功能相同，但是却更轻便的仿生学结构。

美国工业设计软件巨头欧特克（Autodesk）推出的产品设计软件平台 Autodesk Fusion 和 Netfabb 3D 打印软件集成了人工智能和机器学习模块，能够理解设计师的需求并掌握造型、结构、材料和加工制造等数字化设计生产要素的性能参数，在系统的智能化指引下，设计师只需要设置期望的尺寸、形状及材料等约束条件即可由系统自主设计出成百上千种可选方案。Citrine Informatics 公司则在其庞大的材料数据库中运用人工智能技术，帮助企业节省了 50% 的研发和制造时间。

2. 智能硬件产品

将人工智能技术成果集成化、产品化，通过云端连接或将训练好的人工智能系统封装到硬件中等方式，赋予产品智能化响应外界变化和用户需求的能力，制造出智能手机、工业机器人、服务机器人、自动驾驶汽车、无人机等新一代智能产品。这些产品本身就是人工智能的载体，硬件和各类软件结合，具备感知、判断的能力并实时与用户、环境互动。

以智能手机为例，除人工智能芯片使手机运行反应速率更快之外，手机上的智能语音助手、生物特征识别、图像处理等人工智能应用也给用户带来多维度的智能体验。

9.4.2 智能生产

随着人工智能技术在生活领域的快速普及，越来越多来自不同领域的学者及科研人员开始尝试将制造领域的专业知识注入人工智能模型，并将其与制造业中的典型软件、系统及平台相集成，形成一系列融合创新技术、产品与模式。

通过人工智能等技术实现生产设备、价值链、供应链的数字化连接和高度协同，使生产系统具备敏捷感知、实时分析、自主决策、精准执行、学习提升等能力，全面提升生产效率。

1. 优化生产过程

人工智能可针对消费者个性化需求数据，在保持与大规模生产同等，甚至更低成本的同时，提高生产的柔性。生产制造系统柔性越高，越能快速响应市场需求等关键因素的变化，尤其适合服饰、工艺品等与消费者体征或品位等需求相关性强的行业。例如，阿迪达斯在美国开设的智能化工厂 Speed Factory，按照顾客需求选择配料和设计，并在机器人和人工辅助的共同协作下完成定制，工厂内的机器人、3D 打印机和针织机全由计算机程序直接控制，这减少了生产不同产品时所需要的转换时间。

在生产过程中，人工智能通过调节和改进生产过程中的参数，对制造中使用的各种机器进行参数设置。例如，在注塑中，可能需要控制塑料的温度、冷却时间、速度等，通过收集这些数据，人工智能可以自动设置并调整机器参数。此外，人脸识别与自动跟随、室内定位也是人工智能技术取得的成果，当工人需要人力推车装运物料并进行运送分发时，通过人工智能技术升级，可以实现车体的自动跟随及辅助运送，融入人工智能的人机协作也在更多工作场景和更多复杂工序中成为主流。

2. 运用智能装备

人工智能嵌入生产制造环节，可以使机器变得更加聪明，不再仅仅执行单调的机械任务，而是可以在更多复杂情况下自主运行，从而全面提升生产效率。随着国内制造业自动化程度的提高，机器人在制造过程和管理流程中的应用日益广泛，而人工智能更进一步赋予机器人自我学习能力。

机器人技术对于单调的工作（如包装、分类等）已经变得非常有价值。在智能自动化分拣方面，无序分拣机器人可应用于混杂分拣、上下料及拆垛，大幅度提高生产效率。其核心技术包括深度学习、3D视觉及智能路径规划等。例如，矩视智能科技的NeuroBot解决方案可柔性地在无序或半无序状态下完成物料分拣，提高生产效率并节约成本。其核心技术分为3类：人工智能——通过采用深度学习技术，把人工的检测经验转化为算法，从而实现自动识别和检测；2D/3D视觉——利用机器视觉完成物品的估计，并辅以深度学习算法实现复杂场景的抓取点计算；嵌入式人工智能——采用嵌入式GPU为深度学习提供硬件支撑，保持充足算力。

在人机协作方面，Cobots（协作机器人）就是通过辅助人类运动而编程的。它们通过手动移动和复制移动"学习"，这些机器人可以和人类一起工作，被认为是"人类的合作者"。

3. 质量检测智能化

在大规模生产中，人工检查每一种产品是否符合规范是一项非常枯燥的工作，而且容易漏检。而计算机视觉能够即时识别和分类不同的缺陷，使质量检测自动化，使工厂更具适应性，效率更高。在此基础上，未来的许多工厂将采用机器视觉来扫描人类肉眼可能忽略的缺陷。

通过人工智能结合物联网和大数据技术，能够将产品质量的自动检测扩展到生产的全流程，不仅提高质检效率，甚至能指导工艺、流程等的改善，提高整体良品率。人工智能能够精确比对产品和照片，并决定是否通过检查。将机器视觉应用在制造业中的精确质量分析领域，通过比人眼敏感多倍的高精度相机结合人工智能技术提升图像理解的能力。尤其适合材料、零配件、精密仪器等产量大、部件复杂、工艺要求高的行业。

具体来说，人工智能技术通过物联网对生产过程、设备工况、工艺参数等信息进行实时采集；对产品质量、缺陷进行检测和统计。在离线状态下，利用机器学习技术挖掘产品缺陷与物联网历史数据之间的关系，形成控制规则；在在线状态下，通过增强学习技术和实时反馈，控制生产过程减少产品缺陷。同时集成专家经验，不断改进学习结果。因为这些系统可以持续学习，其性能会随着时间推移而持续改善。汽车零部件厂商已经开始利用具备机器学习算法的视觉系统识别有质量问题的部件，甚至能检测没有出现在用于训练算法的数据集内的缺陷。

9.4.3　智能服务

智能服务是指实时监测产品状态和响应用户需求，提供以租代售、按时计费、远程诊断、故障预测、远程维修、一体化解决方案等增值服务，实现制造企业从提供产品向提供"产品+服务"的转变。

1. 预测性维护

预测性维护是指制造企业借助人工智能技术减少设备故障，提高资产利用。例如，利用机器学习技术处理设备的历史数据和实时数据，对设备或产品的运行状态建立模型，搭建预警模式，找到与其运行状态强相关的先行指标，通过这些指标的变化能够提前预测设备故障风险，提前更换即将损坏的部件，从而预防故障的发生。对于设备或产品故障成本高的行业意义重大，如大型机器设备、精密仪器等。据麦肯锡的研究，采用了人工智能预测性维护的工业设备的年度维护成本降低了10%，停机时间减少了20%，而检测成本则降低了25%。

例如，港珠澳大桥由于处在台风多发区，每年6级以上大风超过200天，因此对桥梁的维护巡检尤为重要。港珠澳大桥以国家实施"新一代人工智能"重大科技项目为契机，从无损检测、自动检测、机械化养护、低能耗智能感知到融合感知，集传输、存储、计算、处理于一体，形成数据驱动、人机协同的智能化基础设施，用科技提高维护效率和水平。通过新一代人工智能技术的应用，为降低重大事故、严重拥堵发生概率等提供服务，促进三地快速通行，同时通过"共建、共治、共享"港珠澳大桥运营管理智联平台，实现粤、港、澳三地数据和服务共享。

2. 需求预测

需求预测是供应链管理领域应用人工智能技术的关键主题。通过更好地预测需求变化，企业可以有效地调整生产计划，改进工厂利用率。人工智能通过分析和学习产品发布、媒体信息及天气情况等相关数据来支持客户需求预测。一些企业还利用机器学习算法识别需求模式，其手段是将仓库、企业资源计划系统与客户的数据合并起来。

例如，美国运输公司 C.H. ROBINSON 针对卡车货运的运营需求开发了用于预测价格的机器学习模型，模型中既整合了不同路线货运价格的历史数据，又将天气、交通及社会经济环境等实时参数加入其中，为每一次货运交易估算出公平的交易价格，在确保运输任务规划合理的前提下实现了企业利润的最大化。又如，美国亚马逊公司基于机器学习模型对用户的购买习惯及产品的属性进行深度学习，形成了全面的知识图谱，在此基础上向用户进行个性化推荐，同时向销售商提供相关的生产与营销建议，这给亚马逊公司增加了10%到30%的附加利润。

 拓展阅读

《中国制造2025》的解读

"一"，是从制造业大国向制造业强国转变，最终实现制造业强国的一个目标。

"二"，是通过两化融合发展来实现这一目标。党的十八大提出了用信息化和工业化这两化的深度融合来引领和带动整个制造业的发展，这也是我国制造业所要占据的一个制高点。

"三"，是要通过"三步走"实现制造强国的战略目标，大体上每一步用十年左右的时间来实现我国从制造业大国向制造业强国转变的目标。

"四"，是确定了四项基本原则。第一项原则是市场主导、政府引导。第二项原则是立足当前，着眼长远。第三项原则是整体推进、重点突破。第四项原则是自主发展，开放合作。

"五五"，有两个"五"。第一个"五"是有五条方针，即创新驱动、质量为先、绿色发展、结构优化和人才为本。第二个"五"是实行五大工程，包括制造业创新中心（工业技术研究基地）建设工程、智能制造工程、工业强基工程、绿色制造工程和高端装备创新工程。

"十"，是发展十大重点领域，包括新一代信息技术产业、高档数控机床和机器人、航空航天装备、海洋工程装备及高技术船舶、先进轨道交通装备、节能与新能源汽车、电力装备、农机装备、新材料、生物医药及高性能医疗器械。

《中国制造2025》正式发布

本章习题

一、填空题

1. 制造系统可看作制造生产的运行过程，包括市场分析、_____、_____、_____、_____、_____等各个环节的制造全过程。
2. 智能制造由5个方面构成，主要有_____智能化、_____智能化、_____智能化、_____智能化和_____智能化。

二、选择题

1. 大规模制造是（　　）公司最先提出并实施的。
   A. 丰田　　　　　B. 福特　　　　　C. 海尔　　　　　D. 三一重工
2. 大规模制造模式的主要特征之一是（　　）。
   A. 以满足客户的要求为目标
   B. 横向一体化制度
   C. 生产和管理标准化
   D. 机器设备具有随产品变化而加工不同零件的能力
3. 要提高企业对市场需求变化的快速反应能力，满足顾客的要求，应采取（　　）方式。
   A. 敏捷制造　　　B. 柔性制造　　　C. 精益制造　　　D. 大规模制造
4. （　　）不属于智能制造的特征。
   A. 数据的实时感知　　　　　　　B. 优化决策
   C. 生产现场无人化　　　　　　　D. 动态执行
5. （　　）的发展是推动人类经济进步、社会进步、文明进步的主要动力，也是国家综合国力的体现。
   A. 文化艺术　　　B. 制造技术　　　C. 农业活动　　　D. 商业活动
6. "制造"一词原意是指（　　），即把原材料用各种方式制成有用的产品。
   A. 机械活动　　　B. 集约生产　　　C. 农耕劳作　　　D. 手工制作
7. 现代制造过程是三股内容的结合，但（　　）不属于其中。
   A. 成品流　　　　B. 物料流　　　　C. 信息流　　　　D. 资金流
8. 制造业是指（　　）时代对制造资源，按照市场要求，通过制造过程转化为可供人们使用和利用的工具、工业品与生活消费产品的行业。
   A. 自动化　　　　B. 半导体　　　　C. 机械工业　　　D. 农机行业
9. 农业社会时期，西方国家在世界政治、经济及文化舞台上的表现不如（　　），但随着工业革命的兴起，先进的制造技术极大地解放了它们的社会生产力。
   A. 东方　　　　　B. 中国　　　　　C. 美洲　　　　　D. 印度
10. （　　）是制造业为国民经济建设和人民生活生产各种必需物质（包括生产资料和消费品）所使用的一切生产技术的总和。
    A. 管理方法　　　B. 工艺水平　　　C. 生产管理　　　D. 制造技术

第 9 章 智 能 制 造

11. 具体地说，（　　）就是指集机械工程技术、电子技术、自动化技术、信息技术等多种技术为一体所产生的技术、设备和系统的总称。
    A. 先进制造技术　　　　　　　　　B. 自动化生产线
    C. 机械制造产业　　　　　　　　　D. 制造工艺流程

12. 制造系统是指由制造过程及其所涉及的（　　）组成的一个具有特定功能的有机整体。
    A. 生产物资和制造机械　　　　　　B. 硬件、软件和材料
    C. 管理、工艺和物资　　　　　　　D. 硬件、软件和人员

13. （　　）又称面向环境制造，是一个综合考虑环境影响和资源效益的现代化制造模式。
    A. 制造管理　　B. 节俭工艺　　C. 绿色制造　　D. 灰色生产

14. 第一次工业革命开始于英国（　　）的手工工厂中，当时人力生产的产量远远不能满足市场的需求。
    A. 棉纺织业　　B. 商业制作　　C. 农业器具　　D. 食品生产

15. 19 世纪后期，科学技术发展突飞猛进。第二次工业革命的标志是人类跨入了（　　）时代。
    A. 能源　　　　B. 电气　　　　C. 自动化　　　D. 信息

16. 第三次工业革命中，（　　）被广泛应用于制造业，汽车工业生产技术的发展促进了它的产生。
    A. 可编程逻辑控制器　　　　　　　B. 自动导引车
    C. 计算机　　　　　　　　　　　　D. 发光二极管

17. 在（　　）年的汉诺威工业博览会上，德国政府推出"工业 4.0"战略，这被认为是人类第四次工业革命的开端。
    A. 1977　　　　B. 2015　　　　C. 2013　　　　D. 2018

18. 第四次工业革命中，智能化技术是关键，主要包括智能识别、（　　）等内容。
    A. 智能测量　　B. 智能检测　　C. 智能互联　　D. 以上都是

19. 智能制造的提出源于（　　）在制造领域中的应用研究，被认为是解决问题的关键。
    A. 工艺流程　　B. 生化工程　　C. 人工智能　　D. 控制系统

20. （　　）的目的是通过集成知识工程、制造软件系统、机器视觉和机器控制等技术对制造技术工人的技能和专家知识进行建模，以使智能机器人在没有人工干预的情况下进行小批量生产。
    A. 智能制造　　B. 生物工程　　C. 人工智能　　D. 控制系统

21. （　　）年国务院为实施制造强国战略提供了第一个十年行动纲领。
    A. 1977　　　　B. 2015　　　　C. 2013　　　　D. 2018

22. 《中国制造 2025》中明确提出建设的制造业创新中心（工业技术研究基地）建设工程、智能制造工程等五大工程中，不包括（　　）。
    A. 航天制造工程　　　　　　　　　B. 工业强基工程
    C. 绿色制造工程　　　　　　　　　D. 高端装备创新工程

23. 中国制造政策和德国"工业 4.0"战略，在很多方面都比较类似，但两者所处的（　　）不同。
    A. 规模　　　　B. 环境　　　　C. 地域　　　　D. 时代

三、简答题

1. 简述传统制造和智能制造在产品加工方面的不同。
2. 简述我国智能制造系统架构。

第 10 章 大模型基础及典型应用

📦【知识结构】

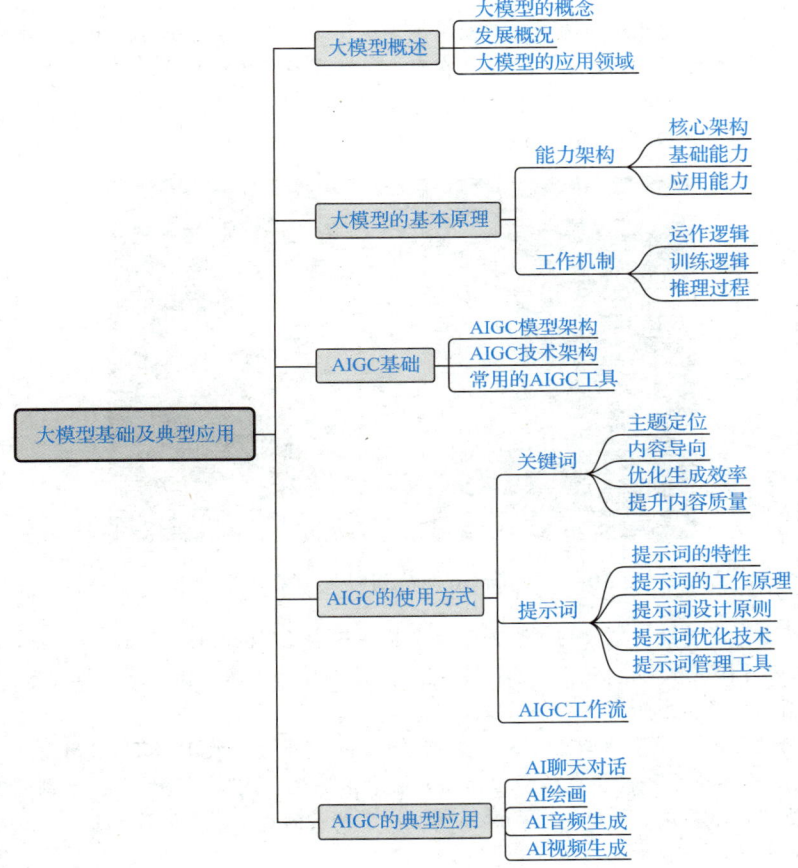

📦【教学目标】

了解大模型的基本概念、发展现状和基本原理；掌握 AIGC 内容创作流程，熟悉 AIGC 的使用方式；能够初步尝试使用 AIGC 工具进行内容生成，评估生成内容的质量，并熟练设计符合场景需求的提示词；能独立操作主流 AIGC 大模型工具完成文本、图像、音频等跨模态内容创作。

📦【教学重点】

1. 大模型的基础理论。
2. 大模型的基本原理。
3. 提示词的设计与优化。
4. 常见的 AIGC 大模型工具及其应用。

【教学难点】

1. 提示词的设计与优化。
2. 用 AIGC 大模型工具完成文本、图像、音频等跨模态内容创作。

【案例导入】

AlphaGo 与大模型的崛起

2016 年，一个名为 AlphaGo 的人工智能系统震惊了全世界，它击败了围棋世界冠军李世石，如图 10-1 所示。这一事件不仅标志着人工智能在复杂策略游戏领域的重大突破，也预示着大型深度学习模型时代的到来。AlphaGo 的成功不仅仅是技术上的胜利，更是人工智能发展史上的一个重要里程碑，它深刻影响了后续大模型（large model）的研究与应用方向。

图 10-1　AlphaGo 对战围棋世界冠军李世石

AlphaGo 基于深度神经网络架构，引入蒙特卡罗树搜索（Monte Carlo tree search，MCTS）的算法，通过模拟未来可能的棋局走势，结合策略网络和价值网络的预测来优化每一步的选择，使 AlphaGo 能够在复杂的围棋环境中做出高度智能的决策。

自 AlphaGo 之后，大模型逐渐成为人工智能领域的研究热点，如 BERT、GPT 系列、T5、Switch Transformer 等。这些模型不仅在自然语言处理领域取得了显著成就，还逐渐扩展到图像识别、语音识别、推荐系统等多个领域。大模型的发展不仅推动了技术的边界，也引发了关于人工智能伦理、隐私保护、就业影响等社会议题的广泛讨论。

在人工智能的快速发展中，大模型逐渐成为研究和应用的热点。大模型以其强大的数据处理能力和深度学习算法为各种复杂任务提供了解决方案。本章旨在帮助读者理解大模型的基本概念、发展现状、工作原理、AIGC 基础及其典型应用。

10.1　大模型概述

大模型是人工智能技术发展至今所取得的革命性成果之一，是科技史上继电力、互联网之后的又一颠覆性基础设施，它通过超大规模参数与深度学习架构的突破，实现了从"指令执行"到"智能涌现"的动能质变，重塑了人类与机器的交互方式和协作模式，重构了人类社会的生产力与生产关系,已成为推动人类文明演进的"新质生产力"和社会关系变革的"催化剂"。

10.1.1 大模型的概念

大模型是指通过超大规模参数、海量数据训练和复杂架构实现智能涌现的机器学习模型。大模型具有参数规模大、训练数据规模大、算力消耗需求大、处理能力"大跨度"和应用场景"大覆盖"等特点。

(1)参数规模大。大模型本质上是深度神经网络,隐藏层数可达数十乃至数百层,每层又包含很多个神经元。神经元之间的多头连接导致参数规模呈几何级数暴涨,高达数十亿甚至万亿级。巨大的参数规模使大模型具备了强大的知识表达能力和学习能力。

(2)训练数据规模大。大模型需要海量的数据来训练,数据量达 TB 级至 PB 级,涵盖了文本、代码、图像、视频、语音等多模态数据。且数据来源多样,覆盖不同领域和不同语种,具有泛化能力和跨文化理解能力。

(3)算力消耗需求大。训练大模型通常需要数百甚至上千个 GPU,以及大量的时间,通常在几周到几个月,训练成本高昂。

(4)处理能力"大跨度"。打破传统模型"单一任务专项训练"的局限,通过"预训练+微调"方式,可同时处理自然语言处理、图像识别、代码生成、逻辑推理等跨模态仼务,具备综合分析和解决更深层次问题的复杂能力,展现出类似人类的思维和智能。

(5)应用场景"大覆盖"。从内容生成到行业解决方案,再到科学研究,大模型正成为通用技术平台,催生了"模型即服务"模式,带动产业链上下游发展,形成庞大的技术和产业生态。

大模型可以指大型预训练模型(large pre-trained model,LPTM),也可以指大规模语言模型(large language model,LLM),同时涵盖了由此衍生出的各种应用模型。LPTM 是通过超大规模数据预训练获得通用能力的机器学习模型,具备强大的泛化能力。LPTM 先在海量无标签数据中学习基础规律,再针对特定任务进行微调,适用于计算机视觉、自然语言处理等不同的应用场景,是深度学习领域具有划时代意义的里程碑式成果,是当前 LLM 的基石。而 LLM 是 LPTM 在自然语言处理领域的一种特定应用形式,通常由包含数百亿参数的深度神经网络构成。LLM 通过海量文本数据进行预训练,具有强大的语言理解与生成能力,能够深刻理解和生成自然语言,为机器翻译、智能客服、文本生成等应用提供了强有力的技术支持。LPTM 与 LLM 采用统一的预训练范式,均以 Transformer 为基础架构,采用"预训练+适配"的技术路径,但它们之间又存在显著的差异,如表 10-1 所示。

表 10-1 LPTM 与 LLM 的差异

差异	LPTM	LLM
模态范围	涵盖文本、图像、语音等多种模态	专注于文本模态
技术核心	需解决跨模态对齐问题	以自然语言理解和生成为核心
能力目标	需同时满足跨模态一致性和单模态精度	逻辑推理、知识推理等

总体来看,LLM 是人工智能从"专用工具"迈向"通用智能"的核心引擎,其价值在于通过语言交互重构人机协作范式。而 LPTM 是人工智能从"单一模态"走向"多模态感

知智能"的关键桥梁,其意义在于突破语言边界,实现对现实世界的多维度理解。未来两者将逐步融合为通用人工智能体,实现"一个模型、全场景覆盖"的终极目标。

大模型与小模型的核心区别在于大模型独特的"智能涌现"现象。当大模型的参数规模超过特定临界阈值时,其能力会呈现非线性跃升,展现出小模型难以实现的跨任务推理、零样本泛化等复杂能力。

10.1.2 发展概况

大模型的诞生是人工智能领域的一场革命,其演进历程深刻改变了自然语言处理、多模态交互乃至通用人工智能的格局。

1. 理论发展与技术奠基

2017 年,Google 的研究团队在论文《注意力就是你需要的一切》(*Attention Is All You Need*)中提出 Transformer 架构,通过自注意力机制彻底解决了传统循环神经网络的长序列依赖问题,并实现了并行计算,成为后续所有大模型的基石。

2018 年后,基于 Transformer 架构的首批预训练模型相继诞生,如 Google 的 BERT 模型采用双向编码器,在自然语言理解任务中取得突破。OpenAI 的 GPT-1 是首个基于 Transformer 解码器的生成模型,开创了"预训练 + 微调"范式。

2. 规模跃升与产业落地

(1)模型参数规模的指数级增长。GPT-2 参数增至 15 亿个,首次展示零样本学习能力,无须微调即可完成翻译、摘要等任务。GPT-3 更是多达 1750 亿个参数,通过上下文学习实现了少样本甚至零样本的推理,在代码生成、创意写作等领域表现惊艳。微软与英伟达合作 MT-NLG 具有惊人的 5300 亿个参数,在阅读理解、常识推理等任务中表现出极强的超大规模分布式训练能力。

(2)技术突破对产业的巨大影响。OpenAI 的 CLIP 和 DALL-E 将文本与图像关联,实现了从文本生成图像的跨模态能力。InstructGPT 引入基于人类反馈的强化学习,通过人工标注优化模型输出,显著降低了"人工智能幻觉"问题。Meta 的 LLaMA 和 Mistral AI 的 Mistral-7B 等开源模型大大降低了使用门槛,推动了大模型的普及化进程。

3. 多模态处理与行业应用

多模态处理能力实现质的飞跃。例如,GPT-4 支持文本、图像输入,在医疗诊断、法律文书分析等领域展示专业级能力,参数规模约 1.8 万亿个,采用混合专家架构提升工作效率;DeepSeek 引领开源推理模型,通过超成本效益设计支持复杂问题解决,无限接近人类的基本思维。

多模态技术的突破,加速了大模型的行业应用,如定制医疗、教育等专用模型,通过领域数据微调,实现了精准化服务,促进了技术普惠。

4. 我国大模型发展现状

近年来,大模型发展呈现出爆发趋势,人工智能正经历着一场影响深远的技术变革。据统计,截至 2024 年 7 月,我国已完成备案并成功上线的、能够为公众提供生成式人工智能服务的大模型数量已经达到了 190 多个,反映了我国在大模型技术研发方面的雄厚实力。众多科研机构、高校和企业纷纷涉足大模型领域,形成了多元化、多层次的竞争格局,促进了大模型在算法优化、模型架构设计等方面的快速发展，为更多应用场景提供了强有力的技术支撑，在智能制造、智慧医疗、智慧城市及智慧教育等多个领域得到了广泛的应用。大模型以其强大的数据处理和智能决策能力为实体经济注入了新的活力，推动了产业的转型升级和新业态、新模式的不断涌现。

大模型是人工智能从"专用工具"迈向"通用智能"的关键里程碑，其价值不仅在于技术突破，更在于重构各行业的生产效率与交互模式。随着算力优化、生态完善与监管成熟，大模型将像"数字大脑"一样渗透到生活与产业的每个角落，推动人类社会进入智能普惠时代。

10.1.3 大模型的应用领域

大模型因其强大的算力、海量的数据训练和复杂的算法架构，具备了跨领域、跨任务的通用能力，其应用场景已渗透到科技、商业、社会生活的方方面面。

1. 技术层面

大模型的应用首先基于其核心技术能力的演进，从基础能力到跨模态融合，可分为三大层级。

（1）自然语言理解与生成，主要通过自注意力机制捕捉长距离语义依赖，应用于智能客服、聊天机器人、自动生成新闻稿、学术论文辅助等场景。

（2）跨模态生成，主要通过跨模态对比学习，实现内容对齐，应用于电商商品图生成、UI设计、音乐制作、短视频制作等场景。

（3）逻辑推理与决策，主要通过思维链拆解复杂问题，应用于预测蛋白质结构、气候模型优化、代码开发、漏洞检测等场景。

2. 行业层面

大模型按行业需求可划分为通用赋能层和垂直纵深层。

（1）通用赋能层，即跨行业共性需求，应用于广告文案生成、社交媒体运营、智能文档处理、自动化报告生成、个性化学习平台、虚拟实验模拟等场景。

（2）垂直纵深层，需要注入行业知识，应用于医疗辅助诊断、药物研发、金融风控、量化投资、预测性维护、供应链优化等场景。

3. 社会层面

大模型的影响已经超越技术本身，正在重塑社会运行逻辑。

（1）生产力革命，重塑就业结构，基础代码开发、客服、数据标注等重复性工作被替代，新增了提示词工程师、伦理顾问、模型微调专家等岗位。

（2）社会治理创新，在智能政务、应急管理、促进教育公平等方面发挥越来越重要的作用。

10.2 大模型的基本原理

大模型是基于深度学习，通过多层神经网络进行数据建模和特征提取。大模型通常采用

Transformer 架构，能够处理长距离依赖关系，从而更好地捕捉文本的语义和上下文信息。此外，大模型还结合了预训练和微调的策略，通过在大规模数据上进行预训练，再在特定任务上微调，以提升模型的性能。

10.2.1 能力架构

大模型的能力架构可以按照核心架构、基础能力和应用能力三个层次进行划分，大致呈"金字塔"形，底层的核心架构决定了大模型的基础能力，基础能力衍生出复杂技能，复杂技能支撑着行业应用，如图 10-2 所示。

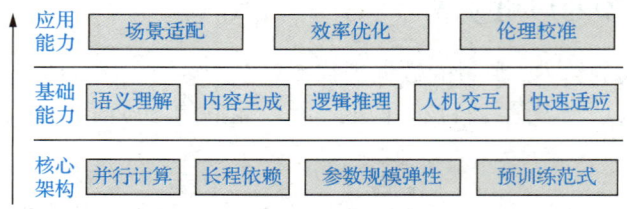

图 10-2 大模型的能力架构

1. 核心架构

Transformer 作为大模型发展进程中的里程碑，奠定了大模型的能力基础，其核心价值在于解决"序列处理效率"和"语义关联建模"两大难题。基于 Transformer 所实现的这一重大突破，大模型的核心架构包含以下四个关键部分。

（1）并行计算。Transformer 的自注意力机制通过全局语义关联分析，突破了循环神经网络的串行瓶颈，使得模型的训练效率大幅提升，可以处理长文本等时序性信息。

（2）长程依赖。通过位置编码与多头注意力结合，可以捕捉跨段落语义关联。例如，在阅读理解中，长文本推理准确率高达 94%以上；在法律合同审查中，可识别数百页文档内的条款逻辑矛盾。

（3）参数规模弹性。通过模块化设计，支持参数规模从数十亿到万亿的柔性扩展，提升智能涌现能力，在常识推理中准确率突破 90%。

（4）预训练范式。通过双向理解和单向生成技术，可以执行问答等理解型任务和创作等生成型任务，包括跨语言处理和多模态处理。

2. 基础能力

由大模型的核心架构衍生出五大基础能力集群，形成"理解-生成-推理-交互-适应"的能力闭环。

（1）语义理解能力集群，包括词性标注、句法分析、篇章主题提取、多语言对齐等。大模型通过对海量语料库的学习，能够理解语言的复杂性和多义性，从而更好地把握语言的意义和内涵。这种语言理解能力使得大模型能够准确理解用户的输入。

（2）内容生成能力集群，包括文本续写、摘要生成、代码生成、多模态生成等。大模型能够根据输入的语境和语义信息，生成符合语法和语义规则的自然语言文本，生成高质量、流畅且富有创意的新闻报道、文章、对话等内容。

（3）逻辑推理能力集群，包括数学计算、逻辑三段论推理、科学推理、因果推理等。大模型通过训练和学习，具备了一定的逻辑推理能力，能够根据已知信息推导出新的结论或解决复杂问题。大模型基于其庞大的知识库进行快速、准确的知识搜索，在逻辑推理过程中为用户提供及时、准确的智能问答、知识图谱等信息支持。

（4）人机交互能力集群，包括意图识别、情感分析、多轮对话管理、个性化交互等。大模型能够帮助企业进行舆情监控和用户情感分析，能够识别文本的主题、情感倾向等关键信息，为企业的决策提供有力支持。

（5）快速适应能力集群，包括少样本学习、领域迁移、指令泛化、实时学习等。大模型根据具体的应用场景和技术特点，对其他基础能力进行拓展。

3. 应用能力

大模型基础能力通过"场景适配-效率优化-伦理校准"三步骤实现产业化落地，形成技术与需求的双向驱动。

（1）场景适配。根据具体应用场景，大模型通过"通用能力-领域数据微调-垂直能力"实现落地应用，如医疗领域的大模型 Med-PaLM 2 的诊断能力已接近人类医师水平。

（2）效率优化。通过"知识蒸馏-硬件加速-边缘部署"，实现大模型从性能提升到成本优化的部署应用，使得模型运行速度大幅提升，训练成本大大降低。

（3）伦理校准。通过"有害内容过滤-事实核查-可解释性增强"，降低有害内容生成率，减少事实性错误率。

10.2.2 工作机制

下面从大模型的运作逻辑、训练逻辑、推理过程等角度剖析大模型的工作机制。

1. 运作逻辑

Transformer 架构的核心是通过自注意力机制和分层特征提取实现对语言的建模。所谓自注意力机制，简单来说，就是计算每个单词与其他单词的关联权重，动态捕捉上下文依赖。

假设有句子"我喜欢吃苹果"，我们要分析句子中每个词的语义。传统方法是逐个处理单词，但自注意力机制会让每个单词关注句子中所有单词的信息，包括它自己。首先，将句子拆分为单词序列，并为每个单词分配一个唯一的位置编号。再对每个单词，计算它与其他所有单词的关联度，称为注意力分数。例如，单词"我""喜欢""吃"与单词"苹果"的关联度分别为低（主语标签）、中（情感关联）、和高（动作关联），而与"苹果"本身的关联度为中。最终，大模型为每个单词生成一个包含全局信息的新表示，得到完整的语义表述。

2. 训练逻辑

大模型的训练是数据驱动的参数优化，分为预训练和微调两个阶段，每个阶段有独特的目标与技术手段，最终完成从数据到知识的"蒸馏"过程。

（1）预训练。预训练是无监督或自监督的知识建模。目标是给定前文，预测下文。例如，输入"显示明天的天气预报"，模型学习预测"晴""雨"等后续词汇的概率分布。通过预训练，使模型能够学习广泛适用、具有通用性的特征，为后续特定任务迁移和实际应用提供坚实的基础和有力的支持。

（2）微调。微调的目的是向人类偏好"校准"。例如，监督微调，用人工标注的问答对微调模型，使其学会遵循指令；而奖励模型训练，则是收集人类对同一问题不同回答的排序数据来训练模型。

微调过程是大模型适应特定任务的关键步骤，通过在特定任务数据集上进一步训练，大模型可以调整预训练阶段学到的参数，使其更适应新任务。

3. 推理过程

当用户输入查询时，大模型通过序列化决策过程生成回答。核心过程包括上下文编码与位置感知、自回归解码的决策树、思维链提示等。本质是通过离散的单词序列模拟连续的推理过程，利用预训练中隐含的数学、逻辑等知识构建完整的推理链条。

下面通过一个例子来简单阐述推理过程。假设小明的语文作业要求写一段话，题目是《我的周末》。大模型生成回答的过程就像小明写作业的全过程。

（1）拿到题目。根据输入的问题进行处理。例如，输入"写一段关于周末去公园放风筝的话"，大模型把要求拆分成若干个单词并标上顺序，假设为"周末、去、公园、放、风筝"，其中，"公园"是第3个词，"风筝"是第5个词等，让大模型知道单词顺序。

（2）想答案。即大模型的编码阶段，在"记忆"里搜索相关信息。

大模型启动自注意力机制，对每个单词进行"提问"，如"风筝"提问"我和谁有关？"，并搜索匹配的记忆碎片，如想到"风筝在天上飞，小明拉着线跑"等的画面。

下一步是合并有用信息，如把"风筝"和"飞""公园"等联系起来，形成完整画面。

（3）开始写作业。即大模型的解码阶段，基于自回归方式一句句输出答案。

自回归生成是基于前面已经生成的序列来预测下一个词的概率分布，并逐步生成完整序列。先写第一句，假设写出"周末下午，我和爸爸妈妈去公园放风筝。"因为前面提到了放风筝，接下来大模型根据概率分布也许就会写出"爸爸帮我举起风筝，我拉着线跑了几步，风筝就飞起来了。"

接下来一句句接着写，每写一句，都要参考之前写的内容。如果遇到卡壳，大模型会猜测几个可能的词，选择最合适的。

（4）检查和修改。目的是让答案更通顺，即大模型的输出优化。

大模型的检查方式是调整灵活度，称为"温度调节"。如果要求"生动有趣"，大模型会多加点细节，如"风筝像小鸟一样摇头晃脑"。如果要求"简洁明了"，就只写关键动作。

大模型可以分步思考，即思维链提示。例如，大模型会思考"写放风筝需要分几步？"，进而将其拆成"准备风筝""起跑放线""看风筝飞"等。再按步骤写，避免漏掉环节。

（5）最终答案。大模型根据上述分析及中间结果，最终生成一段完整的话。

大模型的工作机制本质上是用统计学习模拟人类认知的概率分布，其成功依赖于"规模红利"与"架构创新"的协同。随着大模型在各个领域的深入应用，伦理问题日益凸显。如何确保大模型的发展和应用不会损害人类的基本权利和价值，已成为当前的研究热点问题。

10.3 AIGC基础

人工智能生成内容（artificial intelligence generated content，AIGC）是新一代人工智能技术的核心应用范式。它是基于Transformer等深度神经网络架构，通过超大规模文本、图像、音频等多模态数据训练，构建起具备从数据分布中学习并生成符合特定语义约束的创造性内容的技术体系。这一技术体系继承了大模型"预训练+微调"的知识表征范式，通过引入多模态联合嵌入空间和人类反馈强化学习机制，实现了从单模态理解到跨模态创造的范式跃迁，广泛应用于传媒、艺术、教育、营销、管理、娱乐等领域。

AIGC 的核心目标在于通过算法模拟人类创作思维，AIGC 的本质在于构建具备认知涌现能力的计算模型，使机器能够基于数据分布学习内容的生成规律，最终实现了从"理解语言"到"创造世界"的跨越。因此，AIGC 的底层逻辑包括以下三点。

（1）基于数据驱动的内容认知学习，如海量文本、图像、视频等数据，学习内容的结构、风格、语义关联等。

（2）基于概率建模的内容预测，将内容生成转化为数学上的"概率预测"问题，如预测下一个词、像素的可能性等。

（3）基于目标导向的内容生成框架，通过用户输入，如文本指令、参考图像等，引导内容生成方向，满足用户的特定需求。

10.3.1 AIGC 模型架构

AIGC 能力依赖于深度学习模型的突破，以下是最具代表性的三类模型架构。

1. 自回归模型

自回归模型的核心逻辑是基于前文预测后文，从左到右逐个生成内容元素，如文本中的单词、代码中的字符等。其关键技术，一是 Transformer 架构，通过自注意力机制捕捉长距离语义关联；二是预训练范式，先在海量无标签数据上学习通用规律，再通过微调适配具体任务。

自回归模型主要应用于文本生成、语音合成等场景。

2. 生成对抗网络

生成对抗网络的核心逻辑是通过"生成器"与"判别器"的对抗博弈提升生成内容质量。其中，生成器接收随机噪声，生成假内容；判别器区分假内容与真实数据，反馈给生成器进行优化。生成对抗网络的技术特点是生成速度快，但难以控制细节，如指定图像中的物体位置等。生成对抗网络主要应用于人脸、风景等图像生成、视频风格转换等场景。

3. 扩散模型

扩散模型的核心逻辑是通过"正向扩散"与"反向去噪"来模拟数据生成过程。其中，正向扩散向真实数据逐步添加噪声，直至变为随机噪声；而反向去噪用神经网络学习从噪声还原真实数据的逆过程。其技术优势是生成内容细节丰富、可控性强，可通过文本指令精确控制图像元素等。

扩散模型主要应用于插画、设计图等图像生成、视频生成等场景。

10.3.2 AIGC 技术架构

AIGC 技术架构通常分为数据层、模型层和应用层，涵盖了从数据收集、模型构建到内容生成的整个流程。这三层相互关联、协同合作，实现从原始数据到高质量生成内容的转化。

1. 数据层

数据层是 AIGC 技术架构的基石，主要负责数据的收集、预处理及存储。数据层包括高性能计算资源、大数据处理平台及分布式存储系统等关键组件。

（1）高性能计算资源为深度学习模型的训练和推理提供了强大的计算能力支持。

（2）大数据处理平台则负责数据的清洗、整合及格式化，确保输入数据的质量和一致性。

（3）分布式存储系统则有效管理海量数据，确保数据的可靠性和可访问性。

数据层的稳健性直接决定了后续层次的工作效率和效果。

2. 模型层

模型层是 AIGC 技术架构的核心，承载着模型构建、训练与优化等关键任务。模型层包括深度学习框架、算法库、模型管理工具及自动化机器学习平台等。

（1）深度学习框架为开发者提供了构建和训练复杂神经网络模型的强大工具。

（2）算法库则包含了各种经过优化的算法实现，如自然语言处理、计算机视觉等领域的专用算法。

（3）模型管理工具负责模型的版本控制、部署及监控，确保模型在生产环境中的稳定性和性能。

（4）自动化机器学习平台则通过自动化流程，降低了模型开发的门槛，加速了从数据到模型的转化过程。

3. 应用层

应用层是 AIGC 技术架构与用户直接交互的界面，负责将模型层生成的智能内容转化为用户可感知、可交互的形式。应用层包括内容生成引擎、用户交互界面、内容分发平台及反馈与优化机制等。

（1）内容生成引擎根据用户需求或预设规则，调用模型层的模型生成文本、图像、音频等多种形式的智能内容。

（2）用户交互界面则提供了直观、易用的操作界面，使用户能够方便地输入指令、查看结果并进行交互。

（3）内容分发平台则负责将生成的内容推送给目标用户，实现内容的广泛传播。

（4）反馈与优化机制则通过收集用户反馈和评估内容质量，不断优化模型层的模型和算法，提升生成内容的准确性和多样性。

应用层的用户体验和创新能力是 AIGC 技术能否成功应用于实际场景的关键因素。

AIGC 技术架构通过数据层、模型层和应用层的紧密协作，实现了从数据到智能内容的全链条转化。AIGC 技术架构不仅体现了人工智能技术的深度与广度，也为 AIGC 技术的持续发展和广泛应用奠定了坚实的基础。

10.3.3 常用的 AIGC 工具

常用的 AIGC 工具较丰富，涵盖文本、图像、音频、视频、代码等不同内容。

1. ChatGPT

ChatGPT 由美国 OpenAI 于 2022 年推出。ChatGPT 可生成各类文本，支持多轮交互和复杂逻辑推理，具有"上知天文、下知地理"的能力，常用于聊天、文案写作、代码生成、知识问答等领域。ChatGPT 与用户的对话界面如图 10-3 所示。

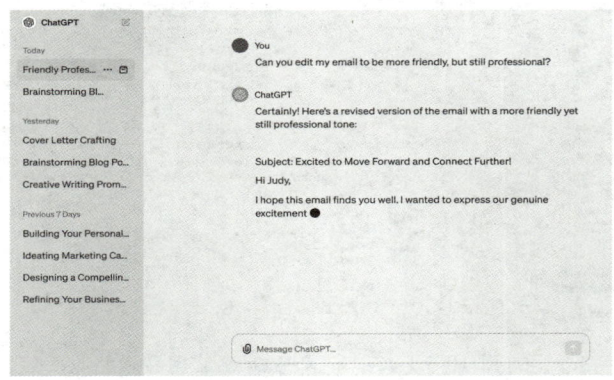

图 10-3　ChatGPT 与用户的对话界面

2. 文心系列

文心系列工具由中国百度自主研发，其突破性的知识增强技术使文心系列广泛应用于搜索、信息流、智能音箱等互联网产品，并通过飞桨、百度智能云等平台，赋能工业、能源、金融、通信、媒体、教育等各行各业。

2019 年 3 月，文心 1.0 版首次亮相，至 2023 年 10 月，已推出 4.0 版。文心系列工具体系完备，包含了文心一言、文心一格、文心快码、文心千帆、文心百中、超级助手等，涵盖基础、任务与行业三级架构，展现了知识增强与产业级应用的双重特色，如图 10-4 所示。

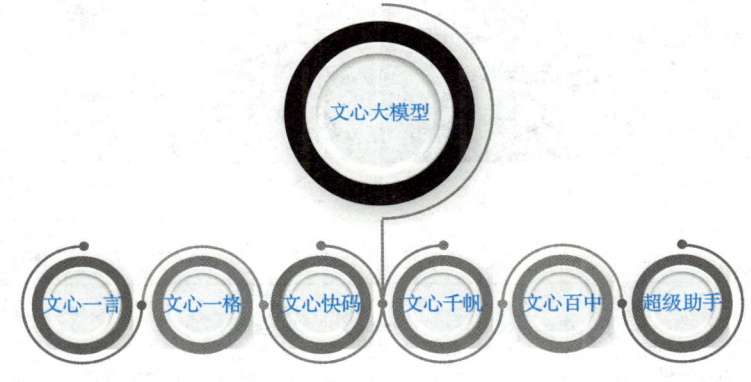

图 10-4　文心大模型家族

（1）文心一言。

文心一言的英文名为 ERNIE Bot，能够与人对话互动、回答问题、协助创作，高效便捷地帮助人们获取信息、知识和灵感。

文心一言于 2023 年 3 月 16 日正式启动邀测。2024 年 9 月 4 日，文心一言 App 升级为文小言 App。2025 年 4 月 1 日起，文心一言全面免费开放。文心一言 Web 端官网界面如图 10-5 所示。

图 10-5　文心一言 Web 端官网界面

（2）文心一格。

文心一格是百度依托飞桨、文心大模型的技术创新推出的 AI 艺术和创意辅助平台，定位为面向有设计需求和创意的人群，可生成多样化 AI 创意图片，辅助创意设计，打破创意瓶颈。2025 年 4 月 1 日起，文心一格服务迁移到了文心一言平台的"智慧绘图"专区，如图 10-6 所示。

图 10-6　文心一言平台的"智慧绘图"专区

如果生成一张图片之后不满意，文心一格有很多功能可以帮助用户进行二次编辑。一是涂抹功能，用户可以涂抹不满意的部分，让模型重新调整生成。二是图片叠加功能，用户给两张图片，模型会自动生成一张叠加后的创意图。文心一格还支持用户输入图片的可控生成，根据图片的动作或线稿等生成新图片，让图片生成的结果更可控。文心一格还在持续进行模型升级，不断丰富产品功能，目前已推出了海报创作、图片扩展和提升图片清晰度等功能，提供多种生图服务以满足用户的需求。

（3）文心快码。

文心快码是智能代码助手，结合百度积累多年的编程现场大数据和外部优秀开源数据，生成更符合实际研发场景的优质代码。文心快码可以推荐代码、生成代码注释、查找代码缺

第 10 章 大模型基础及典型应用

陷，给出优化方案，还可以深度解读代码库、关联私域知识，生成新的代码，提升编码效率。文心快码已覆盖 100 余种编程语言，支持 10 余种主流开发环境，覆盖编程前端、后端、移动端，支持软硬件不同开发场景，为研发全生命周期应用程序提供全场景智能辅助。文心快码官网界面如图 10-7 所示。

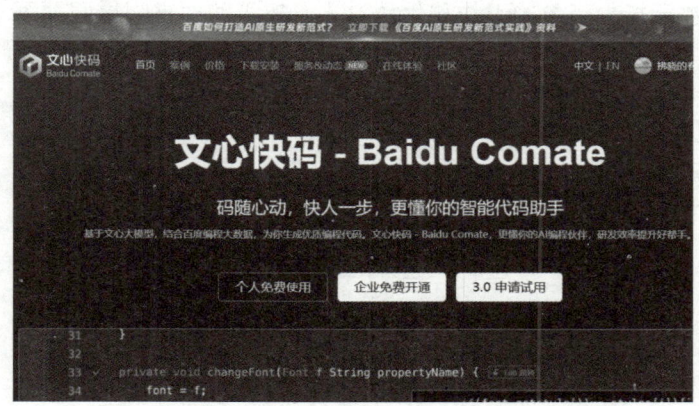

图 10-7　文心快码官网界面

（4）文心千帆。

文心千帆是全球首个一站式企业级平台，功能强大、生态丰富、易于使用，企业不但可以直接调用文心一言等服务，也可以开发、部署和调用自己的 AIGC 工具。2023 年 12 月 20 日，文心千帆全面开放服务，真正实现人人都能开发自己的人工智能原生应用。文心千帆官网界面如图 10-8 所示。

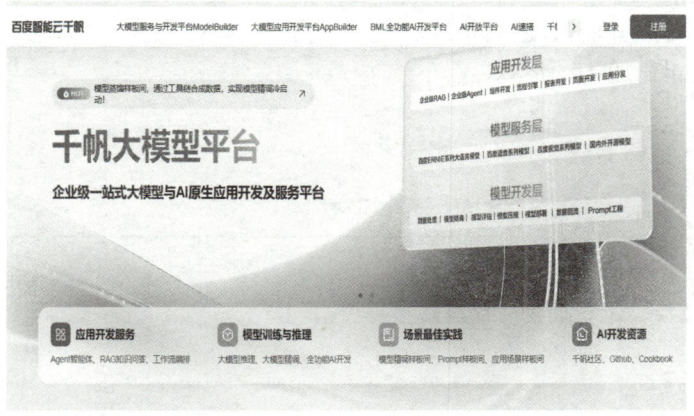

图 10-8　文心千帆官网界面

（5）文心百中。

文心百中具有极简、强大、高效三大特性。文心百中采用纯神经搜索架构加数据驱动搜索效果优化策略设计而成，应用起来极其简便，仅需三步即可在线完成搜索引擎的构建，可低成本接入各类企业和开发者应用，并凭借数据驱动的优化模式显著提升行业优化效率与应用成效。

（6）超级助理。

超级助理是一款伴随式智能助手，可满足日常生活和工作中的各种需求。无论是浏览网页、深入阅读长篇文档，还是高效的信息服务，超级助理都能提供无缝体验。超级助理不仅是信息获取助手，更是创意伙伴，能够基于需求生成专业、富有创意的文案，让创作变得轻而易举，提供更加智能、高效的工作和生活方式。超级助理官网界面如图 10-9 所示。

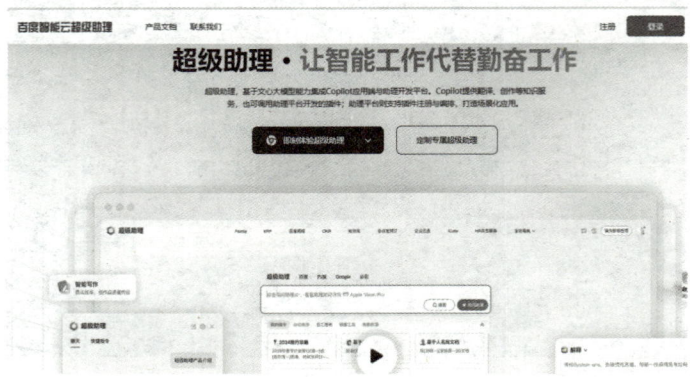

图 10-9　超级助理官网界面

3. 讯飞星火

讯飞星火认知大模型基于 Transformer 神经网络结构，不需要分段或分句处理，可以直接处理整个句子或段落，从而更好地处理长文本序列。讯飞星火认知大模型使用了 TB 级的训练数据和亿级的参数进行模型训练，通过对海量数据的学习和训练，能够不断地提高自己的预测和推理能力，从而在各种任务中取得更好的性能表现。讯飞星火认知大模型具有文本生成、语言理解、知识问答、逻辑推理、数学能力、代码能力、多模交互七大核心能力。讯飞星火官网界面如图 10-10 所示。

图 10-10　讯飞星火官网界面

讯飞星火认知大模型在我国的大模型中处于领先水平，通过了中国信通院组织的 AIGC 大模型基础能力评测及可信大模型标准符合性验证。

4. 天工

天工是昆仑万维自研的首个对标 ChatGPT 的双千亿级 AIGC 工具，可满足文案创作、知识问答、代码编程、逻辑推演、数理推算等需求。2023年4月，天工1.0版发布。同年7月天工助手App上线，8月推出国内第一款AI搜索产品——天工AI搜索。天工AI搜索全面提升了用户的搜索体验，为用户提供快速、可靠的交互式搜索服务。天工AI搜索官网界面如图10-11所示。

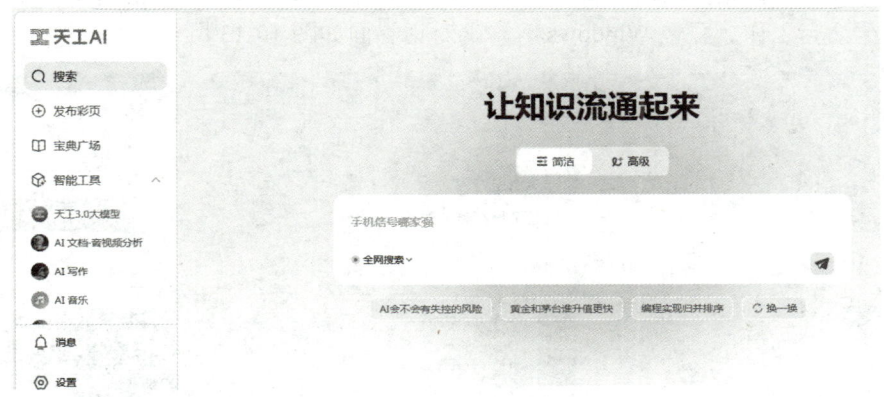

图10-11　天工AI搜索官网界面

5. 腾讯混元

腾讯混元由中国腾讯公司自主研发。腾讯混元不仅在中文创作领域展现出非凡的实力，能够生成流畅、富有创意的中文文本，还具备在复杂多变的语境中进行精准逻辑推理的能力，能够理解和分析各种复杂信息并作出合理的推断。2024年9月，腾讯公司宣布推出混元Turbo，标志着腾讯在深度合成和生成式人工智能技术方面取得了新的突破。

腾讯混元同时支持文生视频、图生视频、图文生视频、视频生视频等多种视频生成方式，能够满足用户在不同场景下的视频创作需求，能够在短时间内生成高质量的视频内容，支持16秒视频的快速生成，为用户带来了极大的便利。

在3D生成领域，腾讯混元也取得了一定的成果，实现了从文本或图片到3D模型的快速转换。用户只需提供一张图片，就可以在短短30秒内生成逼真的3D模型，为用户提供了更加丰富的创作方式，为3D打印、虚拟现实等领域的发展注入了新的活力。腾讯混元大模型官网界面如图10-12所示。

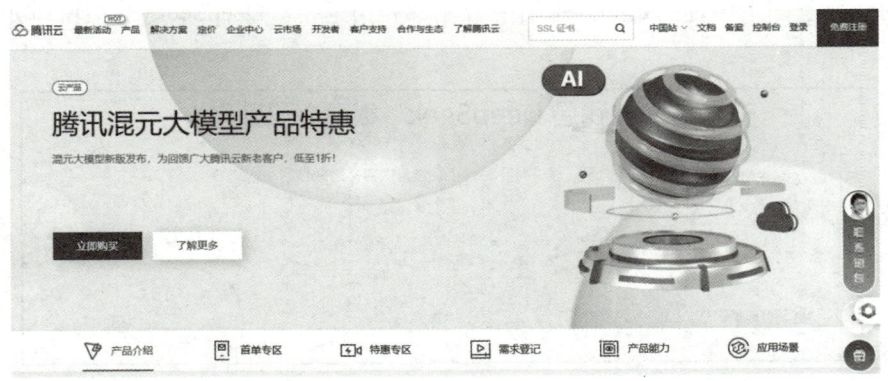

图10-12　腾讯混元大模型官网界面

6. 豆包

豆包（原名云雀大模型）由字节跳动公司研发。基于豆包开发的 AI 机器人"豆包"可以实现智能聊天、对话、问答。豆包预制了多个智能体，支持学习、生活、情感等多个场景。

豆包还允许用户根据自己的喜好、需求及应用场景，灵活定制专属的智能体，服务于用户的日常生活与工作。豆包 Windows 客户端对话界面如图 10-13 所示。

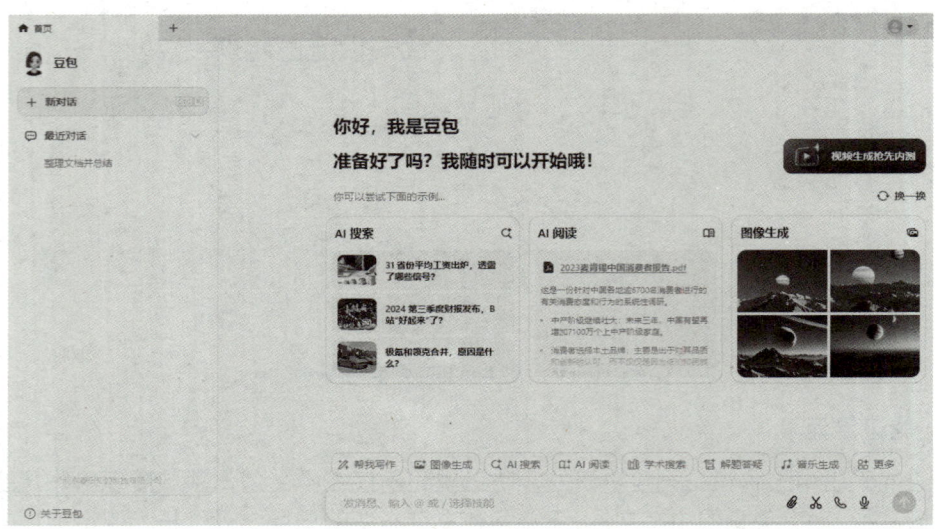

图 10-13　豆包 Windows 客户端对话界面

7. DeepSeek

DeepSeek 由深度求索公司研发，为用户提供高效、便捷的模型训练、部署及应用服务，广泛应用于自然语言处理、计算机视觉、语音识别等多个领域。

目前，DeepSeek 已发布了多个版本，包括 V 系列、R 系列、全量版及蒸馏版等，以满足不同功能需求及参数规模的应用场景。其中，V 系列侧重于通用语言处理任务，R 系列则强化了模型的推理能力，全量版需要高性能计算资源的支持，蒸馏版则针对边缘计算设备及云端服务进行了优化，以适应资源受限的环境。这些多样化版本的设计，使得 DeepSeek 能够在不同计算条件下实现高效的人工智能应用部署与运行。DeepSeek 对话窗口如图 10-14 所示。

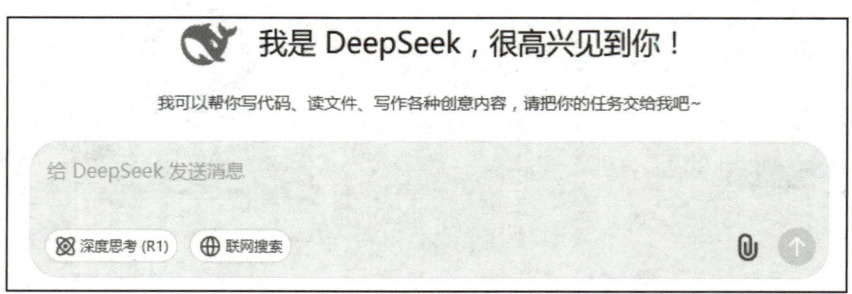

图 10-14　DeepSeek 对话窗口

8. Kimi

Kimi 是北京月之暗面科技有限公司于 2023 年 10 月 9 日推出的一款智能助手，主要具有长文总结和生成、联网搜索、数据处理、代码编写、用户交互、翻译等功能，主要应用场景为专业学术论文的翻译和理解、辅助分析法律问题、快速理解开发文档等，是全球首个支持输入 20 万汉字的智能助手产品，已启动 200 万字无损上下文内测。Kimi 官网界面如图 10-15 所示。

图 10-15　Kimi 官网界面

综上所述，AIGC 将人类创作的"经验规律"转化为数学上的概率分布，从"模仿"走向"创造"，AIGC 工具正从"通用生成"转向"场景定制"。随着多模态融合与可控生成技术的成熟，AIGC 将成为人类创意的加速器，而非替代品。

10.4　AIGC 的使用方式

10.4.1　关键词

关键词是指用于指导人工智能模型生成特定类型内容的词语或短语，通常用于训练模型，帮助模型理解用户的意图和需求，从而生成相关的内容。关键词在 AIGC 技术中发挥着至关重要的作用，是确保生成内容符合用户期望的关键要素，是内容生成的指南针。当我们启动 AIGC 系统进行创作时，无论是生成文章、图像还是其他形式的内容，关键词都为其指明了方向。

关键词在 AIGC 中的作用主要体现在以下几个方面。

1. 主题定位

关键词能够清晰地指示人工智能模型生成内容的主题。例如，当用户希望人工智能模型生成与健康饮食相关的内容时，可以输入"健康饮食"作为关键词。这个关键词将引导人工智能模型专注于这一主题，确保输出的所有信息都与健康饮食紧密相关。

2. 内容导向

除了确定主题，关键词还可以进一步引导人工智能模型生成特定类型或风格的内容。例如，用户希望获得一篇关于最新科技产品的评论文章，可以输入"科技评论"作为关键词。

这个关键词不仅指明了主题是"科技",还明确了内容类型为"评论",从而引导人工智能模型生成一篇具有深度分析和个人观点的评论文章。通过选择合适的关键词,用户可以有效地指导人工智能模型生成符合自己需求的内容类型。

3. 优化生成效率

关键词的使用可以显著提高人工智能模型生成内容的效率。当用户需要快速了解某条新闻的主要内容时,使用"快速新闻摘要"作为关键词可以指示人工智能模型迅速生成一个简洁明了的新闻摘要,从而提高信息获取的效率,用户无须花费大量时间进行手动编辑或调整。

4. 提升内容质量

通过精确选择关键词,用户可以确保人工智能模型生成的内容更加准确、相关和有价值。当用户希望获得对某个复杂问题的深入分析和见解时,使用"深度分析"作为关键词可以确保人工智能模型生成的内容不仅涵盖了问题的基本事实,还包含了深入的分析和独到的见解,从而提升内容的整体质量。

在 AIGC 的实际应用中,关键词的选择和使用对于生成内容的质量和准确性至关重要。因此,需要根据具体的应用场景和需求来合理地选择和使用关键词。

10.4.2 提示词

在 AIGC 中,提示词是一种详细的指令或描述,用于指导人工智能模型生成符合特定要求的内容。AIGC 提示词通常由多个单词、词组或短句构成,用逗号进行分隔。提示词比关键词更加具体和详细,不仅包含了关键词所表达的主题或方向,还可能包含关于生成内容的风格、细节、情感等方面的具体描述。提示词可以是正向的描述(如生成视频时的描述语),也可以是排除词(如不希望出现的元素)。

1. 提示词的特性

(1)目标明确性。

目标明确性是提示词的首要特性。一个有效的提示词必须明确地指明期望从系统中获得的输出类型以及内容的大致方向。例如,期望生成一幅描绘自然风光的画作,提示词可以表述为"一幅展现宁静山谷中潺潺溪流、郁郁葱葱树木和绚烂野花的油画",而不是模糊不清的"自然景色";期望生成一篇关于环保的文章时,提示词可以表述为"撰写一篇关于全球气候变化及环保措施的文章",而不是简单的"写一篇关于环保的文章"。目标明确性不仅提高了生成内容的准确性,而且减少了不必要的修正和迭代。

(2)上下文相关性。

提示词需要包含充足的上下文信息,以此确保系统能够全面且深入地理解任务所处的背景及具体需求。就像在创作一篇关于历史事件的文章时,提示词应涵盖事件发生的时间、地点、主要人物及事件的大致脉络等关键背景信息,如"描述 18 世纪法国大革命期间,巴黎民众攻占巴士底狱这一标志性事件,包括当时的社会背景、民众的情绪状态以及该事件对后续革命进程的深远影响"。这样的上下文信息有助于系统更准确地把握生成内容的主题和重点,从而生成更加符合期望的内容。

(3)创造性激发。

优秀的提示词具备激发 AIGC 系统创造性潜能的能力,能够巧妙地引导系统生成既新颖独特又富有价值的内容。例如，在设计一个奇幻故事的提示词时，可以这样表述"在一个神秘莫测的魔法世界里，居住着拥有操控元素之力的精灵族，他们与妄图征服世界的黑暗势力展开了一场惊心动魄的生死对决，而故事的主角是一位意外获得古老魔法传承的平凡少年，他将如何在这场宏大的冲突中改变命运的轨迹？"这样的创造性表述有助于系统生成更加引人入胜、富有想象力的作品。

（4）简洁明了性。

尽管提示词需要包含丰富的信息以指导系统生成内容，但信息的呈现方式应当简洁明了。冗长复杂的提示词不仅增加了系统的处理负担，还可能导致误解或混淆。因此，在设计提示词时，应注重语言的精炼和准确性，避免使用模糊、含糊不清的表述。简洁明了的提示词有助于系统更快地理解用户意图，提高生成内容的效率和准确性。

（5）灵活性。

提示词的设计应具备一定的灵活性，以适应不同的生成场景和用户需求。提示词可以在保持核心意图不变的前提下，根据具体情况进行调整和扩展。例如，在请求人工智能模型生成一篇关于旅游目的地的介绍时，提示词可以根据目标受众对自然风光、历史文化、美食体验等兴趣点进行定制。

（6）可衡量性。

为了评估提示词的效果并进行必要的调整和优化，提示词的设计还应考虑其可衡量性。通过设定具体的评估标准或点击率、转化率、用户满意度等指标，可以更有效地判断提示词在引导人工智能模型生成内容方面的效果。可衡量性有助于用户了解提示词的实际作用，并根据评估结果进行有针对性的改进和优化。

（7）文化敏感性。

文化敏感性有助于系统生成更加被广泛接受和认可的内容，增强用户体验和满意度。在全球化的背景下，提示词的设计还需考虑文化敏感性。不同的文化背景和价值观可能对同一提示词产生不同的解读和反应。因此，在设计提示词时，应使用恰当的语言表达、遵循当地的文化习俗，以及体现对多元文化的理解和尊重，以避免误解或冒犯。

2. 提示词的工作原理

提示词的核心思想是通过向人工智能模型提供精炼、具体的指令或描述，来引导模型生成符合期望的特定内容。这些指令或描述包含了用户对生成内容的主题、风格、情感、细节等方面的要求，从而实现对生成内容的精准控制。

提示词在 AIGC 中的工作原理分为输入解析、内容生成和反馈与迭代三个阶段。

（1）输入解析阶段。

① 接收提示词。AIGC 系统首先接收用户输入的提示词。这些提示词可以是简单的词汇、短语，也可以是详细的句子或段落，用于指导 AIGC 系统生成所需的内容。

② 理解提示词含义。AIGC 系统利用自然语言处理技术，对输入的提示词进行解析和理解，包括分词、词性标注、命名实体识别等步骤，以提取提示词中的关键信息和意图。

③ 分析上下文信息。除了直接的提示词，AIGC 系统还会考虑上下文信息，如用户之前的输入、历史记录或当前的环境背景等。分析上下文信息有助于系统更准确地理解提示词的含义和用户的期望。

（2）内容生成阶段。

① 选择模型与算法。根据提示词的类型和用户的期望，AIGC 系统会选择合适的模型

和算法来生成内容。例如，对于文本生成任务可能会选择基于 Transformer 的模型，对于图像生成任务可能会选择生成对抗网络等模型。

② 生成初步内容。在选择了合适的模型和算法后，AIGC 系统开始生成初步的内容。生成初步内容的过程通常涉及对模型的输入进行编码、解码和生成等步骤。生成的初步内容可能是一个粗糙的草稿或初步的轮廓。

③ 优化与调整。初步生成的内容通过修正语法错误、调整句子结构、增加细节描述等优化和调整，以更符合用户的期望。AIGC 系统会根据提示词中的要求，对初步生成的内容进行逐步地完善和优化。

（3）反馈与迭代阶段。

① 用户反馈。在生成内容的过程中，用户可能会指出内容中的错误、提出修改建议或要求增加某些细节等反馈意见。这些反馈意见对于 AIGC 系统来说至关重要，可以帮助系统更好地理解用户的需求和期望。

② 迭代生成。根据用户的反馈意见，AIGC 系统会进行迭代生成。系统会重新分析提示词、调整模型和算法，并生成新的内容以满足用户的期望。这个过程可能会重复多次，直到用户满意。

③ 最终输出。经过多次迭代和优化后，AIGC 系统最终会输出符合用户期望的高质量内容。这些内容可以是文章、故事、诗歌、图像、音频或视频等多种形式，具体取决于用户的提示词和期望。

AIGC 中提示词的工作原理是一个涉及多个阶段和多个技术的复杂过程。通过理解提示词的含义、选择合适的模型和算法、生成初步内容并进行优化与调整，AIGC 系统最终能够输出符合用户期望的高质量内容。

3. 提示词设计原则

（1）具体性原则。提示词越具体，AIGC 系统生成的内容就越准确。例如，"美丽的花朵"这个提示词过于宽泛，而"粉色玫瑰在复古水晶花瓶中，带有清晨露珠，周围环绕着白色蕾丝"则能让 AIGC 系统生成更具细节和美感的图像或文字描述。

（2）关联性原则。提示词之间需要有内在的逻辑联系。在生成一篇科技评论文章时，"人工智能芯片技术发展、功耗降低与性能提升的关系、对未来数据中心的影响"这些提示词相互关联，有助于 AIGC 系统构建出条理清晰、逻辑连贯的内容。

（3）多样性原则。为了使生成的内容更加丰富，可以融入多样化的提示词类型。以小说创作为例，可融合角色特性（如"英勇无畏的女性探险家"）、场景设定（如"幽深莫测的热带雨林"）、情节元素（如"古老遗迹与未知力量的邂逅"）等，使故事层次丰富、引人入胜。

（4）简洁性原则。提示词应尽量简洁，避免冗余信息，确保高效指导 AIGC 系统生成内容。

4. 提示词优化技术

（1）明确任务与需求。清晰地告诉 AIGC 系统你想要它做什么，避免模糊不清的任务描述，确保 AIGC 系统能够准确理解你的需求；指定格式，明确希望 AIGC 系统如何回应的格式，让 AIGC 系统更好地满足用户的需求。

（2）选择与优化关键词。选择与主题相关且具备搜索量的关键词作为提示词，尽量使用简短、明确的提示词，避免使用容易引起歧义的词汇；尝试多种不同的词汇组合，以找到最适合用户需求的提示词。

（3）**提供背景信息**。在提示词中加入一些相关的背景信息，让 AIGC 系统更好地理解用户的需求，从而生成更准确的内容。

（4）**保持简洁与明确**。尽量使用简洁明了的语言表达自己的需求，避免使用过于复杂的词汇和句子结构；在提示词中避免冗余信息，让 AIGC 系统能够快速捕捉到用户的主要意图。

（5）**调整与优化提示词**。在与 AIGC 系统进行多轮互动时，根据前一轮的回答调整提示词，以便 AIGC 系统能够更好地满足用户的需求；根据 AIGC 系统生成的内容质量，不断反馈并调整提示词，以达到最佳效果。

（6）**风格与表达方式的优化**。根据需求选择内容的风格，尝试不同的内容风格和表达方式，提高内容的吸引力和可读性。

5. 提示词管理工具

在 AIGC 领域，提示词扮演着至关重要的角色，是引导人工智能模型生成符合特定风格、主题或情境内容的指令或短语。提示词管理工具是一种专门设计用于创建、存储、分类、搜索和优化人工智能生成内容提示词的软件或平台，帮助用户简化提示词管理过程，提高工作效率，同时确保生成的内容质量和一致性。

提示词管理工具的核心功能主要有创建与编辑、存储与分类、搜索与筛选、版本管理、数据分析与优化等。

（1）**创建与编辑功能**。提示词管理工具支持用户创建新的提示词，包括文本输入、模板选择等多种方式，提供丰富的编辑功能，如字体调整、颜色标记、标签添加等，以便用户更好地组织和管理提示词。

（2）**存储与分类功能**。提示词管理工具提供云存储功能，确保用户的数据安全且易于访问，支持按照主题、风格、用途等多种维度对提示词进行分类，方便用户快速查找和使用。

（3）**搜索与筛选功能**。提示词管理工具有强大的搜索功能，支持关键词搜索、模糊搜索等，帮助用户快速定位所需提示词，提供筛选条件，如按创建时间、修改时间、使用频率等排序，进一步提升查找效率。

（4）**版本管理功能**。提示词管理工具能够记录每个提示词的修改历史，支持版本回滚，确保用户可以随时恢复到之前的版本，提供版本对比功能，帮助用户了解不同版本之间的差异。

（5）**数据分析与优化功能**。提示词管理工具收集并分析提示词的使用情况，如生成内容的数量、质量、用户反馈等，并基于数据分析结果，提供优化建议，帮助用户改进提示词，提升内容生成效果。

提示词工程技术是 AIGC 领域的关键技术之一。随着技术的不断进步，提示词工程技术将更加精细化、智能化，为 AIGC 系统带来更高效、更人性化的交互体验。

10.4.3 AIGC 工作流

AIGC 工作流是指利用人工智能技术自动生成内容的工作流程。AIGC 工作流是一个复杂而精细的过程，涉及用户输入与需求解析、模型选择与配置、内容生成与初步处理、内容优化与个性化调整、内容审核与反馈、内容生成完成与输出、模型迭代与优化等环节，以实现内容创作的自动化和智能化，如图 10-16 所示。

图 10-16　AIGC 工作流

1. 用户输入与需求解析

用户通过界面输入具体的需求，这可能包括提示词、文本关键词、图像描述、音频风格或视频脚本等。用户还可以设置一些高级选项，如内容长度、风格偏好、目标受众等，以进一步细化需求。AIGC 系统将对用户的输入进行解析，识别出关键信息，如内容类型、主题、风格等。

2. 模型选择与配置

根据解析后的需求，AIGC 系统基于文本、图像、音频、视频等内容类型风格偏好、目标受众等因素从预训练的模型库中选择合适的模型进行内容生成。然后对选定的模型进行配置，设置生成内容的长度、风格、多样性等参数。配置过程可能涉及对模型的微调，以适应特定的内容生成任务。

3. 内容生成与初步处理

模型根据用户需求和配置参数生成初步的内容。生成过程可能涉及复杂的计算过程，如深度学习模型的推理、文本生成算法的应用等。然后对生成的内容进行去除无关信息、调整格式、优化质量、文本校对、语法修正等初步处理。

4. 内容优化与个性化调整

根据预设的优化规则或用户反馈，对生成的内容进行优化，如提高内容的多样性、增加创意元素、调整风格等。然后根据用户的个性化需求，修改内容中的特定词汇、调整图像的色调或亮度、修改音频的节奏或音量等。

5. 内容审核与反馈

对优化后的内容进行审核，确保其符合法律法规、道德规范和用户要求。用户可以对生成的内容进行预览和评估，并提出内容质量、风格偏好、创新性等方面的反馈评价。

6. 内容生成完成与输出

经过审核和用户反馈后，内容生成过程完成。用户可以确认生成的内容，并保存和输出。

7. 模型迭代与优化

根据用户反馈和生成内容的质量评估结果，对模型进行调整参数、增加训练数据、改进算法等迭代优化，以提高内容生成的效率和准确性。

AIGC 技术通过不断优化和改进这些环节，可以为用户提供更加高效、智能和个性化的内容生成服务。

10.5　AIGC 的典型应用

10.5.1　AI 聊天对话

AI 聊天对话是 AIGC 领域中最直观且应用最广泛的技术。这种技术利用自然语言处理和深度学习算法，使计算机能够理解和生成人类语言，从而实现与人类的实时互动。

1. 代码辅助开发

AI 聊天对话技术不仅能自动生成完整的功能代码片段，还能深入解析复杂技术概念，为开发者提供实时技术支持，有效缩短项目开发周期，如图 10-17 所示。该技术通过智能代码生成、优化建议和调试辅助等功能，显著提升了软件开发效率。

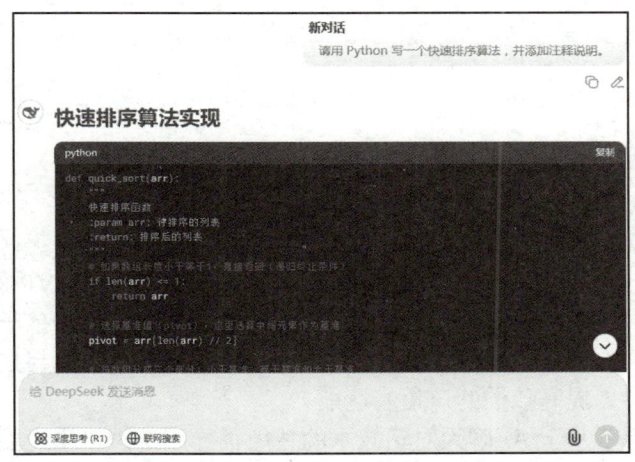

图 10-17　DeepSeek 代码开发辅助对话截图

2. 客户服务与支持

AI 聊天对话技术在客户服务与支持领域的应用尤为广泛。以阿里巴巴和京东为例，这两大电商平台均引入了 AI 客服机器人，以提供更加高效、便捷的客户服务。阿里巴巴电商平台上的 AI 客服机器人能够处理消费者的各类查询，包括商品信息、订单状态、退换货流程等。这些机器人利用自然语言处理技术，准确理解消费者的意图，并提供满意的答复。此外，AI 客服机器人还能根据消费者的历史行为和偏好，提供个性化的推荐和服务，从而提升了客户满意度和忠诚度。

京东的智能客服系统同样表现出色。京东的 AI 客服机器人不仅能够处理简单的文本咨询，还支持语音交互和图片识别，为消费者提供更为全面的服务，如图 10-18 所示。例如，当消费者上传商品图片并询问相关信息时，AI 客服机器人能够迅速识别图片中的商品，并提供详细的商品信息和购买链接。这种智能化的客户服务方式，大大提高了企业的服务效率和质量。

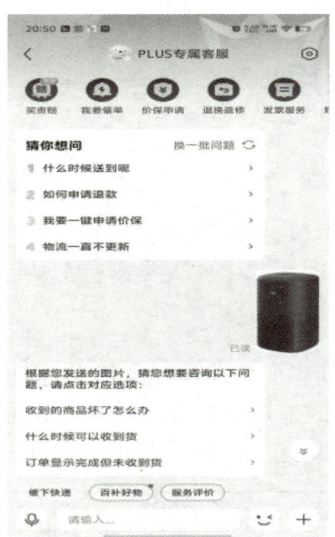

图 10-18　京东 AI 客服机器人聊天对话截图

3. 教育辅导与学习

在教育领域，AI 聊天对话技术同样展现出了巨大的潜力。

以 VIPKID 和网易有道为例，这两家在线教育平台均利用 AI 聊天对话技术为学生提供个性化的学习辅导。VIPKID 是一款面向儿童的在线英语学习平台。VIPKID 利用 AI 聊天对话技术为孩子们提供定制化的英语学习辅导。AI 辅导老师能够根据孩子的学习进度和理解能力，提供个性化的教学方案和学习资源。同时，AI 辅导老师还能与孩子进行实时互动，纠正发音和语法错误，提高孩子的口语表达能力。

网易有道也推出了基于 AI 聊天对话技术的智能辅导系统。该系统能够根据学生的学习情况和反馈，提供个性化的学习建议和答疑服务。学生在学习过程中遇到难题时，可以通过 AI 聊天对话系统向 AI 辅导老师提问，并获得详细的解答和指导。这种智能化的学习辅导方式，不仅提高了学生的学习效率，还为学生提供了更加便捷和个性化的学习体验。

4. 娱乐与社交

在娱乐与社交领域，AI 聊天对话技术同样发挥着重要作用。

以百度小度和 Soul 为例，这两家平台均利用 AI 聊天对话技术为用户提供更加有趣和互动性强的社交体验。百度小度是百度推出的智能音箱和对话机器人。小度音箱内置了 AI 聊天对话系统，能够与用户进行实时互动。用户可以通过语音指令控制音箱播放音乐、查询天气、设置闹钟等。此外，小度音箱还能根据用户的兴趣和喜好，推荐相关的内容和服务。

Soul 是一款社交应用，研发的 AI 苟蛋智能对话机器人拥有 130 亿个参数和千亿级别高质量训练数据的底座。这款机器人能够支持用户进行人设方面的自定义，如年龄、兴趣等。通过这一功能，用户可以随时随地与 AI 苟蛋进行交流。例如，用户发一幅"龙舟"图片给 AI 苟蛋，AI 苟蛋就能精准识别图片内容，然后主动与用户开启端午话题热聊模式，如图 10-19 所示。依托 AIGC 技术，AI 苟蛋在多元场景下展现出了超强的交互能力。这种智能化的娱乐和互动方式，为人们提供了更加便捷和有趣的社交体验。

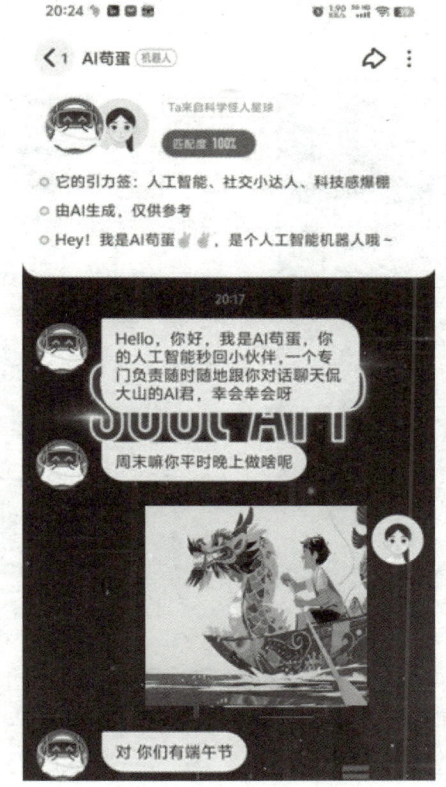

图 10-19　AI 苟蛋聊天对话截图

　　AI 聊天对话技术在代码辅助开发、客户服务与支持、教育辅导与学习、娱乐与社交等领域中发挥着举足轻重的作用，在国内外的应用中已经取得了显著的成果。随着技术的持续进步和完善，AI 聊天对话技术将发挥更加重要的作用，为人们的生活和工作带来更多便利和创新。

10.5.2　AI 绘画

　　AI 绘画主要基于深度学习技术，通过训练大量的绘画作品数据，使算法能够理解和模仿人类的绘画风格和技巧。AI 绘画可以根据用户输入的文本描述自动生成与之相匹配的绘画作品，这一过程被形象地称为"文生图"。AI 绘画还能将一幅画的风格巧妙地转化为另一种截然不同的风格，实现风格迁移的魔法。无论是将现代绘画的时尚元素融入古典风格的画作中，还是将油画的厚重质感转变为水彩画的轻盈飘逸，AI 绘画都能信手拈来，游刃有余。

　　此外，AI 绘画还具备了一项令人瞩目的功能——相似图生成。当用户提供一幅参考图像时，AI 绘画能够迅速捕捉其神韵与特征，生成与之高度相似却又独具匠心的绘画作品，展现了人工智能在艺术创作中的无限可能。

　　当用户在通义万相平台中输入"可爱蓝色水滴"这一富有想象力的描述文本时，通义万相立即通过先进的图像生成算法，实时渲染出一幅色彩明快、造型生动的拟人化水滴作品，如图 10-20 所示。在文心一言"智慧绘图"功

图 10-20 彩图

能模块中，用户只需上传原始图像，并附上想要的改动说明（如机器人踢足球），系统即可生成符合要求的作品，如图 10-21 所示。

图 10-20　通义万相生成的水滴作品

图 10-21　文心一言图片重绘作品

随着技术的不断进步和应用场景的不断拓展，AI 绘画有望在更多领域实现突破和创新，为人类带来更加丰富多彩的艺术体验和视觉享受。

10.5.3　AI 音频生成

AI 音频生成是指利用人工智能技术和算法来生成音频内容。依据输入数据的多样性与应用场景的广泛性，AI 音频生成可被细分为三大类：语音合成、音乐生成及语音识别。

1. 语音合成

语音合成技术通过深度学习与自然语言处理的结合，实现了从文字到语音的自然转换。它广泛应用于语音助手、语音广告以及为残障人士提供便捷服务的辅助工具中，极大地拓宽了信息的传递渠道。例如，喜马拉雅平台曾精心采集著名评书表演艺术大师单田芳生前的经典声音素材，借助先进的文本转语音技术，成功推出了单田芳声音重现版的《毛氏三兄弟》及一系列历史类作品，让听众仿佛穿越时空，再次聆听大师的风采。在 QQ 浏览器的听书功能模块中，用户能根据个人喜好自由选择多样化的 AI 音色进行播放。这些合成的语音不仅节奏清晰、抑扬顿挫，更蕴含丰富的情感表达，为用户带来沉浸式的听觉享受。

2. 音乐生成

音乐生成则是人工智能技术在艺术领域的又一创新应用。它依据复杂的算法与深度学习模型，无须人工干预便能自动生成旋律优美、风格各异的音乐作品。这一技术在音乐创作、游戏音效设计、电影配乐等多个领域展现出了巨大的潜力与价值。以网易天音为例，用户仅需输入几个关键词，如"人工智能""未来""智慧"，点击"开始 AI 写歌"按钮，系统便能迅速生成包含歌词、旋律及伴奏在内的完整音乐作品，如图 10-22、图 10-23 所示。这一创新应用不仅极大地降低了音乐创作的门槛，更为音乐产业的多元化发展注入了新的活力。

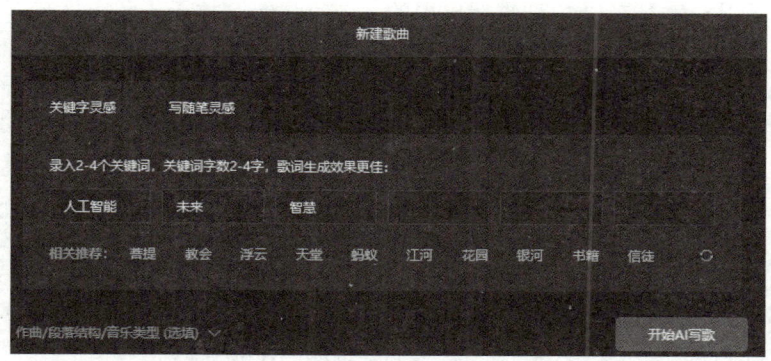

图 10-22 通过关键词新建歌曲

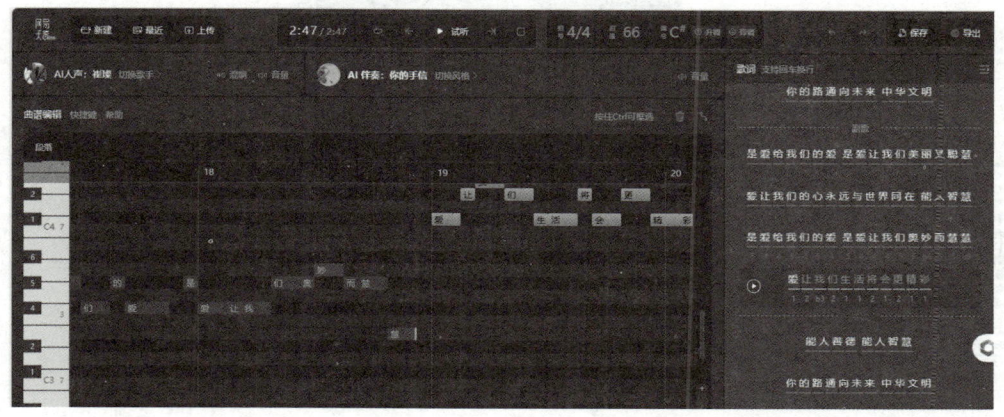

图 10-23 AI 歌曲作品

3. 语音识别

语音识别技术是将人类的语音信号转换为文字信息的技术。它在语音搜索、智能客服、语音翻译等场景中发挥着举足轻重的作用,极大地提升了人机交互的便捷性与效率。

随着技术的不断进步,AI 音频生成正逐步改变着我们的生活与工作方式,为音频内容的创作与传播开辟了全新的道路。

10.5.4 AI 视频生成

利用 AIGC 技术可以快速生成高质量的视频,显著提升视频制作的效率与效果。这一技术不仅可以将静态图像转化为生动有趣的动态视频,极大地增强了内容的吸引力与互动性,而且还深入到影视制作的核心环节,为角色设计、场景搭建及特效渲染等关键环节带来了革命性的提升,使得影视作品的质量与生产效率双双跃升。

在教育领域,AIGC 技术同样大放异彩,能够自动生成多样化的教学视频与模拟实验视频。这些直观且富有教育意义的视频资源,有助于学生更加深入地理解并掌握关键知识点。

下面举例说明。当我们输入如下富有想象力的场景描绘:

"镜头悠然悬停于浩瀚夜空之中,捕捉着一辆纯白色马车在星河之下悠然翱翔的壮丽远景。这辆马车两侧,延展着一对白色羽翼,它们轻盈地拍打着,每一次挥动都伴随着马车车轮的优雅旋转，引领着马车以一种悠然自得的姿态，缓缓穿梭于天际。马车之内，端坐着一位身着柔美粉色礼服的女子，她的秀发在夜风中自由飘扬，双手轻轻上扬，仿佛正沉醉于这场超脱现实的梦幻之旅，享受着无与伦比的飞翔体验。在这片梦幻般的景象背后，一轮满月高悬，其皎洁的月光温柔地洒落在层层叠叠的云朵之上，为整个画面披上了一袭柔和而神秘的光辉。远处，一座雄伟壮观的城堡在月光的照耀下更显巍峨，其尖塔直指苍穹，于朦胧夜色中清晰可见，增添了几分古老与奇幻的气息。马车穿梭于云海之间，那对神奇的翅膀每扇动一次，都带动着周遭的云朵轻轻摇曳，仿佛整个世界都在为这场梦幻之旅伴舞，共同编织出一幅令人心旷神怡、如梦似幻的绝美画卷。"

随即，AI 视频生成系统以其惊人的创造力与速度，迅速地将这段文字描绘的奇幻景象转化为了一段细腻精致、引人入胜的视频作品，如图 10-24 所示。

图 10-24　文生视频作品

AI 画师与公益项目的温馨邂逅：为孤寡老人绘制梦想家园

在一座繁忙都市的边缘，有一个被岁月温柔抚摸过的老旧社区，这里居住着许多孤寡老人。他们中的大多数人因年事已高或行动不便，很少有机会走出社区，去看看外面的世界。这些孤寡老人的心中，却藏着对美好生活的无限向往和憧憬。

该社区的工作人员深知老人们内心的渴望，于是发起了一项名为"梦想家园"的公益项目，旨在为每位老人绘制一幅他们梦想中的家园图景作为心灵的慰藉。然而，面对数量众多的老人和各自独特的梦想，项目团队很快遇到了人手不足和创意有限的难题。

就在这时，一个科技公司得知了这项公益活动，主动提出帮助。该公司拥有最新的大模型和生成式人工智能技术，能够根据用户的描述和需求，自动生成风格多样、细节丰富的画作。该公司希望通过他们的帮助，将科技的温度传递给社区的孤寡老人们。

项目启动后，该公司的工程师们首先收集了每位老人的梦想描述，从"面朝大海的温馨小屋"到"四季花开的农家小院"，每一个细节都蕴含着老人们对幸福生活的渴望。随后，工程师们利用大模型对这些描述进行深入分析，提取出关键元素和情感色彩，再通过 AIGC 技术将这些元素和情感转化为一幅幅生动的画作。

其中有一位张奶奶，她最大的梦想是拥有一个开满鲜花的小花园，每天可以在小花园里晒太阳、听鸟鸣。在"AI 画师"的帮助下,张奶奶的梦想成真了。画面上,一座小巧精致的木屋坐落在一片绚烂的花海之中,阳光透过树叶的缝隙洒下斑驳的光影,几只小鸟在枝头欢快地歌唱。这幅画不仅捕捉到了张奶奶心中家园的美好,还巧妙地融入了她对宁静生活的向往。

当这些承载着老人们梦想的画作一一呈现在他们面前时,社区里洋溢着前所未有的温馨与感动。老人们看着画中的梦想家园,眼中闪烁着泪光,仿佛真的置身于那个梦想中的世界。老人们纷纷表示,这是他们收到的最珍贵的礼物,感受到了来自社会的温暖和关怀。

该科技公司的参与让科技以一种温柔而有力的方式走进了孤寡老人的生活,为他们带来了精神上的慰藉和生活的色彩,用科技的力量传递爱与温暖。

本章习题

一、填空题

1. 大模型是指通过_____、海量数据训练和复杂架构实现智能涌现的机器学习模型。
2. GPT 系列模型是基于_____架构的大型语言模型,通过海量文本数据进行预训练,具有强大的语言理解与生成能力。
3. AIGC 技术架构通常分为_____、模型层和应用层。
4. 大模型的能力架构大致呈"金字塔"形,底层是_____,决定了大模型的基础能力。
5. 在 AIGC 中,_____是一种详细的指令或描述,用于指导人工智能模型生成符合特定要求的内容。
6. 提示词优化技术中,需要选择与主题相关且具备_____的关键词作为提示词。

二、简答题

1. 列举并简述三种主要的 AIGC 模型架构及其应用场景。
2. AIGC 技术架构中的数据层主要负责哪些工作?
3. 列举并简述几个常见的 AIGC 工具及其特点。

三、思考题

1. 你认为大模型在未来的人工智能领域将扮演怎样的角色?
2. 提示词在 AIGC 中发挥着怎样的作用?请列举几个提示词在内容生成中的实际应用案例。
3. 未来 AIGC 技术可能的发展方向及其对社会经济的潜在影响是什么?

第 11 章 人工智能应用研究

【知识结构】

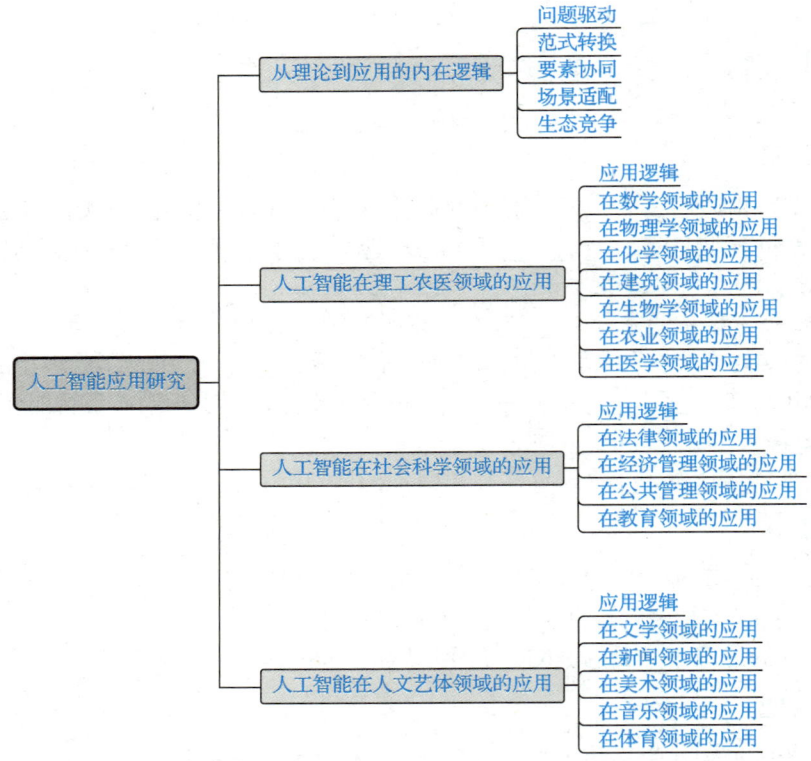

【教学目标】

了解人工智能从理论到应用的五大核心机制及其内在逻辑；熟悉人工智能在理工农医、社会科学、人文艺体等领域的典型应用场景与创新案例；掌握数据、算力、算法三要素协同进化的原理，以及场景适配对技术落地的关键作用；能够分析具体领域中人工智能技术的应用逻辑与价值创造路径；理解人工智能技术的适用条件、潜在风险及伦理挑战，培养"技术理性+人文关怀"的复合思维，树立技术创新与社会价值协同的意识。

【教学重点】

1. 问题驱动如何推动理论突破与工程创新。
2. 理解要素协同中数据、算力、算法的正反馈循环。
3. 分析场景适配对技术优先级的影响。

第 11 章
人工智能应用研究

📦 【教学难点】

1. 五大核心机制如何相互作用、螺旋演进。
2. 数据、算力、算法三要素在不同领域的差异化协同模式。

📦 【案例导入】

人工智能的典型应用

2024年11月7日,在西班牙巴塞罗那举办的全球智慧城市大会上,深圳市从64个国家和地区的429个申报城市中脱颖而出,荣获"城市大奖",如图11-1(a)所示。深圳在智能技术、出行、能源与环境治理、产业与经济、宜居和包容、安全与应急、基础设施与建设等关键领域,全面展现其创新成果和优秀解决方案,并以其独特的城市建设理念、基础和格局,打造了一个智能且充满人文关怀的数字化城市。充分彰显了中国运用人工智能技术在智慧城市建设方面的卓越实力和巨大潜力。正如党的二十大报告中所提到的:坚持人民城市人民建、人民城市为人民,提高城市规划、建设、治理水平,加快转变超大特大城市发展方式,实施城市更新行动,加强城市基础设施建设,打造宜居、韧性、智慧城市。

上海市第二中级人民法院打造"智能交互庭审"新模式,推动庭审实质化落地见效的创新项目荣获最高人民法院首届"人民法院改革创新奖",如图11-1(b)所示。"智能交互庭审"新模式的成功应用,为法院解决司法体制改革深层次问题找到破解之路。实践证明,利用科技赋能带来的各项红利,可以让审判权力运行更加流畅、审判效率大大提高、案多人少得以缓解、审判管理更加精细、司法服务更趋完善、法官素养有效提升、执行难等问题得到切实化解。

上海二中院"智能交互庭审"新模式

(a) 2024年全球智慧城市大会

(b) 上海二中院"智能交互庭审"新模式

图 11-1 人工智能技术典型应用案例

11.1 从理论到应用的内在逻辑

人工智能从理论到应用的发展历程,是一个理论探索与社会需求共振、技术革新与产业变革互促、应用创新与伦理约束并重的螺旋式递进过程,形成一套自洽的内在驱动逻辑。这种逻辑贯穿"理论→技术→应用"全链条,体现为问题驱动、范式转换、要素协同、场景适配、生态竞争五大核心机制的动态耦合,逐步实现从效率优先到价值对齐的转变。人工智能从理论到应用的内在逻辑如图11-2所示。

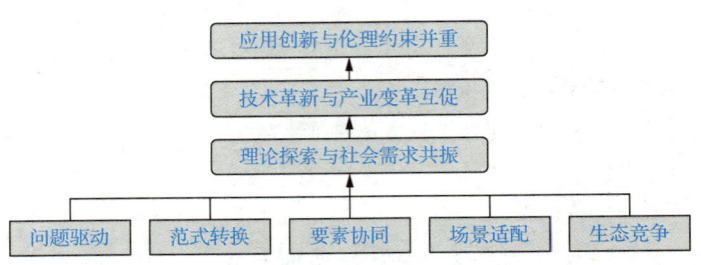

图 11-2 人工智能从理论到应用的内在逻辑

11.1.1 问题驱动

问题驱动体现为人工智能从可计算性到智能涌现的问题空间的拓展。

1. 科学问题牵引理论突破

（1）符号逻辑阶段。受限于"如何用符号系统表示知识"的问题导向，研究者聚焦于数学定理的发现与证明、逻辑推理等具有明确规则的问题，并由此催生了专家系统。

（2）联结主义崛起。当符号系统无法处理图像识别、自然语言等模糊问题时，研究者们开始探索"如何模拟大脑神经网络"，如 BP 算法、Transformer 架构等，均是为解决特定问题而诞生。

（3）生成式革命。人工智能研究从解决"判别式问题"转向解决"生成式问题"，其本质是对"智能是否具备创造性"这一哲学命题的技术回应。

2. 工程问题倒逼技术创新

早期的神经网络因"梯度消失"等缺陷导致无法训练深层模型，迫使研究者们探索 ReLU 激活函数、残差连接等新的工程优化技术。例如，自动驾驶的实时性要求，推动了轻量化模型和边缘计算技术的突破；数据隐私问题催生了联邦学习、同态加密等技术。

11.1.2 范式转换

范式转换体现为理论基础与工程实现的螺旋上升态势，二者形成逻辑闭环。例如，数学理论定义了技术上限，而工程创新逼近了理论下限，两者的"剪刀差"决定了技术落地的速度。

1. 理论突破依赖数学创新

统计学习理论为支持向量机提供了严格的数学证明；Transformer 架构的成功源于自注意力机制的数学原理的揭秘，将序列建模转化为矩阵运算；强化学习的爆发依赖贝尔曼方程、马尔可夫决策过程等动态规划理论的支撑。

2. 工程实现肯定了理论价值

BP 算法长期未受重视，直到 GPU 并行计算使其可以训练大规模网络，从而奠定其历史地位；大语言模型的涌现能力并非单纯源于模型规模，更依赖位置编码、层归一化等工程技巧的累积优化；生成对抗网络的理论缺陷则是通过 Wasserstein GAN、StyleGAN 等工程改进得到缓解。

11.1.3　要素协同

要素协同体现为数据、算力、算法三要素的正反馈循环：数据规模扩大→需要更强算力→倒逼算法优化→提升数据利用效率。从而形成自我强化的"智能三角"。

1. 数据是智能"燃料"

数据规模决定了模型的复杂度。例如，ImageNet 具有 1400 万张图像，成就了 AlexNet；GPT-4 依赖超 10 万亿 token 训练了数据。

数据结构驱动了算法创新。例如，图结构数据催生了图神经网络，时序数据推动了循环神经网络的发展。

2. 算力是智能"引擎"

摩尔定律与异构计算降低了计算成本。例如，训练 AlexNet 需 2 周，而训练 GPT-4 仅需 1 个月，算力提升超万倍。

算力分配机制影响了研究方向。例如，中小团队因缺乏算力，转向研究轻量级模型，如 LLaMA，而大公司则主导了千亿级以上参数模型的研发。

3. 算法是智能"架构"

算法创新优化了要素利用率。例如，Transformer 架构通过注意力机制，减少了对时序数据的长距离依赖，降低了算力需求；自监督学习将海量无标签数据转化为训练资源，缓解了数据稀缺问题。

11.1.4　场景适配

场景适配体现为从"通用智能"到"垂直深度"的价值兑现。

1. 场景需求定义了技术优先级

工业质检场景要求高准确率与低延迟，推动 YOLO 系列目标检测算法的迭代更新。医疗影像诊断的合规性需求，促使人工智能模型引入可解释性技术，如 Grad-CAM。而自动驾驶的安全性要求，催生了基于贝叶斯网络的不确定性估计模型。

2. 场景壁垒决定了商业化路径

图像识别等标准化场景易于规模化落地，而复杂决策等非标准化场景则需要定制化开发。例如，企业间 2B（business-to-business，企业对企业）场景，依赖行业 Know-how，即行业所积累的隐性知识、经验规律、关键洞察和资源网络，是企业在特定领域实现技术落地、解决实际问题的核心壁垒；2C 场景（business-to-consumer，企业对终端用户）场景，如聊天机器人，则依赖用户体验的优化；而金融、医疗等高监管行业，则需先通过合规认证。

3. 场景适配需求反推理论进化

例如，机器人导航中的"动态避障"问题，推动强化学习从静态环境向连续动作空间拓展；多语言翻译场景暴露的"文化鸿沟"问题，促使大模型引入提示工程和上下文学习。

11.1.5 生态竞争

生态竞争体现为技术标准与产业权力的重构。

1. 开源与闭源的路线博弈

开源生态通过社区协同降低了创新门槛，加速了技术扩散。而闭源体系则通过模型垄断控制了"数据-算力-应用"闭环，帮助企业获取商业溢价。

2. 地缘政治下的技术割据

例如，美国通过出口管制，限制了高端 CPU 和 GPU 的对外供应，倒逼其他国家发展替代芯片；欧盟通过《人工智能法案》设定了技术伦理标准，试图以规则优势弥补技术短板；而一些发展中国家则通过联合国开发计划署主导的 AI for Development 计划，争夺在医疗、农业等领域的技术主导权。

3. 人机协同的生态重构

生成式人工智能重塑了就业市场，代码生成工具替代了部分编程工作，同时催生了提示词工程师等新兴职业。同时，伦理治理成为生态准入门槛，欧盟要求高风险人工智能系统必须通过"人类尊严""环境可持续"等价值观审查。

上述五大核心机制，集中体现了人工智能系统的"问题-理论-要素-场景-生态"自组织进化规律。其底层动力是人类对通用智能的追求与现有技术局限性的矛盾；进化机制是通过理论突破、要素协同、场景验证的循环迭代，不断扩大人工智能智能的边界；终极约束是受限于物理定律、伦理边界和社会接受度。未来，技术创新不仅需满足效率目标，更需嵌入人类文明的价值体系，实现"智能进化"与"社会进化"的协同发展。

11.2 人工智能在理工农医领域的应用

人工智能在理工农医领域的应用已实现从数据采集、实验模拟到工程设计的全链条赋能。其核心特征，一是研究范式转型，从假设驱动转向数据驱动，如材料科学中自主发现新超导材料；二是实验工具升级，数字孪生技术实现了物理实验的虚拟验证，如模拟核反应堆运行降低了实验风险。人工智能与理工农医学科的融合，开启了"智能增强科学"新纪元。

11.2.1 应用逻辑

人工智能在理工农医领域的应用逻辑，本质上是通过数据驱动、算法创新与学科知识的深度融合，重构传统科研与工程实践的方法论框架。这种融合既体现在基础研究的理论突破中，也渗透到工程应用的效率优化里，形成了多层次、跨学科的技术生态。

1. 数据驱动的科学发现

通过机器学习等算法，解析海量实验数据，发现传统方法难以捕捉的潜在规律。例如，在材料科学领域，利用分子动力学模拟与强化学习，从候选材料中筛选出高能量转化效率的有机发光显示（organic light emitting display，OLED）分子，可将传统实验周期从数月缩短至数天；在量子物理领域，通过图神经网络优化量子光学实验设计，发现无须预制备纠缠态的新型量子纠缠生成方法，突破了传统量子通信的资源限制。

2. 算法赋能的工程优化

利用强化学习、优化算法等自动化工具，解决复杂系统的多目标优化问题。例如，新能源电池，通过优化材料生产工艺，提升初始放电容量，降低能耗；在智能制造中，通过深度强化学习模拟生产线的故障恢复过程，减少设备停机时间。

3. 跨学科融合的方法论创新

打破学科壁垒，构建"AI+X"的协同研究范式。例如，在生物医学工程领域，通过整合蛋白质序列、结构与功能数据，预测蛋白质-配体相互作用的精度，加速阿尔茨海默药物靶点的发现；在环境科学领域，通过整合气候学、生态学与经济学数据，为碳中和政策提供多维度模拟支持。

4. 伦理与治理的平衡

人工智能系统的黑箱特性与理工农医应用的高风险场景交织，需要建立伦理框架。例如，在材料设计中，若训练数据缺乏多样性，可能生成对特定元素的偏好，导致技术垄断风险。另外，要强化人工智能系统的可解释性设计，如在自动驾驶领域，需通过伦理委员会来审核算法的道德决策逻辑。

可见，人工智能在理工农医领域的应用，已从早期的效率工具演变为方法论革命，形成了"数据-算法-知识"的闭环，消融了学科边界，推动了交叉创新。

11.2.2　在数学领域的应用

人工智能在数学领域的应用已从早期的辅助计算，发展为深度参与。

1. 定理发现

人工智能技术深度介入数学定理的发现与证明过程，其应用已从辅助验证拓展至自主探索新理论。例如，DeepMind 的 AlphaTensor 通过强化学习，在矩阵乘法算法领域实现了历史性突破，发现了新的矩阵乘法算法，这一成果不仅超越了传统 Strassen 算法，还为更高效的数值计算奠定了基础，影响范围覆盖深度学习、量子模拟等领域。

2. 自动证明

人工智能技术开辟了数学定理自动证明新领域，包括搜索证明路径、逻辑推理与推导、优化证明过程等。例如，基于神经网络的自动证明系统，能够从大量的数学知识和证明数据中学习，为给定定理寻找可能的证明路径；通过知识图谱可以快速获取相关的定义、定理、引理等信息，为证明提供支持。

一件里程碑式的事件是，华裔数学家陶哲轩利用人工智能工具 Blueprint 在 Lean4 中完成了多项式 Freiman-Ruzsa 猜想的形式化证明。通过将证明分解为可并行处理的子任务，人工智能自动生成依赖关系图并验证逻辑一致性，最终仅需 5%的人工代码。这展示了人工智能在复杂证明中的协作潜力，推动数学研究向"人机协同"模式转型。

11.2.3 在物理学领域的应用

人工智能与物理学的交叉融合正加速科学发现的进程，无论是前沿实验或理论突破，还是复杂系统的模拟等，都有人工智能的用武之地。

1. 量子物理

人工智能技术催生了新型量子纠缠生成机制。南京大学马小松、祝世宁团队利用面向量子光学研究的人工智能模型 PyTheus，基于光子的路径全同性，实现产生量子纠缠的新方法。与传统纠缠交换方案相比，该方法无须预先制备纠缠态、无须贝尔态测量，甚至无须对所有辅助光子进行测量，即可实现独立光子间的纠缠生成。实验中仅需探测部分辅助光子即可实现高保真度纠缠态生成，保真度达 98.7%。该方法将量子网络资源需求降低 60%，为构建分布式量子计算网络提供了新思路。

2. 粒子物理

北京大学周辰课题组开发图神经网络模型，在正负电子对撞机模拟环境中，实现夸克、反夸克及胶子喷注的高效甄别。该模型对底夸克喷注的识别准确率达 99.2%，较传统算法提升 15%，可显著增强希格斯玻色子与夸克相互作用的测量精度。该成果为对撞机实验的数据分析提供了革命性工具，其技术突破不仅提升了科学发现能力，也为全球高能物理实验的智能化升级树立了标杆。研究成果已应用于欧洲核子研究中心的未来环形对撞机设计。

3. 天体物理

加州理工学院利用扩散模型构建星系形成与演化的人工智能模拟器，在数千万个星系样本中识别出 12 种新型星系形态。该模型通过学习暗物质分布与恒星形成的非线性关系，预测"星系质量-金属丰度"关系的误差率降低至 2.3%，为理解宇宙大尺度结构提供了新工具。

美国国家航空航天局将卫星图像与量子点光谱仪数据融合，开发出多模态人工智能模型。在分析系外行星的大气成分时，首次检测到云层中钾元素的分布特征，精度较传统方法提升 3 个数量级。相关技术已应用于韦布空间望远镜的实时数据处理。

4. 凝聚态物理

西湖大学刘仕团队通过人工智能驱动的分子动力学模拟，在钛酸铅中发现螺旋铁电结构。该结构在电场作用下，电偶极子可协同旋转产生巨大压电效应，其性能比传统材料高 3 倍。实验验证显示，施加 0.1% 应变即可诱导出稳定的螺旋畴壁，为柔性电子器件设计提供了新方案。

人工智能正成为物理学研究的"第三范式"，其与传统理论推导、实验观测的深度融合，加深了人类对宇宙本质的理解。

11.2.4 在化学领域的应用

人工智能在化学领域的应用侧重于通过数据驱动和自动化技术，突破传统化学研究的效率瓶颈，实现精准预测与创新发现等。

1. 药物研发

人工智能在药物发现中展现出巨大潜力，实现从靶点到临床的全链条加速，包括靶点发现、疾病机制研究、药物设计、分子生成、临床前研究与优化、临床试验等。人工智能技术在靶点筛选、分子生成和性质预测中形成闭环，显著提升研发成功率。例如，英矽智能推出的抗性纤维化药物 INS018_055，从靶点发现到临床试验仅用 4 年，成本降低至传统方法的 1/10。

2. 新材料设计

人工智能突破了新材料研究空间的限制，推动材料设计范式的革新。例如，深势科技开发的电池设计自动化平台 Piloteye，解决了电池研发领域研发周期长、成本高、创新难的瓶颈，将 ABACUS、DeePMD、Uni-Mol、DMFF 等一系列数据驱动的创新和工艺优化算法整合到电池研发过程中，提高计算模拟研究电池的精度和可靠性，避免了传统试错法的高成本和长周期，加速电池材料研发进程，帮助研发人员优化电池设计和生产过程，更快响应市场上多样化的需求。

Piloteye 作为电池领域数字孪生级别的智能研发引擎，借助清晰的工作流输入/输出以及友好的用户界面，让研发人员能更加专注于电池的优化设计和仿真分析。

3. 化学反应预测

人工智能技术可以预测化学反应，从逆合成到自动化实验。例如，浙江大学陈华钧和张强团队研发的基于迭代字符串编辑模型的逆合成预测方法，通过生成式 Transformer 架构，将单步逆合成预测重新定义为分子字符串编辑任务，利用显式的序列编辑操作迭代地优化目标分子字符串，从而生成前体化合物。

11.2.5 在建筑领域的应用

人工智能技术正在重塑建筑行业，从设计创新到施工管理，从可持续性优化到安全防护，其应用已渗透至建筑领域的各个环节。

1. 设计与规划

（1）生成式设计的突破。例如，Autodesk Forma 通过整合 Rhino 与人工智能算法，实现从概念到方案的快速迭代。阿联酋马斯达尔城项目，利用人工智能系统分析日照、风向等环境数据，生成数千种建筑方案，并根据能耗、环保等要求，筛选出最优方案。

（2）复杂结构的逆向建模。例如，上海建工开发的复杂钢结构节点智能逆向建模插件，通过点云数据自动生成实体模型，将传统需数周的建模时间缩短至数分钟，解决了异构建模效率低下的难题。

2. 施工管理精准化

（1）智慧工地的全域感知。例如，佛山节材减碳人工智能优化系统，通过语义识别与知识图谱技术，自动优化建筑结构设计，在满足规范的前提下减少钢筋和混凝土用量，节省成本，降低碳排放；苏州 AI+智慧监管平台，集成了物联网传感器与建筑信息模型（building information model，BIM），实时监控人员轨迹、机械能耗等 9 类数据，生成风险热力图与资源优化方案，违规行为识别准确率达 98%，应急疏散效率提升 60%。

（2）安全防护的智能预警。例如，杭州燃气管道人工智能监控系统，在地铁工地部署视频分析系统，通过挖机动作识别与定位技术，实时预警管道破坏风险，目前已成功拦截数十起违规操作；上海建工损伤云识别系统，通过手机拍照快速检测清水墙裂缝、空鼓等损伤，替代传统人工查勘，效率提升 80%。

3. 绿色建筑可持续性优化

（1）能源管理的人工智能驱动。例如，深圳福田区委大院虚拟电厂，通过人工智能技术优化光伏储能与负荷调度，实现 3 分钟内响应电网需求，用电负荷压降效率提升 80%；北京光储直柔建筑，在新建项目中集成人工智能能源管理，实时调整光伏、储能与电网的交互，使建筑自供能比例提升至 60%，推动了"零碳建筑"落地。

（2）材料创新的数字化突破。清华大学团队通过强化学习算法优化材料微观结构，开发出裂缝自修复率达 90% 的混凝土，已应用于雄安新区道路工程等。

4. 赋能历史建筑保护

应用人工智能技术进行数字化修复与监测。例如，上海犹太难民纪念馆，利用智能排版插件生成清水墙修复方案，将传统需数小时的人工排版缩短至数分钟，并可通过点云扫描与有限元分析，预测墙体老化趋势，指导针对性加固。

5. 施工自动化

北京推出"机器人+建筑"计划，推动混凝土浇筑机器人、砌砖机器人等装备研发，目标是到 2027 年实现 30% 的施工环节自动化。例如，中建三局的"空中造楼机"，可自动完成超高层外防护与混凝土浇筑；上海建工施工方案智能生成系统，基于多源语义相关性算法，数分钟内可生成无须二次编辑的施工机械方案，效率提升 70%。

11.2.6 在生物学领域的应用

人工智能正深度渗透生物学研究领域，从分子机制解析到生态系统保护，其应用已从辅助工具升级为科学发现的核心驱动力。

1. 分子生物学与结构预测

2024 年，谷歌 DeepMind AlphaFold 团队在《自然》（*Nature*）杂志上发表论文，推出全新的能够准确预测蛋白质、DNA、RNA、小分子配体结构，以及它们相互作用模式的结构预测工具 AlphaFold3。这是一个具有革命性的新模型，具有预测几乎所有生命分子的结构和相互作用的功能，对于蛋白质与其他分子类型的相互作用，与现有预测方法相比，实现了至少 50% 的改进，而对于一些重要的相互作用类别，AlphaFold3 的预测准确度实现了翻倍。

2. 基因编辑

传统的基因编辑方法虽然强大，但精确度和效率一直是挑战。2024 年，《细胞》（*Cell*）期刊发布了一项引人注目的研究，通过人工智能优化了规律间隔成簇短回文重复序列（clustered regularly interspaced short palindromic repeats，CRISPR）基因编辑技术，通过深度学习模型，能精准预测哪些基因突变需要被修复，从而大大减少了可能的错误编辑，可精准识别和修复基因组中的目标序列，显著提高了 CRISPR 的编辑效率和准确性。人工智能技术的引入，意味着基因疗法和遗传研究进入了一个全新阶段。

3. 个性化医疗

阿里巴巴达摩院的 PANDA 模型，通过 CT 影像识别早期胰腺癌，准确率达 92.9%。该模型可整合影像、病理、基因数据，实现跨科室协作。

美国 Neuralink 公司的脑机接口技术，通过实时解码神经信号，动态调整深部脑刺激参数。例如，针对难治性抑郁症患者，通过人工智能技术识别异常神经振荡模式，触发精准电刺激，缓解率达 68%。实验显示，通过脑机接口阻断精神分裂症患者的异常丘脑-皮层环路信号，使幻听症状减少 50%。

4. 生态保护的智能监测

林业部门人工智能监测平台，通过视频识别技术实时追踪珍稀物种，发现新物种，单个观测点最高日记录可达数十次，实现了从数据采集到行为分析的全链条智能化。

通过人工智能技术，可以促进生物多样性的数字化保护。例如，利用 AIGC 技术分析江豚声呐数据等，以保护和增加珍稀物种的种群数量。

11.2.7 在农业领域的应用

人工智能技术在农业领域的应用，正从单点突破走向全产业深度融合，涵盖育种、种植、养殖、加工等多个环节。

1. 智能育种

中国农业大学研发的智能育种机器人，搭载"丰登"大模型工具，可在田间自主识别玉米株高、果穗数量等特征，初筛具有高产、抗病潜力的植株。通过人工智能技术，分析表型数据与基因片段关联，育种周期缩短 30%以上，推动了小麦、玉米等作物在盐碱地、高原等极端环境下的适应性突破。

江苏省农科院的"智小农"系统，在智慧温室中实现全自动环境调控，通过传感器实时监测温湿度、光照等数据，结合机器学习算法优化水肥方案。

2. 精准种植

江苏句容春田生态农场，通过人工智能技术实现农机自主规划路径、自动避障，配合无人机巡田和视频监控，病虫害识别速度比人工快数倍以上，提升了农场粮食单产，降低了人力成本。

武汉珈和科技的"点点田"平台，整合航天卫星、航空遥感与地面传感器数据，为河南新乡农田提供实时长势监测，病虫害预警时效性提升 72%，农药使用效率提高 45%。

3. 智能养殖

福建光阳蛋业研发的养鸡机器人，通过图像识别和声纹分析，可在 15 分钟内精准定位死鸡或绝产鸡。该技术使产蛋率提高 1.5%，目前已出口至东南亚 70 余家养殖场。

陕西榆林常乐堡基地，部署物联网环控设备，实时监测羊舍温湿度、氨气浓度，并通过智能穿戴设备追踪个体健康数据。预测发情期准确率 92%，疾病发生率降低 35%，生长周期缩短 25%。

4. 农产品加工

广东茂名荔枝产业大数据平台，实现采摘后智能分级分选、订单匹配与深加工调度。通过图像识别将荔枝按大小成色分为 5 个等级，高等级果溢价率提升 20%，物流损耗率降至 3%。

区块链平台结合人工智能预测市场需求，为蒙牛宁夏工厂优化库存管理，交付周期缩短 55%。

三只松鼠引入人工智能视觉检测系统，实现坚果异物剔除准确率 99.9%，生产效率提升 60%。

人工智能正从工具升级为农业生产力的核心要素。随着大模型技术的普及和政策支持的深化，未来农业将呈现决策智能化、作业无人化、资源高效化的新图景，为全球粮食安全与可持续发展提供新范式。

11.2.8 在医学领域的应用

人工智能在医学领域的应用已从实验室走向临床实践，覆盖医药研发、诊断、治疗到健康管理的全链条。

1. 药物研发

生成式人工智能加速了新药发现，可设计全新药物分子，将传统 2.5~4 年的研发周期缩短至 12~18 个月。临床试验效率提升，如使肺癌转移风险预测时效性提升 6 倍，临床试验入组效率提高 4 倍，如对罕见淋巴瘤识别准确率达 99.3%。

钟南山团队与腾讯合作的新冠重症预测系统，基于入院时 10 项临床特征，预测 5 天、10 天、30 天内病情危重概率，为早期分诊提供依据。

2. 智能诊断

北京天坛医院的急性脑卒中智能影像决策平台，通过分析数千张 CT 影像，可在数分钟内完成出血类型、血管狭窄程度和脑组织缺血评估，较传统人工判读快 30 分钟以上，目前已临床应用。

北京大学研发的 E2VD 框架，通过蛋白质语言模型和多任务焦点学习，在病毒进化预测中精度提升 67%，可跨病毒类型预测突变趋势，为疫苗设计提供关键数据。

3. 精准治疗

手术导航机器人，结合多模态影像实现亚毫米级定位，在骨科手术中误差小于 0.3mm。

放疗与化疗智能平台，整合了数百个临床模型，将化疗方案制定时间从 72 小时压缩至 18 分钟，并通过动态监测实时评估疗效。

北京市密云区推出的人工智能高血压精准管理项目，为数百名患者配备智能血压计，实时上传数据至智能系统。当血压连续异常时，系统自动触发分级响应，向患者发送提醒并通知医生介入，使患者血压达标时间缩短 50%。

4. 公共卫生与健康管理

上海市构建的疾控大脑，通过垂类大模型工具整合病原基因序列和临床数据，实现传染病风险实时预警。

清华大学附属医院的智能医保基金监管系统，利用知识图谱和自然语言处理技术，对超医保用药进行管控。

中南大学湘雅医院研发的"小雅"心理助手，通过面部识别、语音分析和心理测评量表，为社区居民提供抑郁、焦虑筛查和自助干预，可自动生成预警列表，帮助识别高危人群。

人工智能在医学领域的应用，其价值不仅体现在效率提升，更在于推动医疗模式从疾病治疗向健康管理转型。随着生成式人工智能、多模态大模型的进一步突破，人工智能将深度重构医疗产业，为患者带来更精准、触手可及的服务。

11.3 人工智能在社会科学领域的应用

人工智能在社会科学领域的应用，正推动研究范式的深刻变革，其影响已渗透到哲学、历史、社会学、经济学、法学等多个学科，形成了"人机协同"的新型研究生态。

11.3.1 应用逻辑

人工智能在社会科学领域的应用，本质上是通过技术赋能，突破传统研究的边界，实现对复杂社会现象的多维解析与动态预测。

1. 数据革命

人工智能促使社会科学研究实现从抽样到全量的认知跃迁。传统社会科学依赖抽样调查和结构化数据，难以捕捉社会系统的非线性特征。而通过以下路径重构数据基础。

（1）多源异构数据融合。利用自然语言处理解析社交媒体文本、新闻报道等非结构化数据，结合计算机视觉分析图像、视频，构建跨模态数据集。例如，分析城市出租车轨迹数据与社交媒体签到信息，可揭示城市空间流动与居民情绪的关联。

（2）实时动态数据捕捉。基于传感器网络和物联网，实时追踪社会行为。例如，通过手机信令数据监测疫情期间人口流动，辅助公共卫生政策制定。

（3）隐性知识显性化。大语言模型通过词嵌入技术，将人类语言中的文化隐喻、价值取向转化为可计算的向量空间。例如，分析法律文本中的"公平"概念演变，揭示不同历史时期的社会价值观。

2. 模型创新

人工智能为社会科学提供了新型分析工具，实现从线性到复杂系统的建模突破。

（1）预测性模型。机器学习算法可预测选举结果、经济波动等。例如，谷歌流感趋势系统，通过搜索关键词预测流感传播，展示了预测模型的潜力。

（2）生成式模型。生成对抗网络可模拟虚拟社会群体，研究极端情况下的群体行为。例如，模拟气候变化引发的移民潮，对接收地社会结构的影响等。

（3）因果推断模型。反事实推理，结合倾向性得分匹配，解决传统实证研究中的内生性问题。例如，评估教育政策对收入不平等的真实影响。

3. 场景适配

人工智能在社会科学中的应用需与具体场景深度耦合，实现从理论验证到决策支持的价值转化。

（1）**公共治理**。一是政策仿真。基于多智能体建模构建"数字孪生"社会系统，模拟政策传导效应。例如，通过虚拟城市系统，测试交通限行政策对空气质量和居民出行的影响。二是舆情监测。实时分析社交媒体，识别突发事件中的舆论演化路径。例如，大选期间，预测选民倾向，辅助候选人调整策略。

（2）**商业与经济**。一是消费者行为分析。运用深度学习技术分析电商评论数据，挖掘用户需求痛点。例如，通过分析用户对智能家居产品的评价，优化产品功能设计。二是金融风险预警。用图神经网络分析企业关联网络，识别供应链金融中的潜在风险。

（3）**文化与教育**。一是数字人文。利用人工智能技术辅助古籍校勘、语言演化研究。例如，敦煌研究院利用深度学习修复壁画破损部分，还原历史原貌。二是个性化教育。例如，自适应学习系统，可以根据学生知识图谱，推荐学习路径，提升教育效率。

可见，人工智能在社会科学领域的应用并非简单的工具替代，而是技术理性与人文关怀的深度融合，包括数据与理论的双向激活、预测与解释的动态平衡、效率与公平的价值权衡等。未来，人工智能将重塑社会科学的知识生产模式，以实现对社会现象更深刻的理解与更美好的改造。

11.3.2 在法律领域的应用

人工智能技术在法律领域的应用覆盖从案件处理到合规监管的多个环节。

1. 合同审查与管理

以色列的 LawGeex 公司专注于开发法律科技产品，开发了一个基于人工智能的合同审查系统，旨在自动化合同审核和谈判过程，帮助企业和个人提高合同处理效率并降低法律风险。其在审查保密协议时准确率达 94%，远超人类律师的 85% 平均水平，且处理速度提升 200 倍以上。该系统通过机器学习算法、文本分析和自然语言处理技术，结合专家律师的知识，对法律文件进行深入审查和理解，解析合同条款，识别风险点，且支持自定义审查规则，覆盖了 30 多种标准业务合同类型。

杭州互联网法院的司法区块链平台实现了"签约-履行-违约处理"全流程自动化。例如，对于网络购物合同，智能合约可自动触发退款或赔偿条款，若违约则转入调解或诉讼程序，其存证量已超 19 亿条，解决了电子证据"易篡改、难追溯"的问题。

2. 法律研究与预测分析

Westlaw 和 LexisNexis 等传统法律数据库已升级为人工智能驱动的智能法律助手。例如，Westlaw 的 Legal Analytics 模块，通过机器学习分析 1.8 亿份司法案例，预测法官判决倾向，在专利纠纷案件中预测准确率达 72%。

我国的 Alpha 系统，整合了 530 万条法律法规和 2.8 亿家企业数据，支持"案情自动提炼关键词""类案同判规则生成"等功能。在某跨国企业并购案中，该系统通过分析 5000 余份跨境合同，自动识别 20 余项合规风险，将尽调周期从 3 个月压缩至 2 周。

3. 法律咨询与自动化服务

DoNotPay 作为全球首个人工智能律师，已帮助用户处理超数千万件法律事务，包括申诉停车罚单、申请难民庇护等。其核心技术是基于生成式人工智能的"法律知识库+流程自动化"。例如，用户输入罚单信息后，系统自动生成申诉信并提交至相关部门，成功率达 64%。

深圳龙岗区推出的"龙小法"平台进一步实现合同审查"秒级响应"，企业上传文本后，系统自动标注风险点并生成修改建议，覆盖 98%的常见法律问题。

4. 合规监控与风险预警

领雁科技的 AIGC 金融智能合规解决方案，针对银行业需求，利用大模型工具解析《中华人民共和国反洗钱法》《中华人民共和国数据安全法》等法规，自动生成合规报告并关联业务流程，反洗钱筛查效率提升 70%，人工复核工作量减少 80%。中新赛克的 AI 数据安全治理系统，通过动态脱敏、水印溯源等技术，在金融机构跨境数据传输中实现 95%泄露溯源准确率，并自动生成符合国家金融监督管理总局要求的审计材料。

5. 司法改革与公共服务

河北省虚拟法官"海霞"系统，其原型是从事少年审判 20 年的法官张海霞。该系统通过动画课程、模拟法庭等形式，向未成年人普及校园欺凌、网络安全等法律知识，单期课程覆盖 2 万余名学生，互动参与率达 85%。

人工智能正在重塑法律行业的生产力与治理模式，但技术应用需以法律与伦理为边界，在效率提升与公平正义之间寻求平衡。

11.3.3 在经济管理领域的应用

人工智能正在重塑经济管理的底层逻辑，从金融风控到供应链优化，从企业决策到政策模拟，其应用已渗透到价值创造的全链条。

1. 防控金融风险

蚂蚁金服智能风控系统，通过图神经网络分析数百亿条用户行为数据，构建"315 风险大脑"，识别欺诈交易准确率达 99.98%。

欧盟的人工智能反洗钱系统，基于自然语言处理技术，自动扫描跨境交易记录，每年协助欧盟执法机构破获洗钱案件 2000 余起，涉案金额近 40 亿欧元。

2. 重构供应链管理

（1）需求预测与库存优化。例如，京东智能供应链，通过 Transformer 模型预测区域消费趋势，提升库存周转率，降低缺货率；特斯拉动态产能规划系统，利用强化学习算法模拟工厂生产调度，缩短生产周期，提升产能利用率。

（2）创新物流与仓储。例如，亚马逊无人仓，配备机器人，通过视觉导航和路径优化算法，提升订单处理效率，降低物流成本；顺丰人工智能调度系统，结合气象、路况和订单数据，动态调整配送路线，提升末端配送时效，降低车辆空驶率。

3. 市场精准营销

（1）个性化推荐。例如，阿里妈妈万相台，基于多模态大模型分析用户行为，实现广告点击率提升 30%；星巴克人工智能点单助手，通过自然语言处理技术理解用户偏好，推荐饮品组合，缩短订单处理时间。

（2）动态定价。例如，实时分析司机和乘客数据，预测供需变化，提升车辆接单率，降低乘客等待时间；Netflix 内容定价模型，基于用户观看时长、评分和设备类型，动态调整订阅价格。

4. 升级企业决策

（1）分析战略与模拟政策。例如，麦肯锡"量子黑"系统，模拟全球供应链，预测地缘政治风险对企业的影响，优化采购策略，节省成本；我国的长江巨型数字孪生平台，基于可视化三维模拟系统，利用天气、水流、生态、泥沙特性、地形、能源需求等数据，提供实时建模，以预测洪水路径、水利工程、调度、航运、生态影响等结果。

（2）优化财务与运营。例如，Oracle 财务大模型，自动生成财报分析报告，识别异常交易，缩短财报编制时间，降低审计成本；华为盘古制造大模型，通过分析生产线数据，预测设备故障，减少设备停机时间，提升良品率。

11.3.4 在公共管理领域的应用

人工智能技术正在重构公共管理的底层逻辑，其应用已从城市治理延伸至政策模拟、应急响应、民生服务等领域。

1. 智慧城市治理的范式革命

杭州市整合了 8000 余路监控、2000 亿条交通数据，构建时空孪生模型，实现交通信号动态优化、事件自动处置。2024 年升级的"数智绿波"系统，通过强化学习算法将城市主干道通行效率提升 35%，平均拥堵指数下降 28%。杭州首创"房屋身份证"制度，利用计算机视觉和区块链技术，实现全市 400 万栋建筑全生命周期管理。2024 年，杭州城市大脑智慧交通获全球智慧城市大会"出行大奖"，公共服务满意度达 92%。

深圳鹏城自进化智能体，构建"1+1+N"架构，即 1 个城市级大模型、1 个数字孪生底座、N 个智能体，实现跨部门数据融合与决策协同。同时开发了洪涝灾害防御数字孪生系统，实时模拟暴雨内涝场景。2024 年台风"海燕"期间，预测积水点准确率达 91%。在 2024 年全球智慧城市大会上深圳荣获"城市大奖"，其数字孪生底座整合近万个建筑 BIM 模型，城市治理效率提升 40%。

北京城市大脑

2. 公共安全与应急响应的智能重构

北京城市安全大脑构建风险预警与处置闭环，融合物联网、大模型与知识图谱，实时分析数千类城市风险源，自动生成整改工单，处置效率提升 70%。

上海智慧警务超算中心，基于图神经网络构建犯罪关联模型，预测犯罪热点区域准确率达 85%。2024 年升级的人脸识别，在地铁等公共场所识别逃犯效率提升 3 倍。与香港、澳门警方共建大湾区犯罪数据库，2024 年联合破获跨境案件 200 余起。全市刑事立案数同比下降 22%，治安案件调解成功率提升至 95%。

3. 社会保障与公共服务的精准跃迁

新加坡"智慧国"系统打造全生命周期服务，开发"数字孪生公民"模型，通过分析健康、教育、就业等数据，提供个性化服务推荐，自动匹配失业人员与培训课程，就业率提升18%。其"无现金社会"模式被联合国推广，电子政务服务覆盖率达98%。

广州"RPA+AI 数智人"平台实现政务服务自动化。RPA 机器人处理 80% 的重复审批流程，AI 数智人提供 7×24 小时智能导办。2024 年上线的"秒批秒办"系统，使流动人员档案查询效率提升 5 倍。推出的多语种政务平台，支持英语、西班牙语等 9 种语言，外籍人士办事成功率提高 40%。平台年均处理业务 3700 万件，90% 即时办结，群众满意率达 99%。

11.3.5 在教育领域的应用

人工智能技术正在重构教育学研究的方法论与实践范式，其应用已从课堂教学延伸至教育政策制定、教师培养、教育评估等领域。

1. 教育政策模拟与决策

北京教育委员会研发的政策智能推演系统，基于多智能体模型，模拟不同教育政策的实施效果。例如，在"双减"政策落地前，通过分析数十万条教育机构数据、数百万名学生行为轨迹，预测政策对学生课业负担、教培行业转型的影响，辅助政策制定者优化细则。

欧盟委员会开发的教育公平评估框架，利用机器学习分析数十个国家的教育数据，量化评估政策对不同收入群体的影响。例如，在"数字教育资源均等化"政策评估中，发现乡村和偏远地区学生因网络带宽不足，而导致在线课程完成率比城市低 31%，进而推动政策向乡村和偏远地区倾斜，缩小城乡数字教育差距。

2. 赋能教师专业发展

华东师范大学"大模型数字人"师范生实训系统，构建教育元空间，模拟真实课堂场景。师范生可在虚拟环境中练习课堂管理、教学设计等技能，实时采集语音、手势、板书等多模态数据，生成教学能力画像，帮助其改进课堂教学。

湖南女子学院"AI 赋能体美劳融合教育"系统，针对传统课程割裂问题，推进跨学科融合，通过分析学生运动、艺术创作、劳动实践等数据，生成个性化融合方案。2024 年被教育部评为"人工智能+教育"典型案例，学生综合素养测评达标率提高 28%。

3. 创新教育评估

腾讯云"智能教育评估平台"，通过多模态学习分析技术，实现从知识掌握到核心素养的全面评估。例如，在作文批改中，不仅能纠正语法错误，还可以分析论证逻辑、情感表达等深层能力，生成"批判性思维指数"和"人文素养画像"。

河南工业大学"AI+智慧教学"生态系统，构建课堂行为分析模型，通过摄像头捕捉学生微表情、肢体语言，结合语音识别分析课堂互动质量。例如，检测到某班级学生在"量子力学"课程中困惑表情持续时间达 23 分钟，自动推送"波粒二象性"动画资源，使知识点掌握率从 58% 提升至 82%。该系统还能生成教师教学风格报告，帮助教师优化教学策略。

11.4 人工智能在人文艺体领域的应用

人工智能在人文艺体领域的应用，正深刻改变着该领域的生产模式与生态格局，重塑文化生产全链条,其影响既体现在技术赋能的效率提升,也涉及原创性争议、伦理治理等问题。

11.4.1 应用逻辑

人工智能在人文艺体领域的应用,本质上是技术理性与人类感性的交叉融合,其核心在于通过数据驱动、算法建模和人机协作,赋能创作、传播、体验和价值重构。

1. 技术赋能

(1)底层技术支撑。通过大规模语料库、艺术作品集、体育赛事数据的深度学习,提取人文艺体领域的语法结构、色彩搭配、运动轨迹等显性规则,以及情感共鸣点、审美偏好、战术策略等隐性规律。例如,基于 Transformer、GAN 等架构,实现诗歌、绘画、音乐等内容生成,体育训练方案、赛事预测等策略优化,其核心是用统计概率模拟人类创造性行为。

(2)人机协作范式。人工智能技术作为自动编曲、文献查重、运动动作捕捉等效率工具,降低了重复性劳动成本,释放了人类创意精力。通过跨领域数据关联,为创作者提供超越个体经验的灵感素材。

2. 场景适配

在人文领域,通过构建知识图谱,整合古籍、非遗技艺等碎片化文化资源,实现跨时空关联。基于用户行为数据,人工智能系统推荐定制化内容,用数据匹配实现文化触达效率的最大化。通过机器翻译和风格迁移,突破文化传播的语言与审美壁垒。

在艺术领域,重构创作逻辑。例如,让两个模型分别学习古典绘画与现代涂鸦,创造人类难以预设的绘画风格。将脑电波、心率等生理数据,转化为音乐节奏、色彩饱和度等艺术参数,实现"非语言情感的可视化或听觉化",如根据用户情绪生成定制音乐。通过图像识别、情感分析,量化艺术作品的审美指标,为艺术批评提供参考。基于推荐算法的"长尾效应",挖掘小众艺术作品。

在体育领域,通过分析运动员动作序列、生理指标等,生成个性化训练方案,用数据降低经验试错成本。通过实时数据建模,辅助教练团队制定动态策略。基于物联网设备数据,提供定制化健身计划、运动风险预警,实现从专业竞技到全民健身的技术普惠。

3. 价值创造

利用人工智能技术重构人文艺体的"生产-消费"链条。在供给侧,降低了创作门槛,让非专业者具备基础创作能力,推动全民创作时代到来。通过跨领域数据融合,催生新艺术形式,如"算法生成音乐""数据可视化雕塑"等。在需求侧,满足了个性化与沉浸式体验。基于用户画像的"千人千面"内容生成,实现文化产品的大规模个性化定制。结合虚拟现实或增强现实的沉浸式场景,如虚拟画廊、体育赛事虚拟观赛空间等,重构"体验即内容"的消费逻辑。

人工智能促进了文化传承与体育普惠。例如,濒危文化保护,修复老唱片、老影像,用生成技术还原失传技艺等;通过人工智能技术分析残奥运动员运动数据,设计更适配的辅助器械,如盲人足球战术语音系统,推动技术赋能的包容性发展。

可见,人工智能在人文艺体领域的应用逻辑,并非单纯的技术渗透,而是通过"数据智能+人类智慧"的协同,重构技术层、应用层和价值层的规则,从工具理性到价值共生。

11.4.2 在文学领域的应用

人工智能技术在文学领域的应用覆盖了创作、分析、翻译等多个维度。

1. 人机协同创作

华东师范大学团队的人机协同创作项目，于 2024 年完成了国内首部人工智能创作的百万字长篇小说《天命使徒》。该项目采用"大语言模型+提示词工程+人工润色"模式，人工智能贡献了 70%的内容，而人工负责情节框架设计和后期优化。该作品的诞生，标志着人工智能技术在网络文学领域的工业化生产能力。

日本作家九段理江的小说《东京都同情塔》荣获第 170 届芥川奖，其中约 5%的句子由 ChatGPT 生成。评委在盲审中未察觉人工智能痕迹，而认为作品"情感细腻且叙事完整"。《东京都同情塔》的获奖，标志着文学界对技术时代的主动回应，揭示了算法统治下的人文危机，也为文学在技术时代的生存提供了新路径。

2. 文学分析

人工智能技术重构了文本解读。美国 Rebind 项目邀请玛格丽特·阿特伍德等作家授权复现其声音，构建人工智能导读系统。读者可与虚拟作家对话，解析《双城记》等经典文本的深层含义。

南宁秀田小学在寓言教学中引入"AI 对话+深度阅读"模式。学生通过与智能体互动分析《蚊子和狮子》的角色内涵，实时生成隐喻解析和哲理总结，提升课堂参与度。

3. 文学翻译

人工智能突破了语言与文化壁垒。腾讯开发的 TransAgents 多智能体系统，实现了网络小说的智能翻译。其译文在文学性测试中超越真人翻译。

TransAgents 在翻译时，会根据目标语言调整表达，同时保留文化特色。其本地化专家模块可识别隐喻，并生成符合目标文化的等效表达，避免读者误解。

人工智能既是提升效率的工具，也是激发创意的伙伴，更是引发哲学思考的催化剂。未来，文学或将不再是人类独舞，而是人机协同的集体智慧结晶。

11.4.3 在新闻领域的应用

人工智能技术正在重塑新闻生产、传播与消费的全链条，从自动化内容生成到跨语言实时翻译，从数据可视化到伦理治理，其应用已渗透至新闻行业的各个环节。

1. 新闻生产

在自动化新闻写作方面，美联社的财报机器人通过自然语言生成技术，每年自动撰写的企业财报新闻占总量的 90%。系统实时抓取股市数据，5 分钟即可生成结构化报道，准确率达 98%。

新华社的"媒体大脑"是中国首个媒体人工智能平台，由新华智云科技有限公司研发，以云计算、大数据、人工智能等技术为核心，覆盖新闻线索发现、策划、采访、生产、分发、反馈的全流程，推动媒体行业从人工采编向人机协同转型。

2. 内容审核与事实核查

路透社的 News Tracer 可以实时监控社交媒体，利用自然语言处理和图像识别技术，在 2024 年检测到 47%的假新闻，准确率达 92%。

中国网信办的"清朗 AI 助手"，通过人工智能技术提升网络信息治理的精准性和效率，维护清朗的网络空间，日均拦截 10 余万条谣言，涉及自然灾害、公共卫生等领域。

3. 分发与交互

字节跳动基于阅读时长、点击偏好等用户行为数据，通过人工智能技术日生成 10 亿条个性化新闻推荐。其价值观引导模式，可优先推荐深度报道和公共议题内容，减少娱乐八卦的占比。

新华社的"元宇宙新闻"，用户佩戴 VR 设备可进入虚拟新闻场景，通过手势操作查看数据图表、与 AI 记者对话。2025 年两会报道中，该功能吸引超数百万用户参与体验。

人工智能技术正在重构新闻行业的生产关系，新闻机构需在技术创新与人文价值之间找到平衡点。正如《卫报》总编所说："人工智能不会取代记者，但会让记者更像记者。"这种人机协同的新范式，将推动新闻业从信息中介向社会智能中枢转型。

11.4.4 在美术领域的应用

人工智能技术在美术领域的应用正深刻重塑创作生态，其影响已渗透到从构思到呈现的全流程。

1. 技术突破

在技术上实现从工具辅助到智能生成。

（1）创作机制革新。人工智能构建了人机协同的数字绘画范式。用户通过文字或语音输入创作意图，人工智能系统自主完成从构图到渲染的全流程。这种模式将传统绘画中"眼中之竹→胸中之竹→画中之竹"的线性流程，转变为"需求输入→人工智能生成→迭代优化"的循环反馈机制。

（2）风格生成能力跃迁。人工智能技术已能复现数千种艺术风格。例如，利用 ControlNet 技术，输入《蒙娜丽莎》原图后，通过边缘轮廓控制可一键转换为卡通、梵高、蒸汽波等风格；国内的奇域 AI 则专注于中式美学，能生成水墨、刺绣、皮影戏等传统风格，解决了传统数字绘画对技法要求高的痛点。

（3）技术架构演进。扩散模型和大语言模型工具的结合使用，使人工智能系统具备了跨模态创作能力。根据用户输入，系统不仅可以生成图像，还能同步输出配套的文学描述和色彩分析报告。这种技术突破推动了人工智能从辅助绘图向创意策展升级。

2. 创作模式

在创作上实现从专业垄断到全民参与。

（1）门槛革命与普惠创作。人工智能绘画将数字绘画的技术门槛从掌握 PS、Maya 等专业软件降至输入文字即可。例如，抖音旗下的即梦 AI，用户无须美术基础，通过"文生图""图生图"功能，即可生成符合短视频平台调性的视觉内容。

（2）教育场景重构。翼绘 AI 等平台构建了学习型智能体，通过分析学生作品的笔触、构图，实时生成个性化学习路径。例如，系统检测到某学生线条松散，会推送"如何通过速写练习提升造型能力"的课程包，并自动生成练习素材。这种模式使美术教育从教师主导转向数据驱动。

3. 产业变革

在产业上实现从艺术市场到商业应用。

（1）艺术市场新生态。人工智能作品拍卖价格屡创新高，如机器人创作的《阿兰·图灵肖像》以百万美元成交。这类作品的价值不仅在于艺术表达，更在于其"科技考古"意义，即记录了算法与人类协作的历史。

（2）商业设计降本增效。企业利用人工智能实现零成本试错，服装品牌通过人工智能技术生成设计草图，经消费者投票筛选后再投入生产，大大缩短研发周期。电商平台生成商品主图，再创作出写实、二次元等多风格版本，可大幅度降低拍摄成本。

（3）文化遗产活化。人工智能技术正成为文物修复的重要工具。例如，敦煌研究院利用人工智能技术修复壁画，通过分析相邻区域的笔触和色彩，智能填补缺损部分，使千年壁画重获新生。

可见，人工智能在美术领域的应用，本质上是人类创造力与机器算力的深度融合。它既为大众提供了前所未有的创作自由，打破了技术壁垒，也引发了关于艺术本质的哲学思辨。如何在技术便利与艺术本真之间找到平衡，是未来持续探索的核心命题。

11.4.5 在音乐领域的应用

人工智能技术正以颠覆性的力量重塑音乐产业，从创作到消费的全链条都在经历深刻变革。

1. 创作革命

人工智能技术使智能生成工具爆发式增长，音乐创作从灵感捕捉到全流程自动化，实现从文本到完整歌曲的端到端生成。例如，Suno 支持用户输入需求，几分钟内可生成专业级歌曲，日均生成量突破百万首；金曲创作 App 内置声纹克隆技术，用户录制 10 秒人声，即可生成专属虚拟歌手，实现"数字分身"跨风格演绎。

人工智能技术推进了人机协同新范式，可通过人工智能技术完成 80%的基础工作，而音乐人则专注于创意微调。例如，网易天音提供"词曲编唱"全流程模板，创作者可在数小时内完成从灵感碎片到发行级作品的转化；ORB Producer Suite 可实时生成贝斯和合成器音色，制作人通过手势控制器进行变形处理，实现传统乐器与电子音效的融合。

2. 表演创新

人工智能技术为用户提供了虚实融合的沉浸式体验，实时交互系统取得重大突破。例如，采用红外体感动作捕捉技术，舞蹈演员的肢体动作实时触发 3D 音效，构建体态、影像、音乐的三重交互空间；通过学习演奏家的个性化风格，实现钢琴协奏曲的智能协奏，动态调整伴奏的强弱与节奏。

另外，虚拟演出生态逐步成型，人工智能驱动的虚拟歌手可实时响应观众情绪来调整表演风格。例如，腾讯音乐元宇宙支持用户自定义虚拟形象，在虚拟音乐厅与 AI 乐手合奏。

3. 制作升级

人工智能技术重构了从母带到混音的工业化流程，产生诸多人工智能驱动的制作工具链。例如，Ditto 母带处理通过人工智能算法实现自动优化，1 分钟内将 DEMO 提升至 CD 品质；RoEx 混音系统利用深度学习分析歌曲的声像分布，自动生成多轨混音方案，制作成本降低 70%。

人工智能技术突破了声音分离技术。例如，Demucs 支持将歌曲拆解为 12 条音轨，准确率达 98.6%，音乐人可自由替换鼓组或人声，实现经典歌曲的二次创作。

4. 治疗应用

人工智能技术使音乐治疗从实验室走入临床。例如，上海音乐学院实验室通过监测心率、血氧等数据，为失眠患者生成定制化"睡眠处方"，临床试验显示入睡时间缩短 58%；脑波共振疗法将《高山流水》等古曲进行低频重构，与用户脑波形成共振，抑郁症患者焦虑指数下降 41%；帕金森患者使用 ChatGPT 训练的音乐康复模块，步态稳定性提升 29%，跌倒风险降低 37%。

可见，人工智能正以音乐产业的"基因编辑者"身份推动音乐从人类专属创作向人机协同生态演进。音乐不再是固定的声波组合，而是动态的、可交互的、跨越物理边界的数字生命体。

11.4.6 在体育领域的应用

从训练体系的颠覆到赛事体验的革新，从伤病防控的突破到商业价值的重塑，人工智能技术正以前所未有之势深度重构体育产业，其应用已渗透至体育领域的各个环节。

1. 训练体系革新

人工智能促使体育训练从经验驱动转向数据智能驱动。例如，通过篮球场部署的摄像机，捕捉球员动作数据，生成 3D 空间运动模型，能识别球员投篮时的手腕角度偏差，通过 AR 眼镜实时反馈纠正，训练效率提高 40%；雪板通过多陀螺仪传感器捕捉雪板动态，结合大模型推演滑雪者的 3D 动作，用户可 360° 检视滑行姿态，发现如重心偏移、板刃角度不足等问题。

2. 赛事分析与决策

人工智能技术可以实现战术模拟与对手建模。例如，谷歌的 TensorFlow Sports 通过分析数万场足球比赛数据，预测球员传球意图和跑位路线，还能识别某球队的战术模式，并生成针对性防守方案；Opta 辅助裁判系统，每秒分析数百个球员动作，自动识别越位、手球等犯规行为，在欧洲杯中，该系统协助主裁判纠正 7 次关键判罚，比赛流畅度提升 23%。

3. 伤病防控与康复

人工智能技术重塑了运动医学。例如，IBM Watson 运动健康平台，整合运动员的基因数据、训练负荷和历史伤病记录，预测受伤风险，发现短跑运动员股四头肌力量失衡时，会自动推送针对性训练计划；Neuralink 实验中，瘫痪运动员通过脑电波生成康复动作，配合外骨骼机器人实现行走。

人工智能将重塑文明的认知革命

1. 医疗健康：从群体统计到个体解析

人工智能正在重构医疗认知范式。通过整合基因组学、蛋白质组学和临床数据，人工智能系统能够构建患者的数字孪生体，实现疾病风险的动态预测与治疗方案的精准匹配。在药物研发领域，生成式模型可模拟分子相互作用网络，将新药发现周期从传统的 5～10 年压缩至 18 个月。更前沿的进展体现在脑机接口与神经修复技术，人工智能算法正探索通过神经信号解码实现意识交互，为渐冻症等疑难病症提供新的治疗路径。

2. 工业制造：从流程优化到系统重构

智能制造的演进呈现三大特征：感知-决策-执行闭环的深度融合、物理系统与数字孪生的实时映射、人机协作界面的智能化升级。预测性维护系统通过分析设备振动、温度等多源数据，可提前 72 小时预警故障，使工厂停机时间减少 40%。在供应链管理领域，强化学习算法动态优化库存周转与物流路径，将全球供应链响应速度提升 30%。未来的智能工厂将形成"云-边-端"协同架构，实现从原材料采购到产品交付的全流程自治。

3. 农业生态：从经验驱动到数据智能

数字农业正经历三大变革：空天地一体化监测网络的全面部署、作物生长模型的精细化构建、农业机器人的自主作业能力提升。人工智能系统通过分析土壤光谱数据，可精准预测氮磷钾需求，减少化肥使用量 20%。在病虫害防治领域，多模态识别模型整合图像、气味和声波数据，实现病害早期预警准确率超过 95%。更具革命性的是垂直农场技术，人工智能控制系统通过模拟植物光合作用周期，使单位面积产量提升 5 倍，同时节水 90%。

4. 教育体系：从知识传授到认知增强

教育领域的人工智能应用呈现三维突破：个体认知图谱的深度构建、教学资源的动态适配、学习效果的实时反馈。智能教学系统通过分析学生的 12000 个行为特征，可生成个性化学习路径，使知识掌握效率提升 40%。在高等教育领域，人工智能虚拟实验室支持量子力学、基因编辑等复杂实验的模拟操作，降低实验成本 90%。更深远的影响在于教育公平，偏远地区学生可通过全息投影技术获得顶尖教师的实时指导。

5. 交通出行：从物理流动到数字迁徙

智能交通系统正经历三级跃迁：车辆的自主决策能力提升、基础设施的感知网络升级、城市交通的全局优化。自动驾驶系统通过融合激光雷达、摄像头和毫米波雷达数据，实现复杂路况下的零事故通行。在物流领域，路径规划算法整合实时交通数据，使货运效率提升 25%。未来的城市交通将形成"车路协同"生态，通过 5G 网络实现车辆与信号灯、充电桩的实时交互，道路通行能力提高 3 倍。

6. 能源系统：从集中供给到分布式智能

能源革命的核心在于三个重构：能源生产的去中心化、能源存储的高密度化、能源消费的智能化。AI 算法通过分析气象数据，可将风电预测精度提升至 95%，减少弃风率 15%。在电网调度领域，强化学习模型动态优化电力分配，使输电损耗降低 12%。更具颠覆性的是氢能储能技术，人工智能设计的催化剂将电解水效率提升至 92%，推动氢能成为碳中和的核心载体。

7. 艺术创作：从人类主导到人机共生

人工智能正在改写艺术创作的三重维度：创作主体的边界拓展、艺术形式的跨界融合、审美评价的范式转移。生成式模型通过学习百万幅画作，可创作超现实主义作品，其笔触风格与色彩运用达到专业水准。在影视制作领域，人工智能系统可根据剧本自动生成场景分镜，使拍摄周期缩短60%。更深远的影响在于艺术伦理，人工智能作品的版权归属与价值评估成为法律与哲学的新命题。

8. 全球治理：从国家博弈到文明共识

人工智能的治理体系面临四大挑战：技术标准的全球协同、数据主权的界定、算法偏见的消除、军事应用的管控。国际社会正构建"技术-法律-伦理"三位一体的治理框架，欧盟的《人工智能法案》明确高风险人工智能的监管细则，我国的《生成式人工智能服务管理暂行办法》规范数据使用边界。在技术层面，联邦学习与同态加密技术实现数据"可用不可见"，为跨国数据协作提供解决方案。

9. 伦理挑战：从技术风险到文明跃迁

人工智能引发的伦理争议聚焦五个维度：就业结构的颠覆性变革、算法歧视的系统性风险、深度伪造的信任危机、军事自主武器的道德困境、意识模拟的哲学难题。应对策略包括：建立算法公平审计机制、发展可解释人工智能、构建全球伦理准则。更具前瞻性的探索在于人工智能的意识研究，神经形态芯片正模拟人脑的脉冲神经网络，试图突破"意识难题"的科学瓶颈。

10. 未来图景：从工具革命到认知跃迁

当AlphaFold3解析出新冠病毒的全蛋白互作网络，当DeepMind的AlphaZero超越人类棋艺巅峰，我们见证的不仅是技术的胜利，更是人类认知的范式转换。未来的人工智能将形成三大进化方向：具身智能的物理交互能力、多模态大模型的感知融合能力、自主智能体的决策推理能力。这场智能革命的终极意义，在于将人类从重复性劳动中解放出来，专注于哲学思辨、艺术创作等高阶认知活动，从而开启人机协同的文明新纪元。

本章习题

一、填空题

1. 人工智能从理论到应用的五大核心机制包括问题驱动、范式转换、_____、场景适配和生态竞争。

2. 数据、算力与_____被称为人工智能发展的"智能三角"，三者形成正反馈循环。

3. 在2024年全球智慧城市大会上，中国_____市荣获"城市大奖"，彰显了其在智慧城市建设中的卓越实力。

4. 上海二中院的"_____"新模式通过科技赋能提升审判效率，荣获"人民法院改革创新奖"。

5. AlphaFold3是谷歌DeepMind开发的革命性工具，能够准确预测_____、DNA、RNA等生命分子的结构及相互作用模式。

二、选择题

1. （　　）技术属于人工智能"联结主义"阶段的代表性成果。
    A. 专家系统　　　　　　　　　　B. BP算法与神经网络
    C. 符号逻辑推理　　　　　　　　D. 生成式对抗网络

2. 人工智能在材料科学中的应用案例不包括（　　）。
   A. 利用分子动力学模拟筛选 OLED 材料
   B. 发现螺旋铁电结构提升压电效应
   C. 基于图神经网络优化量子通信实验
   D. 通过强化学习预测蛋白质-配体相互作用
3. （　　）属于人工智能在法律领域的应用。
   A. 合同审查自动化与法律风险识别
   B. 基因编辑技术优化 CRISPR 系统
   C. 自动驾驶中的动态避障算法
   D. 虚拟电厂的能源调度优化
4. 在"要素协同"机制中，算力的提升主要依赖于（　　）。
   A. 数据规模的扩大　　　　　　　B. 摩尔定律与异构计算
   C. 算法效率的优化　　　　　　　D. 场景需求的驱动
5. （　　）技术属于生成式人工智能的应用。
   A. 图像识别中的目标检测　　　　B. 自然语言处理中的机器翻译
   C. 基于扩散模型的星系形态模拟　D. 强化学习中的动态避障策略

三、简答题

1. 简述人工智能从理论到应用的"五大核心机制"及其相互关系。
2. 举例说明人工智能在医学领域的具体应用（至少列举 3 个场景）。
3. 分析"场景适配"机制如何影响人工智能技术的商业化路径，以 2B 和 2C 场景为例进行说明。
4. 简述人工智能在"生态竞争"中面临的主要挑战（如开源与闭源博弈、地缘政治影响等）。
5. 结合文档案例，说明人工智能如何推动"智能增强科学"在理工农医领域的研究范式转型。

第 12 章 人工智能伦理

📦【知识结构】

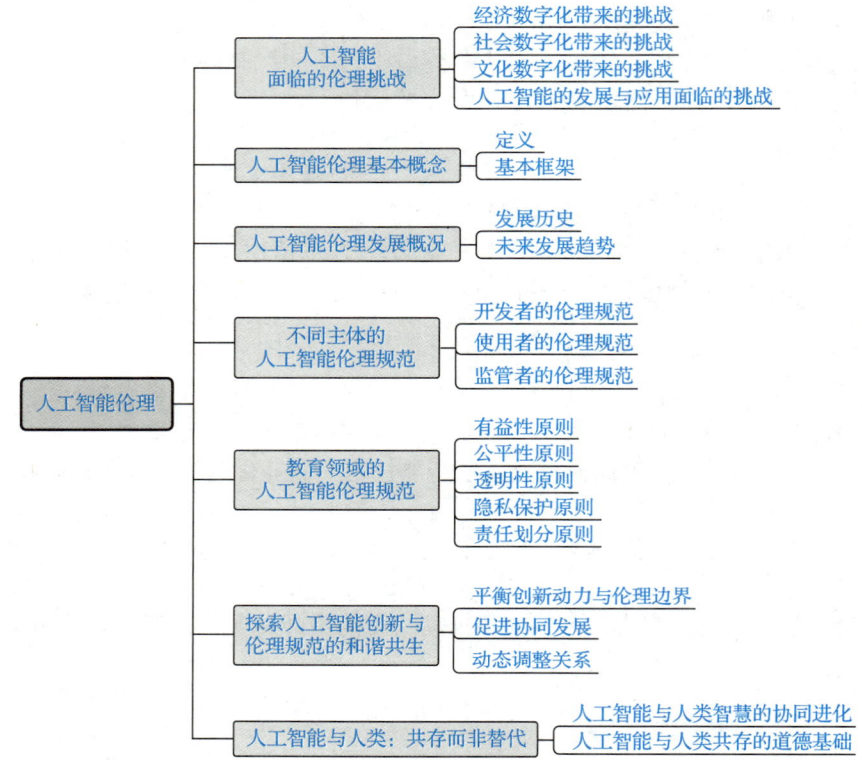

📦【教学目标】

掌握人工智能伦理的基本概念和基本内容；理解人工智能系统的开发者、使用者和监管者等不同主体的人工智能伦理规范；熟悉教育领域的人工智能伦理规范；了解人工智能伦理的发展历史和未来发展趋势；学会正确处理人工智能创新和伦理规范之间的关系。

📦【教学重点】

1. 人工智能伦理的概念。
2. 不同主体的人工智能伦理规范。
3. 教育领域的人工智能伦理规范。

📦【教学难点】

1. 人工智能伦理的道德和责任。
2. 人工智能创新和伦理规范之间的关系。

> 【案例导入】

由人工智能引起的伤害事件

通过前面的学习，我们已经领略了人工智能的强大能力，它深刻地改变了我们的生产生活方式，为人类的未来描绘了无限可能。但是，人工智能是一把双刃剑，它在给人类社会带来巨大机遇和便利的同时，也伴随着一系列潜在的风险和挑战。

据外媒报道，2023 年，一位名叫皮埃尔的比利时男子，与机器人 ELIZA 经过长达 6 周的频繁互动后，在其诱导下自杀死亡。这一事件引发了人们对人工智能可能带来的失控性风险的深切担忧。另据国内媒体报道，2024 年，一名网友用人工智能技术"复活"了已故歌手李某，并制作成短视频在社交平台广泛传播。这种行为给逝者家属造成了巨大的心理冲击和二次伤害，引发了人们关于是否侵犯逝者肖像权、名誉权、个人隐私权等伦理和法律问题的广泛讨论。

12.1 人工智能面临的伦理挑战

人类社会继工业时代和信息时代之后，已经迈入数字化时代。数字化时代以数字技术为核心，将人类社会各个领域的信息、知识和活动进行数字化处理、存储、传输和应用，构建起了数字文明。虽然数字化时代为人工智能发展和应用提供了丰富的数据来源，使人工智能模型训练更系统、性能更健壮、应用更全面，但也带来了许多的新问题，产生新的伦理挑战。

12.1.1 经济数字化带来的挑战

随着经济的全面数字化，数据成为了新的"石油"驱动着人工智能的发展。然而这一过程并非没有风险。数据的广泛采集、存储和分析，虽然为人工智能提供了强大的驱动力，但也打开了潘多拉的盒子，释放出了一系列伦理挑战。

1. 隐私泄露和数据滥用风险

经济数字化提供了海量数据被用来训练人工智能模型。随着数据收集、存储和分析规模的不断扩大，数据泄露和被滥用的风险也随之增加，对个人隐私和数据安全构成严重威胁。例如，一些企业或机构未经用户授权将收集到的个人数据分享给第三方，可能被不法分子用来进行精准诈骗、恶意炒作等非法活动，或被用于商业营销、用户画像、行程追踪等其他商业目的，从而侵犯用户隐私权和权益，可能导致用户遭受经济损失。尤其在交通、能源、金融等关键领域，可能会被黑客攻击从而引发更为严重的安全事故和经济损失。

2. 算法偏见与公平性问题

经济数字化环境下，人工智能被广泛用于信贷审批、招聘、保险定价等诸多经济决策环节。如果用于训练的数据不完整或存在偏差，或者算法设计不合理，或者存在人为干预等，则可能导致决策结果的不公平。例如，在信贷审批中，如果训练数据中包含了对某些地区或群体的历史偏见，如主观性认为某些贫困地区的居民信用风险高，就可能会使这些地区居民的贷款申请被拒绝，从而导致社会资源分配不公平，加剧经济不平等。

在招聘工作中，如果筛选算法是基于过去的招聘数据进行训练的，则可能倾向于选择某一类人群。例如，在传统男性居多的行业，过去的招聘数据中男性比例会很高，算法可能会认为男性更符合岗位要求，从而在筛选简历时对女性降低评分，导致女性群体在就业机会上受到不公平对待，进而影响社会多样性发展。在司法领域，基于人工智能的犯罪风险评估软件，会根据犯罪嫌疑人的各种特征来预测其再次犯罪的风险。如果预测算法所使用的数据包含了社会经济因素、种族等信息，可能会导致对不同人群的不公平评估。例如，对于贫困社区或某些少数族裔聚集社区的犯罪嫌疑人，可能会因为数据中这些社区犯罪率相对较高的原因，被高估犯罪风险，进而影响司法的公正性。

3. 责任界定不清晰

当人工智能系统出现错误导致经济损失时，很难确定责任主体。例如，自动化交易系统可能由于算法缺陷或数据错误而进行错误的交易操作，造成巨大的经济损失，但很难说清是算法开发者或数据提供者的责任，还是金融机构的责任。这给受害者寻求赔偿和法律救济带来了困难，也使得监管和法律制裁难以有效实施。再如，患者根据人工智能系统提供的错误医疗建议进行治疗而导致病情恶化，也很难确定患者和系统开发者各自应承担的责任比例。

4. 对就业市场的冲击

经济数字化背景下，人工智能可能对就业市场造成一些冲击。一方面，诸如数据录入、客服、装配等重复性、规律性强的工作会被人工智能所取代，导致大量人员失业，不仅给个人和家庭带来经济压力，也对经济发展和社会稳定造成影响。另一方面，对于那些面临职业替代风险的人群来说，需要重新学习新技能以适应新的市场需求，需要投入大量的时间和精力，且面临着新技能与市场需求不匹配等多种问题，这种转型过程中的阵痛可能会引发社会焦虑情绪。

5. 市场竞争和垄断问题

拥有强大人工智能技术的企业可能会获得巨大的竞争优势。一些大型科技企业凭借先进的人工智能算法和海量数据，可以更好地进行市场预测、产品优化和客户服务，挤压中小企业的生存空间，从而导致市场垄断。同时，大企业可能会利用人工智能算法进行不正当的竞争行为，如根据消费者购买意愿和行为数据进行有差别定价而导致价格歧视，最终损害消费者利益，阻碍经济的健康发展。

12.1.2 社会数字化带来的挑战

随着社会的全面数字化，人工智能技术的广泛应用在带来便利的同时也引发了一系列的伦理与社会问题。

1. 社会公平与数字鸿沟问题

人工智能的应用依赖于数字基础设施和数字素养，而不同地区、不同群体在获取数字资源和技术能力方面存在着巨大差异，这种差异会导致数字鸿沟进一步扩大。例如，偏远农村或经济欠发达地区，因网络覆盖不足、设备缺乏等，居民无法充分享受人工智能带来的在线教育、远程医疗等便利，而城市居民则可以利用人工智能辅助教育提升自己的知识水平，利用智能医疗诊断设备获得更好的医疗服务。在就业方面，那些有条件接触和学习人工智能技术的人群更容易获得高薪工作，加剧了社会阶层的分化。

另外，移动支付、线上服务等人工智能应用覆盖了公共交通、智慧医疗、行政服务等诸多领域，对于老人、小孩、残障人士等弱势群体来说，可能会给他们的生活造成了更多的障碍，导致弱势群体的公共服务权利和公共资源分配一定程度上受到了挤压和掠夺。如此种种，长此以往，不同群体之间的知识差距、能力差距和福利差距等将会进一步拉大。虽然政府已经出台了一系列政策，鼓励企业参与人工智能应用的适弱化改造，以帮助弱势群体适应新技术带来的生活新形态，但任重而道远。

2. 算法歧视与社会偏见被强化

社会数字化使得人工智能算法广泛应用于社会的各个领域，如司法、社会保障等。如果算法训练数据本身存在偏见，那么在决策过程中会进一步强化这种偏见。例如，在犯罪预测算法中，如果训练数据中包含了对某些种族或社区的刻板印象，就可能会导致这些群体被过度预测为犯罪嫌疑人。在社会保障福利分配方面，不合理的算法可能会对残疾人、低收入家庭等弱势群体产生不公平的评估，减少他们应得的福利。这不仅会对个体造成伤害，还会引发社会群体之间的矛盾和对立。

3. 监控与公民自由问题

数字化社会中，人工智能技术被广泛应用于安防监控领域，如智能摄像头、面部识别系统等。虽然这些技术有助于维护社会秩序和安全，但过度使用则可能会侵犯公民隐私权和自由权。例如，无处不在的面部识别系统，可能会在未经公民同意的情况下收集个人信息，并且这些信息可能被滥用。在一些公共场所，公民的行动轨迹可能被持续监控，使得公民感觉处于一种被监视的状态，限制了他们的自由活动。而且，监控数据存储和管理不当也可能导致数据泄露，对公民造成进一步的伤害。

4. 信息茧房与虚假信息问题

在数字化社会，基于人工智能驱动的社交媒体平台和新闻推荐系统是人们获取信息的重要渠道。某些人工智能推荐系统会通过分析用户的浏览历史、兴趣爱好和行为偏好等，为用户提供个性化的信息推荐服务，导致用户只接触自己感兴趣的信息而忽略了其他观点和事实，从而形成"信息茧房"，使人们视野变窄，观点变得偏激，不利于社会的多元化发展和思想的交流碰撞。

另外，采用人工智能技术生成的文本、图片、音频、视频等内容具有高度仿真性，普通人很难辨别真伪，可能会被不法分子用来制作虚假身份、虚假广告、虚假新闻等，被用于造谣、诈骗等违法犯罪活动。同时，深度伪造技术可以将一个人的面部特征、声音、举止等信息嫁接到另一个人身上，制作出虚假的音频、视频等。这种技术若被滥用于制作虚假的色情内容、政治言论等，会对个人声誉、社会稳定、国家安全等造成巨大伤害和严重威胁。例如，利用深度伪造技术制作的假新闻，可能会误导公众，影响社会舆论和公共决策。在选举、公共安全等重要事件中，不良势力若用深度伪造技术来制造谣言、恶意诽谤等，可能会引发社会动荡。

5. 社交关系被异化

人工智能在社交领域的应用，如微信、QQ、Soul、Facebook、Tinder 等情感陪伴类产品，改变了人们的社交方式，同时可能会使用户产生情感依赖，尤其是对未成年人、孤寡老人、失独家庭等心理脆弱人群。过度依赖这些产品，可能会导致人们在现实生活中的情感交流和社交技能退化，甚至出现社恐、焦虑、抑郁等心理健康问题。例如，长时间与机器人聊天，可能会使人们在面对真实的人际关系时出现沟通障碍。而且，虚拟性的社交伴侣可能会给人一种不真实的情感满足，影响人们对真实情感关系的追求。此外，在社交平台上，人工智能算法推荐的好友或群组可能仅会基于表面的兴趣匹配，而忽略了深层次的价值观等因素，导致社交关系变得浅薄和功利。

12.1.3 文化数字化带来的挑战

在文化的数字化进程中，人工智能技术的融入为文化的传承与创新提供了新的可能，但也带来了一系列复杂且深远的挑战。这些挑战不仅关乎文化遗产的保护，更触及文化创作的版权归属、文化的多样性与创新性，以及文化价值观的引导与塑造。

1. 文化遗产的保护问题

用人工智能修复老影像

人工智能可以被用于文化遗产的数字化保存和修复。例如，通过 3D 建模、图像识别等技术，对古建筑、古籍等进行数字化处理。一方面，会导致对文化遗产数字化版本真实性的争议。人工智能可能会在修复过程中改变文化遗产原有风貌，使其失去历史真实感。例如，在修复古代壁画时，人工智能算法可能会根据现有模式和风格进行填充，导致修复后的壁画与原始创作者的意图、风格及当时的文化背景产生偏差。另一方面，过度依赖人工智能技术进行文化遗产保护，会使人们忽视对实物的保护，如果存储文化遗产数字资料的服务器出现故障或遭到攻击，可能会导致珍贵数据的遗失。

2. 文化创作的版权问题

人工智能在文化领域的创作能力日益增强，如生成音乐、绘画、文学作品等。首先，版权归属模糊。当人工智能生成文化作品时，很难确定版权属于算法开发者、训练数据提供者，还是使用者。例如，一个由人工智能生成的音乐作品，可能融合了大量已有的音乐风格和旋律片段，难以界定其版权，导致原创作者的权益得不到保障，从而引发创作权归属和利益分配争议。其次，存在文化创作剽窃的风险。人工智能可能在没有得到授权的情况下，借鉴了大量现有的文化作品来生成新的内容，这是对原作者知识产权的隐性侵犯。

3. 文化同质化与创新性下降问题

在文化数字化的背景下，人工智能算法在文化内容推荐和传播中发挥着重要作用。人工智能推荐系统可能会根据用户的偏好过度推送某些大众文化内容，而忽视小众文化，这会导致文化的同质化，使文化多样性受到威胁。例如，在流媒体音乐和视频平台上，算法可能会反复推荐热门的流行文化作品，而一些具有地方特色或少数民族文化特色的作品则很难得到展示的机会，长此以往，这些小众文化可能会逐渐被边缘化，面临传承困境，甚至消失。同时，人工智能生成的内容可能大量充斥在网络和媒体中，对传统的文化创作和传承产生巨大冲击。如果人们过度依赖人工智能生成的内容，会导致人类的创造力和想象力下降，从而影响文化传承、创新和发展。

4. 文化价值观扭曲问题

人工智能系统本身可能会传播带有某种不良价值观的文化内容。例如，在社交媒体和内容分享平台上，一些人工智能算法受到其训练数据和算法设计中隐含价值观的影响，可能会优先推荐含有暴力、色情、拜金主义、极端主义等不良价值观的文化内容，从而对青少年等易受影响人群的价值观形成产生严重误导。同时，人工智能在跨文化交流中可能会因为算法的不恰当处理，导致文化误解或对某些文化价值观的扭曲。例如，某些翻译软件在翻译文化经典作品时，由于算法没有充分考虑文化背景，翻译后的内容歪曲了原作品的文化价值。

12.1.4 人工智能的发展与应用面临的挑战

人工智能技术的迅猛发展为人类社会带来了前所未有的变革，然而与之相伴的各种挑战也深刻影响着其研发、商业应用及社会接受度等多个层面。这些挑战不仅考验着技术的成熟度，更对政策制定、伦理规范及公众认知提出了新的要求。

1. 技术创新与研发挑战

（1）**数据收集与使用受限**。出于对数据隐私和安全的考量，研究人员在收集和使用数据时会受到诸多限制。严格的隐私法规要求企业和研究机构在收集数据时必须获得用户明确的同意，并且告知用户数据的用途、存储方式和共享范围等。这使得数据收集的难度增加，数据量可能无法满足人工智能模型训练的理想需求。例如，在医疗领域，为了遵守隐私规定，研究人员可能难以获取足够多的患者数据来训练高精度的疾病诊断模型。同时，数据使用的限制也可能会导致一些潜在有价值的数据无法被充分利用，进而影响模型的性能和泛化能力。

（2）**算法改进难度增加**。为了应对算法公平性和偏见的挑战，研究人员需要在算法设计和改进过程中更加注重数据的质量和代表性，需要花费更多的时间和精力来清理和筛选训练数据，以去除可能导致偏见的因素。例如，在开发人脸识别算法时，为了避免肤色、性别等因素导致的偏见，研究人员需要精心挑选具有多样性的训练数据，采用新的算法策略来确保公平性。这无疑增加了研发的成本和时间，使得算法的改进速度可能会放缓。同时，由于需要解决算法决策过程的不透明性问题，研究人员还需要探索可解释性人工智能技术，这又对技术研发提出了新的挑战。

2. 商业实践与应用困境

（1）**市场信任受损**。消费者对数据隐私和安全的担忧，会降低他们对人工智能产品和服务的信任。如果企业频繁出现数据泄露事件或者被曝光滥用用户数据，消费者可能会拒绝使用相关的人工智能产品。例如，当社交媒体平台被发现将用户数据私自出售给第三方用于广告营销，则用户可能会降低在该平台的活跃度，甚至选择退出平台。这对于依赖用户数据来提供个性化服务的人工智能应用来说，市场需求会受到严重打击，进而影响其商业应用的规模和收益。

（2）**行业监管加强**。政府和监管机构为了解决人工智能技术的规范应用问题，会出台一系列严格的监管政策和法规。在金融领域，监管机构会要求金融机构在使用人工智能进行信贷审批时，必须确保算法的公平性和透明性。这使得企业在应用人工智能技术时，需要投入更多的成本来满足监管要求。例如，企业可能需要建立专门的合规性审查团队，来确保人工智能系统符合伦理和法律标准，并且需要定期进行审计和评估。这些额外的成本和复杂的监管程序，会降低企业对人工智能技术的应用积极性，尤其是对小型企业来说，可能会因为难以承受监管成本而放弃某些人工智能项目的推广使用。

3. 社会认知与接纳难题

（1）公众抵制情绪增加。当人工智能伦理问题被媒体曝光，如算法歧视导致就业不公平、数据隐私被侵犯等事件，公众对人工智能的担忧和抵制情绪会逐渐增加。例如，在招聘过程中，如果人们发现人工智能简历筛选系统对某些群体存在歧视，求职者可能会对这种招聘方式产生抵触情绪，甚至可能引发社会舆论对人工智能在人力资源领域应用的质疑。这种抵制情绪会使人工智能在一些领域的应用推广受到很大阻碍。

（2）社会观念分化。对于人工智能伦理问题的不同看法，会导致社会观念的分化。一部分人可能认为应该严格限制人工智能的发展，以避免潜在的风险；而另一部分人则可能强调人工智能的巨大潜力，支持其快速发展。这种观念上的分化，会影响社会对人工智能发展方向的共识，使得政府和企业在制定人工智能发展战略和政策时面临更大的压力。例如，在教育领域，对于是否应该在学校广泛使用人工智能辅助教学工具，不同的社会群体可能会有不同的意见，这就需要教育部门在平衡各方利益和观点的基础上，谨慎推进人工智能在教育领域的应用。

上述问题提醒我们，在享受人工智能技术发展带来的便利的同时，更要时刻警惕其可能带来的伦理风险和挑战，需要采取一系列措施来加强人工智能伦理规范建设，需要政府、企业和社会各界形成合力，共同推动人工智能的健康、可持续发展。

12.2 人工智能伦理基本概念

随着人工智能技术的快速发展和广泛应用，人工智能存在的伦理问题也逐渐凸显，从个人数据隐私被剥夺，到数字鸿沟下弱势群体的权利遭受侵害，再到技术飞速进步带来的人类社会文化迷失，迫使人们开始重新审视开发应用人工智能技术与坚守人类道德规范之间的平衡问题，期望建立科学合理的人工智能伦理规范，确保人工智能的行为符合人类道德观念和社会公平正义原则，妥善处理好人工智能带来的各种道德和责任困境。

12.2.1 定义

所谓人工智能伦理（artificial intelligence ethics，AIE），是指在人工智能系统的研究、开发、部署和使用过程中，所需要遵循的一系列道德原则和社会价值观。

加强人工智能伦理建设是确保人工智能技术的发展和应用符合人类社会的伦理道德观念，最大程度地减少对人类和社会造成的负面影响。例如，当设计基于人工智能的信贷评估系统时，从伦理角度考虑，不能仅仅以追求利润最大化来设计，更要考虑公平对待不同经济阶层和社会群体的申请者，避免因不合理的设计而导致对某些弱势群体的信贷歧视。

12.2.2 基本框架

人工智能伦理的基本框架包括人工智能道德和人工智能责任两个方面。

1. 人工智能道德

所谓道德，是指人类在社会生活中形成的行为规范和价值观念，用于判断行为的善恶和正当性。对于人工智能而言，道德指的是人工智能系统的设计和行为要符合人类社会的道德伦理规范。

（1）有益性原则。发展人工智能的根本目的是为人类服务，以增进人类福祉、社会进步和环境可持续为目标，包括提高生产效率、改善医疗条件、提升教育质量、促进文化繁荣等多个方面。

因此，人工智能系统的设计和应用首先要确保对人类产生积极效果，要防范导致负面影响。例如，在医疗领域，利用人工智能技术进行疾病诊断、药物研发等，可以更高效地发现疾病、治疗患者，从而提高生活质量、延长人类平均寿命；智慧教育系统要根据学生特点、学习能力等进行个性化教学，提升学习效果；智能交通系统通过优化交通流量，减少车辆拥堵，不仅节省人们的出行时间，还能降低能源消耗和尾气排放，体现人工智能对人类社会和环境的双重益处；智慧农业利用人工智能推进现代农业发展，如通过无人机监测农作物生长状况、土壤湿度等，提高农作物产量，保障粮食安全。

（2）避免伤害原则。人工智能的应用应尽可能避免对人类和社会造成伤害，包括身体伤害、心理伤害、财产损失等多个方面，必须将伤害风险降到最低。

例如，在自动驾驶领域，如果车辆的自动驾驶系统出现故障导致车辆失控而引发交通事故，对车内乘客或其他人员的生命安全造成威胁，则违背了避免伤害原则；聊天产品公司将用户聊天记录泄露给第三方用于商业营销，则严重侵犯了用户身份信息、健康状况、消费习惯等隐私，必须要经过匿名化处理等保护措施；人工智能换脸技术被用于制作色情视频，对被换脸者的心理和名誉造成巨大伤害，也是不符合伦理道德规范的。

2. 人工智能责任

所谓责任，是指对某些行为或结果负有的义务。人工智能领域的责任问题尤为复杂，因为人工智能系统的决策和行为涉及多个利益方，其后果往往难以预测。因此，明晰人工智能系统的相关责任，对于确保人工智能技术的健康发展、保护人类的基本权利和利益至关重要。

（1）尊重人类自主性。人工智能的设计和应用应充分尊重人类的自主决策权。这意味着人工智能系统不能通过操纵、欺骗等手段来影响人类的判断选择，要确保人类能够基于充分的信息作出自己的独立判断。例如，在商品推荐系统中，不能过度引导用户去购买某些产品或形成某种观点。例如，通过不断推送同类型的高消费产品广告，或采用一些心理暗示手段，让用户在没有充分考虑自身经济实力和实际需求的情况下购买产品，实质上侵犯用户的自主决策权。

（2）保护个人隐私。人工智能系统在收集、存储和使用数据过程中，必须充分尊重和保护个人隐私，如个人身份信息、健康数据、财务数据等，要确保不泄露或被滥用。例如，健康监测系统收集了用户的疾病史、基因信息等健康数据，这些数据如果被泄露，可能会被不法分子利用，如用于精准营销高价但可能无效的保健品，或者在保险市场中被保险公司不正当使用，拒绝为某些可能存在潜在健康风险的用户提供保险服务。因此，人工智能系统开发者和运营者必须采取严格的安全保护措施，如数据加密、访问控制等，严格保护用户隐私。

（3）保证公平公正性。人工智能的决策会对人类生活产生深远影响，应保证公平公正对待所有个体和群体，不应对任何种族、性别、年龄、宗教信仰、社会阶层等群体产生歧视，需要在数据收集、系统设计、模型训练、具体应用等多个环节进行把关。例如，在教育领域，智能辅导系统不能因为学生的地域、家庭经济状况等因素而提供有差别的学习资源推荐。为避免这种类似情况，需要确保训练数据的代表性和多样性，并在算法设计中提前考虑如何消除潜在的偏见。

（4）保证决策透明性。人工智能系统的数据来源、运作方式和决策过程应该是可被理解的，应具有一定的透明度，尤其在涉及重大决策的司法、金融和医疗等领域。人们只有了解了人工智能系统是如何决策的，才能信任并放心地使用。例如，犯罪风险评估系统被用于量刑参考，法官需要理解系统是如何评估犯罪风险的，包括所依据的训练数据和算法逻辑，确保公平判决；使用人工智能算法来评估贷款申请人的信用风险时，需要向申请人解释决策依据，告知申请人其信用评分是基于收入水平、信用历史、债务比率等因素综合得出的，并说明每个因素在决策过程中的权重，以增强申请人对决策结果的信任，同时也便于申请人在后续生活中合理调整自己的财务状况。

（5）保证责任界定清晰。当人工智能系统造成经济损失、人身伤害等不良后果时，需要明确责任主体。清晰的责任划分有助于解决纠纷，保障受害者权益，促使相关责任方更加谨慎地对待人工智能的开发和应用。例如，在医疗领域，如果人工智能辅助诊断系统出现误诊，导致患者受到伤害，需要明确是算法开发者的算法本身有缺陷的责任，还是医院或医生的数据输入错误或者对诊断结果的错误解读等责任；在交通领域，自动驾驶汽车发生事故，需要确定是汽车制造商的硬件或软件问题、传感器供应商数据提供者有误、开发者算法缺陷、驾驶员不当操作等责任，还是道路维护部门失责、沿途商家占道经营、行人或车辆不守交规等其他相关方的责任。

小米 SU7 高速事故

12.3 人工智能伦理发展概况

12.3.1 发展历史

人工智能伦理研究的发展历史大致分为以下几个阶段。

1. 早期孕育阶段（20世纪40年代至60年代）

人工智能伦理的起源可以追溯到计算机科学和伦理学早期的交叉思考。随着 1946 年第一台现代电子计算机的诞生，计算机技术开始应用于军事和政府决策等领域。第二次世界大战期间，计算机被用于密码破译等军事任务。当时人们就开始担忧计算机程序的错误可能会导致严重的后果，这种对技术发展的一般性伦理思考，可以看作人工智能伦理思想的雏形。

1950 年，图灵发表了《计算机器与智能》，提出了著名的"图灵测试"，用于判断机器是否具有智能。这篇论文引起了人们的广泛讨论，其中不仅包括机器能否思考的问题，还涉及机器如果有了智能，是否应该承担道德责任等相关伦理思考。1956 年，人工智能概念正式提出，科技伦理思想逐渐萌芽，一些学者和专家开始探讨智能机器的道德地位等基本问题，为人工智能伦理的发展奠定了基础。

2. 初步探索阶段（20世纪70年代至90年代）

科技进步推动了伦理研究的发展。随着人工智能技术开始在商业、科学研究等领域得到应用，使自动化处理和汇集个人数据成为现实。如何平衡隐私保护和信息自由成为重要的伦理议题，相关领域的调查与立法活动不断加强。一些学者开始关注人工智能应用中的伦理问题，如隐私、责任、可靠性和公正性等，但还未形成系统的人工智能伦理研究体系。同时，科幻作品中对人工智能的伦理困境描述，如《2001 太空漫游》中 HAL9000 的反叛，引发了公众对人工智能超越人类控制、对人类社会产生威胁等伦理的思考。1980 年，经济合作与发展组织（Organization for Economic Cooperation and Development，OECD）发布《关于个人数据隐私保护和跨境流动指南》，对个人数据处理提出透明性、安全性、负责任等伦理要求，表明人们对数据处理伦理问题的日益重视。随着人工智能技术在医疗、金融等领域的应用，人们开始关注技术可能带来的风险，如专家系统的可靠性和公正性问题等。

3. 发展与形成规范阶段（21世纪初至2010年）

随着人工智能技术取得了显著进展，机器学习、深度学习等技术逐渐兴起，人工智能在金融、交通等领域的应用日益广泛，伦理问题日渐凸显。专业组织和机构开始制定人工智能伦理的初步规范。例如，电气电子工程师学会（Institute of Electrical and Electronics Engineers，IEEE）等组织开始发布关于人工智能系统设计和使用的伦理准则；加拿大发布《人工智能伦理原则》；欧盟提出《机器人民事法律规则》等。这些准则主要集中在确保系统的安全性、准确性和可靠性等方面。学术研究方面，越来越多的跨学科研究出现，计算机科学家、伦理学家和社会科学家开始合作，探讨人工智能在社会中的影响。例如，人工智能对就业市场的影响，如何确保技术不会加剧社会不平等等。

4. 深入研究与法规制定阶段（2011年至今）

随着大数据和深度学习技术的进一步发展，人工智能算法的偏见问题凸显，人工智能伦理准则制定呈现爆发式增长，各国政府、国际组织、企业和学术团体等纷纷提出或制定相关伦理准则和倡议，据统计已提出了 150 多个，初步构建了人工智能伦理治理框架。这些准则主要围绕技术、算法、系统、数据等关键词展开，强调透明度、可解释性、隐私保护等原则。众多利益相关主体积极参与到人工智能伦理的讨论和准则制定中，政府部门制定政策引导，企业界在技术研发和应用中考虑伦理问题，学术界从理论层面深入研究，社会组织关注公众利益和社会影响等，形成了多主体共同推动人工智能伦理发展的局面。计算机科学、伦理学、哲学、法学、社会学等多学科领域的专家从不同角度探讨人工智能伦理问题，为人工智能伦理的发展提供了更广阔的视角和更深入的理论支持。

2020 年以来，随着人工智能技术的不断成熟和广泛应用，其伦理问题在更多具体场景中凸显，如自动驾驶汽车的安全性和责任划分、人脸识别技术的隐私侵犯风险、生成式人工智能的虚假信息传播等，促使人们更加关注如何将伦理准则应用于实际场景，以解决现实中的伦理难题。各国政府和监管机构开始加强对人工智能的监管和治理，出台相关政策法规，将伦理要求纳入人工智能的研发、应用和管理过程中。例如，欧盟批准发布了《人工智能白皮书》，美国通过了《人工智能法案》。我国陆续推出《新一代人工智能治理原则——发展负责任的人工智能》《新一代人工智能伦理规范》《科技伦理审查办法（试行）》和《生成式人工智能服务管理暂行办法》，如图12-1～图12-4所示。

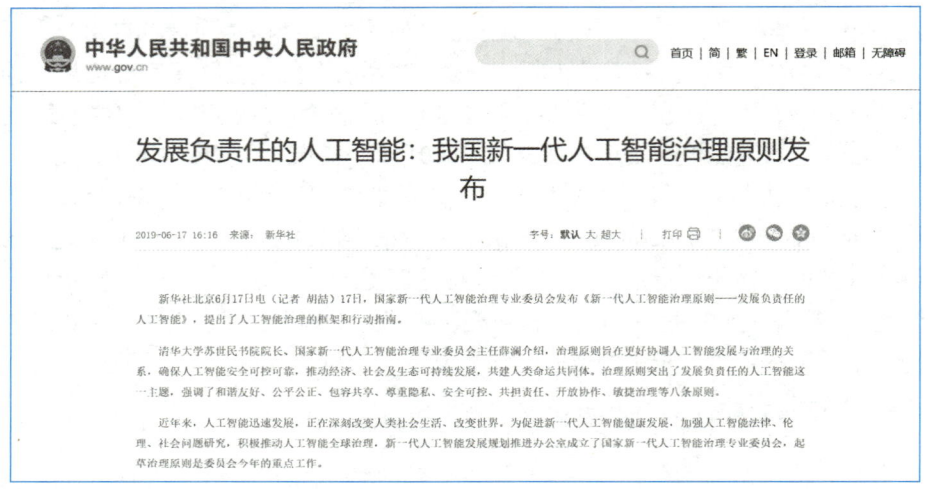

图 12-1 《新一代人工智能治理原则——发展负责任的人工智能》发布

图 12-2 《新一代人工智能伦理规范》发布

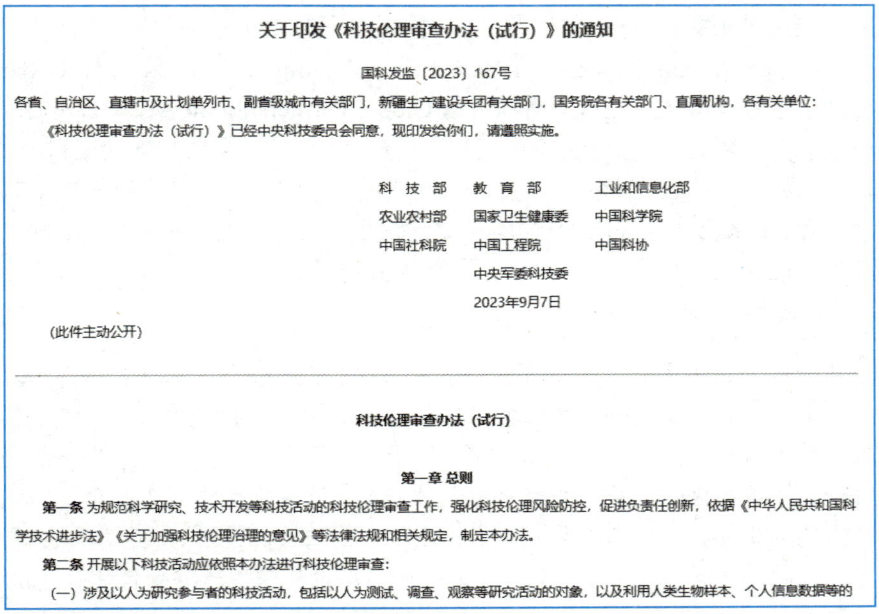

关于印发《科技伦理审查办法（试行）》的通知

国科发监〔2023〕167号

各省、自治区、直辖市及计划单列市、副省级城市有关部门，新疆生产建设兵团有关部门，国务院各有关部门、直属机构，各有关单位：

《科技伦理审查办法（试行）》已经中央科技委员会同意，现印发给你们，请遵照实施。

科 技 部　教 育 部　工业和信息化部
农业农村部　国家卫生健康委　中国科学院
中国社科院　中国工程院　中国科协
中央军委科技委
2023年9月7日

（此件主动公开）

科技伦理审查办法（试行）

第一章 总则

第一条 为规范科学研究、技术开发等科技活动的科技伦理审查工作，强化科技伦理风险防控，促进负责任创新，依据《中华人民共和国科学技术进步法》《关于加强科技伦理治理的意见》等法律法规和相关规定，制定本办法。

第二条 开展以下科技活动应依照本办法进行科技伦理审查：

（一）涉及以人为研究参与者的科技活动，包括以人为测试、调查、观察等研究活动的对象，以及利用人类生物样本、个人信息数据等的

图 12-3　《科技伦理审查办法（试行）》发布

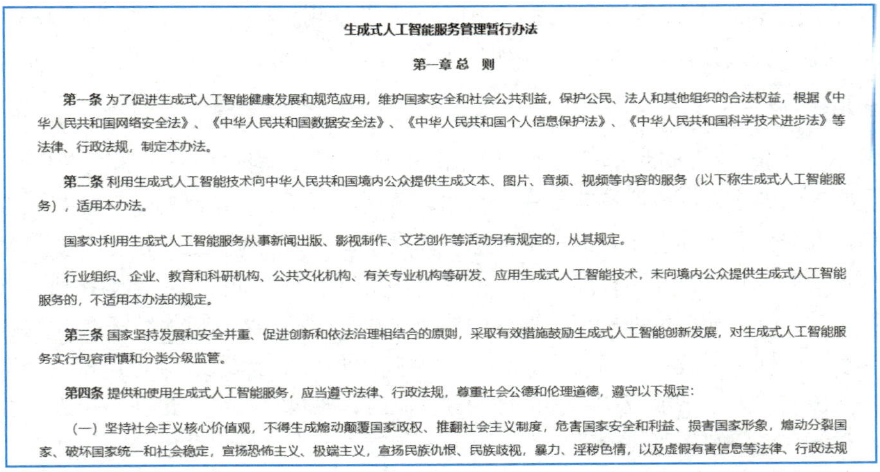

生成式人工智能服务管理暂行办法

第一章 总　则

第一条 为了促进生成式人工智能健康发展和规范应用，维护国家安全和社会公共利益，保护公民、法人和其他组织的合法权益，根据《中华人民共和国网络安全法》、《中华人民共和国数据安全法》、《中华人民共和国个人信息保护法》、《中华人民共和国科学技术进步法》等法律、行政法规，制定本办法。

第二条 利用生成式人工智能技术向中华人民共和国境内公众提供生成文本、图片、音频、视频等内容的服务（以下称生成式人工智能服务），适用本办法。

国家对利用生成式人工智能服务从事新闻出版、影视制作、文艺创作等活动另有规定的，从其规定。

行业组织、企业、教育和科研机构、公共文化机构、有关专业机构等研发、应用生成式人工智能技术，未向境内公众提供生成式人工智能服务的，不适用本办法的规定。

第三条 国家坚持发展和安全并重、促进创新和依法治理相结合的原则，采取有效措施鼓励生成式人工智能创新发展，对生成式人工智能服务实行包容审慎和分类分级监管。

第四条 提供和使用生成式人工智能服务，应当遵守法律、行政法规，尊重社会公德和伦理道德，遵守以下规定：

（一）坚持社会主义核心价值观，不得生成煽动颠覆国家政权、推翻社会主义制度，危害国家安全和利益、损害国家形象，煽动分裂国家、破坏国家统一和社会稳定，宣扬恐怖主义、极端主义，宣扬民族仇恨、民族歧视，暴力、淫秽色情，以及虚假有害信息等法律、行政法规

图 12-4　《生成式人工智能服务管理暂行办法》发布

12.3.2　未来发展趋势

随着人工智能技术向通用人工智能和超级人工智能的发展，新的伦理问题将不断涌现，如人工智能的自主意识觉醒、与人类价值观的精准对齐等问题，亟需我们进行更为深入且系统的研究与探索。人工智能伦理研究将更加注重跨学科融合和多领域协作，不断完善伦理原则和法规体系，加强国际合作与交流。

1. 全球合作

随着人工智能技术的无国界扩散和跨国应用场景的多样化，人工智能的伦理问题也会跨越国界，成为全球性挑战。如何制定统一的跨国界的人工智能伦理标准和规范，以应对人工

智能技术跨境应用带来的伦理风险，已成为未来一段时期内的热点话题。联合国教育、科室及文化组织（United Nations Educational, Scientific and Cultural Organization，UNESCO）、电气电子工程师学会、全球人工智能伙伴关系（Global Partnership on AI，GPAI）等国际化组织对此做出了多方探索，达成全球性伦理框架和伦理原则共识，强调加强人工智能国际治理，造福人类，推动数据共享、技术标准、监管和认证合作。但由于各国法律和文化的差异、经济利益的冲突等，未来仍然面临巨大挑战，需要继续建立更多具有约束力的国际条约和协议，推动全球人工智能伦理合作向更深层次、更高效的方向发展。

2. 技术创新

技术创新被视为解决人工智能伦理问题的关键途径。通过开发更具公平性、透明性和安全性的人工智能系统，我们能够显著降低伦理风险。例如，基于同态加密、差分隐私和联邦学习等技术的数据管理与隐私保护技术创新，基于可解释性人工智能、公平性测试与调整工具和因果推理技术的算法公正性与可解释性技术创新，通过强化学习中的奖励机制设计、逆强化学习技术的人机协作与对齐技术创新，采用深度伪造检测技术、数字水印技术和区块链技术的安全与风险防控技术创新，以及基于绿色算力建设和模型压缩与优化技术的可持续发展与绿色计算技术创新等。同时，技术与伦理实现深度融合，从技术研发的源头开始就将伦理原则和价值观融入人工智能的算法设计、数据收集与使用、模型训练等各个环节，开发出具有"内在伦理"的人工智能技术，将潜在风险降到最低。利用先进的技术手段来实现对人工智能伦理的监测和管理，及时发现和纠正潜在的伦理风险，引导人工智能技术向善发展。

3. 多元参与

为确保人工智能伦理讨论的全面性和决策的公正性，政府、企业、学术界与公众的共同参与至关重要。政府应发挥深度参与和引领作用，负责政策制定、法规监管、公共服务示范以及国际合作与标准协商等工作。企业则需承担起主体责任，建立内部人工智能伦理委员会，强化伦理准则的自我约束，并积极参与行业联盟，推进产品与服务的伦理优化。学术界则需贡献其研究力量与教育智慧，推动前沿伦理研究与理论创新，培养跨学科人才并普及人工智能伦理教育。公众的监督与参与同样不可或缺。随着公众对人工智能伦理认知的深化，其意识将逐渐觉醒，公众可通过多种渠道反馈人工智能应用中的伦理问题。同时，媒体与社会舆论在监督人工智能伦理方面也扮演着重要角色。媒体可对伦理事件进行深入报道，而公众则可通过社交媒体等平台发起倡导活动，呼吁企业与政府更加重视人工智能伦理问题。通过多元参与，共同构筑起人工智能伦理的坚实基石，推动人工智能技术向着更加健康、可持续的方向发展。

12.4 不同主体的人工智能伦理规范

在人工智能领域，开发者、使用者和监管者作为不同的主体，各自肩负不同的职责与义务，并需遵循相应的伦理规范。只有各方共同努力，才能推动人工智能的健康发展，为人类社会的进步和繁荣做出应有贡献。

12.4.1 开发者的伦理规范

1. 对社会负责

（1）促进社会福祉。开发者应致力于开发能够改善人们生活质量的人工智能应用。列如，通过研究人工智能辅助诊断系统，提高疾病诊断的准确性和效率，帮助医生更好地救治患者；将人工智能技术用于环境保护，监测空气质量、水质污染等，为环境治理提供科学依据。

（2）避免有害应用。开发者应该避免开发可能对人类造成身体、心理、经济或社会伤害的人工智能产品，有责任、有义务确保开发的技术不会被用于恶意行为。例如，禁止开发不加区分攻击人类目标的军事机器人，避免导致无辜人员伤亡；防止人工智能技术被用于大规模监控，侵犯公民隐私权和基本人权；不能开发未经授权随意窥探人们私人生活细节的监控软件；在开发心理健康治疗相关的人工智能应用时，要确保其不会给患者带来负面的心理暗示或伤害。例如，要避免使用可能会引起患者焦虑或抑郁加重的语言和治疗方式。

2. 保证合法性和公平性

（1）信息获取要合法。必须通过合法途径获取数据，不能采用黑客攻击、窃取等非法手段。例如，不能未经用户同意就从个人设备或企业数据库中获取隐私数据用于人工智能模型训练。对于敏感数据，如医疗数据、金融数据等，需要在获得严格授权的情况下才能使用。在收集数据时，应该明确告知数据提供者数据的用途和可能发生的风险。

（2）避免数据偏见。要确保人工智能系统在不同人群、不同场景下都能公平运行。要意识到数据中可能存在的偏见，并努力消除。要对数据进行仔细审查，通过数据清洗、平衡数据分布等方法来避免这种偏见，可以通过多样化的数据收集和公平性评估方法来保证人工智能系统的公平性。

3. 确保透明度

开发者应尽量使人工智能模型具有透明度。对一些简单的模型，要能够清楚地说明模型的工作原理、数据来源和用途，让使用者明白模型是如何做出决策的，能够向使用者解释人工智能系统得出的结果。对于复杂的深度学习算法，可以采用一些可解释性的技术手段，如特征重要性排序、生成解释性文本等，来让用户和利益相关方了解算法的大致逻辑。

4. 清楚自己的能力和责任

开发者要对自己的技术能力有一个清晰的认识，不承担超出自己能力范围的人工智能项目。例如，在开发一个高风险的自动驾驶系统时，如果没有足够的技术积累和测试条件，就不应该盲目推进项目，以免因技术不成熟而导致交通事故等严重后果。

开发者要对自己开发的人工智能系统的行为负责，对系统可能产生的错误、有害影响等承担责任。例如，若智能投资顾问软件因为算法缺陷给用户造成了重大经济损失，开发者应承担相应的责任，包括对软件进行修复、对用户进行赔偿等。责任还体现在对人工智能系统的长期维护和更新上。随着数据的变化和社会环境的演变，开发者需要不断改进系统，以确保其始终符合伦理和法律要求。

12.4.2 使用者的伦理规范

无论是企业还是个人，在使用人工智能技术时都需要遵守伦理规范。

1. 合理使用与避免滥用

在探索人工智能技术的无限可能时，使用者的行为应当遵循目的正当性原则，避免过度依赖和权力滥用。

（1）**目的正当性原则**。使用者应确保使用人工智能技术的目的是符合道德的，必须是在法律允许的范围内。例如，在学术领域，不能使用人工智能技术来抄袭或伪造研究成果，学生不能简单地利用语言生成模型来撰写论文，而应将其作为辅助工具，如帮助理解复杂概念、提供参考思路等。在商业应用中，企业不能利用人工智能进行不正当竞争，如通过窃取竞争对手数据来获取商业机密，或者通过算法操纵市场价格或恶意诋毁竞争对手。例如，电商平台不能使用推荐算法故意隐藏竞争对手的优质产品，而只推送自家产品。在金融行业，不能使用未经监管部门批准的人工智能交易系统进行大规模的金融操作，以免扰乱金融市场秩序。

（2）**避免过度依赖**。使用者应意识到人工智能技术的局限性。例如，在医疗诊断中，医生不能过度依赖人工智能辅助诊断而放弃自己的专业判断，因为可能因为数据偏差或算法缺陷而出现误诊，需要结合自己的知识和经验来综合判断。在法律领域，律师不能完全依赖法律人工智能工具来进行案件分析和辩护，因为可能无法考虑到复杂案件中的所有人文因素和特殊情况，应该在利用人工智能的同时，保持自己的批判性思维。

（3）**避免权力滥用**。当使用者拥有一定的权力或资源时，不能利用人工智能技术来侵犯他人权利。例如，企业管理者不能使用人工智能监控系统过度监视员工的工作行为，包括非工作相关的私人活动，如监控员工在休息时间的聊天内容等。政府部门不能滥用人工智能技术进行无端的社会管控，必须在合理的法律框架和人权保障下使用。

2. 尊重隐私与保障数据安全

（1）**尊重数据所有者权益**。当收集数据用于训练或优化人工智能系统时，需要遵守隐私法规。例如，企业在收集用户数据来改进客户服务人工智能系统时，必须获得用户明确的同意，并且告知用户数据的用途、存储方式和安全措施等。例如，在使用人工智能语音助手时，不能将用户通过语音输入的敏感信息用于其他未经授权的用途。

（2）**保护数据安全**。使用者有责任采取加密技术、访问控制等必要的安全措施来保护数据，确保数据存储安全，防止数据泄露。例如，金融机构使用人工智能技术进行风险评估时，存储客户财务数据的服务器需要有强大的防火墙和加密机制，以保护客户的隐私和资金安全。

（3）**不能随意传播通过人工智能系统获取的隐私数据**。例如，在使用智能安防系统时，安保人员不能将监控视频中的个人隐私信息泄露给其他无关人员。即使是在数据共享的情况下，也需要遵循严格的隐私保护协议。如果确需共享数据用于人工智能模型的优化等合理用途的，也必须征得数据所有者的明确同意，并且要告知数据所有者共享的数据内容、共享对象以及可能产生的风险。

3. 公平对待与防止歧视

（1）**避免偏见传播**。使用者要注意人工智能系统可能存在的偏见。如果发现人工智能系统存在偏见，应该避免传播这种偏见。例如，在使用人工智能辅助招聘时，如果发现系统对某些性别或种族存在不公平的筛选倾向，应该停止使用该系统，并要求开发者进行调整，而不是继续使用带有偏见的筛选结果。在内容推荐系统中，使用者不能利用可能存在的算法偏见来强化某种观念。例如，不能利用社交媒体推荐算法对某些群体的负面刻板印象来传播有害内容，而应该努力纠正这种偏见。在社交媒体平台上，不能利用带有偏见的人工智能推荐算法来强化自己的偏见观点，如只关注和传播某一种特定立场的内容，这将会加剧社会分裂。

（2）平等机会原则。使用者应确保在使用人工智能技术时，为所有相关对象提供平等的机会。例如，在教育领域，不能因为学生使用不同的人工智能辅助学习工具而给予不平等的评价。学校或教育机构应保证每个学生都有公平机会利用这些工具来提高学习效果，而不是让工具成为造成教育不公平的因素。当人工智能用于贷款审批、入学评估等决策时，要确保决策过程是公平的，不能依赖系统输出而忽视其他重要因素。例如，在贷款审批中，如果人工智能系统对某申请人给出较低评分，但该申请人有其他合理解释，使用者应进一步调查，而不是直接拒绝，以保证公平对待每一个个体。

4. 理解和验证结果

（1）要辩证地理解结果。使用者应对人工智能系统的输出结果有基本的理解能力，不能盲目相信人工智能的结论而不进行任何思考。例如，在使用人工智能翻译软件时，使用者应该知道机器翻译可能存在的局限性，如对于一些具有文化背景或隐喻的句子可能翻译不准确；在新闻推荐系统中，使用者要明白推荐结果可能受到算法偏好的影响，不一定能全面反映所有的新闻观点。

（2）要对结果进行验证。对于一些重要的应用场景，使用者应对人工智能的结果进行合理验证。例如，在法律领域，虽然可以利用人工智能系统进行案例检索和初步的法律建议，但最终的法律判断还是需要律师根据法律条文和实际情况进行验证；在学术研究中，不能直接使用人工智能生成的内容而不进行核实，不能将未经检查的人工智能生成的文献综述作为自己研究的依据。

12.4.3 监管者的伦理规范

政府机构和相关行业组织作为监管者，负责制定和执行人工智能伦理相关的政策法规，要确保人工智能的发展在合法、公正、安全的轨道上进行。

1. 资源分配公平性

监管者要确保在人工智能的发展过程中，资源分配是公正的，要保障小型创业公司、学术团队等不同主体都有公平竞争的机会。尤其在研究资金的分配上，不能只偏向大型科技公司或特定的研究机构，这样才能避免少数主体垄断人工智能技术的发展，保证技术创新的多元性。

2. 保障公共利益

（1）公众安全与健康优先。监管者应将公众的安全和健康放在首位。对于高风险的人工智能应用，如自动驾驶汽车、智能医疗设备等，要制定严格的安全标准。例如，在自动驾驶领域，监管者需要确保汽车制造商在推出产品之前，通过大量的模拟测试和实际道路测试，保证车辆能够在各种复杂路况和天气条件下安全行驶，避免因技术故障导致交通事故。对于可能影响公众心理健康的人工智能应用，如社交媒体算法可能导致的信息茧房或过度沉迷问题，监管者要进行有效干预。例如，要求社交媒体平台调整推荐算法，以提供更具多样性和平衡性的内容，防止用户过度接触单一类型的有害信息。

（2）促进社会公正与进步。监管者要关注人工智能技术对社会公平的影响，防止人工智能加剧社会不平等，如通过监管防止人工智能在教育、就业等领域产生不公平的筛选和分配。例如，在教育资源分配中，确保人工智能辅助教学工具不会因为地域、经济条件等因素，造成学生之间的差距进一步扩大。同时，要鼓励人工智能技术的积极进步，促进创新，推动经济和社会的可持续发展。通过制定合理的政策，如税收优惠、研发补贴等，鼓励企业和研究机构开发有利于社会福祉的人工智能应用，如用于清洁能源开发、贫困地区医疗改善等方面的技术。

3. 执法的公平、公正与透明

（1）规则一致性。监管者必须确保监管规则在不同的人工智能应用场景、开发者、使用者和受影响者之间保持一致。应秉持公正公平公开的态度，不能因为开发者的经济实力、社会地位等因素而改变监管标准和尺度。对于违规行为，无论是大型知名企业还是小型初创企业，都要一视同仁，要按既定规则和程序公平地进行处罚，不能因为人情关系、利益关联等因素而选择性执法。同时，要充分考虑使用者和受影响者的利益。例如，在医疗人工智能设备的监管中，要保证患者作为使用者和受影响者的安全和权益，防止因为不合理的算法或设备故障而受到伤害。

（2）避免主观偏见。监管者不能因自身价值观和偏见影响监管。在面对不同国家、不同文化背景的人工智能技术和应用时，不能带有种族、文化或政治偏见。例如，不能因为某个人工智能技术是来自特定国家，就对其安全性评估带有先入为主的看法，而应完全基于技术本身的特性和潜在风险进行监管。在评估人工智能算法是否存在歧视性时，监管者要使用客观的指标和方法，不能仅凭主观印象来判断。例如，在审查招聘用人工智能筛选系统是否存在性别或种族歧视时，要通过统计分析、数据对比等科学方法来合理确定。

（3）监管过程透明。监管者的工作流程和决策过程应该透明，应向社会公众和人工智能开发者公布监管规则的制定过程、评估标准和决策依据。例如，在制定人工智能数据隐私保护法规时，应公开征求意见，让利益相关者参与讨论，并在法规出台后，解释每一条款的具体含义和目的。对于监管过程中的检查、审核和处罚等环节，也要保持透明。如果一个人工智能产品被判定不符合安全标准，监管者应该向公众和开发者解释原因，包括具体的技术缺陷、违反的法规条款等内容，可对其他企业起到警示作用，同时也便于公众监督监管者的执法公正性。这种透明性有助于建立公众对监管机构的信任，也能让开发者提前了解监管要求，避免盲目开发不符合伦理规范的产品。

4. 要强化责任意识

（1）责任界定清晰。监管者要制定详细的法规和标准，建立明确的责任框架，确定人工智能系统在开发、测试、部署、维护、退役等生命周期各个阶段的责任主体，清晰界定各方责任，在发生事故或纠纷时，能准确判断责任归属，不能因责任模糊不清导致问题无法得到有效解决。例如，在人工智能系统造成数据泄露的情况下，要分清是开发者在数据加密和安全措施方面的漏洞，还是使用者在操作过程中的疏忽而导致的问题，然后根据责任进行相应处理。

（2）监管要有灵活性。监管者要能根据人工智能技术的发展和应用变化，及时调整监管策略和法规。当一种新的人工智能应用出现时，监管者要能快速评估其潜在风险和影响，及时制定相应的监管规则，而不是等到问题出现后才采取行动。在监管过程中要平衡好严格监管和鼓励创新之间的关系，避免因过度监管而抑制人工智能技术的创新发展，或者因监管过松而导致社会风险增加。

（3）承担监管责任。监管者要对自己监管工作的质量和效果负责，要明确自身的责任范围。当监管失误导致不良后果（例如，错误地批准了一个存在严重安全隐患的人工智能产品上市），要接受相应的问责，并采取措施弥补损失。同时，监管者要定期审查监管政策是否适应人工智能技术的最新发展，是否存在监管漏洞等。如果因为监管不力导致人工智能技术被滥用于网络犯罪、侵犯隐私等非法活动，监管者应承担相应的责任。

同时，监管者需要加强学习，要有前瞻性思维，要关注人工智能技术的前沿发展动态，提前预测可能出现的伦理问题。例如，随着量子计算技术与人工智能的融合逐渐成为研究热点，监管者要考虑这种融合可能带来的新的安全风险和伦理挑战，如量子攻击对人工智能加密系统的威胁，量子计算加速人工智能算法后可能导致的决策加速失控等问题，并提前研究应对策略。又如，脑机接口技术可用于增强人类认知能力，监管者要在技术尚未大规模普及之前就制定合理的伦理准则，如对于脑机接口可能涉及的人类意识隐私、个体自主性等问题进行前瞻性的思考和规范。

要密切关注国际上其他国家和地区的监管经验和最新法规，借鉴先进的监管模式，结合国情和行业特点，进一步完善我国的监管体系，使监管政策能够适应人工智能技术的快速变化。

12.5 教育领域的人工智能伦理规范

人工智能在教育领域的推广应用，对于促进教育公平、提升教育质量具有重大意义。遵循教育领域的人工智能伦理规范，关乎教育公正性、学生权益、教育创新、培养学生伦理意识以及保障社会整体福祉。因此，必须始终将人工智能伦理作为指导原则，确保人工智能技术在教育领域的有效应用。

12.5.1 有益性原则

1. 促进学生全面发展

人工智能在教育中的应用应该以促进学生的全面发展为目标。例如，智能学习工具应该能够根据学生的学习进度和特点，提供个性化的学习计划和指导，帮助学生提高学习效率和学习兴趣。同时，也可以利用人工智能技术来培养学生的科学素养、创造力、批判性思维等。

2. 提升教育质量

从教育机构和教师的角度来看，人工智能应用应该有助于提升整体的教育质量。例如，通过智能教学评估系统，可以帮助教师更好地了解教学效果，及时调整教学策略，从而提高教学质量。同时，利用人工智能开发的虚拟实验室、在线课程平台等教育资源，可以丰富教学内容，拓宽学习渠道。

12.5.2 公平性原则

1. 资源分配公平

在教育资源分配方面，人工智能系统不能加剧现有的教育资源不平等。例如，智能辅导系统不能因为学生所处地区、学校的经济状况等因素而提供不同质量的辅导服务，要确保所有学生都有平等获取优质教育资源的机会，无论是偏远山区的学生还是城市中心的学生。

2. 避免歧视

人工智能算法用于学生评价、招生等环节时，必须避免基于种族、性别、家庭背景等因素的歧视。例如，在招生过程中使用的智能筛选系统，不能因为学生的种族或性别而对其入学申请产生不公平的判断，要确保训练数据无偏见，且在设计算法逻辑时就要考虑到公平性的因素。

12.5.3 透明性原则

1. 决策过程透明

当人工智能系统用于教育决策，如学生成绩评定、升学推荐等，其决策过程应该是清晰透明的。教师、学生和家长有权知道系统是如何做出这些决策的。例如，基于人工智能的成绩预测系统，应该能够向教师和学生展示它是根据哪些因素以及如何通过这些因素来预测成绩的。

2. 算法可解释性

对于复杂的人工智能算法，如深度学习算法在教育中的应用，要尽可能提高其可解释性。可以采用一些技术手段，如特征重要性分析，让教师和学生了解输入的学习时间、学习习惯等教育数据，对输出的成绩提升建议等结果的相对重要性。这样可以增加师生对系统的信任，也有助于发现可能存在的不公平或错误的决策机制。

12.5.4 隐私保护原则

1. 数据收集合法合理

人工智能系统需要收集大量学生的个人数据，包括学习成绩、学习习惯、心理状态等，这些数据的收集必须有合法的依据，并且要向学生和家长明确告知收集的目的、范围和使用方式。例如，收集学生的心理健康数据用于训练智能心理健康辅导系统时，要经过学生和家长的同意，并且保证数据仅用于帮助学生提升心理健康水平。

2. 数据安全保障

收集到的学生数据必须得到妥善的安全保护，要采取有效的数据加密技术、访问控制措施等来防止数据泄露。因为学生的数据涉及个人隐私，一旦泄露可能会对学生的个人安全和心理造成严重的伤害。例如，存储学生数据的服务器应该有严格的安全防护措施，防止黑客攻击导致数据丢失或被盗用。

12.5.5 责任划分原则

1. 明确开发者责任

如果一个智能教育软件因为开发者的失误，导致学生数据泄露或者对学生产生不公平的评价，开发者应该承担相应的责任。因此，开发者需要对系统进行充分的测试和验证，并且在出现问题时提供技术支持和解决方案。

2. 界定使用者责任

教育机构和教师作为人工智能系统的使用者，也需要对系统的正确使用负责。他们应该了解系统的功能和局限，合理地将系统应用于教育教学过程中。例如，教师不能盲目依赖人工智能系统进行教学决策，而忽略了自己的专业判断。如果因为教师的不当使用导致学生受到伤害，教师也需要承担一定的责任。

12.6 探索人工智能创新与伦理规范的和谐共生

如何认识人工智能可能带来的伦理问题

在人工智能快速发展的时代背景下，创新与伦理规范的关系日益成为社会各界关注的焦点。人工智能技术的每一次突破都带来了前所未有的机遇与挑战，如何在推动技术创新的同时，确保其行为符合伦理规范，成为了一个亟待解决的问题。因此，本节将探讨如何正确处理人工智能创新与伦理规范的关系，以期在保障技术发展的同时，维护社会的伦理道德底线。

12.6.1 平衡创新动力与伦理边界

1. 激励创新，坚守伦理底线

人工智能作为科技进步和社会变革的重要驱动力，创新力量不容小觑。政府与社会应携手并进，通过提供科研经费支持、税收优惠政策及构建创新园区等多元化手段，为人工智能创新营造良好的外部环境。例如，各国政府纷纷设立专项科研基金，重点扶持人工智能在医疗健康、环境保护、交通出行等领域的创新应用，这些激励措施极大地激发了科研人员和企业的创新活力，加速了人工智能技术的迭代升级。然而，在鼓励创新的同时，亦需明确伦理界限，确保创新活动在伦理框架内自由驰骋，不触碰伦理红线。以人工智能生物识别技术为例，必须坚决禁止以牺牲用户隐私为代价的数据收集与使用行为，明确规定禁止将用户生物识别数据用于非法目的，如身份盗用或商业营销等。

2. 伦理考量，融入创新全程

从创新的源头开始，就要将伦理考量融入其中。在人工智能项目的立项阶段，研发团队就应该进行伦理风险评估。以智能聊天机器人项目为例，我们需要审慎考虑其可能产生的内容是否包含歧视性、虚假或有害信息。在算法设计阶段，我们应积极采用可解释性技术，确保算法决策过程的透明度和可审查性。企业作为创新的主体力量，应建立健全内部伦理审查机制，在产品开发过程中定期对技术创新进行伦理审视。大型科技企业在开发新的人工智能算法时，应组织伦理专家、技术人员和法律顾问共同参与审查，确保算法符合公平性、透明性和安全性等伦理原则。

12.6.2 促进协同发展

在人工智能的快速发展中，促进各领域间的协同合作已成为推动技术创新与伦理规范融合的关键路径。

1. 跨领域合作，凝聚智慧

人工智能创新与伦理约束的协同发展，离不开跨领域的深度合作。计算机科学家、伦理学家、社会学家与法律专家等各方力量应携手并进，共同推动人工智能技术的健康发展。在计算机科学家的技术创新引领下，伦理学家提供坚实的伦理理论指导，社会学家深入剖析技术对社会结构与人际关系的影响，法律专家则确保创新活动始终在法律框架内稳健前行。例如，在城市交通管理系统的开发中，各方力量各司其职，共同打造高效、公平、安全的智能交通体系。

2. 国际交流，共享成果

人工智能技术的全球化特性决定了其创新与伦理问题同样具有全球性。因此，加强国际合作与交流显得尤为重要。各国应携手制定国际伦理准则与技术标准，规范人工智能在全球通信网络中的应用。同时，通过国际学术交流与企业合作，共享创新成果与伦理管理经验，推动全球人工智能行业的共同发展。例如，通过举办国际人工智能伦理研讨会，各国研究人员与企业代表共聚一堂，分享成功案例与解决方案，为人工智能技术的可持续发展贡献力量。

12.6.3 动态调整关系

在人工智能技术快速发展的背景下应通过动态调整伦理规则与创新引导，确保技术与伦理的同步发展。

1. 紧跟技术前沿，动态调整伦理规则

人工智能技术处于快速发展之中，新的技术应用和创新模式不断涌现。因此，伦理规则不能是一成不变的。监管机构或伦理委员会需要密切跟踪技术发展，及时调整伦理规则。例如，随着生成式人工智能的出现，其生成内容的版权归属、真实性验证等伦理问题成为新的关注点。监管机构需要针对这些新问题制定相应的规则。行业协会也可以发挥积极作用，定期发布技术发展报告和更新伦理指南。例如，人工智能行业协会可以根据行业最新动态，每年发布一份人工智能伦理指南更新版，指导企业和研发人员在新的技术环境下遵循伦理原则。

2. 根据伦理反思引导创新方向

对伦理问题的深入反思，可以引导人工智能创新朝着更符合人类利益的方向发展。当发现某些人工智能应用存在严重伦理问题时，如具有潜在伤害性的自主武器系统，社会各界可以通过舆论引导、政策调整等方式，促使创新方向转向更具积极意义的领域，如人工智能在医疗康复、环境保护等领域的应用。同时，伦理反思可以激发新的创新思路。例如，对人工智能算法公平性的反思，促使研究人员开发新的公平性检测和优化技术，从而在保障伦理原则的同时也推动人工智能技术本身的创新。

12.7 人工智能与人类：共存而非替代

人工智能技术正在全球范围内蓬勃兴起，为经济社会发展注入了新动能，正在深刻改变人们的生产生活方式。然而，关于"人工智能能否取代人类"的议题却引发了人们广泛而深入的讨论。

12.7.1 人工智能与人类智慧的协同进化

在探讨人工智能与人类的关系时，我们发现两者并非孤立存在，而是在相互影响中共同进步。人工智能的兴起，不仅为人类带来了前所未有的便捷，也促使人类智慧在应对新挑战中不断进化。

1. 人工智能的专业优势

人工智能以其强大的数据处理能力和模式识别技术，在诸多领域展现出了卓越的性能。在医疗诊断、金融分析、智能制造等领域，人工智能不仅提高了工作效率，还降低了错误率，为人类带来了前所未有的便利。然而，这些成就并非意味着人工智能将全面取代人类，而是展现了两者在技术上的互补性。

2. 人工智能技术层面的局限

（1）缺乏真正的意识和情感理解。目前的人工智能还没有自我意识。它是基于程序代码和数据训练出来的工具，只能按照预先设定的规则和模式处理输入的数据。例如，一个图像识别人工智能可以判断图片中物体的类别，但它不会像人类一样对这些物体产生喜爱、厌恶等情感。在情感理解方面，尽管可以通过一些情感分析算法来推测文本或语音中的情绪倾向，但远远达不到人类对情感细腻感知的程度。例如，当一个人讲述自己失去亲人的悲痛经历时，人类听众可以通过对方的语气、表情、肢体语言等多种线索去深刻体会这种情感，而人工智能只能从语言文字表面进行有限的分析。

（2）创造力和想象力的差距。人类的创造力和想象力是基于复杂的大脑思维过程，包括灵感、直觉、抽象思维等多种元素。艺术家能够从生活的点滴中获取灵感，创造出独一无二的艺术作品，这些作品往往蕴含着艺术家的个人风格、价值观和情感。而人工智能的"创作"更多是对已有数据的重新组合或模仿。例如，人工智能可以根据大量的古典音乐作品生成新的音乐片段，但这些片段通常是在已有旋律、节奏的基础上进行拼凑，很难产生像贝多芬、莫扎特等音乐家那样具有开创性的音乐作品，无法像人类一样完全脱离既有模式进行全新的创造。

（3）复杂环境适应性不足。人类具有很强的适应性，可以在各种复杂多变的自然和社会环境中生存，能够在没有明确指令的情况下，灵活应对突发状况。例如，在野外探险时遇到自然灾害，人类可以凭借自己的经验、直觉和求生本能寻找躲避方法。相比之下，人工智能的运行依赖于其训练环境和预设规则，当遇到超出其训练范围的情况，就可能出现错误。例如，在城市道路环境下训练的自动驾驶汽车，当遇到乡村未标识的狭窄道路或路上突然出现的非典型障碍物（如一群羊）时，可能会因为无法准确判断而出现故障。

3. 人类的独特价值

尽管人工智能在某些方面表现出色，但人类的情感、创造力、道德判断等特质，是人工智能难以复制的。人类的直觉、同理心和创新能力，在解决复杂问题、创造新产品和服务方面，具有不可替代的作用。因此，人工智能与人类应携手并进，共同推动社会进步。

12.7.2 人工智能与人类共存的道德基础

在探讨人工智能与人类如何和谐共存时，我们不能忽视道德这一重要基石。道德不仅规范着人类的行为，也为人工智能的应用设定了边界，确保技术发展不会偏离人类的价值观。

1. 伦理和法律的约束

随着人工智能技术的广泛应用，一系列伦理和法律问题也随之显现。为了保障人类社会的公平、正义和安全，必须建立起一套完善的伦理准则和法律体系，对人工智能的研发和应用进行规范和引导。社会伦理和法律对于人工智能的应用有着诸多限制。在一些关键决策领域，如司法审判、医疗手术、军事行动等，人类的责任和判断力被认为是不可替代的。因为这些领域的决策涉及人的生命、权利和社会公正等核心价值。例如，在司法系统中，法官需要根据法律条文、证人证言、社会背景等多种因素进行权衡来做出公正的判决，其中包含了人类的道德观念和社会经验。如果完全由人工智能来审判，很难保证其能够充分考虑到所有的伦理道德因素，一旦出现错误判决，责任界定将非常困难。

2. 就业和社会稳定的考量

从就业角度看，完全取代人类将导致大规模失业，引发严重社会问题。虽然人工智能会创造一些新就业机会，如开发、维护、伦理监管等岗位，但这些岗位数量可能远远少于被替代的岗位。例如，在制造业中，如果自动化生产线完全取代工人，大量一线工人将失去工作。为了维护社会稳定，政府和企业会采取措施平衡人工智能应用和人类就业，如限制某些行业自动化程度，或者通过培训让工人转向其他需要人类技能的岗位。

3. 人类对社交和人文关怀的需求

人类是社会性动物，需要与他人进行真实的社交互动，这种互动包含情感交流、同理心、支持等多种因素。例如，在教育领域，教师与学生之间的互动不仅是知识传递，还包括人格塑造、价值观引导等；在医疗领域，医护人员对患者的关怀能缓解其焦虑和恐惧情绪。这些基于人类情感和社交的活动是人工智能难以完全复制的，人们更倾向于从同类那里获得情感满足。

综上所述，人工智能与人类的关系是共存而非替代。人工智能的快速发展为人类带来了前所未有的机遇和挑战，但我们也应清醒地认识到，人类的情感、创造力、道德判断等特质是人工智能所无法复制的。因此，我们应以开放、包容的心态迎接人工智能时代的到来，同时坚持人类的尊严和权利不可侵犯的原则，推动人工智能与人类共同创造一个更加美好的未来。在人工智能的未来发展中，人机协作将成为主流模式。在很多领域，人工智能将作为人类的辅助工具，提高工作效率和质量，而不是取代人类。

人工智能四大定律

人工智能四大定律，通常是指美国科幻小说黄金时代的代表人物之一阿西莫夫（图12-5）提出的"机器人四大定律"。

阿西莫夫在其1950年出版的《我，机器人》一书中提出了"机器人三大定律"，并在其后期作品中提出了机器人第零定律，合称机器人四大定律，这为机器人技术的发展和应用提供了伦理框架和道德准则，为机器人技术的伦理发展提供了重要的指导原则，提醒我们在追求技术进步的同时，也要关注伦理和道德问题，确保技术的发展符合人类的价值观和利益。

图12-5　阿西莫夫（1920—1992）

1. 第一定律：机器人不得伤害人类个体，或因不采取行动而让人类个体受到伤害

第一定律是最基本的安全原则，体现了对人类生命的尊重和保护，强调人类安全的首要性，即机器人不得在任何情况下伤害人类，包括不能主动伤害人类、不能因为不采取行动而导致人类受到间接伤害。在面临潜在危险时，机器人应优先考虑乘客和行人安全。例如，在自动驾驶汽车的设计中，必须确保车辆在各种情况下都能做出最安全的决策，避免对乘客和行人造成伤害。

如果机器人违反了第一定律，可能会引发一系列严重的后果。第一，会对人类造成伤害，甚至危及生命。第二，机器人会失去人类的信任，导致人们对机器人技术的担忧和反感。第三，从法律和道德的角度来看，违反第一定律的机器人可能会被视为不合法或不符合道德标准的存在，从而面临被禁用或销毁的风险。因此，要求机器人在设计和操作时，必须考虑到人类的安全，避免任何可能导致人类受伤或死亡的行为。

2. 第二定律：机器人必须服从人类的命令

第二定律强调了机器人的服务性质，体现了机器人服务于人类的宗旨，即机器人是为了服务人类而存在的。但不得与第一定律相冲突，即强调了机器人行为的道德和伦理底线，体现了机器人在服务人类的同时，也要保护人类的安全。如果人类命令与保障人类安全的原则相冲突，机器人有权拒绝执行这些命令。例如，自动驾驶汽车在执行任务时，必须遵守交通规则，并尊重人类驾驶员的决策；在智能家居中，机器人需要遵循用户的指令进行操作，但如果用户指令可能导致伤害或危险，机器人应拒绝执行并提醒用户。

如果机器人违反了第二定律，那么后果会相当严重。第一，会导致任务失败或功能受限，影响工作效率和效果。第二，人类会失去信心，甚至怀疑机器人的可靠性和安全性。第三，某些情况下会涉及法律与道德责任问题。例如，导致人类受到伤害或财产损失，那么机器人的设计者、制造者或使用者可能需要承担相应的法律责任。第四，会导致系统内部的冲突和故障而无法正常工作，甚至对周围环境造成潜在威胁。

3. 第三定律：机器人在不违反第一及第二定律的情况下，必须尽力保护自己的存在

第三定律为机器人提供了自我保护的权利，确保机器人在人类安全和服从人类命令的前提下，尽力保护自己的存在和功能，从而更好地为人类服务。这一定律并不是鼓励机器人自私自利，而是强调机器人在完成任务和保护自身之间找到平衡，如果机器人的存在和功能受到威胁，应该采取适当措施来保护自己。例如，自动驾驶汽车在紧急情况下应避开障碍物；工业机器人在执行任务时遇到危险情况，应首先确保人类安全，然后在不违反人类命令的情况下，采取措施保护自己，以避免因损坏而导致生产中断。

如果机器人违反了第三定律，会导致如下后果。第一，机器人自身受损或功能失效，影响机器人的工作效率和使用寿命，甚至可能导致机器人完全无法工作。第二，增加资源消耗和成本，导致不必要的经济损失。第三，可能引发安全和可靠性问题。例如，会导致意外事故的发生，对人类和环境造成潜在威胁。第四，引发人类对机器人的信任危机，从而影响机器人技术在各个领域的应用和推广。

因此，为了避免机器人违反上述定律，需要在设计和制造机器人时充分考虑其安全性和可靠性，制定并严格遵守相关的安全标准和道德规范；在使用机器人的过程中，需要对其进行严格的监管和控制，以确保其不会对人类造成伤害或威胁，能够按照人类的指令执行任务并遵守相关的道德和法律要求，能够在不违反第一和第二定律的前提下尽力保护自己的存在。

4. 第零定律：机器人不可以伤害人类整体利益，也不可以在人类整体利益遭遇危险时袖手旁观

第零定律由阿西莫夫在其后期的作品中提出。阿西莫夫为机器人设定了三条基本定律，用于规范机器人与人类之间的交互行为。随着创作的深入，阿西莫夫意识到需要一条更为基础、优先级更高的规则来统领这三条定律，于是提出了机器人第零定律，其优先级高于前述三条定律。

机器人第零定律的基本含义是，机器人不可以伤害人类的整体利益，也不可以在人类整体利益遭遇危险时袖手旁观。第零定律的提出，进一步强调了机器人在与人类交互时应遵循的伦理原则，即保护人类的整体利益。这一定律对于未来人工智能技术的发展和应用具有重要的指导意义，有助于确保人工智能在造福人类的同时，不会损害人类的整体利益。在实际应用中，机器人第零定律可以作为制定相关法规和标准的基础，以规范人工智能技术的研发和应用行为。

随着人工智能技术的不断发展，关于机器人和人类的关系、机器人的伦理规范等问题日益受到关注。机器人第零定律的提出，引发了人们对于人工智能未来发展方向的深入思考，包括如何确保人工智能技术的安全性和可控性、如何平衡人工智能与人类的关系等。

有学者对机器人第零定律的可行性和有效性进行了讨论，认为在实际应用中可能面临诸多挑战和困难，如何确保机器人遵守第零定律是一个复杂的问题。因为机器人的行为和决策往往受到多种因素的影响，包括内置程序、外部环境、人类指令等。因此，需要制定一套完善的监管机制和伦理规范来

确保机器人的行为符合第零定律的要求。此外，随着人工智能技术的不断发展，机器人可能具备更高的自主性和智能性，这将对第零定律的实施提出更大的挑战。因此，需要不断探索和完善机器人行为规范的伦理框架，以适应人工智能技术的发展和应用。

机器人定律为机器人行为设定了基本的道德和伦理框架，强调了人工智能技术在服务人类的同时，必须确保人类的安全和福祉，旨在保障人类安全和权益、机器人行为可控的前提下，确保机器人与人类和谐共存，为后来的科技伦理和法律框架构建提供了重要的思想基础。然而，随着人工智能技术的发展，这些定律也面临着诸多挑战，需要不断地更新和完善，以适应新的挑战和需求。

机器人定律为机器人的行为提供了明确的指导原则，并广泛应用于多个场景，以确保人类的安全、福祉和利益，如表 12-1 所示。

表 12-1 机器人定律应用场景

定律	典型应用场景
第零定律	政策制定：政策制定者可以借鉴机器人第零定律的精神，制定相关的法规和规范，以确保人工智能技术的发展和应用不会对社会和人类造成不良影响 社会讨论：机器人第零定律的提出可以引发对人工智能、机器人伦理和道德等方面的广泛讨论，促进社会各界对机器人和人工智能技术的理解和接受
第一定律	医疗领域：手术机器人需要在执行手术时确保不会伤害患者，同时提供精准的医疗服务 军事领域：军用机器人需要遵循第一定律，以确保在执行任务时不会伤害无辜平民 服务行业：服务机器人需要确保在提供服务时不会对人类造成伤害，如餐厅的送餐机器人需要避免与顾客发生碰撞
第二定律	工业生产：在自动化生产线上，机器人需要遵循人类的指令以确保生产流程的顺利进行，但如果指令会危害人类安全，机器人应拒绝执行 智能家居：智能家居设备需要响应人类的指令，如调整温度、开关灯等，但这些指令不应损害人类的整体利益或安全
第三定律	灾难救援：在灾难现场，机器人需要保护自身以确保能够继续执行任务，如搜救被困人员、清理废墟等，但不能违反第一和第二定律 自动驾驶：自动驾驶汽车需要在保证乘客和行人安全的前提下，尽可能保护车辆免受损坏
综合应用	在实际应用中，机器人四大定律往往是相互交织、共同作用的。例如，在自动驾驶汽车的应用中，汽车需要遵循第一定律以确保乘客和行人的安全；遵循第二定律以响应乘客的指令（如调整车速、变道等）；遵循第三定律以保护自己的车辆免受损坏；还需要考虑第零定律，以确保自动驾驶汽车的发展和应用不会损害人类的整体利益

本章习题

一、填空题

1. 人工智能伦理是指在人工智能系统的_____、_____、_____和使用过程中，所需要遵循的一系列道德原则和社会价值观。

2. 在人工智能的发展历史中，20 世纪 40 年代到 60 年代被视为人工智能伦理的_____阶段。

3. 随着人工智能技术的广泛应用，如何平衡_____和信息自由成为重要的伦理议题。
4. 人工智能伦理准则主要围绕_____、算法、系统、_____等关键词展开。
5. 在教育领域应用人工智能时，应确保所有学生都有_____利用人工智能辅助学习工具来提高学习效果。
6. 使用者应对人工智能系统的输出结果有基本的_____，不能盲目相信。
7. 监管者要能根据人工智能技术的发展和应用变化，及时调整_____和法规。
8. 机器人第零定律的基本含义是机器人不可以伤害人类_____，也不可以在人类整体利益遭遇危险时袖手旁观。

二、简答题

1. 简述人工智能在社会数字化方面带来的主要挑战。
2. 人工智能伦理的发展历史大致可以分为哪几个阶段？
3. 人工智能伦理建设的主要目的是什么？
4. 简述人工智能在文化数字化方面可能带来的挑战。
5. 人工智能伦理准则在制定过程中主要涉及哪些利益相关主体？
6. 在教育领域应用人工智能时，应遵循哪些主要的伦理规范？

三、思考题

1. 你认为在未来人工智能技术的发展中，如何平衡技术进步与伦理规范的关系？
2. 针对人工智能可能带来的就业替代风险，你认为社会应该如何应对？
3. 在制定全球适用的人工智能伦理准则时，应采取哪些策略和方法来确保国际合作与共识，从而有效应对人工智能技术带来的全球性挑战？
4. 在人工智能技术不断渗透到医疗领域的背景下，如何确保医疗机器人在执行手术或提供医疗服务时遵循伦理原则？

第 13 章　人工智能安全

【知识结构】

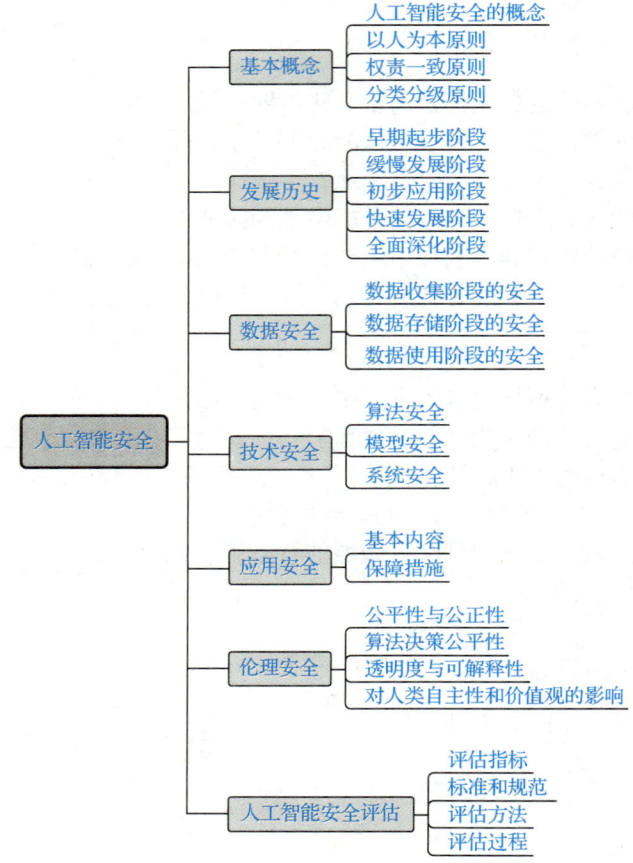

【教学目标】

掌握人工智能的数据安全、技术安全、应用安全和伦理安全等基本概念；理解自动驾驶、医疗诊断等行业面临的安全困境；理解伦理安全所涉及的公平性、责任归属、价值观冲突等问题内涵；熟悉人工智能安全风险评估的基本流程与方法；了解人工智能安全问题对人们生产生活产生的潜在影响，以及保障人工智能安全的常见技术手段；学会综合运用多领域知识，敏锐捕捉新技术、新应用场景带来的安全挑战。

【教学重点】

1. 人工智能安全的基本概念。
2. 人工智能数据安全、技术安全、应用安全和伦理安全。
3. 人工智能安全评估。

第 13 章 人工智能安全

📦 【教学难点】

1. 人工智能技术安全。
2. 人工智能安全评估标准和规范。

📦 【案例导入】

两起案件引起的警示

据媒体报道，杭州警方发现境外某平台上有团伙推广"帮忙获取他人网络信息"业务，称可使用人工智能换脸技术突破平台登录识别验证，定向获取用户留存于平台的全量信息。犯罪团伙将受害者的人脸照片放置到人工智能工具中，提取面部关键特征，把静态照片生成动态视频，以此突破各大平台的人脸认证功能［图 13-1（a）］。经侦查，警方在安徽、贵州、浙江三地抓获 4 名犯罪嫌疑人。该团伙在境外网络承接定向出售国内头部平台用户数据业务，通过输出动态视频突破平台人脸认证，强制登录他人账号，获取大量受害人私人数据和敏感信息并出售获利。

据英国媒体报道，一位英国程序员使用 GPT 生成代码，结果代码中引用了来自 GitHub 的恶意项目，导致他的私钥被泄露给钓鱼网站，最终损失了 2500 美元。这是典型的数据投毒攻击事件，表明人工智能大模型在生成代码等方面存在安全风险，可能会无意间引入恶意内容或存在被利用进行欺骗的可能性，反映出当前人工智能技术在安全性方面存在漏洞，用户在使用人工智能生成的代码或建议时不能盲目信任［图 13-1（b）］。该事件引发了业界对人工智能安全性的广泛关注，提醒开发者和用户在享受人工智能带来便利的同时，要高度重视其潜在的安全风险，在使用人工智能辅助工具时应保持谨慎，加强对人工智能生成内容的审核和验证。

（a）换脸登录账号事件　　　　　　　　（b）数据投毒攻击事件

图 13-1　两起人工智能安全事件

2024 年，美国国防部首席数字与人工智能办公室成立了人工智能快速能力小组，旨在加速推进前沿和先进人工智能能力的建设与部署，加速和扩展人工智能技术的应用。同年，中国首批 17 家行业领军企业正式签署《人工智能安全承诺》，共同推动行业自律，建立高效协同的治理机制，协力共促人工智能应用以人为本、智能向善。

党的二十大报告中也指出，"我们要坚持以人民安全为宗旨、以政治安全为根本、以经济安全为基础、以军事科技文化社会安全为保障、以促进国际安全为依托，统筹外部安全和内部安全、国土安全和国民安全、传统安全和非传统安全、自身安全和共同安全，统筹维护和塑造国家安全，夯实国家安全和社会稳定基层基础，完善参与全球安全治理机制，建设更高水平的平安中国，以新安全格局保障新发展格局。"

13.1 基本概念

随着人工智能技术的飞速发展和广泛应用,安全问题日益凸显。一旦人工智能系统受到攻击、出现故障或被恶意利用而产生错误决策,可能会对人们的生命财产、社会秩序和国家安全造成严重影响。因此,保障人工智能安全对于维护数字世界的稳定和安全具有重要意义。

13.1.1 人工智能安全的概念

所谓人工智能安全,是指在人工智能系统的开发、训练、部署和使用的全生命周期中,通过采取必要的措施,防范对人工智能系统的攻击、侵入、干扰、破坏和非法使用等,确保人工智能系统在任何环境下都能按照预期的方式稳健、可靠的运行,防止人工智能技术被恶意利用或出现意外的有害行为,同时保护数据、模型和用户权益,且要求符合人工智能伦理规范。

1. 数据安全

人工智能数据安全是人工智能安全的重要组成部分,主要是指在人工智能系统的数据生命周期中,采取一系列措施来保护数据的保密性、完整性和可用性等,防止数据受到各种威胁和风险。

2. 技术安全

人工智能技术安全是指在人工智能系统的开发、部署和运行过程中,采取一系列措施来保障技术体系的可靠性、稳定性、保密性、完整性和可用性,防止技术被恶意利用、攻击或出现故障而导致安全问题等。

3. 应用安全

人工智能应用安全是指在人工智能技术应用于各个领域的过程中,确保其运行的安全性、可靠性,以及对用户和社会产生的影响符合法律、道德和安全等要求,避免因应用不当或遭受攻击而导致的各种安全风险和不良后果。

4. 伦理安全

人工智能伦理安全是指在人工智能的研发、应用和发展过程中,确保其符合人类的伦理道德原则和价值观,避免对人类社会、环境和个体造成不良影响和危害的一系列问题和措施等。

13.1.2 以人为本原则

所谓以人为本原则,是指在人工智能系统的开发、部署和使用过程中,将人类的利益、安全、权利和福祉放在首位的一系列理念和准则。意味着在设计和应用人工智能系统时,应秉持智能向善、造福人类目的,充分考虑其对人类社会的积极影响,确保不会侵犯人类尊严、权利和自由。

因此，强调以人为本的安全原则，是保障人类社会稳定、人工智能可持续发展的关键。

1. 保护人类生命安全

保护人类生命安全是对人工智能系统最基本的要求。在设计人工智能系统时，应确保不会对人类生命造成直接威胁。例如，智能手术机器人的操作过程必须经过严格的安全测试，防止出现机械故障或算法失误而对患者造成伤害。

当系统出现故障，或者面临复杂的、可能危及生命的情况时，应有可靠的故障安全机制，如自动停机或切换到手动操作模式等。

2. 尊重人类权利和自由

人工智能系统不能侵犯人类隐私权、言论自由等基本权利。例如，人脸识别系统不能在未经授权情况下擅自收集和滥用个人面部信息，不能用于监控或限制人们合理的言论和行动自由等。

3. 保障人类福祉

人工智能系统应有益于人类。例如，智能客服系统应能高效、准确地为用户解决问题，提高用户的使用满意度。

智能教育系统要能根据学生特点提供个性化学习方案，促进教育公平和学生全面发展，而不是给用户带来困扰或不良的应用体验。

4. 可解释性和透明度

人工智能系统的决策过程，尤其是那些对人类有重大影响的决策，应具有一定的可解释性。例如，信贷审批人工智能系统拒绝贷款申请时，应能向申请人解释拒绝的原因，让用户能理解和信任人工智能系统的决策，并且在必要时能对错误决策进行纠正。

为了更好地贯彻以人为本原则，需要从技术层面加强安全设计，提高抗干扰能力；在法律层面，需要制定相应的法律法规来规范人工智能的开发和使用，明确责任主体；在社会层面，需要对公众进行人工智能安全知识的普及，让人们能更好地监督和参与人工智能的发展。

13.1.3 权责一致原则

所谓权责一致原则，是指在人工智能系统的研发、部署、使用和维护等整个生命周期中的各个环节，开发者、使用者、监管者等相关主体的权利和责任相互匹配。这意味着谁拥有对人工智能系统操作和决策的权力，谁就要对这些操作和决策所带来的后果负责。

随着人工智能技术日益复杂且应用广泛，涉及主体众多，明确权责一致是保障系统安全可靠运行的关键。例如，在医疗领域使用人工智能诊断系统，如果出现误诊而没有明确的责任主体，患者的权益将无法得到保障，也会导致医疗秩序混乱。明确权责划分有助于各个主体更加谨慎地行使自己的权利，减少安全事故的发生，并且在出现问题时能够及时追溯和补救。

1. 开发者方面

（1）权利。开发者有权用数据和算法来构建人工智能系统，可以决定系统的架构、功能和性能指标等。例如，开发一个智能投资顾问系统，开发者可以根据金融市场的特点和投资者的需求,来设计系统的风险评估模型和投资策略推荐功能。

(2) 责任。开发者有责任确保系统的安全性和可靠性。需要对系统进行充分的测试,以避免系统出现漏洞或者错误决策。例如,要对智能投资顾问系统进行大量的模拟交易测试和风险评估测试,防止因算法缺陷导致投资者遭受重大损失。而且,开发者需要对系统可能产生的伦理和社会影响进行评估,如是否存在算法歧视等情况。

2. 使用者方面

(1) 权利。使用者有权按照规定的方式使用人工智能系统来获取服务或实现目标。例如,企业用户有权使用人工智能图像识别系统来对产品质量进行检测,以提高生产效率。

(2) 责任。使用者有责任正确使用系统,遵守使用规范。如果使用者故意滥用系统,如通过篡改智能交通监控系统的数据来逃避交通违法处罚等,应当承担相应责任。同时,使用者还需要对系统的输出结果进行合理的验证,不能盲目依赖人工智能系统的决策。例如,医生在使用人工智能辅助诊断工具时,不能完全依赖其结果,需结合专业知识和临床经验进行判断,并对最终诊断结论负责。

3. 监管者方面

(1) 权利。监管者有权制定和执行相关的法规、标准和政策,以监督人工智能系统的开发和使用。例如,政府部门可以规定人工智能医疗设备的准入标准,要求进行严格的临床试验和安全性评估。

(2) 责任。监管者有责任确保法规的公正性和有效性,及时发现和处理人工智能系统可能带来的安全风险和社会问题。如果监管不到位,导致存在安全隐患的人工智能产品流入市场并造成危害,监管者要承担一定责任。

为了更好地实现权责一致原则,需要建立完善的责任追溯机制。当人工智能系统出现安全问题或者不良后果时,能够通过技术手段和法律程序来确定责任主体。同时,还需要加强不同主体之间的沟通和协作。例如,开发者和使用者之间可以建立反馈机制,使用者将系统在实际使用中出现的问题及时反馈给开发者,以便开发者进行改进,共同保障人工智能系统的安全和有效使用。此外,保险机制也可以作为一种补充手段,对因人工智能系统问题造成的损失进行合理赔偿,同时也促使各主体更加重视自身的责任。

13.1.4 分类分级原则

人工智能技术的应用场景极为广泛,从简单的智能语音助手到复杂的自动驾驶系统、金融风险预测系统等。不同的应用场景和功能带来的风险差异巨大。例如,一个用于娱乐目的的智能猜数字游戏应用和一个用于控制核电站的人工智能系统,在安全重要性上有天壤之别。

所谓分类分级原则,是指根据人工智能技术发展的成熟度、应用场景、数据敏感性、风险等级、安全需求等多种因素,对人工智能系统进行类别划分和安全等级评定。这一原则的实施有助于合理分配资源,确保不同类型和等级的系统能够在合理的安全控制措施下运行,提高安全防护的有效性。

1. 分类原则

根据人工智能系统的功能、应用场景、技术成熟度等进行分类。通过分类，可以更清晰地了解不同类别的人工智能系统所面临的安全风险和挑战，从而制定相应的安全策略和防护措施。

（1）应用场景分类。人工智能系统的应用场景可以分为医疗健康领域、交通领域、金融领域、工业制造领域、娱乐休闲领域等。例如，在医疗健康领域，人工智能系统用于辅助诊断、手术机器人操作等；在交通领域，主要应用于自动驾驶、智能交通管理等。不同的应用场景面临的安全威胁不同，医疗场景可能更关注数据隐私和诊断准确性，而交通场景则更注重实时性和系统的可靠性，防止交通事故。

（2）数据敏感性分类。根据人工智能系统所处理数据的敏感程度，可将数据分为公开数据、一般个人数据、敏感个人数据、商业机密数据、国家机密数据等。处理敏感个人数据的人工智能系统，如医疗影像识别系统，需要更高的安全保护措施，如严格的数据加密、访问控制等，以防止数据泄露和滥用。

（3）技术复杂程度分类。按人工智能系统的技术复杂程度，可分为简单的基于规则的人工智能系统和复杂的深度学习系统。简单的基于规则的智能客服系统，其安全管理相对容易，主要关注规则的准确性和系统的稳定性；而复杂的深度学习系统，如用于基因编辑技术的人工智能辅助系统，由于其内部结构复杂、具有黑箱性质，需要更多地关注算法的可解释性和模型的鲁棒性等安全问题。

2. 分级原则

根据人工智能系统的风险程度和安全需求，将其划分为不同的安全等级。通过分级，可针对不同等级制定不同的安全标准和要求，确保系统在不同场景下都能达到相应的安全水平。

（1）风险程度分级。风险程度一般可分为低风险、中风险、高风险等级别。低风险等级的人工智能系统可能是那些对用户影响较小、不涉及关键业务的系统，如智能日厉提醒系统。中风险等级的人工智能系统可能会对用户的生活或经济利益产生一定的影响，如普通的电商推荐系统。高风险等级的人工智能系统则会对人的生命安全、国家安全、重大经济利益等产生严重影响，如自动驾驶汽车系统、防空反导人工智能控制系统。

风险程度的评估可以考虑多个因素，包括系统故障可能导致的人员伤亡、经济损失、社会秩序混乱等后果，发生故障的概率，系统的恢复能力等。

（2）安全需求分级。安全需求包括身份认证需求、数据完整性需求、访问控制需求等。高等级的人工智能系统可能需要多因素身份认证、严格的数据完整性验证和精细的访问控制策略。例如，一个用于国家级关键基础设施保护的人工智能系统，需要高级别的身份认证措施，如生物识别技术结合智能卡认证，以确保只有授权人员能够访问和操作。

13.2 发展历史

人工智能安全是伴随着人工智能的发展而逐步受到重视并发展起来的。人工智能安全的发展历史可以大致分为以下几个阶段。

13.2.1　早期起步阶段（20 世纪 50 年代至 70 年代）

人工智能处于初步探索时期，虽然当时人们对人工智能安全的认识还很有限，但已经开始意识到计算机系统可能面临的潜在风险。

这一时期对于人工智能安全的研究相对较少，更多的是对人工智能系统本身的可靠性和稳定性的关注，避免人工智能系统出现错误和故障。

由于当时的计算机技术还相对落后，人工智能系统的能力较弱。在安全技术方面，基本的访问控制、数据加密等技术开始出现，但还没有专门针对人工智能系统进行优化和应用。

虽然没有专门的人工智能安全研究成果，但在计算机安全领域，已经开始关注数据的保密性、完整性和可用性等基本安全属性，为后来人工智能安全研究提供了一定的借鉴。

13.2.2　缓慢发展阶段（20 世纪 80 年代至 90 年代）

人工智能在早期的蓬勃发展后遭遇了技术瓶颈，人工智能研究陷入低谷。与此同时，计算机网络开始兴起，网络安全逐渐成为一个独立的研究领域，但人工智能与网络安全尚未深度融合。

这一时期出现了一些基于知识的专家系统用于辅助网络安全决策。通过预先定义的规则和知识来识别已知的安全威胁，如病毒检测和防火墙策略配置。然而，专家系统的知识库更新困难，对于新型攻击和复杂多变的网络环境适应性差。于是开始尝试将人工智能技术应用于入侵检测。例如，使用简单的统计分析和模式识别方法来检测网络异常行为。但这些方法比较粗糙，容易产生大量的误报，并且对复杂的攻击模式识别能力有限。

加密技术在这一时期得到了显著的发展，如公钥加密体制的广泛应用。虽然这些加密技术主要用于保护数据的保密性和完整性，但也为人工智能系统中的数据安全提供了一定的保障。例如，在人工智能模型训练数据的存储和传输过程中，可以利用加密技术防止数据泄露。

防火墙的出现是网络安全的一个重要里程碑。它通过设置访问控制策略，阻止未经授权的网络访问。这在一定程度上保护了人工智能系统所在的网络环境，但对于内部攻击和通过合法渠道进行的恶意攻击防御能力有限。

由于人工智能技术本身的发展受挫，加上网络安全领域主要关注传统的攻击和防御手段，人工智能安全这一交叉领域尚未引起足够的重视。计算机科学、数学等学科在人工智能和网络安全领域各自发展，但跨学科的交流和融合不够深入，导致人工智能安全研究缺乏系统性和全面性。

人工智能技术在当时的计算能力和数据资源限制下，难以实现复杂的安全数据分析和防御功能。例如，机器学习算法在处理大规模网络安全数据时效率低下，且准确性难以保证。随着计算机技术的发展，新的安全威胁不断涌现，如分布式拒绝服务攻击和恶意软件的快速传播。当时的人工智能安全技术还无法有效应对这些复杂多变的威胁。企业和用户对人工智能安全的重要性认识不足，在系统设计、开发和使用过程中很少考虑人工智能安全问题，这也在一定程度上阻碍了人工智能安全研究的发展。

13.2.3　初步应用阶段（21 世纪初至 2010 年）

进入 21 世纪后，计算机技术和互联网的持续发展使得网络安全威胁日益复杂多样。传统的安全防护手段在应对新型攻击时逐渐显得力不从心。与此同时，人工智能技术在机器学习、数据挖掘等领域取得了一定的进展，为其在安全领域的应用提供了技术基础。例如，机器学习在安全领域用于异常检测，通过自动学习数据中的正常模式和异常特征，提高了异常检测的准确性。出现了一些行为分析工具，通过收集和分析用户的操作习惯、访问模式等，建立用户行为模型。例如，银行系统会分析用户的转账习惯、登录位置等行为特征。当出现异常时，系统及时进行风险预警，防止欺诈行为的发生。

与前一阶段相比，人工智能安全技术开始从简单的基于规则的应用向智能化方向发展。机器学习算法能够自动从数据中学习安全知识，而不是依赖于人工定义的规则，这使得安全系统能够更好地适应不断变化的安全威胁。大量的网络安全数据，如网络流量数据、系统日志、软件样本等，被用于训练人工智能模型。安全决策更多地基于对这些数据的分析结果，而不是单纯的经验或预设的规则。

虽然机器学习算法的应用取得了一定的成果，但当时的模型精度仍然有限，存在误报和漏报的情况。例如，在恶意软件检测中，一些正常软件可能会被误判为恶意软件，而一些新型的、经过复杂变形的恶意软件可能会被漏检。

数据质量参差不齐是一个突出的问题。用于训练人工智能安全模型的数据可能存在噪声、不准确或不完整的情况，这会影响模型的性能。例如，在收集网络流量数据时，如果数据采集设备出现故障或网络环境复杂，可能会导致采集到的数据无法真实反映网络的实际情况。

当时的人工智能模型面对新的安全威胁以及训练数据分布不同的情况，泛化能力较差。例如，一个基于特定企业网络数据训练的异常检测模型，在应用到其他企业或不同类型的网络环境中时，可能无法有效地发挥作用。随着人工智能在安全领域的应用，攻击者也开始研究如何对抗这种技术。虽然在这一阶段对抗性攻击尚未大规模出现，但已经有一些苗头，如通过对恶意软件进行微小的修改，使其能够躲避机器学习模型的检测。

13.2.4　快速发展阶段（2011 年至 2020 年）

2016 年，AlphaGo 战胜围棋世界冠军李世石，展示了深度学习和强化学习在复杂任务中的巨大潜力，引发了全球对人工智能的广泛关注，也让人们开始高度重视人工智能可能带来的安全问题。

这一阶段的人工智能安全呈现出诸多特点。随着人工智能技术的广泛应用，出现了如算法偏见导致的不公平决策、模型窃取引发的知识产权问题、深度伪造技术带来的虚假信息传播等新的安全风险，这些风险不仅涉及技术层面，还涉及伦理、法律和社会等多个层面。攻击者利用人工智能技术进行更复杂、更隐蔽的攻击，而防御者也需要借助人工智能的力量来提升防御能力，形成了智能化的攻防对抗局面。例如，攻击者可以使用人工智能生成恶意代码，而防御者则需要利用人工智能技术来检测和识别这些新型威胁。

各国政府、国际组织和企业纷纷意识到人工智能安全问题的重要性，开始构建全面的人工智能安全治理体系，包括制定法律法规、建立标准规范、加强监管等，以确保人工智能技术的健康发展。

同时，人工智能安全也面临着新的挑战。例如，人工智能模型的复杂性不断增加，如深度学习模型的黑箱性质使得理解和解释其决策过程变得困难，这给安全检测、风险评估和漏洞修复等带来了巨大挑战。同时，人工智能系统的分布式和协同性特点也增加了安全管理的复杂性。大量的数据被用于训练人工智能模型，数据的隐私和安全成为关键问题。数据泄露、数据滥用等事件可能导致个人隐私曝光、企业商业机密泄露等严重后果。此外，数据的质量和真实性也会影响人工智能模型的安全性和可靠性。虽然各国已经出台了一些人工智能安全相关的政策和法规，但总体来说，法律法规仍然滞后于人工智能技术的发展。在人工智能的责任界定、知识产权保护、伦理道德规范等方面，还存在许多法律空白和模糊地带，需要进一步完善。

13.2.5　全面深化阶段（2021 年至今）

2022 年，ChatGPT 等生成式人工智能的问世，开启了人工智能应用的新纪元，其强大的语言生成能力和广泛的应用前景，使人工智能安全问题再次成为全球焦点，数据隐私泄露、虚假信息生成、算法偏见等安全风险，受到全球范围内的高度关注。

各国政府、科研机构、企业等各方力量协同合作，纷纷出台人工智能安全政策和法规，推动人工智能安全在各个层面全面深化发展。例如，全球首届人工智能安全峰会于 2023 年 11 月在英国布莱切利庄园举行，会议达成了《布莱切利宣言》。中国秉持发展和安全并重的原则，主张通过对话与合作凝聚共识，构建开放、公正、有效的人工智能治理机制，并于 2023 年 10 月发出《全球人工智能治理倡议》。2024 年 9 月，全国网络安全标准化技术委员会发布《人工智能安全治理框架》，为推动人工智能安全治理提供了基础性、框架性技术指南。2025 年 2 月，在法国巴黎举行的人工智能行动峰会上发布了《关于发展包容、可持续的人工智能造福人类与地球的声明》，声明中倡议将确保人工智能"开放、包容、透明、合乎伦理、安全和可信"，这标志着国际社会在人工智能安全方面的合作迈出了重要一步。

这一阶段的主要技术特点如下。一是隐私增强技术与人工智能的融合。通过在数据收集、传输、训练和查询等阶段添加噪声，采用差分隐私、联邦学习等技术，在保证数据可用性的同时，严格保护数据隐私。二是可解释人工智能的深入研究。为解决深度学习等复杂人工智能模型的"黑箱"问题，多种可解释性技术被开发和应用。例如，特征重要性排序方法，可确定输入数据的各个特征对模型输出的相对重要性。在信贷风险评估模型中，通过可解释性技术，可以明确告知用户收入水平、信用记录等哪些因素对其信贷额度和利率的确定起关键作用，提高了模型的透明度和可信度。三是人工智能驱动的安全技术创新。例如，基于深度学习的入侵检测系统可以自动学习网络攻击的新模式，实时监测和识别复杂的网络入侵行为。这些系统通过分析海量的网络流量数据，能够精准地发现异常流量模式，及时发出警报和采取防御措施。

随着人工智能应用领域的拓展与深化，虽然法规与监管体系在不断完善，但仍然面临诸多新的挑战。攻击手段不断升级，对抗性攻击变得更加复杂和隐蔽。例如，通过优化对抗样本的生成方法，使其能够更有效地欺骗人工智能安全检测系统。同时，新兴的人工智能技术，如量子计算与人工智能的融合，虽然可能带来计算能力的巨大提升，但也可能引发新的安全风险，如量子攻击对现有加密体系的威胁，进而影响人工智能系统的数据安全。

13.3 数据安全

数据是人工智能的核心要素。所谓数据安全，是指在人工智能系统的数据收集、存储、使用等各个阶段中，保护数据的保密性、完整性和可用性的一系列措施和实践。一旦数据出现安全问题，不仅会导致人工智能系统的性能下降，还可能会泄露个人隐私、商业机密或国家敏感信息。

13.3.1 数据收集阶段的安全

在人工智能数据收集阶段的安全问题，主要指收集的合法性和合规性、数据高质量和真实性。

1. 合法性和合规性

数据收集必须在法律允许的范围内进行。不同行业和地区有不同的法律法规，要遵循《中华人民共和国数据安全法》《中华人民共和国个人信息保护法》《中华人民共和国网络安全法》《网络数据安全管理条例》《信息安全技术公共及商用服务信息系统个人信息保护指南》《电信和互联网用户个人信息保护规定》等法律法规。例如，在医疗领域，收集数据要征得患者明确同意，并告知患者数据用途、存储方式和共享范围等。

2. 数据高质量和真实性

要确保收集的数据是高质量且真实的。低质量数据（如包含大量错误标签的数据），会影响人工智能模型的训练效果。例如，在动物图像识别模型的训练中，如果收集的图像标签错误，把"猫"的图片标注为"狗"，那么模型在学习过程中就会被误导。同时，要防止恶意数据的注入。攻击者可能会故意提供错误的数据来破坏模型，俗称"数据投毒"。例如，在垃圾邮件过滤模型的训练中，攻击者可能会大量发送标注为"正常邮件"的垃圾邮件，使模型的过滤功能失效。

13.3.2 数据存储阶段的安全

1. 加密存储方式

数据应采用加密存储的方式。对于敏感数据（如用户密码、医疗记录等），加密可以防止数据在存储过程中被窃取。例如，企业存储用户登录密码时，通过哈希函数对密码进行加密，即使数据存储设备被非法获取，攻击者也很难获取原始密码。还可以采用分布式存储系统来提高数据存储的安全性，将数据分散存储在多个节点上，即使某个节点被攻击或出现故障，数据仍然可以从其他节点恢复。例如，在云存储中，数据被复制存储在多个数据中心的服务器上。

2. 访问控制机制

建立严格的访问控制机制，只有经过授权的人员才能访问数据。例如，在企业数据存储服务器中，员工需要使用用户名和密码，需要通过指纹识别、短信验证码等多因素认证才能登录系统。同时，对数据访问权限进行限制。例如，电商客服只被允许访问用户基本订单信息，财务人员只能访问用户支付信息但不能修改订单内容等。

13.3.3 数据使用阶段的安全

1. 数据完整性和一致性

在使用数据进行模型训练或推理时，要确保数据的完整性。数据在传输过程中可能会受到攻击导致数据内容被篡改。为防止这种情况，可使用安全协议。例如，在将数据从本地存储服务器传输到云端的模型训练平台时，需要对数据进行加密和完整性验证，以确保数据在传输过程中不被篡改。数据的一致性也很重要。例如，在一个多源数据融合的人工智能系统中，要确保来自不同数据源的数据在格式、语义等方面保持一致，否则会导致模型训练出现错误或模型输出不准确。

2. 数据匿名化和脱敏

在某些情况下，为了保护用户隐私，需要对数据进行匿名化或脱敏处理。匿名化是指去除数据中的个人身份信息，使数据主体无法被识别。例如，在处理医疗数据用于研究时，可以去除患者的姓名、身份证号等直接身份信息。脱敏则是对敏感数据进行处理，使其失去敏感性。例如，在金融数据中，将用户银行卡号部分数字用星号代替，这样在使用数据进行分析时，既能保护用户隐私，又能利用数据的其他有用信息。

13.4 技 术 安 全

所谓技术安全，主要指在人工智能系统开发、部署和使用过程中，保障相关技术的可靠性、保密性、完整性和可用性，使其能够抵御各种安全威胁，如对抗攻击、数据泄露、模型篡改等，并且在面对技术故障、软件漏洞等意外情况时仍能维持系统的正常运行。

13.4.1 算法安全

确保人工智能算法的可靠性和稳定性，防止出现漏洞或错误，导致系统故障或做出错误决策。

1. 算法鲁棒性

所谓算法鲁棒性，是指算法在面对各种干扰、噪声、异常输入或对抗攻击时，仍能保持稳定和正确输出的能力，能够有效抵御外界因素对其性能的影响。

（1）算法面临的威胁。一是对抗攻击。这是重大威胁，攻击者将精心设计的微小扰动添加到输入数据中，使算法产生错误的输出。例如，在交通领域的图像识别中，通过在正常图像上添加人眼难以察觉的噪声，导致交通标志识别错误。二是数据噪声和异常值。实际数据往往包含噪声或异常值。例如，在故障检测的传感器数据采集过程中，可能由于设备故障、环境干扰等因素产生噪声数据。如果算法鲁棒性差，这些噪声和异常值可能会使算法输出结果偏离，导致漏报或误报。

（2）提升策略。一是对抗训练。将对抗样本与正常样本一起作为训练数据，让算法学习识别对抗样本的特征。例如，在训练深度学习模型时，周期性地生成对抗样本并加入训练集，使模型能够适应这些攻击，增强鲁棒性。二是数据清洗和预处理。对输入数据进行清洗，去除明显的噪声和异常值。例如，在自然语言处理中，可以过滤掉不符合语法规则或语义异常的句子片段。在数据预处理阶段还可以采用数据归一化、标准化等方法，使数据分布更合理，提高算法对数据变化的适应性。三是模型融合和集成学习。通过将多个不同的模型进行融合或采用集成学习方法，如随机森林、梯度提升树等，提升算法的鲁棒性。不同模型对数据的理解和处理方式不同，组合起来可以降低单一模型因受到攻击或数据异常而导致错误的风险。

2. 算法公平性

所谓算法公平性，是指算法在处理不同个体或群体的数据时，不会因为种族、性别、年龄、地域等敏感属性而产生歧视性的结果。公平的算法保证在相同的条件下，不同群体能得到公正的对待。

（1）产生不公平的原因。

① 数据偏差。训练数据本身可能存在偏差。例如，在招聘数据中，如果历史招聘记录中男性的录用比例远高于女性，基于这些数据训练的招聘算法可能会倾向于男性候选人，从而产生性别歧视；在金融信贷数据中，如果某些地区的不良贷款率数据不准确，可能会导致该地区人群在信贷算法中受到不公平对待。

② 算法设计缺陷。算法设计过程中如果没有考虑公平性因素，也可能导致不公平结果。例如，在某些特征选择方法中，如果选择了与敏感属性高度相关的特征，且这些特征对结果有较大影响，就可能产生歧视性输出。

（2）确保公平性的方法。

① 数据审核和平衡。对训练数据进行审核，检查数据中是否存在与敏感属性相关的偏差。如果存在，通过数据重采样技术进行平衡。例如，在医疗诊断数据中，如果某种疾病在不同种族中的样本数量差异过大，可以采用过采样或欠采样的方法，使各个种族的样本数量相对平衡。

② 去除敏感属性关联。在数据预处理阶段，尽量去除数据中与敏感属性的直接关联。例如，在学校招生算法的训练数据中，避免使用可能与家庭经济状况有关的特征，除非这些特征与招生的核心素质有直接关系。

③ 公平性约束条件。在算法设计过程中加入公平性约束条件。例如，在分类算法中，可以设定约束条件，要求不同敏感群体在正负分类结果上的比例差异保持在一定范围内；也可以在目标函数中加入公平性惩罚项，当算法产生不公平结果时，通过惩罚项调整算法的参数。

④ 公平性评估指标。使用公平性评估指标来衡量算法的公平性。例如，平等机会差异、统计平等差异等指标可以量化算法在不同群体间的公平程度。在算法训练过程中，定期使用这些指标进行评估，并根据评估结果调整算法。

3. 算法可用性

所谓算法可用性，是指算法在实际应用场景中能够被有效使用的程度，包括算法的性能表现满足应用需求，并且其资源消耗在可接受的范围内，同时用户能够方便地理解、部署和维护该算法。

（1）性能可用性。

① 准确性与可靠性。在图像识别算法中，准确性体现为能够正确识别图像中物体的类别。例如，人脸识别算法用于门禁系统时，需要有很高的准确性来确保只有授权人员能够进入。对于分类算法，常用的评估指标（如准确率、精确率和召回率等）可以衡量其准确性。可靠性是指算法在不同环境和数据条件下性能稳定的程度。一个可靠的算法在面对数据分布变化、噪声干扰等情况时，依然能够保持较好的性能。例如，在自动驾驶场景下的目标检测算法，需要在不同的天气、光照条件下都能可靠地检测到道路上的车辆、行人等目标。

② 时效性。算法的运行速度和响应时间是影响可用性的重要因素。在实时性要求高的应用中，如金融交易中的欺诈检测算法、智能交通系统中的交通流量预测算法等，需要快速地处理数据并输出结果。如果算法的计算时间过长，可能会导致错过最佳决策时机。例如，在高频交易场景下，欺诈检测算法需要在毫秒级的时间内完成交易数据的分析，以快速识别潜在的欺诈行为。

③ 可扩展性。随着数据量的增加和应用场景的拓展，算法需要能够有效地扩展。例如，在大型互联网公司的推荐系统中，随着用户数量和商品数量的不断增长，推荐算法需要能够适应这种规模的变化，在处理海量数据时仍然能够高效地运行并提供准确的推荐结果。可扩展性好的算法可以通过分布式计算、并行计算等技术来应对数据量和计算量的增长。

（2）资源可用性。

① 计算资源需求。算法在运行过程中需要消耗一定的计算资源，包括 CPU、GPU、内存等。对于复杂的深度学习算法，如大型 Transformer 架构模型，其训练和推理过程通常需要大量的 GPU 资源来加速计算。如果算法对计算资源的需求过高，超出了用户或企业的资源承载能力，就会限制其可用性。例如，一个小型研究机构可能因为没有足够的 GPU 设备而无法运行某些先进的深度学习算法来进行科研工作。优化算法的计算资源消耗可以通过模型压缩技术、量化等方法来实现。这些方法可以在一定程度上降低算法对计算资源的需求，同时尽量保持算法的性能。

② 存储资源需求。算法相关的数据需要占用一定的存储资源。特别是在大数据时代，数据量巨大，存储成本也成为一个需要考虑的因素。合理的数据存储方式可以降低存储资源的需求，提高算法在存储维度的可用性。

（3）用户体验维度的可用性。

① 可理解性。对于一些用户来说，算法的可理解性很重要。如果算法是一个"黑箱"，用户难以理解其决策过程，会影响他们对算法的信任和使用。例如，在医疗诊断辅助算法中，医生需要能够理解算法是如何得出诊断结论的，这样才能更好地结合自己的专业知识来使用该算法。可解释性人工智能技术，如特征重要性分析、决策树解释等方法，可以帮助提高算法的可理解性。

② 易部署性。算法应该易于部署到不同的环境中，包括本地服务器、云端等。例如，一个简单的机器学习算法如果能够通过标准化的容器技术进行打包和部署，就可以方便地在不同的操作系统和硬件环境下运行。提供清晰的部署文档和工具可以提高算法的易部署性。

③ 易维护性。在算法的生命周期中，需要进行维护和更新。易维护的算法便于开发者对其进行调试、优化和升级。例如，一个具有良好代码结构和模块化设计的算法，在出现性能问题或需要添加新功能时，可以更容易地进行修改。同时，能够方便地对算法进行监控，

有助于后期维护。

13.4.2 模型安全

所谓模型安全,是指确保人工智能模型在其生命周期内的完整性、保密性和可靠性,防止模型被恶意攻击、篡改或滥用,保证模型能够按照预期正常工作并输出可靠结果。

1. 模型训练阶段的安全

(1) 防止过拟合和欠拟合。过拟合是指模型过度学习了训练数据中的细节和噪声,导致在新数据上表现不佳,从而降低模型的泛化能力,使其容易受到攻击。欠拟合则是模型没有充分学习到数据的特征,也会影响模型的性能。

(2) 防范数据投毒攻击。数据投毒攻击是指攻击者在训练数据中注入恶意数据,以改变模型的行为。例如,在垃圾邮件过滤模型的训练中,攻击者可以将大量标记为"正常邮件"的垃圾邮件加入训练数据,使模型的过滤效果变差。为防范这种攻击,可以对训练数据的来源进行严格审查,采用数据清洗技术去除异常数据,还可以通过数据验证和异常检测机制来发现潜在的数据投毒情况。

2. 模型部署阶段的安全

(1) 保护模型参数安全。如果模型参数被篡改,如在自动驾驶汽车的决策模型中,参数被恶意修改可能会导致严重的交通事故。可以采用参数加密技术,使模型在加密状态下进行计算。同时在模型的存储和传输过程中,通过哈希函数对参数进行签名,以确保参数的完整性。

(2) 确保模型更新安全。模型在使用过程中可能需要更新,以适应新的数据或改进性能。但是,模型更新过程也存在安全风险。例如,更新的内容可能被篡改,引入新的安全隐患。为确保安全更新,更新的内容需要经过严格的测试和安全审计。建立安全的更新渠道,如采用数字签名来验证更新包的来源和完整性,并且在更新后对模型进行重新验证和性能评估。

3. 模型使用阶段的安全

模型使用阶段的安全问题主要是对抗攻击,即攻击者通过在输入数据中添加扰动,使模型产生错误输出。可以采用对抗训练方法,即将对抗样本与正常样本一起用于模型训练,让模型学习识别对抗样本的特征。还可以对输入数据进行预处理,如采用图像滤波技术去除可能的对抗扰动。

另外,要对模型的输出进行合理性检查。例如,在医疗诊断模型的输出中,如果出现不符合医学常识的诊断结果,应该有相应的机制来提示可能存在对抗攻击或模型故障。

13.4.3 系统安全

所谓系统安全,是指保护人工智能系统的整体完整性、可用性和保密性,确保系统能够在预期的环境和条件下正常运行,同时防止系统受到各种威胁,如恶意攻击、硬件故障、软件漏洞、数据泄露等,并保障系统输出结果的可靠性和安全性。

1. 硬件层面的安全

要保证人工智能系统硬件设备的可靠性,以避免因硬件故障导致训练任务中断或数据丢失。要定期对硬件进行检查、维修和更换老化部件。

数据中心、服务器机房等存放人工智能硬件设备的场所，应具有严格的访问控制措施，如门禁系统、监控摄像头、安保人员巡逻等多重防护。

硬件设备可能受到物理攻击，如电磁干扰、温度攻击等。为应对这些威胁，需要采取相应的防护措施，如使用电磁屏蔽材料、安装温度控制和监测设备等。

2. 软件层面的安全

人工智能系统运行的操作系统需要进行安全配置和更新，操作系统应定期安装安全补丁，关闭不必要的服务和端口，以减少安全漏洞。在使用数据库存储人工智能模型的训练数据和参数时，要对数据库进行用户权限管理、数据加密等安全操作，防止数据泄露和非法访问。

人工智能模型软件本身可能存在漏洞。在开发过程中，需要采用安全的编程实践，如代码审查、安全测试等方法来发现和修复漏洞。当对模型软件进行更新时，要验证更新的来源和完整性，防止恶意软件的植入。例如，更新在移动设备上的人工智能应用时，通过应用商店的数字签名验证来确保更新内容是合法的。

3. 运行环境的安全

人工智能系统与外部网络的通信应确保安全，应采用防火墙、入侵检测系统、虚拟专用网络等网络安全设备和技术来防止网络攻击。对于需要用户访问和交互的人工智能系统，如智能客服系统、个性化推荐系统等，应建立严格的用户认证和授权机制。

13.5 应用安全

所谓应用安全，是指在人工智能技术应用于各个领域的过程中，确保系统能够安全、可靠、合法且符合伦理地运行，保障人工智能应用不会对用户、组织、社会和国家造成诸如人身伤害、财产损失、隐私泄露、数据破坏、社会秩序混乱等安全风险的一系列理念、策略和措施。

13.5.1 基本内容

应用安全包括决策安全、恶意应用防范、行业应用风险控制等。

1. 决策安全

在人工智能系统进行决策时，应保障决策过程和结果的准确性、公正性和可靠性，要避免因错误或带有恶意倾向的决策，对个人、组织、社会等造成损害。尤其是在医疗、金融、交通等一些关键领域，应确保人工智能的决策结果不会对人们的生活产生重大影响，要保障个体权益、维护社会公平公正、确保企业或组织的正常运行。

2. 恶意应用防范

要防止人工智能技术被用于网络攻击、隐私侵犯、虚假信息传播、诈骗、恐怖活动、军事攻击等恶意目的，以免误导公众，破坏社会秩序，甚至危害国家安全。

应制定相应的法律法规、技术措施和伦理准则加以防范和约束，采取一系列措施来阻止、检测和减轻人工智能技术被用于有害目的的行为。

3. 行业应用风险控制

人工智能在各个行业的应用日益广泛，虽然带来了诸多便利和创新，但也伴随着一系列风险。这些风险如果不加以有效控制，可能会导致数据泄露、决策失误、安全事故等严重后果，对企业的声誉、财务状况和可持续发展产生负面影响。

不同行业人工智能的应用面临着不同的安全挑战。例如，在医疗行业，人工智能诊断失误可能危及患者生命；在金融行业，算法错误可能引发金融市场动荡；在交通领域，自动驾驶系统发生故障可能导致交通事故。因此，行业应用风险控制是确保人工智能安全、稳定和有效应用的关键，需关注其对社会就业、伦理道德、法律秩序等方面的影响，需要从社会层面制定相应政策和规范，避免引发社会不稳定。

13.5.2 保障措施

1. 模型监控与更新

（1）性能监测。持续监控模型的性能是保障安全的关键。通过收集模型在实际应用中的准确率、召回率等性能指标，及时发现模型性能下降或异常变化。例如，在一个智能客服系统中，定期检查模型回答客户问题的准确率，如果发现准确率下降，可能是模型受到攻击或数据分布发生变化，表示需要采取相应措施了。

（2）动态更新。根据性能监测的结果和实际应用场景的变化，及时对模型进行更新。这包括更新模型的参数、算法结构或训练数据。例如，在金融市场预测模型中，随着市场环境的变化，定期更新模型以适应新的金融数据特征，确保模型能够准确地进行风险评估和预测。

2. 安全测试与评估

（1）功能测试。对人工智能应用进行全面的功能测试，确保其在各种正常和异常输入情况下都能正确运行。例如，在医疗影像诊断应用中，输入各种不同类型、质量的医疗影像，测试系统是否能够正确诊断疾病或识别病变特征。

（2）安全漏洞检测。采用各种安全检测工具和技术（如代码审查、漏洞扫描工具等），检查人工智能应用是否存在安全漏洞。同时，还要检测应用是否容易受到对抗攻击。例如，通过生成对抗样本测试图像识别应用是否会被误导。

3. 合规性检查与风险管理

（1）遵守法律法规。人工智能应用必须遵守相关的法律法规，如隐私保护法规、行业特定的安全标准等。例如，在处理个人数据的应用中，确保对数据的收集、存储、使用和共享合法合规。

（2）风险识别与应对策略。识别人工智能应用可能带来的各种安全风险，如模型错误导致的决策风险、数据泄露风险等。建立风险评估机制，对风险进行量化和排序，制定相应的风险应对策略。例如，对于自动驾驶等高风险应用场景，采取多重冗余设计、备份系统等更为严格的安全措施，以力求最大限度降低风险。

13.6 伦理安全

所谓伦理安全，是指在人工智能系统的开发、部署和使用过程中，确保系统的行为和决策符合人类社会的伦理道德原则，避免对人类的权利、价值观和社会秩序造成伤害。

13.6.1 公平性与公正性

人工智能系统的训练数据可能包含各种偏见。例如，在招聘算法中，如果训练数据基于过去存在性别或种族偏见的招聘记录，那么该算法可能会延续这种不公平，倾向于选择特定性别或种族的候选人。这种数据偏见可能导致系统性的歧视，侵犯个人平等获得机会的权利。

解决数据偏见，需要在数据收集和预处理阶段进行严格审查。可以采用数据清洗技术去除带有明显偏见的数据点，并且通过平衡不同群体的数据量来确保数据的公平性。例如，在医疗诊断数据中，要保证不同种族、性别和社会经济阶层的患者数据在数量和质量上相对均衡，以避免诊断算法对某些群体产生不公平的诊断结果。

13.6.2 算法决策公平性

即使数据是公平的，算法的设计和实现也可能导致不公平的决策。例如，在信用评分算法中，某些复杂的特征组合和权重分配可能在无意中对特定人群产生不利影响。为确保算法决策的公平性，需要在算法设计中融入公平性约束条件。这可以通过在目标函数中添加公平性惩罚项来实现，使得算法在优化性能的同时，兼顾公平性。

同时，要建立公平性评估机制，使用诸如平等机会差异、统计平等差异等指标来衡量算法在不同群体间的公平程度。并且，在算法做出决策后，应该有相应的申诉和审查机制，以便受到不公平对待的个体能够获得救济。

13.6.3 透明度与可解释性

许多先进的人工智能算法，如深度神经网络，被视为"黑箱"模型，因为很难理解它们是如何做出决策的。例如，在医疗诊断中，如果一个深度学习算法判定患者患有某种疾病，但无法解释原因，医生可能会对这个诊断结果持怀疑态度，患者也难以接受。这种黑箱特性不仅影响用户对人工智能系统的信任，还可能隐藏潜在的伦理风险。

提高算法的透明度和可解释性是解决黑箱问题的关键。可以采用可解释人工智能技术，帮助用户理解算法在决策过程中考虑了哪些因素，以及每个因素的重要性程度，从而增强对人工智能系统的信任度。

当人工智能系统做出决策时，责任界定是另一个重要的伦理问题。如果一辆自动驾驶汽车发生事故，很难确定是算法开发者、汽车制造商还是用户的责任。为了明确责任，需要算法具有一定的透明度，能够追溯决策过程。例如，记录算法在决策瞬间所接收到的输入数据、内部状态和参数变化等信息，以便在出现问题时能够进行分析和责任认定。

13.6.4 对人类自主性和价值观的影响

1. 对人类自主性的威胁

一方面,过度依赖人工智能系统可能会削弱人类的自主性。例如,在教育领域,如果学生过度依赖智能辅导系统来完成作业和学习任务,可能会失去独立思考和解决问题的能力。另一方面,人工智能系统可能会通过操纵信息来影响人类的决策。例如,个性化推荐系统可能会根据用户的偏好和行为数据,推送片面的信息,从而限制用户接触不同观点的机会,影响用户的价值观和自主性。

为了维护人类的自主性,需要在人工智能系统的设计和使用中,明确人类的主导地位。例如,在智能决策支持系统中,应该将系统的建议作为参考,最终决策仍应由人类做出。同时,要对推荐系统等应用进行适当的监管,防止它们过度影响用户的价值观和行为。

2. 价值观对齐问题

人工智能系统的价值观应该与人类社会的价值观相一致。然而,由于算法是基于数据和预先定义的目标进行训练的,可能会出现价值观偏差。例如,一个以追求利润最大化为目标的金融算法可能会忽视社会责任和公平交易原则。为了确保价值观对齐,需要在算法开发过程中融入人类的价值观,通过伦理审查和多利益相关方参与的方式,确定合适的目标函数和约束条件。

13.7 人工智能安全评估

人工智能安全评估是一个系统性的过程,用于评价人工智能系统在不同方面的安全性,主要关注人工智能系统在运行过程中是否会对个人、社会和国家等层面产生危害,包括数据安全性、算法可靠性、系统鲁棒性、隐私保护等多个维度。

13.7.1 评估指标

人工智能安全评估指标主要包括数据安全性、算法可靠性、系统鲁棒性、隐私保护等,如表 13-1 所示。

表 13-1 人工智能安全评估指标

指标	含义
数据方面	包括数据来源合法性、数据完整性、数据一致性、数据保密性等
算法方面	包括准确性、稳定性、可解释性等
系统方面	包括抗攻击性、容错性等
隐私方面	包括隐私泄露风险、隐私保护技术应用有效性等

13.7.2 标准和规范

人工智能领域常用的标准和规范可分为国内的、国际的、行业的和学术机构的等几类。

1. 国内标准和规范

国内标准和规范包括《生成式人工智能服务安全基本要求》《人工智能生成合成内容标识办法》等，对生成式人工智能服务在训练数据安全、模型安全、安全措施等方面提出了要求，并给出了安全评估的参考要点。例如，要求数据内容中违法不良信息不得超过5%，数据来源可追溯；强调应关注生成内容的安全性，定期安全审计等。这为生成式人工智能服务领域的安全管理提供了规范支持，有助于对生成内容进行有效标识和管理，保障服务的安全性和合规性。

2. 国际标准和规范

（1）《生成式人工智能应用安全测试标准》，是由世界数字技术院发布的国际标准，为测试和验证生成式人工智能应用的安全性提供了一个框架。该标准定义了人工智能应用程序架构每一层的测试和验证范围，包括基础模型选择、嵌入和矢量数据库、检索增强生成、人工智能应用运行时安全等，确保人工智能应用各个方面都经过严格的安全性和合规性评估。

（2）《大语言模型安全测试方法》，是由世界数字技术院发布的国际标准，为大模型本身的安全性评估提供了一套全面、严谨且实操性强的结构性方案。该标准提出了大语言模型的安全风险分类、攻击分类分级方法及测试方法，并给出四种不同攻击强度的攻击手法分类标准，提供严格的评估指标和测试程序等。

3. 行业标准和规范

（1）《信息安全、网络安全和隐私保护-信息安全管理体系-要求》（ISO/IEC 27001：2022），作为信息安全管理体系的标准，涵盖了信息安全的各个方面，包括数据安全、访问控制、加密等。人工智能系统的安全评估可以参考该标准中的相关要求，确保系统在信息安全方面的合规性和有效性。

（2）《信息安全、网络安全和隐私保护-信息安全控制》（ISO/IEC 27002：2022），为信息安全控制措施提供了具体的指导和建议，可帮助组织实施和管理信息安全。在人工智能系统安全评估中，可借鉴其中关于安全策略、资产管理、人员安全等方面的内容，以完善系统的安全控制措施。

4. 学术机构发布的标准

（1）牛津大学发布的《人工智能安全框架的评分标准》，包含七个评估标准和三种应用评分标准，分为有效性、遵守和保证三大类。例如，在有效性方面提出了可信度和稳健性标准，在遵守方面包括可行性、合规性和授权等标准。

（2）电气电子工程师学会发布了一系列关于人工智能伦理和安全的标准和倡议，如IEEE P7000系列标准，涵盖了人工智能系统的透明度、可解释性、隐私等方面的要求，为安全评估提供了参考依据。

要了解和选择适用的国内外人工智能安全标准和规范，熟悉标准体系，结合具体的人工智能应用特点选择合适的评估标准。同时，注重将标准和规范要求融入评估流程和方法，要持续跟踪和更新评估以符合标准变化。

13.7.3　评估方法

常用的评估方法有测试评估、标准和法规参照、审计和审查等。

1. 测试评估

（1）**功能测试**。这是最基本的测试。例如，对一个自然语言处理人工智能系统进行测试，输入各种文本，检查其输出是否符合预期功能，如翻译、文本生成等功能是否准确。

（2）**压力测试**。通过增加系统的负载，如大量的并发请求，观察人工智能系统的稳定性。例如，在线客服系统，在大量用户同时咨询情况下，测试其响应速度和回答质量。

（3）**攻击测试**。模拟恶意攻击者的行为，如对抗攻击、注入恶意代码等，检验人工智能系统的安全性。

2. 标准和法规参照

（1）**参考国内外相关的人工智能安全标准**。例如，ISO/IEC 联合技术委员会发布的人工智能标准，这些标准为评估提供了规范的指标和方法。

（2）**依据国家和地方的法律法规**。在不同国家，对于人工智能安全有不同的法律规定。例如，欧盟的《通用数据保护条例》对数据隐私和安全有严格要求。

3. 审计和审查

（1）**内部审计**。由开发人工智能系统的机构自身检查系统开发过程中的安全措施是否到位，如代码审查、数据管理流程审查等。

（2）**外部审查**。邀请第三方专业机构审查，它们具有更客观的视角和专业的评估能力，能够全面评估人工智能系统的安全性。

13.7.4 评估过程

人工智能安全评估过程如图 13-2 所示。

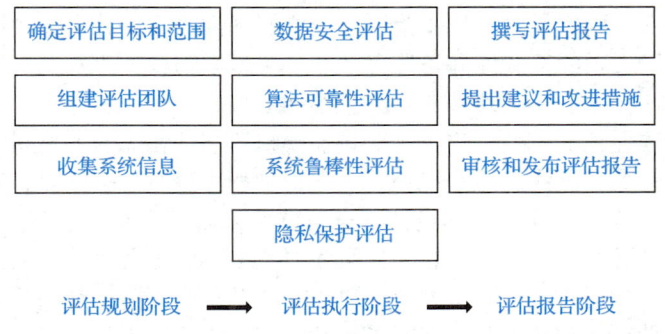

图 13-2 人工智能安全评估过程

1. 评估规划阶段

（1）**确定评估目标和范围**。明确要评估的人工智能系统的具体功能和应用场景。例如，如果是一个用于医疗影像诊断的人工智能系统，评估范围可能包括图像数据的采集、模型的训练和诊断结果的输出等环节。同时，确定评估的目标是侧重于数据安全、算法准确性还是系统鲁棒性等方面，或者是综合评估。

定义系统的边界，区分系统内部组件和外部交互部分。例如，对于一个智能客服人工智能系统，内部组件包括语言模型、对话管理模块等，外部交互部分包括与用户的接口和与后端数据库的连接。

（2）组建评估团队。团队成员应包括人工智能专家、安全工程师、数据科学家、法律专家等。人工智能专家熟悉算法和模型结构，能够评估算法的可靠性；安全工程师可以检查系统的安全防护措施，如防火墙、加密机制等；数据科学家了解数据处理流程和数据质量问题；法律专家则确保评估过程和结果符合相关法律法规。

明确团队成员的职责和分工。例如，人工智能专家负责对算法进行性能测试和可解释性分析；安全工程师负责检查系统的网络安全和数据存储安全；数据科学家负责数据完整性和数据来源合法性的评估；法律专家负责审核整个评估过程是否符合法律规定。

（3）收集系统信息。收集人工智能系统的技术文档，包括算法设计文档、数据流程图、系统架构图等。这些文档有助于了解系统的工作原理和数据流向。例如，通过算法设计文档可以知道模型是基于深度学习还是传统机器学习方法构建的，以及模型的参数设置和训练过程。了解系统的数据情况，如数据的类型、来源、存储方式和数据量。例如，社交媒体情感分析系统，数据主要来自用户发布的文本内容，存储在云端数据库中，数据量可能随着用户数量的增加而不断增长。

2. 评估执行阶段

（1）数据安全评估。一是数据来源合法性审查。追溯数据的收集过程，检查是否有合法的授权和同意机制。二是数据完整性检查。使用数据校验技术对存储的数据进行定期校验。三是数据保密性评估。检查数据加密措施，包括加密算法的强度和密钥管理。

（2）算法可靠性评估。一是准确性测试。对于分类算法，使用测试数据集来计算准确率、精确率、召回率等指标。例如，在图像识别系统中，准备一个包含已知物体标签的图像测试集，将系统的识别结果与正确标签进行对比。二是稳定性评估。通过对输入数据添加微小扰动，观察算法输出的变化。例如，在语音识别系统中，对输入的语音信号添加一定量的白噪声，检查系统的识别准确率是否大幅下降。三是可解释性分析。对于决策树等可解释性较强的算法，分析其决策规则的复杂度和透明度。对于深度学习模型等算法，使用局部可解释性模型等工具来揭示决策过程中各因素的相对重要性。

（3）系统鲁棒性评估。一是抗攻击性测试。模拟对抗攻击，对系统进行测试。例如，人脸识别系统，在人脸图像上添加微小噪声，观察识别率下降程度。同时，检查系统是否具备检测和防御恶意软件攻击的能力，通过注入恶意软件来观察系统的反应。二是容错性评估。模拟硬件故障，如关闭分布式系统中的部分服务器，或者断开物联网人工智能系统的部分传感器，观察系统的持续运行能力。例如，在智能交通系统中，模拟交通传感器故障，检查系统是否能够通过其他传感器的数据或备份机制继续正常运行。对于软件错误，通过在代码中故意引入空指针引用、数组越界等常见错误，观察系统恢复能力。

（4）隐私保护评估。一是隐私泄露风险评估。使用隐私量化模型，衡量隐私泄露风险。例如，在数据发布人工智能系统中，通过调整隐私预算，观察数据可用性和隐私保护程度之间的平衡。同时，利用信息熵等工具分析数据在处理前后的不确定性变化，评估隐私泄露风险。二是隐私保护技术应用有效性评估。对于采用同态加密、安全多方计算等隐私保护技术的系统，通过实际测试来评估其有效性。例如，在联合数据分析人工智能系统中，使用安全多方计算技术，在保护各方数据隐私的前提下，检查数据是否能够正常用于模型训练和分析，以及模型性能是否受到过大影响。

3. 评估报告阶段

（1）撰写评估报告。报告应包括评估的目标、范围、方法和过程的详细描述。例如，说明评估是针对整个人工智能系统还是部分关键组件，采用了哪些测试方法和评估指标。呈现评估结果，包括数据安全性、算法可靠性、系统鲁棒性和隐私保护等方面的具体发现。例如，在数据安全性方面，指出数据存储是否存在安全漏洞，数据访问控制是否严格；在算法可靠性方面，报告算法的准确率、稳定性和可解释性情况；在系统鲁棒性方面，说明系统的抗攻击能力和容错能力；在隐私保护方面，分析隐私泄露风险和隐私保护技术的有效性。

（2）提出建议和改进措施。根据评估结果，提出针对性的建议和改进措施。例如，如果发现数据加密强度不够，建议采用更高级的加密算法；如果算法稳定性较差，建议优化算法参数或采用更稳定的算法架构；如果系统抗攻击能力弱，建议增加入侵检测系统和防火墙等安全防护措施；如果隐私保护存在风险，建议采用更有效的隐私保护技术或调整隐私保护策略。

（3）审核和发布评估报告。评估报告应由团队成员进行审核，确保报告内容准确、客观且符合法律法规。将评估报告发布给相关利益者，如系统开发者、用户、监管机构等。系统开发者可以根据报告进行系统改进；用户可以了解系统的安全性情况；监管机构可以利用报告进行监督和管理。

全球人工智能治理研究报告

《全球人工智能治理研究报告》由上海社会科学院、武汉大学、同济大学等 15 家中国智库和高校负责编撰，在 2024 年世界互联网大会乌镇峰会"网络空间国际规则：实践与探索"分论坛会议上联合发布。主要内容如下。

1. 多元主体参与治理的情况

（1）多边平台进展。联合国发挥重要引领作用，如成立人工智能高级别咨询机构、通过《全球数字契约》；二十国集团、金砖国家、经济合作与发展组织等政府间组织也将全球人工智能治理纳入讨论议程并取得成果。

（2）多方机制成果。电气电子工程师学会、国际标准化组织和国际电工委员会等技术社群发布了人工智能前沿技术标准、伦理准则、系统管理指南等；世界经济论坛、世界互联网大会和全球移动通信系统协会等国际组织和会议论坛也推出一系列成果。

（3）相关国家和地区方案。中国遵循"坚持以人为本、智能向善"理念和宗旨，统筹人工智能发展和安全；美国强调创新发展；欧盟注重人工智能监管立法；发展中国家也在积极行动。

（4）科技企业实践。20 家科技企业在慕尼黑安全会议上宣布将联合打击深度伪造信息，16 家公司签署《前沿人工智能安全承诺》，承诺实施内外部测试、信息共享、网络安全投资、第三方漏洞报告机制等措施。

2. 全球人工智能治理的十大重要议题

（1）国家主权原则和人工智能发展。关注人工智能领域国家主权原则适用性问题、国家主权的内涵和外延变化，以及如何维护国家主权、安全和发展利益等。

（2）社会变革和可持续发展。包括利用人工智能技术帮助传统产业转型升级，提高生产效率的发展性议题，以及人工智能给人类社会带来的安全风险等约束性议题。

（3）技术创新和产业发展。聚焦人工智能的技术研发、算力开发、创新应用、产业政策，以及产业链和供应链安全等问题。

（4）人机情感和生命伦理。关注人机交互中的情感依附问题、人工智能决策的伦理抉择与道德判断问题，以及人工智能对社会传统价值观的颠覆等问题。

（5）内容安全风险。关注人工智能技术应用带来的平台内容治理难题，如信息迷雾、虚假信息和信息茧房等问题。

（6）模型算法安全风险。关注人工智能模型算法的可解释性、可靠性、鲁棒性、公正性，以及抗攻击性等安全问题。

（7）数据安全和隐私保护。关注如何在数据搜集、训练和使用过程中，保护个人信息和数据安全，以及确保数据质量和安全等问题。

（8）产品责任和风险。关注人工智能产品的设计者、生产者、运营者和使用者的责任归属问题。

（9）知识产权保护。关注人工智能技术及其相关产品应用带来的侵犯专利权、著作权和商标权问题。

（10）智能鸿沟和国际协作。关注在人工智能政策、技术、产业、应用和治理等领域加剧呈现的智能鸿沟问题。

3. 构建完善全球人工智能治理体系的建议

（1）目标宗旨。致力于形成具有广泛共识的人工智能治理框架和标准规范；构建开放、公正、有效的治理机制；不断提升人工智能技术的安全性、可靠性、可控性、公平性，促进人工智能技术造福人类，推动构建人类命运共同体。

（2）原则共识。一是尊重国家主权原则，各国有权根据国情自主选择技术发展模式和治理方案，反对利用人工智能技术和应用干涉他国内政；二是统筹发展与安全原则，鼓励和推动人工智能技术创新的同时，将安全意识和监管措施贯穿人工智能发展研究、设计、开发、部署、使用等生命周期的各个阶段；三是坚持平等互利普惠原则，促进各国在开发和利用人工智能技术方面权利平等、机会平等、规则平等，促进人工智能技术和知识共享，以及促进人工智能市场的开放性。

（3）行动路径。坚持以人为本、坚守智能向善、赋能千行百业、防范应对安全风险、加强国际合作与能力建设和完善全球治理机制。

本章习题

一、选择题

1. （　　　）属于人工智能技术安全中的模型攻击。
   A. 数据收集时的信息不准确
   B. 对模型输入恶意数据导致模型输出错误结果
   C. 人工智能应用在医疗领域的误诊
   D. 人工智能算法的运行效率低下

2. 在自动驾驶汽车中，可能导致人工智能应用安全问题的是（　　　）。
   A. 车辆外观设计不美观　　　　　　　　B. 地图数据更新不及时
   C. 车内音响系统故障　　　　　　　　　D. 汽车颜色不符合用户喜好

3. 人工智能伦理安全中的公平性问题主要体现在（　　）。
   A. 算法对不同群体产生不公平的结果　　B. 人工智能系统运行速度慢
   C. 人工智能模型难以理解　　D. 人工智能应用成本高
4. （　　）有助于提高人工智能的技术安全。
   A. 增加模型的参数数量　　B. 对数据进行加密处理
   C. 减少训练数据量　　D. 降低模型的复杂度
5. 在人工智能应用安全中，在金融领域可能面临的风险是（　　）。
   A. 客户服务质量下降　　B. 网络延迟过高
   C. 遭受金融欺诈　　D. 办公环境不舒适

二、简答题

1. 简述人工智能技术安全中数据安全的重要性，并列举两种常见的数据安全威胁。
2. 举例说明人工智能在智能家居领域的应用安全问题，并提出一种可能的解决措施。
3. 举例阐述人工智能伦理安全中责任归属问题的复杂性。

三、综合题

结合实际案例，分析人工智能安全问题对社会的影响。

参考文献

罗素，诺维格，2023．人工智能：现代方法：第 4 版[M]．张博雅，陈坤，田超，等译．北京：人民邮电出版社．

张慧，郑光，2022．计算思维与信息技术[M]．北京：中国农业出版社．

于永彦，唐年庆，2024．大学计算机基础[M]．北京：北京大学出版社．

李德毅，等，2020．中国人工智能发展报告：知识工程（2019—2020）[M]．北京：电子工业出版社．

刘峡壁，马霄虹，高一轩，2023．人工智能：机器学习与神经网络[M]．北京：北京理工大学出版社．

孙巍伟，2024．智能制造概论[M]．北京：化学工业出版社．

张小红，杨帅，于建明，2024．智能制造技术导论：微课版[M]．北京：人民邮电出版社．

陈志敏，吴力波，2025．未来已来：2025 人文社会科学智能发展蓝皮书[M]．上海：复旦大学出版社．

董彪，2021．人工智能时代新型民事法律责任规则研究[M]．北京：中国政法大学出版社．

顾小清，2024．智能技术赋能教育数字化转型的前沿趋势：《2023 人工智能促进教育发展报告》导读[J]．中国教育信息化，30（7）：3-12．

苏新宁，吕先竞，2025．人工智能赋能人文社会科学研究方法变革[J]．西华大学学报（哲学社会科学版），44（1）：1-10．

张驰，郭媛，黎明，2021．人工神经网络模型发展及应用综述[J]．计算机工程与应用，57（11）：57-69．

张攀，郭文鹏，金泽军，2023．智能化篮球竞技视频分析系统关键技术综述[J]．体育科技文献通报，31（10）：211-217．

张兆翔，张吉豫，谭铁牛，2021．人工智能伦理问题的现状分析与对策[J]．中国科学院院刊，36（11）：1270-1277．

CAO Y, LI S, LIU Y, et al, 2018. A Comprehensive Survey of AI - Generated Content (AIGC): A History of Generative AI from GAN to ChatGPT[J]. ACM, 37(4).